U0370196

国家科学技术学术著作出版基金资助出版

分频输电系统

王锡凡 王秀丽 宁联辉 孟永庆 赵勃扬 著

科学出版社

北京

内 容 简 介

分频输电是一种兼顾输送容量与工程经济性的新型输电方式，具有汇集范围广、控制灵活、易于组网与可远距离送出等诸多优势，适用于弱电网广域新能源送出等场景。本书系统地介绍了王锡凡院士团队在分频输电系统理论与应用方面的研究成果。全书共8章，内容包括分频输电系统的研究背景、基本原理、动态模拟实验、关键设备、运行分析及控制，以及分频输电技术的应用与研究展望。全书内容深入浅出、循序渐进，可使读者建立对分频输电系统的清晰认知，掌握系统运行与控制的基本思想，激发创新思维。

本书可供从事电力系统科学研究、技术开发、设备研制、工程应用的科研和技术人员阅读，也可供高等院校电气工程及其自动化专业的师生参考。

图书在版编目（CIP）数据

分频输电系统 / 王锡凡等著. --北京 : 科学出版社, 2025. 1.--ISBN 978-7-03-079248-8

Ⅰ. TM72

中国国家版本馆 CIP 数据核字第 2024ZX0832 号

责任编辑：杨　丹　祝　洁 / 责任校对：崔向琳

责任印制：赵　博 / 封面设计：陈　敬

科学出版社 出版

北京东黄城根北街 16 号

邮政编码：100717

http://www.sciencep.com

北京中科印刷有限公司印刷

科学出版社发行　各地新华书店经销

*

2025 年 1 月第 一 版　开本：720×1000　1/16

2025 年 5 月第二次印刷　印张：19 1/4

字数：388 000

定价：298.00 元

（如有印装质量问题，我社负责调换）

序

我国大型新能源基地大多处于“三北”地区及深远海地区，风光资源分布区域广，新能源汇集、组网及远距离送出困难，安全稳定运行风险较大，数智化坚强电网建设面临巨大挑战，汇集和送出通道问题亟待解决。

分频输电是一种兼顾输送容量与工程经济性的新型输电方式，通过降低输电频率减轻线路电感、电容的影响，在距离较远时可以成倍提升架空线及电缆的输送容量。分频输电技术作为新型电力系统构建的先进输电技术之一，与同电压等级交、直流系统相比，具有汇集范围广、控制灵活、易于组网、支撑能力强、输送容量大、可远距离送出等诸多优势，适用于弱电网广域新能源送出等场景。

王锡凡院士 1994 年提出分频输电构想以来，其团队一直围绕分频输电基础理论、关键技术及系列装备研制开展研究，不断深化输送容量提升机理与系统构建方法等理论研究，突破分频/变频电气设备研发、工频-分频混联系统特性分析及其运行控制等关键技术，与中国电力科学研究院有限公司合作，建成了国内首个含双变频方式的新能源分频发、输电系统实证平台。

我一直关注分频输电技术的发展。2007 年我主持了中国科学院的咨询项目，并向国务院呈送了题为《电网分频输电的技术经济分析与建议》的报告。我欣喜地看到，近年来国家及有关企业非常重视分频输电技术(也称柔性低频输电技术)的发展与应用。2021 年“柔性低频输电关键技术”被列入国家重点研发计划“储能与智能电网技术”重点专项，2023 年国家能源局发布的《新型电力系统发展蓝皮书》将分频输电技术列为新型研究方向，彰显了我国对于发展自主知识产权新型输电技术的决心。在工程实践方面，浙江台州、杭州，以及河北张北的示范工程已相继投运，验证了分频输电的技术可行性，也将分频输电的理论与实践水平推向新的高度，分频输电技术发展进入新阶段。

《分频输电系统》一书全面阐述了分频输电系统的机理、实验验证、主要设备研发、运行、控制、应用前景等方面的内容，是低频输电领域首部系统描述其理论与技术的著作。该书的意义在于：一是通过全面论述分频输电原创原理、系统控制技术、系列装备及应用场合，可以方便读者更好地理解分频输电技术，拓宽未来构建新型输电系统新思路；二是为解决千万千瓦级新能源高可靠送出，节约输电走廊及铜铁等材料的使用量提供了方案；三是面向分频发、输、变电全环节培育自主国产装备产业链，形成新质生产力并为提升我国国际话语权提供理论支撑。

我相信该书的出版必将为建设以新能源为主体的新型电力系统，实现新能源高效汇集与外送，促进能源低碳转型发挥重要的作用。

周孝信
中国科学院院士
中国电力科学研究院有限公司名誉院长

前 言

“分频输电系统”概念由王锡凡于 1994 年在国际会议上首次提出，通过降低输电频率(如 50/3Hz)大幅度提高线路输送容量，兼具“交流电网易开断、柔直输电可控制”的特性。该输电方式适用于包含风电、光伏发电、水电等清洁能源发电系统并网，以及对工频交流系统的扩容改造，具有显著的经济性并能够有力提升电网安全性、可控性与智能性，是输电技术领域的一项重大创新。

在我国“构建新型输电系统”目标驱动下，陆上偏远地区及海上清洁能源发电迅猛发展，电能传输方式面临深刻变革。为了实现国民经济高效、低碳与可持续发展，我国仍将面临大规模可再生能源开发和大容量远距离输电等艰巨任务。近年来，分频输电技术受到了国内外电网公司与科研单位的广泛关注，我国有关示范工程项目逐步展开。在此背景下，迫切需要一本系统介绍分频输电系统理论和应用的专著。基于团队多年研究成果，本书详细阐述分频输电系统的基本理论、运行与控制技术以及典型应用情况，为大规模新能源高效送出及并网消纳提供技术支撑，促进分频输电系统设备制造、系统集成、运行控制领域的研究与人才培养，助力我国新型电力系统发展，为推广分频输电技术这一具有我国自主知识产权的输电方式奠定基础。

作为首部分频输电领域的学术专著，本书系统总结了团队近 30 年在这一领域的研究成果，希望能够为读者提供分频输电系统的认知框架与知识脉络。全书共 8 章：第 1 章从电力系统发展历史出发，概述分频输电系统的提出、发展历程与应用前景；第 2 章讨论分频输电系统的基本原理；第 3 章、第 4 章阐述分频输电系统的动态模拟实验与关键设备；第 5 章、第 6 章讨论分频输电系统的运行与控制等关键技术；第 7 章列举了分频输电系统的典型应用场景；第 8 章对未来的研究方向及应用领域进行了展望。

本书由王锡凡负责第 1 章、第 8 章的撰写和全书的统稿，王秀丽负责第 2 章、第 7 章的撰写，宁联辉负责第 3 章、第 4 章的撰写，赵勃扬负责第 5 章潮流部分的撰写，孟永庆负责第 5 章剩余部分和第 6 章的撰写。曹成军、滕予非、刘沈全、张海涛、段子越、魏凤廷、闫书豪、李晶等研究生在理论研究、图表绘制和书稿格式整理方面做出了贡献。

本书的相关研究工作得到国家重点研发计划重点专项“柔性低频输电关键技术”、国家电网有限公司总部科技项目“新能源分频发电与送出关键技术研究及实证”与“岸-场协同动态低频海上风电系统研究”的大力支持，在此表示衷心的感谢。中国科学院院士、中国电力科学研究院有限公司名誉院长周孝信在技术研究和工程应用中给予了指导和帮助，并欣然为本书作序，在此深表谢意。西安交通大学王建华教授审阅了本书初稿，提出了许多宝贵的意见和建议。另外，书中还引用了西安交通大学王曙鸿教授、高景晖教授及课题合作单位的部分成果，在此一并致谢。

感谢国家科学技术学术著作出版基金对本书出版的资助！

分频输电系统尚在初期的工程应用阶段，还需深入研究，书中难免有不足和疏漏之处，敬请读者批评指正。

王锡凡

2024 年 7 月

目　录

英文缩略语简列

AC	alternating current	交流电
ADC	analog-to-digital converter	模拟数字转换器
AGC	automatic generation control	自动发电控制
AGCS	adaptive gain control strategy	自适应增益控制策略
BPA	Bonneville Power Administration	邦纳维尔电力管理局
BTB-MMC	back-to-back modular multilevel converter	背靠背模块化多电平换流器
CPLD	complex programmable logic device	复杂可编程逻辑器件
CPS-SPWM	carrier phase-shifted SPWM	载波移相正弦脉宽调制
CPU	central processing unit	中央处理器
C-UPFC	center-node unified power flow controller	中点型统一潮流控制器
DC	direct current	直流电
DOV	dynamic of voltage	动态电压
DPFC	distributed power flow controller	分布式潮流控制器
DSP	digital signal processor	数字信号处理器
FACTS	flexible alternating current transmission system	灵活交流输电系统
FFT	fast Fourier transform	快速傅里叶变换
FFTS	fractional frequency transmission system	分频输电系统
FGCS	fixed gain control strategy	固定增益控制策略
FPGA	field programmable gate array	现场可编程门阵列
GE	General Electric Company	通用电气公司
Hexverter	modular multilevel converter in hexagonal configuration	六边形模块化多电平换流器
HVAC	high voltage alternating current	高压交流
HVDC	high voltage direct current	高压直流
IEC	International Electrotechnical Commission	国际电工委员会
IEEE	Institute of Electrical and Electronics Engineers	电气与电子工程师协会
IGBT	insulated gate bipolar transistor	绝缘栅双极晶体管
I/O	input/output	输入/输出
IPFC	interline power flow controller	线间潮流控制器

KCL	Kirchhoff's current law	基尔霍夫电流定律
KVL	Kirchhoff's voltage law	基尔霍夫电压定律
LCC	line-commutated converter	换相换流器
M^3C	modular multilevel matrix converter	模块化多电平矩阵换流器
MMC	modular multilevel converter	模块化多电平换流器
MPPT	maximum power point tracking	最大功率点跟踪
NLM	nearest level modulation	最近电平调制
PCC	point of common coupling	公共连接点
PET	power electronic transformer	电力电子变压器
PI	proportional-integral	比例–积分
PLL	phase locked loop	锁相环
PSERC	Power Systems Engineering Research Center	电力系统工程研究中心
PSO	particle swarm optimization	粒子群优化
PWM	pulse width modulation	脉冲宽度调制
ROCOF	rate of change of frequency	频率变化率
SC	sub-converter	子换流器
SSSC	static synchonous series compensator	静止同步串联补偿器
SFD	secondary frequency drop	频率二次跌落
STATCOM	static synchronous compensator	静止同步补偿器
SVC	static var compensator	静止无功补偿器
SVG	static var generator	静止无功发生器
TCBR	thyristor controlled braking resistor	晶闸管控制的制动电阻器
TCPST	thyristor controlled phase shifting transformer	晶闸管控制的移相变压器
TCSC	thyristor controlled series capacitor	晶闸管控制的串联电容器
TCSR	thyristor controlled series reactor	晶闸管控制的串联电抗器
THD	total harmonic distortion	总谐波畸变率
UPFC	unified power flow controller	统一潮流控制器
VSC	voltage source converter	电压源换流器
XLPE	cross linked polyethylene	交联聚乙烯
Y-MMC	modular multilevel converter in Y-configuration	Y 形模块化多电平换流器

第1章

绪　论

1.1 交、直流输电系统的诞生与发展

分频输电系统(FFTS)的基本思想是通过降低交流输电系统的频率提高系统的输送能力，该思想于1994年在日本举办的一次国际会议上由王锡凡首次提出[1]，与首个电力系统最初形成大约相差一个世纪的时间。

当代世界各国的电力系统以50Hz(或60Hz)的交流电作为发电、输配电和用电的主要形式，但是相较于19世纪80年代的社会电气化初期，形成这种局面却经历了无数先驱们的艰苦奋斗。

爱迪生是直流电系统的创始人，他首先预见并提出电能可以由发电厂产生，然后通过输配电系统供给用户。但是早期的直流供电系统电压太低，仅为100V或110V，线路功率损耗很大，为此不得不采用昂贵的铜导线来输电[2]。

初期交流输电系统采用基于法拉第电磁感应原理的变压器，来提高输配电系统的电压，从而减少系统的输电损耗。1886年，美国西屋电气公司设计出第一台商业化的变压器，并应用于纽约州水牛城水电站，形成美国第一个交流电系统。1887年，特斯拉向美国提交了七项有关多相交流、电动机、电力输电线、发电机、变压器和照明的专利。1888年，西屋电气公司聘请特斯拉进行其所提专利的研发与应用，从而开始了交流电和直流电的激烈争论。

争论中直流派列出交流电系统的种种缺点，特别是交流输电因采用较高电压而引起的安全问题。直流派甚至用交流电电击小动物致死进行表演，并试图用交流电椅执行死刑等手段来阻止交流电系统的发展与应用[3]。

然而，这些都没能阻挡当时技术经济指标优异的交流电系统的发展和应用。西屋电气公司验证特斯拉发明专利的可行性以及对交流输电技术改进之后，在美国俄勒冈州修建了一条13mile(1mile=1609.344m)、4kV的单相交流输电线路，确立了交流输电系统的主导地位，成为历史的转折点。1891年，在德国法兰克福建设了 100mile、30kV 的三相交流输电线路。1892 年，在美国加利福尼亚州建设了一条输送水电的 70mile、40kV 交流输电线路。应该说，交流输电技术胜出的主要原因在于其可以根据不同的应用需求借助变压器实现不同电压等级的改变。

与此同时，交流输电系统在输电频率方面的研究也出现了百花齐放的局面[4]。

19 世纪 90 年代，西屋电气公司尝试引入双频交流输电系统：60Hz 用于大型汽轮机发电和输配电系统，而 30Hz 用于驱动大功率低速工业电动机。虽然 60Hz 交流输电一直沿用至今，但 1895 年尼亚加拉第一个水电站采用的交流电频率是 25Hz。当时美国北部和加拿大还建有 30Hz 的交流输电系统。例如，加拿大魁北克的 25000kW 水电站就是采用 30Hz 的交流输电系统。19 世纪 90 年代末期，美国通用电气公司(GE)尝试引入 40Hz 交流系统作为 60Hz 与 25Hz 的折中，具有代表性的是 1898 年纽约修建的 40Hz 水电站，一直运行到 20 世纪 80 年代。同时，加利福尼亚南部山区建设了几座 50Hz 的水电站，采用 GE 的发电机。

随着电力工业的迅速发展，以高速汽轮发电机为主的燃煤发电厂成为 20 世纪的主要电力来源，50Hz(或 60Hz)这样的较高频率成为电力系统标准频率[5]，一直沿用至今。需要指出的是，确立这个频率标准时并没有过多地考虑水电和输电系统的需求。

另外，德国、奥地利、瑞士、瑞典和挪威等国由于历史原因沿用 50/3Hz 的交流电向铁路系统供电，而英、美两国采用 25Hz 的交流电向铁路系统供电。

交流输电系统的发展历程是一个电力需求增大不断满足和输电距离不断延伸的过程。这个过程最显著的标志就是输电系统电压等级的不断提高。

交流输电系统的输送功率不仅受线路导线热容量的限制，而且受电压波动和功率极限的限制。后两个因素都和输电线的电抗有关：

$$\Delta V = \frac{PR + QX}{V} \tag{1-1}$$

$$P_{\max} = \frac{V^2}{X} \tag{1-2}$$

式中，ΔV 为电压损耗；P、Q 分别为输电线路的有功功率和无功功率；V 为输电线路的额定电压；$P_{\max}$ 为输电线路的极限功率；R 和 X 分别为输电线路的电阻和电抗。

由式(1-1)和式(1-2)可知，增加输电线路电压可以降低电压损耗，提高输电线路的极限功率。20 世纪的输电系统就是按照这个思路发展的。图 1-1 展示了交流输电系统电压等级的发展历程，其中红线表示我国输电系统电压等级的发展情况，蓝线表示国外输电系统电压等级发展情况。从国外情况来看，20 世纪 80 年代中后期，苏联、意大利、日本等国曾建造过 1150kV 输电线路，后因效益不够理想，降压运行，因此目前国外交流输电的最高电压等级为 750kV，而我国交流输电的最高电压等级为 1000kV。图 1-2 为我国在建的特高压(1000kV)输电线路。

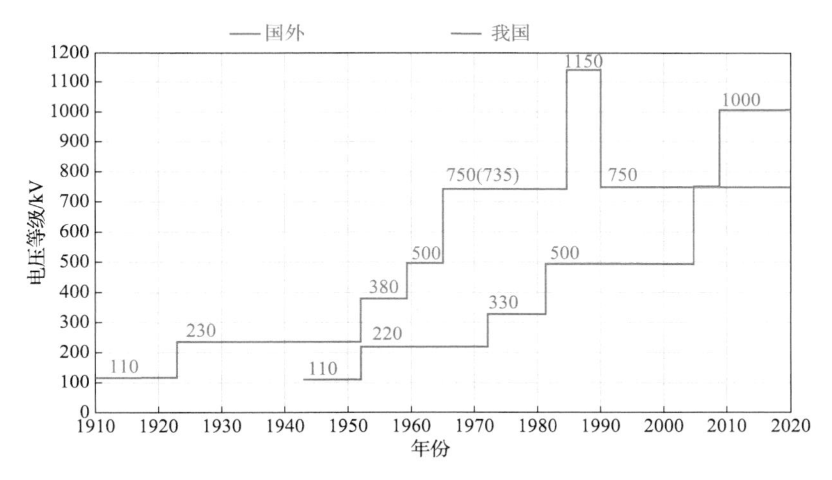

图 1-1 交流输电系统电压等级的发展历程

图 1-2 我国在建的特高压(1000kV)输电线路

然而，随着电压等级的提高，其效益逐渐下降。例如，输电线路的电压等级由 750kV 提高到 1000kV，其极限功率提高大约 1.78 倍，投资却提高到 2 倍以上。这也许就是国外纷纷放弃建设特高压交流输电线路，而致力于利用其他方式提高交流输电系统输送能力的原因。这方面研究和应用最多的是灵活交流输电系统(FACTS)和紧凑型交流输电方式，分别简述如下。

1.1.1 灵活交流输电系统

在交流输电系统发展过程中，人们不断研制各种设备来提高电网的输送能力和改善运行特性。这些设备包括串联电容、并联电容、并联电抗、电气制动电阻及移相器等。交流输电系统发展初期，这些设备大多利用机械投切或分接头转换来改变输电系统的参数，在静态或缓慢变化的状态下控制系统潮流和电压分布。但是，由于电力系统的运行状态总是不断变化，这些设备对系统变化过程的调节与控制往往不够及时和精确。另外，机械投切方式会产生机械磨损，有操作次数的限制，不能适应频繁操作的需要。如果将机械投切的高压开关或分接头等切换部分用可高速控制的电力电子装置取代，就可以使电力系统运行的调节与控制质量得到显著的提高。这就是 FACTS 的基本思想。灵活交流输电系统又称为柔性交流输电系统，出现在 20 世纪 80 年代末期[6,7]。大功率半导体技术的高速发展，耐热和耐冲击电流均能满足电力系统运行要求的晶闸管制造技术的不断提高，为 FACTS 的实现和发展提供了条件。

灵活交流输电系统的范畴很广，凡是采用具有单独或综合功能的电力电子装置，对影响电力系统潮流分布的主要参数(如电压、相角、电抗等)进行调节和控制，从而改善系统运行特性，提高系统输送能力的，都属于灵活交流输电系统[8]。

目前，FACTS 装置大致可以分为串联型、并联型和综合型。串联型装置主要用于改变系统的有功潮流分布，提高暂态稳定性和抑制功率振荡等。这类装置包括晶闸管控制的串联电容器(TCSC)和晶闸管控制的串联电抗器(TCSR)等。并联型装置主要用于改善系统的无功功率分布，进行电压控制等。这类装置主要包括静止无功补偿器(SVC)、静止无功发生器(SVG)和晶闸管控制的制动电阻器(TCBR)等。综合型装置对以上问题均可以较好地解决，但装置的结构比较复杂。这类装置主要包括晶闸管控制的移相变压器(TCPST)和统一潮流控制器(UPFC)等。

1.1.2 紧凑型交流输电方式

紧凑型交流输电方式(简称“紧凑型线路”)通过改善架空线路结构来提高输送能力[9]。其特点是避免了常规线路的相间接地构架，将三相输电线路置于同一塔窗中，使相间距离显著缩小，增大电容，减小电感，从而减小线路的波阻抗 Z_c：

$$Z_c = \sqrt{l_0 / c_0} \tag{1-3}$$

式中，l_0 和 c_0 分别为输电线路单位长度的电感和电容。随着波阻抗 Z_c 减小，输电线路的自然功率 P_n 增大：

$$P_n = \frac{V^2}{Z_c} \tag{1-4}$$

紧凑型线路可以在取消相间接地构架的同时，通过增加每相分裂导线的数量及间距，优化导线的布置方式，使导线表面的电场分布更加合理，进一步提高输电线路的自然功率。相间距离的缩短还可以使线路走廊宽度减小，从而减少占地面积。

众所周知，输电线路在自然功率下运行，沿线电压幅值不变，表现出良好的运行特性，因此通过增大自然功率来提高线路输送功率是一种理想的途径。表 1-1 对紧凑型线路与常规线路进行了比较，可知紧凑型线路的走廊利用率可以提高一倍以上，显示了紧凑型线路的实用价值。

表 1-1 紧凑型线路与常规线路的比较

项目	常规线路	紧凑型线路
几何均距/m	100	44～53
走廊宽度/m	100	32～44
自然功率/MW	100	124～131
走廊利用率/%	100	182～224

紧凑型线路在很多国家得到了实际应用。20 世纪 80 年代邦纳维尔电力管理局(BPA)初建成投运单、双回 500kV 紧凑型线路近 1000km；1999 年南非建成投运 400kV 单回紧凑型线路超 1250km(最长的 1 条达 900km)；2000 年巴西建成 500kV 单回紧凑型线路超 2000km。

我国也建设了多条紧凑型线路。早期的 220kV 安廊线(北京安定—河北廊坊)，长 23.6km，采用四分裂导线，自然功率较常规线路提高 60%。昌平—房山 500kV 紧凑型线路，总长 83km，线路走廊宽度减少 17m，自然功率提高 34%。

紧凑型线路提高输送功率的同时，也存在一些值得探讨的问题。例如，紧凑型线路的临界闪络电压低、充电功率大，给运行和操作带来一定困难；紧凑型线路结构复杂，安装及带电作业不方便；紧凑型线路与常规线路的参数差异较大，与常规线路并联时可能产生环流等。

1.1.3 直流输电系统

直流输电系统具有特殊的优越性[10]。首先，输电距离和容量增加时，为了解决功率极限和运行稳定性问题，交流输电投资将显著增加，直流输电在经济性上具有优势。其次，直流输电可以通过电力电子换流器快速调节潮流，有利于系统稳定运行。最后，当两个电力系统需要互联又要避免相互干扰时，直流输电线路可以满足要求。因此，20 世纪 50 年代直流输电开始兴起，电压等级逐步提高，并得到快速发展，形成了交、直流输电并存的局面。直流输电系统电压等级的发展历程如图 1-3 所示。可以看出，我国直流输电虽然起步较晚，但是发展迅速，2020 年最高电压等级已达 1100kV。

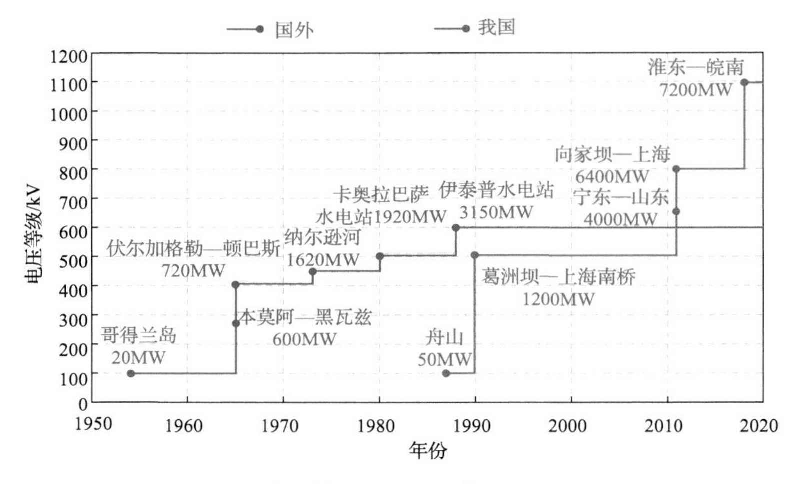

图 1-3　直流输电系统电压等级的发展历程

1.2 分频输电系统的研究历程

1.2.1 分频输电系统的提出与发展

交流电有两个最基本的参数，即电压和频率。自从发明了变压器，从发电、输电到用电，人们可以根据需要选取不同的电压等级，以达到提高效率、方便使用的目的。自 19 世纪末确定电力系统的频率为 50Hz(或 60Hz)后，由于变压器的存在可以方便地改变电压等级，从而提高电力系统的输送能力，因此系统的频率未曾变过。若要改变系统的频率，将会面临新的问题。

1993 年 7 月，国务院批准了三峡工程初步设计报告。该报告指出，在考虑大规模电力送出方案时，只能采用当时最高的 500kV 电压，不能采用更高的电压等级，为此需要修建 17 回输电线路。由此想到在电压等级确定的情况下，通过改变频率的方法来提高交流电的输送能力。

如前所述，交流输电系统的输送功率受其极限功率和电压波动的限制，当输电距离增大时后者更成为关键因素。由式(1-1)和式(1-2)可以看出，减小输电系统的电抗可以成比例地提高交流输电系统的输送功率极限。电抗 X 与频率成正比：

$$X = 2\pi fL \tag{1-5}$$

式中，L 为输电线路电感；f 为交流电频率。

因此，降低输电系统频率可以成比例地提高输送功率。基于这个思路，王锡凡在 1994 年首次提出了分频输电系统的概念[1]。其中，分频指当前工频的三分之一，这样可以用三倍频变压器将分频电能方便地并入电网。由于分频输电对于可再生能源有广泛的应用潜力，国际上也陆续开展了相应的研究。值得注意的是，有些研究将这种输电方式称为“低频”输电，但几乎无例外地采用了三分频(欧洲 50/3Hz，美国 20Hz)。

分频输电系统的结构如图 1-4 所示。由于水电机组转速很低，适当地调节其极对数即可发出分频交流电，与其配套的变压器也应是三分频的。其后的输电线路应与常规线路没有差异。输电线路终端通过倍频变压器并入工频电力系统。图 1-4 中的倍频变压器也可以采用电力电子换流器替代，后续章节将详细论述。

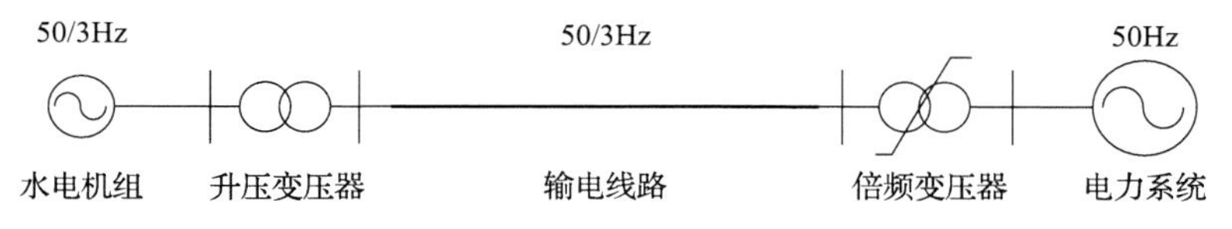

图 1-4　分频输电系统结构

在当前能源转型的形势下，可再生能源发电形式将逐步替代化石能源发电形式，而水电、风电等电源的原动机转速一般较低，更适合发出频率较低的电能。汽轮发电机作为主要电源的交流系统，其频率并不一定适合未来的电力系统。分频输电系统输送光伏发电和风电等可再生能源有显著的优势，可以预期，这种新型输电方式有极其广阔的发展前景。

在大规模海上风电并网领域，海缆在频率降低后具有显著优势，对于电缆线路，50/3Hz 分频可使其载流量上升约 15%，同时充电无功占用容量降低至 1/9，使得电缆的送电容量与距离大幅提升。

$$S_Q = \frac{I_Q^2}{I_{rated}^2} S_{rated} = \left(2\pi fCV\right)^2 \frac{S_{rated}}{I_{rated}^2} \tag{1-6}$$

式中，S_Q 为电缆充电无功占用容量；I_Q 为电缆的无功充电电流；I_{rated} 为电缆的载流量；S_{rated} 为电缆的视在容量。

从“分频输电”这一概念提出至今，王锡凡团队开展了大量研究工作。

前期的理论研究和实验集中在以铁磁型倍频变压器构建的分频输电系统[11-13]。铁磁型倍频变压器具有结构简单、运行可靠、造价低廉等特点，在工业生产中已获得应用。早在 20 世纪 70 年代，国外就有铁磁型倍频变压器有功功率传输效率超过 95%的报道[14]。数字仿真论证了这种类型分频输电系统的可行性，并且发现了倍频变压器的可逆特性，利用这一特性可以建立分频输电连接的交流互联电网，如图 1-5 所示。

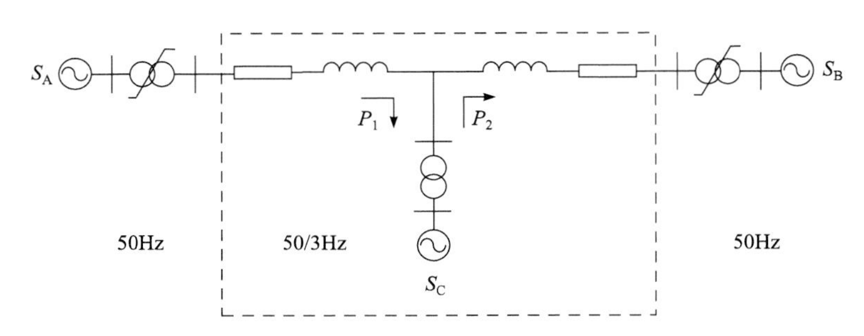

图 1-5　基于分频输电构建的交流互联电网示意图

西安交通大学电力系统动态模拟(简称“动模”)实验室建立了一套模拟 1200km、500kV 的分频输电系统，如图 1-6 所示，王锡凡团队采用了相控型电力电子换流器作为系统终端的变频装置。通过这套装置验证了分频输电系统可以大幅度提高输送能力的论断[15]。其后结合甘肃苗家坝水电站用分频输电送出的可行性论证完成了中国科学院的咨询项目。该项目组向国务院呈送的报告《电网分频输电的技术经济分析与建议》中肯定了这种新型输电方式的有效性，并提出分频输电特别适合可再生能源的输送，应进一步加强研究。

图 1-6　西安交通大学分频输电系统动模实验平台

在能源革命的浪潮中，风力发电的运行及传输研究得到快速发展。2019 年，王锡凡团队将分频输电动模系统中的电力电子型变频器升级为基于模块化多电平矩阵换流器(M^3C)的变频装置，并对风电故障穿越等暂态过程进行了模拟和控制研究，研究成果发表在美国电气与电子工程师协会(IEEE)系列期刊中。与此同时，对陆上和海上的风电通过分频输电并网的可行性进行了深入的论证，完成了一系列科研项目。

王锡凡团队在分频输电系统方面的研究成果发表了 130 多篇文章，培养了一批专业人才，相关成果引起了国际电力系统专家的关注，纷纷投入新能源经分频输电并网的研究，研究结论与王锡凡团队基本一致。以下仅对美国和德国的研究做简单介绍。

美国电力系统工程研究中心(PSERC)对于陆上风电场用低频交流输电并网可行性进行了深入的研究[16]。他们采用的低频是 20Hz、50/3Hz(分别相对于 60Hz、50Hz 电力系统)，研究结论包括：当风电场输电距离大于 50mile 时，分频输电优于常规的交流输电和直流输电；分频输电费用低、性能好、可靠性高；分频输电所需要的输变电设备不存在研制瓶颈。

德国相关研究成果是在 2012 年第三届欧洲 IEEE 创新智能电网技术(IEEE ISGT)会议上发表的[17]。文献[17]表明，制造厂家可以提供海上低频(50/3Hz)电网所需要的电气设备，因而海上风电用低频交流输电并网是可行的；海底电缆的充电功率仅为常规 50Hz 交流电的 1/3，因此输电距离可以提高至 3 倍；低频(50/3Hz)输电线路的损耗较小，容易形成多端网络；降低海上风电平台的费用；电子换流器安装在岸上，维修不受天气影响；所有风电平台的元件都能严密封装，使设备免受盐和湿气的损害。

分频输电系统的关键设备是变频器。变频器分铁磁型和电力电子型两类。随着电力电子技术的发展，提出了柔性分频输电系统的概念[13]，即利用电力电子的相控式交-交变频器，充分利用变频器两端均有电源的优势，根据有源逆变的机理，实现交-交变频器功率输送方向的可逆性。电力电子型变频器具有工作效率高、安装运行灵活、易于控制的特点。柔性分频输电系统是分频输电思想与电力电子技术的结合，是一种具有经济与技术优势的全新输电方案，特别在水电开发方面有着广阔的应用前景，值得进一步深入研究。目前，柔性分频输电系统在我国已进入工程试验阶段。

1.2.2 国内外研究现状

近年来，分频输电系统的研究工作主要集中于陆上、海上风电并网方面，具体包括系统构成形式、技术经济效益与安全稳定控制，并初步探索了分频输电系统在系统互联与线路扩容方面的应用。

确定一种高效可靠、经济安全的系统构成形式是实现分频风电系统的首要任务。分频风电系统仍然采用王锡凡团队在文献[13]中提出的“分频电网-分频变压器-分频线路-倍频变压器-工频电网”基本拓扑结构[18]，只是随着电力电子技术的发展，先后将倍频变压器升级为晶闸管周波变换器[15,19,20]、模块化多电平矩阵换流器[21,22]，并通过仿真或实验验证了该系统构成形式的可行性。有学者基于此提出了直流集电系统-单相低频交流并网的海上风电并网方案[4,19,20]，但须在海上建设高压大功率换流站，而避免海上换流站建设是海上风电采用分频输电并网的优势之一，因此学者普遍认为以海上升压站-陆上变频站的形式构建海上风电并网送出的方案能够最大程度地发挥分频输电系统成本低廉、结构简单、可靠性高的优势，是分频风电系统的主流拓扑。海上风电经分频输电方式并网方案如图 1-7 所示。

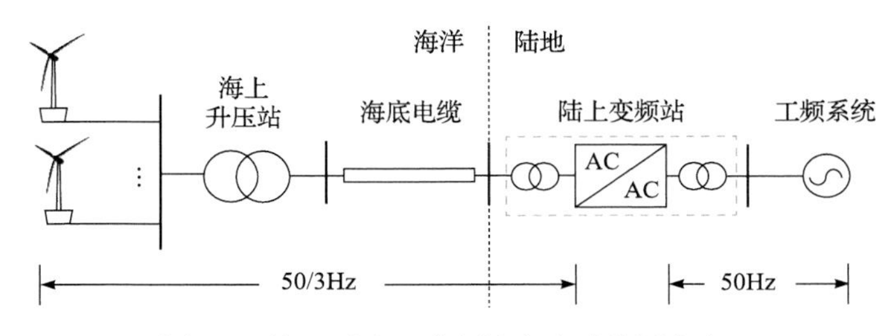

图 1-7　海上风电经分频输电方式并网方案

技术经济效益分析方面，王锡凡团队首次将分频输电系统应用于风电并网，单台发电机发电功率提升了 9.87%[23]，并对风电经基于相控型变频器的分频输电并网系统进行了动模实验研究，结果表明相控型变频器的效率高达 99.2%，使得分频风电系统具备很大的应用潜力[24]。随后，通过动模实验进一步验证了 M^3C 在分频风电系统中的可行性[25]。对大规模陆上、海上风电并网典型案例进行比较发现，与常规交流并网相比，分频输电并网方式的等年值分别减小了 17.6%与 14.8%[22,26]。在海上风电并网场景中，分频输电并网的等年值与直流输电相比降低约 10%[27]；对于 400MW 海上风电场，分频输电方式的经济距离为 75～200km，上下限波动范围为±15km 与±6km[28]。国际上其他学者采用不同的海上平台、施工费用、一次设备(风机、电缆、换流器等)等成本数据，给出了相应的分频海上风电系统经济距离的计算结果，均认为存在一个分频海上风电系统经济区间。分频海上风电系统经济距离如图 1-8 所示。随着风电场离岸距离的增加，经济并网方式呈“高压交流—分频输电—高压直流”的趋势，因此分频输电是未来深远海风电极具经济优势的并网方式。

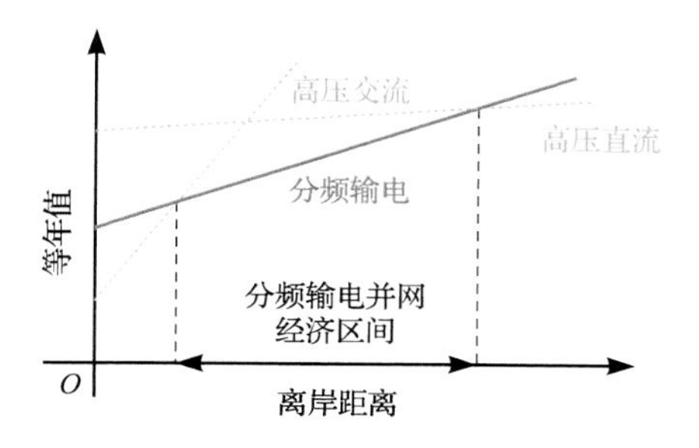

图 1-8 分频海上风电系统经济距离示意图

作为分频输电与工频电网的关键接口设备，变频器的控制、保护策略直接决定了分频海上风电系统的运行特性与电力系统的安全稳定。在风电经采用相控型变频器分频输电并网的动模实验研究中，变频器采用了无环流的开环控制策略，且其触发脉冲实时生成方法简单、高效且可靠[29]。文献[30]对变频器在桥臂短路故障后的运行特性进行了详细分析。海上风电经分频输电方式并网后，其继电保护大体上仍可沿用工频保护算法，频率稳定性、电压稳定性相比工频并网得到了很大提升[31-33]。进一步对分频风电系统进行小信号分析发现，在系统受到干扰时，分频风电系统的阻尼大幅度减小，容易发生大幅度的功率、电压振荡，可以通过引入电压反馈环增大阻尼，提升系统稳定性[34]。日本学者通过虚拟同步机控制方法改善分频风电系统的稳定性[35]。对于基于 M^3C 的分频海上风电系统，王锡凡团队提出了 M^3C 基本控制框架[22]，且针对电网平衡、不平衡故障设计有针对性的全系统故障穿越控制策略[36,37]，提升分频风电系统并网的友好程度。

随着经济发展，电力需求不断增长，我国电网供电能力不断提升。考虑未来土地资源紧张程度加剧，将原有输电线路从工频降为分频运行，对挖掘电网输送能力、提升经济性大有裨益。对长距离 500kV 架空线路典型算例的研究表明，将输电频率降低至 50/3Hz 时，线路实际输送能力逼近线路热极限功率，且比新建工频线路与线路直流改造等方案更加经济[38]。美国学者也对基于背靠背换流器的分频输电降频改造系统的技术特性进行了初步分析，已有成果验证了降频改造的应用潜力[39,40]。

分频输电技术引起了国外学者的广泛关注。2000 年，日本大阪大学松浦虔士教授提出 10Hz 电缆输电方案，通过在电缆两端加装变频器，降低输电系统的损耗与发生绝缘损害的概率。2010～2012 年，美国佐治亚理工学院与艾奥瓦州立大学组建的联合团队完成了海上风电经分频输电方式外送的可行性研究，认为在风电场距离大于 80km 时，分频输电方式优于工频交流方式与直流输电方式。德国学者在 2012 年第三届欧洲 IEEE ISGT 会议中也提出使用分频输电进行海上风电送出，随后英国与爱尔兰学者基于此进行了详细技术方案设计，美国学者也研究了电力系统经分频柔性互联与线路降频改造的可行性。研究结果表明，分频输电技术在大规模远距离海上风电送出、线路扩容改造与系统柔性互联等场景中都极具竞争力。

1.3 分频输电系统的应用前景

分频输电最大的优点是可以大幅度提高交流系统的输送能力。对架空线路，可以降低输电系统电抗，从而提高其极限功率并减小系统电压波动；对海底电缆输电，可以降低充电电流，从而提高其有效输送功率。

电力系统的发展对输送能力持续提出要求，但是由于出线走廊等限制，不得不在改造原有输电线路上寻求突破。为此，文献[41]提出将交流输电系统改为直流输电系统的建议。然而，由于交流输电线路和直流输电线路结构上的差异，改造有一定困难。若采用分频输电，将 50Hz 的输电系统改造为 50/3Hz 的输电系统，输电线路无需改造，在一定距离范围内输送容量即可提高三倍，更为合理、经济可行。

在工频交流方式下，海底电缆充电电流较大，无功功率挤占输送空间，不能有效利用其截面积，输电距离较短。随着负荷和交换功率的不断增大，海底电缆输电线路可能逐渐饱和，甚至过载。在这种情况下，将其改造为分频输电系统，无功充电功率仅为工频的九分之一，可显著提高输送能力，输电效率更高。

分频输电系统在提高陆地架空线路输送能力方面有极大的潜力。由于水电机组的转速很低，发电机组往往需要接近上百极对数。减少发电机组的极对数，发出 50/3Hz 的电力，然后利用分频输电系统将电能送到负荷中心经济效益显著。同理，陆上风电基地一般远离负荷中心，利用分频输电系统同样可以节约投资。王锡凡团队曾对甘肃酒泉风电基地向兰州送电开展可行性研究，发现如采用 750kV 输电线路，常规工频交流输电需要 5 回架空线路，而分频输电仅需 2 回线路，可以节约大量投资。

相对于柔性直流输电，分频输电在海上风电并网方面有巨大的优势，原因在于分频输电省去了海上风机平台的换流装置。两种送出方案对比如图 1-9 所示。分频输电大大简化了风电系统的海上平台，不仅减轻了重量，节约了成本，而且规避了海上逆变站发生故障的风险，减少了维修工作量，从而有效提高了风电的利用小时数。

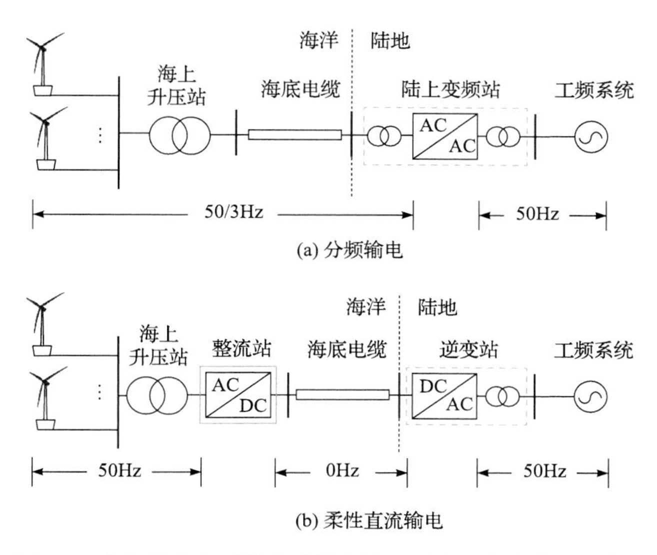

图 1-9 分频输电和柔性直流输电海上风电送出方案的比较

我国太阳能的潜力巨大，有数十亿千瓦的储量。太阳能发电基地大多集中在新疆、青海、西藏等地区，距负荷中心较远，需要远距离输电。在这一环节上同样可以发挥分频输电系统的作用。光伏发电系统没有旋转的发电机组，是直接通过逆变器向电力系统送电的，因此只要把逆变器输出频率从 50Hz 降低为 50/3Hz，就可以利用分频输电系统将光伏发电基地的电能经济地输送到负荷中心，如图 1-10 所示。

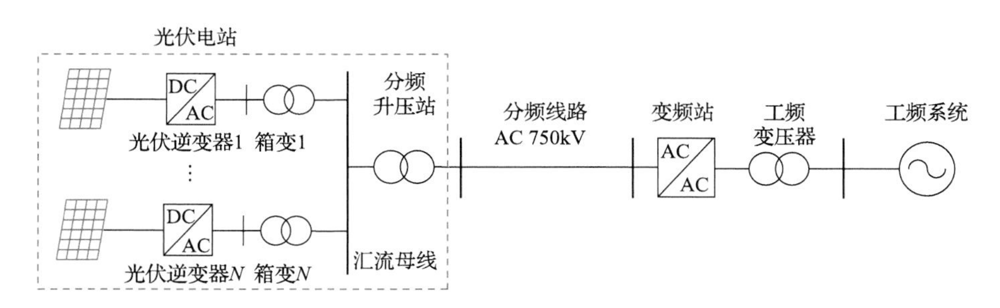

图 1-10 光伏发电基地电能利用分频输电系统送出示意图

在能源转型进程中，大力开发风电、光伏发电是各国的共识和核心任务。我国有世界最大面积的戈壁沙漠，光照强，非常适合建设光伏发电基地，发电容量可达数十亿千瓦。但光伏发电基地距离负荷中心较远，现有输电方式存在一定不足，分频输电技术的应用必将发挥巨大作用。

参 考 文 献

[1] WANG X F. The fractional frequency transmission system[C]. The Fifth Annual Conference of Power and Energy Society IEE Japan, Tokyo, 1994: 53-58.

[2] SULZBERGER C L. Triumph of AC: From Pearl Street to Niagara[J]. IEEE Power and Energy Magazine, 2003, 1(3): 64-67.

[3] SULZBERGER C L. Triumph of AC. 2. The battle of the currents[J]. IEEE Power and Energy Magazine, 2003, 1(4): 70-73.

[4] BLALOCK T J. The frequency changer era-interconnecting systems of varying cycles[J]. IEEE Power and Energy Magazine, 2003, 1(5): 72-79.

[5] ELGERD I O. Electric Energy Systems Theory: An Introduction[M]. New York: McGraw-Hill, 1982.

[6] HINGORANI N G. High power electronics and flexible AC transmission system[J]. IEEE Power Engineering Review, 1988, 8(7): 3-4.

[7] GYUGYI L. Dynamic compensation of AC transmission lines by solid-state synchronous voltage sourse[J]. IEEE Transactions on Power Delivery, 1994, 9(2): 904-911.

[8] 戴卫力, 费峻涛. 电力电子技术在电力系统中的应用[M]. 北京: 机械工业出版社, 2015.

[9] 梁曦东, 姜齐荣, 曾嵘, 等. 提高超高压交流输电线路的输送能力(一)[M]. 北京: 清华大学出版社, 2010.

[10] 戴熙杰. 直流输电基础[M]. 北京: 水利电力出版社, 1990.

[11] 王锡凡. 分频输电系统[J]. 中国电力, 1995(1): 2-6.

[12] 王锡凡, 王秀丽. 分频输电系统的可行性研究[J]. 电力系统自动化, 1995(4): 5-13.

[13] WANG X F, WANG X L. Feasibility study of fractional frequency transmission system [J]. IEEE Transactions on Power System, 1996, 11(2): 962-967.

[14] BIRINGER P, LAVERS J. Recent advances in the design of large magnetic frequency changers[J]. IEEE Transactions on Magnetics, 1976, 12(6): 823-828.

[15] WANG X F, CAO C J, ZHOU Z C. Experiment on fractional frequency transmission system [J]. IEEE Transactions on Power System, 2006, 21(1): 372-377.

[16] MELIOPOULOS S, ALIPRANTIS D, CHO Y, et al. Low frequency transmission: Final project report[R]. PSERC Publication, 2012: 12-28.

[17] FICHER W, BRAUN R, ERLICH I. Low frequency high voltage offshore grid for transmission of renewable power[C]. 3rd PES Innovative Smart Grid Technologies Europe, Berlin, 2012: 1-6.

[18] LIU S Q, WANG X F, NING L H, et al. Integrating offshore wind power via fractional frequency transmission system[J]. IEEE Transactions on Power Delivery, 2017, 32(3): 1253-1261.

[19] 胡超凡, 王锡凡, 曹成军, 等. 柔性分频输电系统可行性研究[J]. 高电压技术, 2002, 28(3): 16-18, 21.

[20] CHEN H, JOHNSON M H, ALIPRANTIS D C. Low-frequency AC transmission for offshore wind power[J]. IEEE Transactions on Power Delivery, 2013, 28(4): 2236-2244.

[21] 张森林, 王锡凡. 基于矩阵式交交变频的柔性分频输电系统仿真[J]. 西安理工大学学报, 2004(4): 416-421.

[22] LIU S Q, WANG X F, MENG Y Q, et al. A decoupled control strategy of modular multilevel matrix converter for fractional frequency transmission system[J]. IEEE Transactions on Power Delivery, 2017, 32(4): 2111-2121.

[23] 迟方德, 王锡凡, 王秀丽. 风电经分频输电装置接入系统研究[J]. 电力系统自动化, 2008(4): 59-63.

[24] 宁联辉, 王锡凡, 滕予非, 等. 风力发电经分频输电接入系统的实验[J]. 中国电机工程学报, 2011, 31(21):

11-18.
[25] 王锡凡, 王秀丽, 宁联辉, 等. 分频海上风电系统研究实验报告[R]. 西安: 西安交通大学, 2020.
[26] WANG X F, TENG Y F, NING L H, et al. Feasibility of integrating large wind farm via fractional frequency transmission system: A case study[J]. International Transactions on Electrical Energy Systems, 2013, 24: 64-74.
[27] 王锡凡, 刘沈全, 宋卓彦, 等. 分频海上风电系统的技术经济分析[J]. 电力系统自动化, 2015, 39(3): 43-50.
[28] 黄明煌, 王秀丽, 刘沈全, 等. 分频输电应用于深远海风电并网的技术经济性分析[J]. 电力系统自动化, 2019, 43(5): 167-174.
[29] 滕予非, 王锡凡, 宁联辉, 等. 分频输电系统交-交变频器触发脉冲实时生成方法[J]. 电力系统自动化, 2010, 34(23): 76-81.
[30] 滕予非, 宁联辉, 王锡凡. 分频输电系统交交变频器桥臂短路故障研究[J]. 西安交通大学学报, 2014, 48(2): 56-61.
[31] NGO T, MIN L, SANTOSO S. Analysis of distance protection in low frequency AC transmission systems[C]. PES General Meeting, Boston, 2016: 1-5.
[32] DONG J, ATTYA A B, ANAYA-LARA O. Frequency stability analysis in low frequency AC systems for renewables power transmission[C]. 6th International Conference on Clean Electrical Power, Santa Margherita Ligure, 2017: 275-279.
[33] NGO T, QUAN N, SANTOSO S. Voltage stability of low frequency AC transmission systems[C]. IEEE/PES Transmission and Distribution Conference and Exposition, Dallas, 2016: 1-5.
[34] LI J, ZHANG X P. Small signal stability of fractional frequency transmission system with offshore wind farms[J]. IEEE Transactions on Sustainable Energy, 2016, 7(4): 1538-1546.
[35] ACHARA P, ISE T. Power control of low frequency AC transmission system using cycloconverters with virtual synchronous generator control[C]. 41st Annual Conference of the IEEE Industrial Electronics Society, Yokohama, 2015: 2661-2666.
[36] LIU S Q, SAEEDIFARD M, WANG X F, et al. A current reallocation strategy to attenuate the peak arm current of the modular multilevel matrix converter[J]. IEEE Journal of Emerging and Selected Topics in Power Electronics, 2019, 7(4): 2292-2302.
[37] LIU S Q, SAEEDIFARD M, WANG X F. Analysis and control of the modular multilevel matrix converter under unbalanced grid conditions[J]. IEEE Journal of Emerging and Selected Topics in Power Electronics, 2018, 6(4): 1979-1989.
[38] ZHAO B Y, WANG X F, WANG X L, et al. Upgrading transmission capacity by altering HVAC into fractional frequency transmission system[J]. IEEE Transactions on Power Delivery, 2021, 37(5): 3855-3862.
[39] NGUYEN Q, SANTOSO S. Optimal planning and operation of multi-frequency HVAC transmission systems[J]. IEEE Transactions on Power Systems, 2021, 36(1): 689-698.
[40] SEHLOFF D, ROALD L A. Low frequency AC transmission upgrades with optimal frequency selection[J]. IEEE Transactions on Power Systems, 2021, 37(2): 1437-1448.
[41] MERIDJI T, CEJA-GOMEZ F, RESTREPO J, et al. High-voltage DC conversion: Boosting transmission capacity in the grid[J]. IEEE Power and Energy Magazine, 2019, 17(3): 22-31.

第2章

分频输电系统的基本原理

对于架空线路而言，当线路较长且空载或者轻载时，线路过电压以及低稳定输送功率极限等运行问题将涌现。交流输电过程实际上是波的传播过程，沿线电压、电流幅值呈正弦波。正弦波的传播过程与电气频率密切相关，降低输电频率可以将正弦波的周期拉长，线路周围电场和磁场的变化趋缓，从而有效地改善线路的传输性能，提高传输功率极限，减少对补偿装置的需求量。例如，一个交流传播周期的波长为18000km，在一定条件下，当输电频率为50/3Hz时，与50Hz时相比相当于将输电线路的电气距离缩短至三分之一。

对于电缆线路而言，由于其结构紧凑，相间电容大，线路无功功率极大压缩有功功率的传输能力，输送能力随线路长度增加而显著降低。降低输电频率可以大幅度减小线路电纳，释放无功电流占用的线路载流量，进而拓展电缆线路输电距离。

本章内容包括架空线路、电缆线路在内的交流远距离输电线路的基本特性及制约输电线路功率传输的各种因素分析，着重比较频率变化与不同因素的关系；提出分频输电系统的优化规划模型，介绍分频输电在海上风电接入典型场景中的系统构建方法，奠定分频输电系统的理论基础。

2.1 交流输电架空线路的功率传输特性

2.1.1 交流远距离输电线路基本方程

在图 2-1 所示的远距离输电系统中，设线路末端的电压相量、电流相量已知，分别为$\dot{V}_2$、$\dot{I}_2$，则距末端长度为x处的电压相量、电流相量为[1]

$$\begin{cases}\dot{V}_x = \dot{V}_2\cosh(\gamma x) + \dot{I}_2 Z_c \sinh(\gamma x) \\ \dot{I}_x = \dfrac{\dot{V}_2}{Z_c}\sinh(\gamma x) + \dot{I}_2\cosh(\gamma x)\end{cases} \tag{2-1}$$

其中，

$$Z_c = \sqrt{\frac{r_0 + j\omega l_0}{g_0 + j\omega c_0}} \tag{2-2}$$

$$\gamma = \alpha + j\beta = \sqrt{(r_0 + j\omega l_0)(g_0 + j\omega c_0)} \tag{2-3}$$

式中，Z_c 为线路波阻抗；γ 为线路传播常数；α 和 β 分别为传播常数的实部和虚部；r_0 和 g_0 分别为线路单位长度的串联电阻和并联电导；l_0 和 c_0 分别为线路单位长度的电感和电容；ω 为角频率。

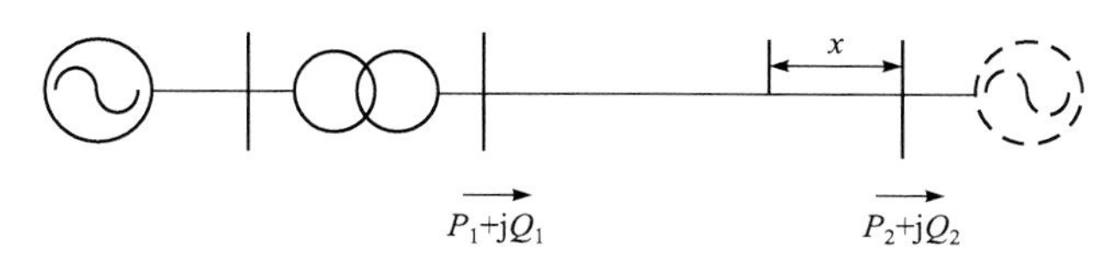

图 2-1　远距离输电系统示意图

行波的基本性质由传播常数决定。传播常数的实部 α 表示行波振幅衰减特性，称为行波衰减常数。行波每前进单位长度，其振幅都要减少为原振幅的 $1/e^{\alpha}$ 。传播常数的虚部 β 表示行波相位变化特性，称为行波相位常数，其数值代表沿行波方向单位长度前方处行波在相位上滞后的角度。

对于超高压架空线路，r_0 和 g_0 相对很小，为了便于分析，通常假设 r_0 、g_0 为零，这样线路就成为无损耗线路，此时波阻抗与频率无关，而传播常数与频率成正比。行波相位相差 2π 的两点间的距离称为波长，通常用 λ 表示：

$$\lambda = \frac{2\pi}{\beta} = \frac{2\pi}{\omega\sqrt{l_0 c_0}} = \frac{1}{f\sqrt{l_0 c_0}} = \frac{v}{f} \tag{2-4}$$

式中，v 为行波传播速度，其数值接近于光速，即 $v = 3\times10^5\,\text{km}\cdot\text{s}^{-1}$ 。当 $f = 50$ Hz 时，$\lambda = 6000\,\text{km}$。

线路的电气长度常用它的实际几何长度与波长之比来衡量。若线路的长度为 l，则它的电气长度 l^* 为

$$l^* = \frac{l}{\lambda} = \frac{\beta l}{2\pi} \tag{2-5}$$

当 $\beta l = 2\pi$ 时，线路称为全波长线路；当 $\beta l = \pi$ 时，线路称为半波长线路；当

$\beta l = \pi/2$ 时，线路称为 1/4 波长线路。对于架空线路，无论是改变导线的排列方式，还是采用分裂导线，$l_0 c_0$ 几乎都不变，电气距离很难改变。由于 $\beta = \omega\sqrt{l_0 c_0}$，若想缩短线路的电气长度，可通过降低频率来实现。

当线路的长度为 l 时，首端电压相量 $\dot{V}_1$、电流相量 $\dot{I}_1$ 可以表示为

$$\begin{cases} \dot{V}_1 = \dot{A}\dot{V}_2 + \dot{B}\dot{I}_2 \\ \dot{I}_1 = \dot{C}\dot{V}_2 + \dot{D}\dot{I}_2 \end{cases} \tag{2-6}$$

式中，$\dot{A} = \dot{D} = \cosh(\gamma l)$；$\dot{B} = Z_c \sinh(\gamma l)$；$\dot{C} = \sinh(\gamma l)/Z_c$。

式(2-1)～式(2-6)为交流远距离输电线路的基本方程，通过这些方程可以分析输送功率、沿线电压与距离及频率的关系。

2.1.2 输送功率与电气距离的关系

由式(2-6)可推导得到线路两端的功率方程为

$$S_1 = P_1 + jQ_1 = \dot{V}_1\hat{I}_1 = \frac{V_1^2\hat{D}}{\hat{B}} - \frac{\dot{V}_1\hat{V}_2}{\hat{B}} \tag{2-7}$$

$$S_2 = P_2 + jQ_2 = \dot{V}_2\hat{I}_2 = -\frac{V_2^2\hat{A}}{\hat{B}} + \frac{\hat{V}_1\dot{V}_2}{\hat{B}} \tag{2-8}$$

在忽略线路电阻和电导的情况下，系数 $\dot{A}$、$\dot{B}$、$\dot{D}$ 可简化为

$$\dot{A} = \dot{D} = \cosh(\gamma l) \approx \cos(\beta l) \tag{2-9}$$

$$\dot{B} = Z_c\sinh(\gamma l) \approx jZ_c\sin(\beta l) \tag{2-10}$$

设 $\dot{V}_2$ 的相角为零，$\dot{V}_1$ 的相角为 δ，将式(2-9)和式(2-10)代入式(2-7)，可得

$$S_1 = \frac{V_1^2\cos(\beta l)}{-jZ_c\sin(\beta l)} - \frac{V_2V_1\angle\delta}{-jZ_c\sin(\beta l)} = \frac{V_2V_1\sin\delta}{Z_c\sin(\beta l)} + j\left[\frac{V_1^2}{Z_c}\cot(\beta l) - \frac{V_2V_1\cos\delta}{Z_c\sin(\beta l)}\right] \tag{2-11}$$

由式(2-11)可知线路首端的有功功率为

$$P_1 = \frac{V_1V_2\sin\delta}{Z_c\sin(\beta l)} \tag{2-12}$$

同理，由式(2-8)可求出末端的功率为

$$S_2 = \frac{V_2^2\cos(\beta l)}{-jZ_c\sin(\beta l)} + \frac{V_2V_1\angle(-\delta)}{-jZ_c\sin(\beta l)} = \frac{V_2V_1\sin\delta}{Z_c\sin(\beta l)} + j\left[\frac{V_2^2}{Z_c}\cot(\beta l) + \frac{V_2V_1\cos\delta}{Z_c\sin(\beta l)}\right] \tag{2-13}$$

由式(2-13)可知，末端的有功功率与首端的有功功率相同，这是因为前面已经假设线路为无损耗线路：

$$P_1 = P_2 = \frac{V_2 V_1 \sin\delta}{Z_c \sin(\beta l)} = P_n \frac{\sin\delta}{\sin(\beta l)} \tag{2-14}$$

式中，P_n 为自然功率。

式(2-14)说明，在两端电压给定的情况下，如果线路的电气长度 βl 不变且不等于 π，则输送功率的极限值出现在 $\delta = \pi/2$ 处。在此情况下，线路的极限输送功率为[2]

$$P_{max} = \frac{V_2 V_1}{Z_\lambda \sin(\beta l)} = \frac{P_n}{\sin(\beta l)} \tag{2-15}$$

图 2-2 为 50/3Hz 和 50Hz 频率下，以输电距离为横坐标，以 P_1/P_n 为纵坐标，1/4 波长区间内的输送功率极限曲线。由图 2-2 可以看出，50Hz 输电线路的输送功率极限随输电距离的增长而快速降低，当输电距离为 1/4 波长(1500km)时，50Hz 输电线路的功率极限值最低。当实际距离小于 1500km 时，50/3Hz 输电线路的输送功率极限为 50Hz 的 2～3 倍。

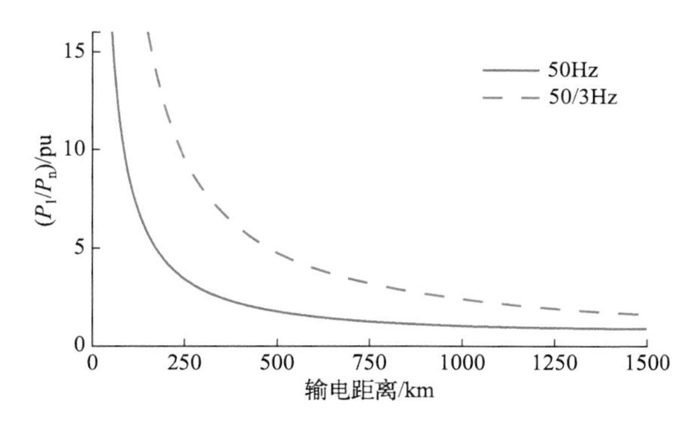

图 2-2　1/4 波长区间内的输送功率极限曲线

用 $P^{(3)}$ 表示频率降低为 50/3Hz 时的输电线路输送功率极限，与 50Hz 输电线路输送功率极限 P 的比值可以用式(2-16)求得，结果见表 2-1。

$$\frac{P^{(3)}}{P} = \frac{\dfrac{P_n}{\sin(\beta l/3)}}{\dfrac{P_n}{\sin(\beta l)}} = \frac{\sin(\beta l)}{\sin(\beta l/3)} \tag{2-16}$$

表 2-1　50/3Hz 与 50Hz 输电线路输送功率极限的比值

项目	βl/(°)					
	15	30	45	60	75	90
l/km	250	500	750	1000	1250	1500
$P^{(3)}/P$	2.74	2.64	2.51	2.32	2.08	1.82

2.1.3 补偿容量的确定及与频率的关系

输电线路的无功功率 Q 由线路周围的电场、磁场功率的差值决定：

$$Q = 3\omega l\left(c_0V^2 - l_0I^2\right) = 3\omega lc_0V^2\left(1 - \frac{l_0I^2}{c_0V^2}\right) \tag{2-17}$$

代入波阻抗、波速和自然功率，式(2-17)可改写为

$$Q = 3\omega l\frac{V^2}{vZ_c}\left[1 - \left(\frac{P}{P_n}\right)^2\right] = \frac{\omega l}{v}P_n\left[1 - \left(\frac{P}{P_n}\right)^2\right] \tag{2-18}$$

由式(2-18)可知，当输送功率小于自然功率时($P < P_n$)，线路上有多余的无功功率；当线路空载时($P = 0$)，无功功率达到最大值：

$$Q_{\max} = \frac{\omega l}{v}P_n \tag{2-19}$$

多余的无功功率会引起末端电压上扬。为保证电压在合理的范围之内，需加装并联电抗器，电抗器的容量一般由式(2-19)确定。电抗器容量与频率成正比，在线路长度和参数确定的情况下，降低频率可以直接减少所需电抗器的容量。

相反，当输送功率大于自然功率时($P > P_n$)，线路需要无功功率，其值随输送有功功率的增加而急剧增大(图 2-3)，可超出 $P = 0$ 时最大无功功率许多倍。此时，输电线路像一个大功率电抗器，其所需的无功功率可由式(2-19)计算。无功功率的增加将引起电压降低，此时，不仅要切除并联电抗器，还可能要投入并联的电容器。电容器的容量需求同样与频率成正比，因此降低频率可以大幅度地减少对无功功率的需求[3]。

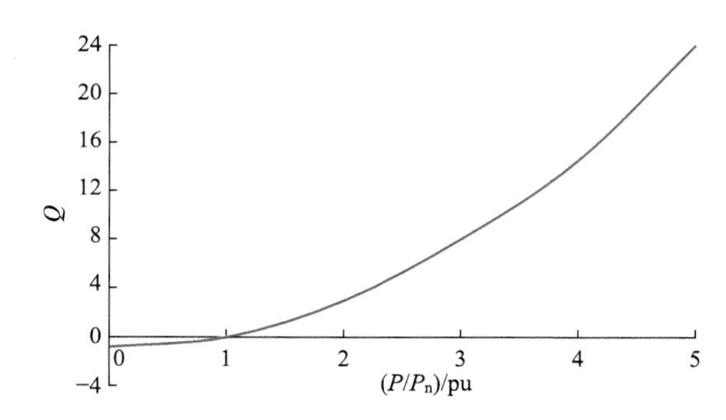

图 2-3 线路无功功率与输送有功功率的关系曲线

当输电线路长度为 1200km 时，不同输电频率对输电系统运行指标的影响见表 2-2[4]。

表 2-2　输电频率对输电系统运行指标的影响

运行指标	50Hz	50/3Hz
波长 λ/rad	1.2567	0.4189
末端空载电压/pu	3.2370	1.0946
末端补偿容量/pu	0.7266	0.2126
电压波动率/pu	0.9511	0.4067

2.2　交流输电电缆线路的功率传输特性

2.2.1　海缆的输送能力

不同于架空线路，跨海输电多采用电缆线路，而电缆的电感较小且散热条件差，热极限是其输送容量的主要制约因素，主要表现为电缆的载流量限制。载流量是海底电缆运行中的重要参数，指在满足线芯工作温度不超过绝缘系统耐热寿命允许值和导体连接可靠性符合要求的前提下，电缆线路运行时线芯导体中通过的电流量。在分频输电系统中，电缆的截面积越大，集肤效应越明显，降低输电频率对集肤效应的改善效果越显著。因此，输电频率的降低能有效提高电缆的载流量，且电缆截面积越大，降低输电频率对载流量的提升效果越明显。

IEC 60287 标准中交、直流电缆的允许连续载流量的公式如式(2-20)所示[5,6]：

$$I_{\mathrm{p}}=\sqrt{\frac{\theta_{\mathrm{c}}-\theta_{\mathrm{a}}-W_{\mathrm{d}}\left[\dfrac{T_1}{2}+n\left(T_2+T_3+T_4\right)\right]}{RT_1+n_1R\left(1+\lambda_1\right)T_2+n_1R\left(1+\lambda_1+\lambda_2\right)\left(T_3+T_4\right)}} \tag{2-20}$$

式中，I_{p} 为导体相电流，A；θ_{c} 为导体允许的最高温度，℃；θ_{a} 为电缆敷设温度，℃；W_{d} 为单位长度导体绝缘的介电损耗，$\mathrm{W\cdot m^{-1}}$；T_1 为导体与护套间的热阻，$\mathrm{K\cdot m\cdot W^{-1}}$；$n_1$ 为电缆相数；T_2 为护套和铠装间的热阻，$\mathrm{K\cdot m\cdot W^{-1}}$；$T_3$ 为电缆外护层的热阻，$\mathrm{K\cdot m\cdot W^{-1}}$；$T_4$ 为电缆表面与周围介质间的热阻，$\mathrm{K\cdot m\cdot W^{-1}}$；$R$ 为最高工作温度下导体交流电阻，$\Omega\cdot\mathrm{m^{-1}}$；$\lambda_1$ 为金属护套损耗与导体损耗之比；λ_2 为铠装损耗与导体损耗之比。

导体的交流电阻计算公式如式(2-21)所示：

$$R=R_{\mathrm{DC}}\left(1+y_{\mathrm{s}}+y_{\mathrm{p}}\right) \tag{2-21}$$

式中，R_{DC} 为导体直流电阻，$\Omega\cdot\mathrm{m^{-1}}$；$y_{\mathrm{s}}$ 为导体集肤效应系数；y_{p} 为邻近效应

系数。

对于 220kV、1200mm^2 的单芯电缆而言，工频与分频输电环境下的载流量与电气参数如表 2-3 所示。由此可见，降低频率可有效地减弱集肤效应和邻近效应对导体的影响，缓解导体电流分布不均匀的情况，降低导体电阻，提升线路载流量[7,8]。

表 2-3 220kV、1200mm^2 单芯电缆载流量与电气参数

频率/Hz	载流量/A	电阻/(Ω · km^{-1})	电感/(mH · km^{-1})	电容/(nF · km^{-1})
50	1055	0.024	0.406	180
50/3	1178	0.020	0.406	180

根据载流量计算公式(式(2-20))，可以进一步计算额定电压 220kV 下不同横截面积三角形排列的单芯电缆在工频 50Hz 和分频 50/3Hz 下的载流量，其结果如图 2-4 所示。可以看出，相比工频输电，分频输电环境下电缆载流量均有所增加，且电缆横截面积越大，电缆的载流量越大，即输电频率降低对电缆输送能力的提升效果越明显。

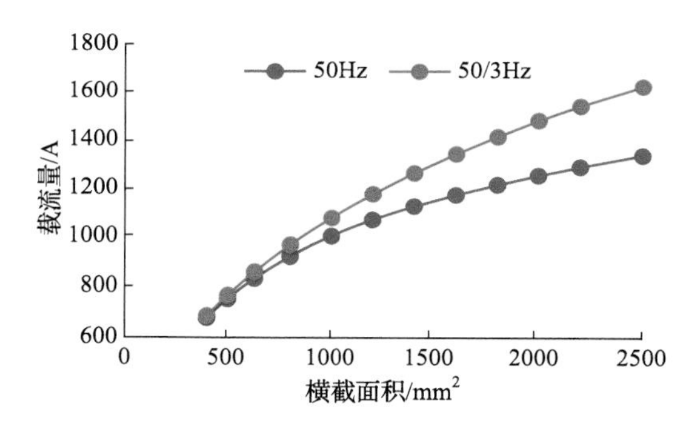

图 2-4 不同横截面积时工频和分频输电下电缆载流量

2.2.2 电缆的有效输送容量

除了电力线路的载流量，输送容量也是考虑并网方案的重要因素。输送容量主要受线路热极限和静稳极限的制约。热极限是对电流热效应的制约，即最大电流有效值不超过电缆的连续载流量。静稳极限是交流系统中为了保证输电系统的小干扰稳定性，线路中所能通过的功率上限。不同于架空线路，海底电缆电感较小，因而具有较高的稳定极限。电缆的电容一般较大，电容效应显著。电缆长度的增加，造成充电电流的累积，且受绝缘层、屏蔽层、铠装、外被层等层层材料包裹的影响，电缆的散热条件较差，充电电流产生的热量使电缆运行温度上升，

制约了电缆的输电距离和可用容量。因此，交流电缆的输送容量主要受热极限的限制。

采用表 2-3 的单芯电缆分析工频与分频输电环境下电缆的可用容量沿电缆线路的分布[9]。设电缆长度为 100km，利用图 2-5 所示的 π 型等效电路串联模型(简称“π型等效模型”)，研究可用容量沿电缆长度的变化趋势，每个 π 型单元等效 1km 的电缆长度。

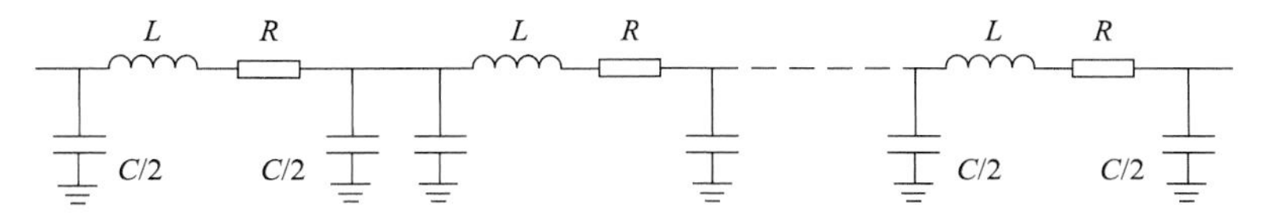

图 2-5　长距离线路的 π 型等效模型

通过输电线路的 π 型等效模型计算工频与分频输电环境下电缆可用容量随电缆长度的变化趋势，如图 2-6 所示。

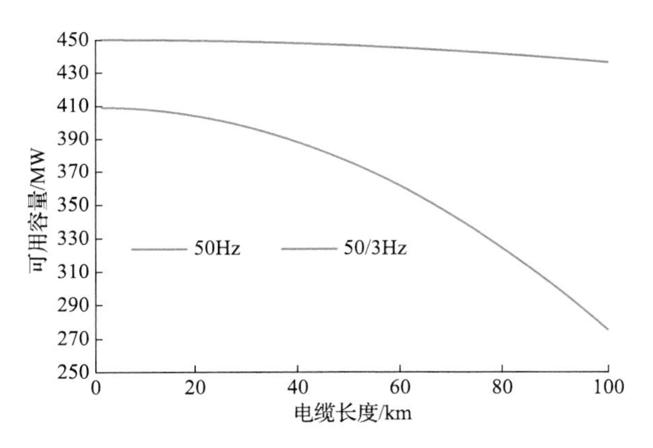

图 2-6　电缆可用容量随电缆长度变化趋势

由图 2-6 可以看出，输电频率降低，可使电缆载流量提升，电缆初始位置的可用容量增大。由于电缆中的充电功率占用了一部分容量，电缆的可用容量随着电缆长度的增加而降低。当电缆输电频率为 50Hz 时，受充电功率的影响较大。在 100km 处，分频 50/3Hz 电缆可用容量达 436MW，相较于工频 50Hz 电缆的可用容量 275MW，其输送的可用容量提升了约 58.55%。

考虑电能质量的约束，仍用上述线缆和 π 型等效模型计算 300MW 风电场满发时末端电压降落和末端负荷空载时的电压上升情况，如图 2-7 所示。

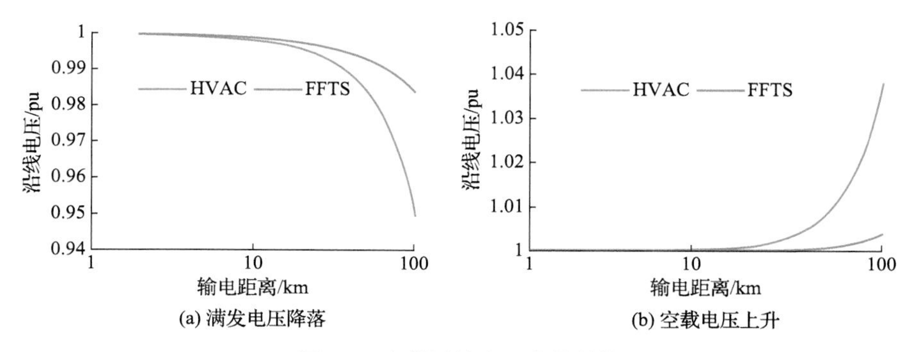

图 2-7　电缆沿线电压变化趋势

从图 2-7 可以看出，当电缆输电频率为 50Hz 时，满发电压降落和空载电压上升都比较明显，当输电频率下降时，上述现象均有所缓解。一方面，频率降低，电缆集肤效应减弱，电阻下降，电压幅值降落幅度减小；另一方面，频率降低，减少了充电电流占用的功率，削弱了空载时末端电压的容升效应。上述比较结果汇总如表 2-4 所示。

表 2-4　两种输电频率比较结果

输电频率/Hz	输送容量/MW	容量提升分数/%	电压质量	
			满发末端电压/pu	空载末端电压/pu
50	275	—	0.952	1.037
50/3	436	58.55	0.984	1.004

图 2-8 展示了电缆在工频、分频输电环境下的剖面温度分布计算结果，可见降低频率可以有效减小线芯交流电阻、改善电流分布、减小各类损耗，从而降低电缆的整体运行温度，有利于提升电缆载流量，且电缆截面积越大，提升效果越明显[10,11]。

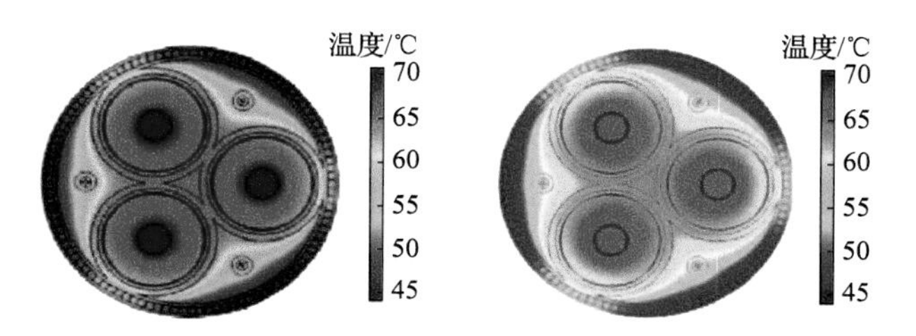

图 2-8　相同工况下工频、分频电缆剖面温度分布

综上分析，降低频率，可以有效地增大电缆的输送容量和输电距离，提高电

压质量，有利于挖掘电缆线路更大的输送潜力。分频输电系统中电缆特性分析将在第 4 章中进行详细讨论。

2.3 分频输电系统的优化规划模型

本节基于支路功率方程形式的线性化潮流方程，利用多场景法考虑新能源出力的随机性，建立电力系统输电网络规划模型，并基于变频站稳态潮流模型，提出计及工频、分频输电系统交互影响的电网规划模型。考虑变频站的选址定容、海上风电分频送出网络规划和工频主网扩展规划，实现对分频海上风电并网场景下的海上升压平台、海底电缆、变频站进行位置、容量和电压等级的规划。

2.3.1 规划模型目标函数

目标函数为一次投资等年值、年损耗费用和年维护费用总和最小，损耗费用与维护费用由年利用小时数 H_b 折算为年费用[12-16]。模型的约束条件包括机组出力约束、含变频站功率的节点功率平衡约束、线路输送容量约束、线路潮流方程约束、变频站稳态潮流约束以及模型变量的其他约束[17-20]。其中变频站稳态潮流约束包括变频站有功功率耦合约束、变频器容量约束、换流变压器容量约束以及容量规格变量约束。

考虑经济性最优，即在满足负荷需求的前提下，一次投资等年值、年维护费用和年损耗费用最小。模型目标函数如下：

$$\min\left\{\frac{i_{\text{disR}}\left(1+i_{\text{disR}}\right)^{N_{\text{year}}}}{\left(1+i_{\text{disR}}\right)^{N_{\text{year}}}-1}\text{Inv}+L+M\right\} \tag{2-22}$$

式中，Inv 为一次投资费用；i_{disR} 为贴现率；N_{year} 为回收年限；L 为年损耗费用；M 为年维护费用。一次投资费用组成如下：

$$\begin{aligned}\text{Inv}&=\text{Inv}_{\text{M}^3\text{C}}+\text{Inv}_{\text{Line}}+\text{Inv}_{Q_\text{c}}\\&=\left(\sum_{m\in\mathcal{C}_{\text{candi}}^{\text{M}}}\sum_{j\in\mathcal{C}_{\text{M}}^{\text{Spec}}}C_j^{\text{M}^3\text{C}}\cdot w_{m,j}+\sum_{l\in\mathcal{L}_{\text{candi}}}\sum_{k\in\mathcal{C}_{\text{type}(l)}^{\text{Spec}}}C_k^{\text{Line}}\text{Length}_l\cdot v_{l,k}\right.\\&\qquad\left.+\sum_{l\in\mathcal{L}_{\text{candi}}}C_l^{Q_\text{c}}\cdot\sum_{k\in\mathcal{C}_{\text{type}(l)}^{\text{Spec}}}\text{Length}_l\cdot B_k\cdot v_{l,k}\right)\end{aligned} \tag{2-23}$$

式中，$\text{Inv}_{\text{M}^3\text{C}}$ 为变频站一次投资费用；Inv_{Line} 为新建线路一次投资费用；Inv_{Q_c} 为高抗无功补偿装置一次投资费用；$\mathcal{C}_{\text{candi}}^{\text{M}}$ 为候选变频站集合；$\mathcal{C}_{\text{M}}^{\text{Spec}}$ 为变频站规格集合；Length_l 为候选线路的长度；$\mathcal{L}_{\text{candi}}$ 为候选线路集合；$\mathcal{C}_{\text{type}(l)}^{\text{Spec}}$ 为各类候选

线路的规格集合；$w_{m,j}$、$v_{l,k}$ 分别为变频站和线路选型的二进制变量；$C_j^{\mathrm{M^3C}}$、C_k^{Line}、$C_l^{Q_c}$ 分别为变频站、线路和无功补偿装置的单位一次投资费用；Length_l、B_k 分别为线路 l 的长度和线路型号 k 的电纳。

通过将海上风电年利用小时数 H_{b} 折算为年费用，年损耗费用计算方法如式 (2-24)所示，包括线路(包含变压器)功率损耗以及变频站损耗。

$$L = \mathrm{tariff} \cdot \sum_{b \in S} H_{\mathrm{b}} \left(\begin{array}{l} \sum\limits_{l \in \mathcal{L}_{\mathrm{candi}}} \left(\mathrm{Length}_l \cdot \left(\left(pf_{l,b,t} \right)^2 + \left(qf_{l,b,t} \right)^2 \right) \cdot \sum\limits_{k \in \mathcal{C}_{\mathrm{type}(l)}^{\mathrm{Spec}}} R_k \cdot v_{l,k} \right) \\ + \sum\limits_{l \in \mathcal{L}_{\mathrm{exist}}} r_l \cdot \left(\left(pf_{l,b,t} \right)^2 + \left(qf_{l,b,t} \right)^2 \right) \\ + \sum\limits_{m \in \mathcal{C}_{\mathrm{candi}}^{\mathrm{M}}} \left(1 - \mu_{\mathrm{M^3C}} \right) \cdot \left(1 - \mu_{\mathrm{T}} \right)^2 \cdot p_{\mathrm{ff}(m),b,t}^{\mathrm{M}} \end{array} \right), \quad t = T_0 \tag{2-24}$$

式中，traffic 为损耗电价；$pf_{l,b,t}$、$qf_{l,b,t}$ 分别为场景 b 第 t 次计算线路 l 传输有功功率和无功功率变量；r_l、R_k 分别为已有的线路 l 和候选线路型号 k 的电阻；$\mu_{\mathrm{M^3C}}$、μ_{T} 分别为变频站中 M³C 和两端换流变压器的损耗率；$p_{\mathrm{ff}(m),b,t}^{\mathrm{M}}$ 为变频站有功功率变量；下标 $\mathrm{ff}(m)$ 表示变频站 m 的低频并网点。

年维护费用统一表示为一次投资费用与年维护费率的乘积，如下所示：

$$\begin{aligned} M = & \sum_{m \in \mathcal{C}_{\mathrm{candi}}^{\mathrm{M}}} \sum_{j \in \mathcal{C}_{\mathrm{M}}^{\mathrm{Spec}}} R_j^{\mathrm{M^3C}} C_j^{\mathrm{M^3C}} \cdot w_{m,j} + \sum_{l \in \mathcal{L}_{\mathrm{candi}}} \sum_{k \in \mathcal{C}_{\mathrm{type}(l)}^{\mathrm{Spec}}} R_k^{\mathrm{Line}} C_k^{\mathrm{Line}} \mathrm{Length}_l \cdot v_{l,k} \\ & + \sum_{l \in \mathcal{L}_{\mathrm{candi}}} R_l^{Q_c} C_l^{Q_c} \cdot \sum_{k \in \mathcal{C}_{\mathrm{type}(l)}^{\mathrm{Spec}}} \mathrm{Length}_l \cdot B_k \cdot v_{l,k} \end{aligned} \tag{2-25}$$

式中，$R_j^{\mathrm{M^3C}}$、R_k^{Line}、$R_l^{Q_c}$ 分别为变频站、线路和无功补偿装置的年维护费率。

2.3.2 规划模型约束条件

1. 机组出力约束

火电机组出力约束如下所示：

$$p_{gi,\min} u_{gi,b,t} \leqslant p_{gi,b,t} \leqslant p_{gi,\max} u_{gi,b,t}, \quad \forall_{gi} \in \mathcal{C}^G, \quad \forall b \in S, \quad \forall t \in T \tag{2-26}$$

$$q_{gi,\min} u_{gi,b,t} \leqslant q_{gi,b,t} \leqslant q_{gi,\max} u_{gi,b,t}, \quad \forall_{gi} \in \mathcal{C}^G, \quad \forall b \in S, \quad \forall t \in T \tag{2-27}$$

式中，下标 gi 为火电机组；$\mathcal{C}^G$ 为火电机组集合；$p_{gi,\max}$ 和 $p_{gi,\min}$ 分别为火电机组 gi 有功出力上限和下限；$q_{gi,\max}$ 和 $q_{gi,\min}$ 分别为火电机组 gi 无功出力上限和下限；$p_{gi,b,t}$ 和 $q_{gi,b,t}$ 分别为场景 b 第 t 次计算火电机组 gi 有功出力和无功出力变量；$u_{gi,b,t}$ 为第 t 次计算机组 gi 运行状态二进制变量。

新能源机组出力约束如下：

$$0 \leqslant p_{ri,b,t} \leqslant pc_{ri,b,t} \cdot \overline{P}_{ri}, \forall ri \in \mathcal{C}^{\mathrm{R}}, \forall b \in S, \forall t \in T \tag{2-28}$$

式中，$p_{ri,b,t}$ 为场景 b 第 t 次计算新能源机组 ri 有功出力变量；$\overline{P}_{ri}$ 为新能源机组 ri 装机容量；$pc_{ri,b,t}$ 为场景 b 第 t 次计算新能源机组 ri 出力系数。为了对海上部分进行 N−1 校验，设置海上风电弃用因子 $s_{ri,b,t}^{\mathrm{res}}$ 如下：

$$p_{ri,b,t} + s_{ri,b,t}^{\mathrm{res}} = \overline{P}_{ri}, \quad \forall ri \in \mathcal{C}^{\mathrm{R}}, \quad \forall b \in S, \quad \forall t \in T \tag{2-29}$$

$$\begin{cases} s_{ri,b,t}^{\mathrm{res}} = 0, \ t = T_0 \\ 0 \leqslant s_{ri,b,t}^{\mathrm{res}} \leqslant De \cdot \overline{P}_{ri}, \ \forall t \in T_1^{N_{\mathrm{candi}}} \end{cases}, \quad \forall ri \in \mathcal{C}^{\mathrm{R}}, \quad \forall b \in S \tag{2-30}$$

式中，T_0 为第 1 次计算，考虑海上部分没有故障，此时不允许有新能源弃用；$T_1^{N_{\mathrm{candi}}}$ 为第 2 次至第 $N_{\mathrm{candi}}+1$ 次计算，对海上部分 N_{candi} 个候选元件进行 N−1 遍历。

2. 节点功率平衡约束

有功功率平衡约束如下：

$$\begin{aligned} &\sum_{\mathrm{bus}(gi)=i} p_{gi,b,t} + \sum_{\mathrm{bus}(ri)=i} p_{ri,b,t} - \sum_{\mathrm{fr}(l)=i} pf_{l,b,t} + \sum_{\mathrm{to}(l)=i} pf_{l,b,t} \\ &- \sum_{\mathrm{fr}(tl)=i} pt_{tl,b,t} + p_{i,b,t}^{\mathrm{M}} = p_{i,b,t}^{\mathrm{load}}, \quad \forall i \in N, \quad \forall b \in S, \quad \forall t \in T \end{aligned} \tag{2-31}$$

式中，$\mathrm{bus}(gi)=i$，为节点 i 所连的所有火电机组集合；$\mathrm{bus}(ri)=i$，为节点 i 所连的所有新能源机组集合；$pf_{l,b,t}$ 为场景 b 第 t 次计算线路 l 传输有功功率变量；$\mathrm{fr}(l)=i$，为节点 i 流出功率线路集合；$\mathrm{to}(l)=i$，为节点 i 流入功率线路集合；下标 tl 为联络线；$\mathrm{fr}(tl)=i$，为节点 i 的联络线集合；$pt_{tl,b,t}$ 为场景 b 第 t 次计算对外联络线 tl 传输有功功率；$p_{i,b,t}^{\mathrm{M}}$ 为场景 b 第 t 次计算节点 i 变频站有功功率；$p_{i,b,t}^{\mathrm{load}}$ 为场景 b 第 t 次节点 i 的有功负荷，且 $p_{i,b,t}^{\mathrm{M}}$ 满足在非 $\mathrm{M^3C}$ 变频站并网点处为 0，即如下式所示：

$$0 \leqslant p_{i,b,t}^{\mathrm{M}} \leqslant 0, \quad \forall i \in \complement_N N^{\mathrm{M^3C}}, \quad \forall b \in S, \quad \forall t \in T \tag{2-32}$$

式中，$\complement_N N^{\mathrm{M^3C}}$ 为节点集合 N 内候选 $\mathrm{M^3C}$ 变频站所连节点集合的补集，即不含变频站并网点的节点集合。

无功功率平衡约束如下：

$$\sum_{\mathrm{bus}(gi)=i} q_{gi,b,t} - \sum_{\mathrm{fr}(l)=i} qf_{l,b,t} + \sum_{\mathrm{to}(l)=i} qf_{l,b,t} + q_{i,b,t}^{\mathrm{M}} = q_{i,b,t}^{\mathrm{load}}, \quad \forall i \in N, \quad \forall b \in S, \quad \forall t \in T \tag{2-33}$$

式中，$qf_{l,b,t}$ 为场景 b 第 t 次计算线路 l 传输无功功率变量；$q_{i,b,t}^{\mathrm{M}}$ 为场景 b 第 t 次

计算节点 i 变频站无功功率变量；$q_{i,b,t}^{\text{load}}$ 为场景 b 第 t 次计算节点 i 无功负荷，且 $q_{i,b,t}^{\text{M}}$ 满足在非 M^3C 变频站并网点处为 0，即如下式所示：

$$q_{i,b,t}^{\text{M}}=0,\ \ \forall i\in \complement_N N^{\text{M}^3\text{C}},\ \ \forall b\in S,\ \ \forall t\in T \tag{2-34}$$

3. 线路输送容量约束

线路传输视在功率限制为

$$\bar{F}_l=\sqrt{3}V_N I_N \tag{2-35}$$

式中，$\bar{F}_l$ 为线路 l 最大输送视在功率；V_N 为线路额定电压；I_N 为线路长期运行电流。

因此已有线路输送容量约束如下：

$$\sqrt{pf_{l,b,t}^2+qf_{l,b,t}^2}\leqslant \bar{F}_l,\ \ \forall l\in \mathcal{L}_{\text{exist}},\ \ \forall b\in S,\ \ \forall t\in T \tag{2-36}$$

$$\sqrt{pf_{l,b,t}^2+qf_{l,b,t}^2}\leqslant \text{Re}_{l,t}\cdot \bar{F}_l\cdot \sum_{k\in C_{\text{type}(l)}^{\text{Spec}}} v_{l,k},\ \ \forall l\in \mathcal{L}_{\text{candi}},\ \ \forall b\in S,\ \ \forall t\in T \tag{2-37}$$

式中，$\text{Re}_{l,t}$ 决定候选线路 l 在第 t 次计算是否故障切除。

4. 线路潮流方程约束

已建线路的有功功率和无功功率潮流方程约束为

$$pf_{l,b,t}=g_l\left(V_{\text{fr}(l),b,t}-V_{\text{to}(l),b,t}\right)-b_l\left(\theta_{\text{fr}(l),b,t}-\theta_{\text{to}(l),b,t}\right),\ \ \forall l\in \mathcal{L}_{\text{exist}},\ \ \forall b\in S,\ \ \forall t\in T \tag{2-38}$$

$$qf_{l,b,t}=-b_l\left(V_{\text{fr}(l),b,t}-V_{\text{to}(l),b,t}\right)-g_l\left(\theta_{\text{fr}(l),b,t}-\theta_{\text{to}(l),b,t}\right),\ \ \forall l\in \mathcal{L}_{\text{exist}},\ \ \forall b\in S,\ \ \forall t\in T \tag{2-39}$$

式中，g_l 和 b_l 分别为线路 l 的电导和电纳；V 和 θ 分别为节点的电压幅值和相角；下标 $\text{fr}(l)$ 和 $\text{to}(l)$ 分别表示线路 l 的起始节点和终止节点。

候选线路由二进制变量 v_l 决定是否建设，其潮流方程约束如下所示：

$$\begin{aligned}-M\left(1-\text{Re}_{l,t}\cdot\sum_{k\in C_{\text{type}(l)}^{\text{Spec}}} v_{l,k}\right)&\leqslant pf_{l,b,t}-\frac{1}{\text{Length}_l}\left(\left(V_{\text{fr}(l),b,t}-V_{\text{to}(l),b,t}\right)\cdot\sum_{k\in C_{\text{type}(l)}^{\text{Spec}}} v_{l,k}\cdot G_k\right.\\&\quad\left.-\left(\theta_{\text{fr}(l),b,t}-\theta_{\text{to}(l),b,t}\right)\cdot\sum_{k\in C_{\text{type}(l)}^{\text{Spec}}} v_{l,k}\cdot B_k\right)\\&\leqslant M\left(1-\text{Re}_{l,t}\cdot\sum_{k\in C_{\text{type}(l)}^{\text{Spec}}} v_{l,k}\right),\ \ \forall l\in \mathcal{L}_{\text{candi}},\ \ \forall b\in S,\ \ \forall t\in T\end{aligned} \tag{2-40}$$

$$
\begin{aligned}
-M\left(1-\mathrm{Re}_{l,t}\cdot\sum_{k\in\mathcal{C}_{\mathrm{type}(l)}^{\mathrm{Spec}}}v_{l,k}\right) &\leqslant qf_{l,b,t}-\frac{1}{\mathrm{Length}_l}\left(-\left(V_{\mathrm{fr}(l),b,t}-V_{\mathrm{to}(l),b,t}\right)\cdot\sum_{k\in\mathcal{C}_{\mathrm{type}(l)}^{\mathrm{Spec}}}v_{l,k}\cdot B_k\right.\\
&\qquad\left.-\left(\theta_{\mathrm{fr}(l),b,t}-\theta_{\mathrm{to}(l),b,t}\right)\cdot\sum_{k\in\mathcal{C}_{\mathrm{type}(l)}^{\mathrm{Spec}}}v_{l,k}\cdot G_k\right)\\
&\leqslant M\left(1-\mathrm{Re}_{l,t}\cdot\sum_{k\in\mathcal{C}_{\mathrm{type}(l)}^{\mathrm{Spec}}}v_{l,k}\right),\quad \forall l\in\mathcal{L}_{\mathrm{candi}},\quad \forall b\in S,\quad \forall t\in T
\end{aligned}
\tag{2-41}
$$

式中，M 为引入的大值，用以解耦未建线路的传输功率和端电压。

5. $\mathrm{M^3C}$ 稳态潮流约束

$\mathrm{M^3C}$ 有功功率变量 $p_{i,b,t}^{\mathrm{M}}$ 满足功率耦合方程：

$$
p_{\mathrm{sys}(m),b,t}^{\mathrm{M}}+\left(1-\mu_{\mathrm{M^3C}}\right)\cdot\left(1-\mu_{\mathrm{T}}\right)^2 p_{\mathrm{ff}(m),b,t}^{\mathrm{M}},\quad \forall m\in\mathcal{C}_{\mathrm{candi}}^{\mathrm{M}},\quad \forall b\in S,\quad \forall t\in T \tag{2-42}
$$

式中，下标 $\mathrm{sys}(m)$ 和 $\mathrm{ff}(m)$ 分别为变频站 m 的工频并网点和分频并网点；$\mu_{\mathrm{M^3C}}$ 和 μ_{T} 分别为 $\mathrm{M^3C}$ 变频器损耗率和换流变压器损耗率。

$\mathrm{M^3C}$ 变频站传输的有功功率需要在变频器容量范围内：

$$
\begin{cases}
\left|p_{\mathrm{sys}(m),b,t}^{\mathrm{M}}\right|\leqslant\displaystyle\sum_{j\in\mathcal{C}_{\mathrm{M}}^{\mathrm{Spec}}}w_{m,j}\cdot\mathrm{PN}_j\\
\left|p_{\mathrm{ff}(m),b,t}^{\mathrm{M}}\right|\leqslant\displaystyle\sum_{j\in\mathcal{C}_{\mathrm{M}}^{\mathrm{Spec}}}w_{m,j}\cdot\mathrm{PN}_j
\end{cases},\quad \forall m\in\mathcal{C}_{\mathrm{candi}}^{\mathrm{M}},\quad \forall b\in S,\quad \forall t\in T \tag{2-43}
$$

式中，PN_j 为 $\mathrm{M^3C}$ 变频站第 j 种规格容量。$\mathrm{M^3C}$ 变频站提供的无功功率需要满足换流变压器容量的限制：

$$
\begin{cases}
\left(p_{\mathrm{sys}(m),b,t}^{\mathrm{M}}\right)^2+\left(q_{\mathrm{sys}(m),b,t}^{\mathrm{M}}\right)^2\leqslant\left(\displaystyle\sum_{j\in\mathcal{C}_{\mathrm{M}}^{\mathrm{Spec}}}w_{m,j}\cdot\mathrm{ST}_j\right)^2\\
\left(p_{\mathrm{ff}(m),b,t}^{\mathrm{M}}\right)^2+\left(q_{\mathrm{ff}(m),b,t}^{\mathrm{M}}\right)^2\leqslant\left(\displaystyle\sum_{j\in\mathcal{C}_{\mathrm{M}}^{\mathrm{Spec}}}w_{m,j}\cdot\mathrm{ST}_j\right)^2
\end{cases},\quad \forall m\in\mathcal{C}_{\mathrm{candi}}^{\mathrm{M}},\quad \forall b\in S,\quad \forall t\in T \tag{2-44}
$$

式中，ST_j 为 $\mathrm{M^3C}$ 变频站第 j 种规格换流变压器容量。同时每一座变频站只能选择一个容量规格进行建造，因此 $\mathrm{M^3C}$ 容量型号二进制变量 $w_{m,j}$ 需要满足以下约束：

$$\sum_{j\in\mathcal{C}_{\mathrm{M}}^{\mathrm{Spec}}} w_{m,j} \leqslant 1,\quad \forall m\in\mathcal{C}_{\mathrm{candi}}^{\mathrm{M}} \tag{2-45}$$

6. 其他变量约束

分频输电系统的优化规划模型中候选线路变量 $v_{l,k}$ 需要满足以下要求，即每一条候选线路只能选择一个容量规格进行建造：

$$\sum_{k\in\mathcal{C}_{\mathrm{tpye}(l)}^{\mathrm{Spec}}} v_{l,k} \leqslant 1,\quad \forall l\in\mathcal{L}_{\mathrm{candi}} \tag{2-46}$$

同时具有公共节点的候选线路该点电压等级相等：

$$\begin{cases}\mathrm{Vot}_{l_1,t}^{\mathrm{Line}} = \mathrm{Vot}_{l_2,t}^{\mathrm{Line}},\quad \forall l_1,l_2\in\mathcal{L}_{\mathrm{candi}}^{\mathrm{ff}} \\ \forall(i,j)\in\left\{(i,j)\mid i\in\left\{\mathrm{fr}(l_1),\mathrm{to}(l_1)\right\}, j\in\left\{\mathrm{fr}(l_2),\mathrm{to}(l_2)\right\}, i=j\right\}\end{cases} \tag{2-47}$$

2.3.3 某海上风电分频并网规划算例分析

本算例取自沿海某市 220kV 以上输电网络，如图 2-9 所示。

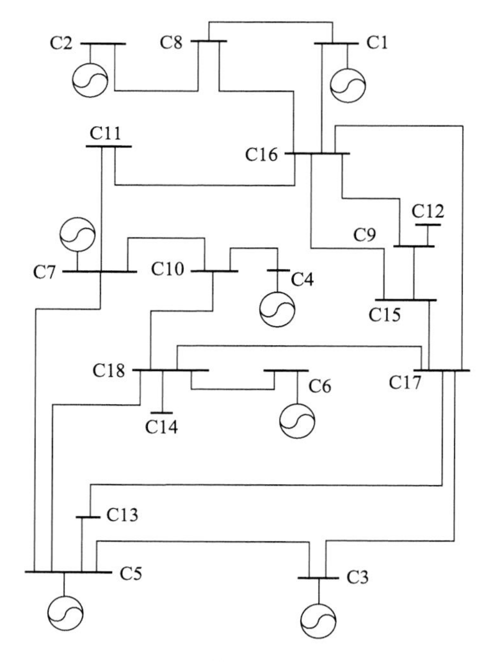

图 2-9　算例网架示意图

现规划新建三座海上风电场，装机容量分别为 400MW、600MW 和 400MW，并网点选取 C3 节点与 C5 节点，海上风电年利用小时数为 2628h，相关海上距离信息如图 2-10 所示。

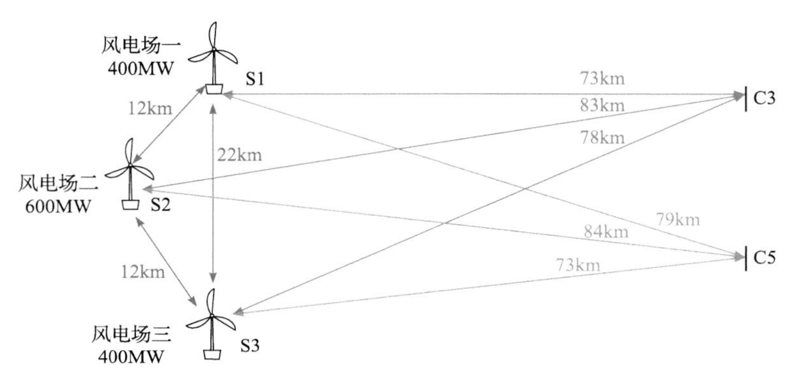

图 2-10　算例海上风电分布

应用本节模型对其进行规划，得到最优(方案一)与次优(方案二)两个方案如下。

1) 方案一

风电场 S1 和 S3 处分别建造一座 480MVA、220/66kV 海上升压站，S2 风电场处建造一座 680MVA、220/66kV 海上升压站和一座 1440MVA、500/220kV 海上升压站，两站共用一个海上平台，海上通过 2 回 220kV 海底电缆实现三座风电场互联，通过 2 回 500kV 海底电缆送出，在陆上并网点 C3 和 C5 处分别建设一座容量为 700MW 的 M^3C 变频站，陆上主网根据风电接入后的潮流计算结果进行相应扩建。同时陆上主网建设 1 条 500kV 架空线和 3 条 220kV 架空线，规划后电网如图 2-11(a)所示，各元件一次投资费用详情如表 2-5 所示。

2) 方案二

在三座风电场处分别建造一座 780MVA、550/66kV 的海上升压站，海上通过 2 回 500kV 电压等级海底电缆实现三座风电场互联，通过 2 回 500kV 海底电缆送出，在陆上并网点 C3 和 C5 处分别建设两座 500kV、700MW 的 M^3C 变频站。同时陆上主网进行相应扩建，建设 1 条 500kV 架空线和 3 条 220kV 架空线，规划后电网如图 2-11(b)所示，各元件一次投资费用详情如表 2-6 所示。

综上，可以得到方案一与方案二的一次投资费用对比，如表 2-7 所示。可见两种方案经济性方面的差距很小，因此在按照经济性获得规划方案后，还需进行详细的安全性、可靠性、稳定性等方面的校验，进而确定最优方案。

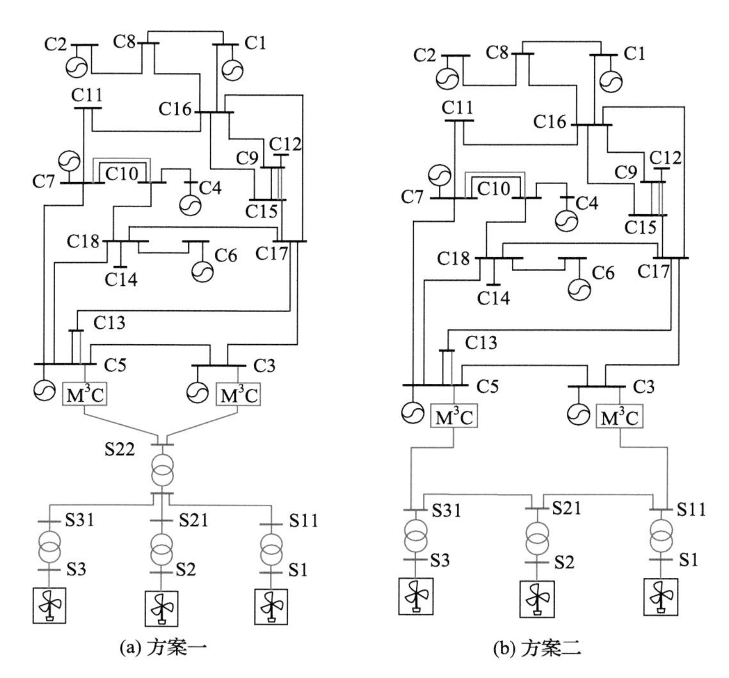

图 2-11 规划结果示意图

表 2-5 方案一各元件一次投资费用详情

元件	规格	电压等级/kV	连接节点	回路数/条	一次投资费用/万元
海上升压站	480MVA	220/66	S1	—	28360
	680MVA	220/66	S2	—	34037
	480MVA	220/66	S3	—	28360
	1440MVA	500/220	S2	—	42060
海底电缆	3×1200mm²	220	S11-S21	1	13200
	3×1200mm²	220	S21-S31	1	13200
	3×800mm²	500	S22-C3	1	132800
	3×800mm²	500	S22-C5	1	134400
M^3C 变频站	700MW	500	C3	—	69265.8
	700MW	500	C5	—	69265.8
架空线	LGJ-400	220	C7-C10	1	1825.6
	LGJ-400	220	C9-C15	2	2×663.04
	4×LGJ-400	500	C5-C13	1	1258.88

表 2-6　方案二各元件一次投资费用详情

元件	规格	电压等级/kV	连接节点	回路数/条	一次投资费用/万元
海上升压站	780MVA	500/66	S1-S11	—	46220
	780MVA	500/66	S2-S21	—	46220
	780MVA	500/66	S3-S31	—	46220
海底电缆	$3\times800mm^2$	500	S11-S21	1	19200
	$3\times800mm^2$	500	S11-C3	1	116800
	$3\times800mm^2$	500	S21-S31	1	19200
	$3\times800mm^2$	500	S31-C5	1	116800
M^3C 变频站	700MW	500	C3	—	69265.8
	700MW	500	C5	—	69265.8
架空线	LGJ-400	220	C7-C10	1	1825.6
	LGJ-400	220	C9-C15	2	2×663.04
	4×LGJ-400	500	C5-C13	1	1258.88

表 2-7　两种方案一次投资费用对比

元件	一次投资费用/亿元	
	方案一	方案二
海上升压站	13.28	13.87
低频风机改造	3.96	3.96
海底电缆	29.36	27.20
高抗补偿	0.44	0.48
M^3C 变频站	13.85	13.85
架空线	0.44	0.44
合计	61.33	59.80

参 考 文 献

[1] STEVENSON W D. Elements of Power System Analysis[M]. New York: McGraw-Hill, 1982.

[2] 王秀丽. 新型远距离大容量输电方式：分频输电系统的研究[D]. 西安: 西安交通大学, 1994.

[3] WANG X F, TENG Y F, NING L H, et al. Feasibility of integrating large wind farm via fractional frequency transmission system a case study[J]. International Transactions on Electrical Energy Systems, 2014, 24(1): 64-74.

[4] 王锡凡. 分频输电系统[J]. 中国电力, 1995(1): 2-6.

[5] International Electrotechnical Commision. Eletric cables-calculation of the current rating-part 1: Current rating

equations(100% load factor) and calculation of losses-section 1: IEC 60287-1-1[S/OL]. [2021-06-01]. https://webstore.iec.ch/puublication/1264.
[6] SHAZLY J H, MOSTAFA M A, IBRAHIM D K, et al. Thermal analysis of high-voltage cables with several types of insulation for different configurations in the presence of harmonics[J]. IET Generation, Transmission & Distribution, 2017, 11(14): 3439-3448.
[7] 黄明煌，王秀丽，刘沈全，等．分频输电应用于深远海风电并网的技术经济性分析[J]．电力系统自动化，2019, 43(5): 167-174.
[8] 王秀丽，赵勃扬，黄明煌，等．大规模深远海风电送出方式比较及集成设计关键技术研究[J]．全球能源互联网, 2019, 2(2): 138-145.
[9] LIU S Q, WANG X F, NING L H, et al. Integrating offshore wind power via fractional frequency transmission system[J]. IEEE Transactions on Power Delivery, 2017, 32(3): 1253-1261.
[10] 宁联辉，王琦晨，杨勇，等．海底电缆的低频特性分析及仿真研究[J]．浙江电力, 2021, 40(12): 94-102.
[11] 卓金玉．电力电缆设计原理[M]．北京：机械工业出版社, 1999.
[12] XING H J, FAN H, HONG S Y, et al. The integrated generation and transmission expansion planning considering the wind power penetration[C]. IEEE Innovative Smart Grid Technologies, Chengdu, 2019: 3240-3244.
[13] TAYLOR J A, HOVER F S. Linear relaxations for transmission system planning[J]. IEEE Transactions on Power Systems, 2011, 26(4): 2533-2538.
[14] TAYLOR J A, HOVER F S. Conic AC transmission system planning[J]. IEEE Transactions on Power Systems, 2012, 28(2): 952-959.
[15] WIWECHPAISANKUL W, RATTANANATTHAWON O, SIRISUMRANNUKUL S, et al. Transmission system expansion planning using optimal power flow and genetic algorithm[C]. International Conference on Power, Energy and Innovations, Pattaya Chonburi, 2022: 1-4.
[16] JAHROMI M Z, TAJDINIAN M, MEHRABANJAHROMI M H. A novel optimal planning between generation and transmission expansion planning considering security constraint[C]. International Power System Conference, Tehran, 2019: 241-249.
[17] KHANDELWAL A, BHARGAVA A, SHARMA A, et al. ACOPF-based transmission network expansion planning using grey wolf optimization algorithm[C]//BANSAL J, DAS K, NAGAR A, et al. Soft Computing for Problem Solving. Advances in Intelligent Systems and Computing. Singapore: Springer, 2018: 177-184.
[18] SHANDILYA S, IZONIN I, SHANDILYA S K, et al. Mathematical modelling of bio-inspired frog leap optimization algorithm for transmission expansion planning[J]. Mathematical Biosciences and Engineering, 2022, 19(7): 7232-7247.
[19] CHARLES J K, MOSES P M, MBUTHIA J M. Security constrained MODGTEP using adaptive hybrid meta-heuristic approach[C]. IEEE PES/IAS Power Africa, Nairobi, 2020: 1-5.
[20] CAI Z Q, WANG X L, YANG K, et al. Comprehensive optimization framework for transmission expansion planning with fractional frequency transmission system[J]. IET Generation, Transmission & Distribution, 2023, 17(24): 5355-5365.

第3章

分频输电系统的动态模拟实验

电力系统动态模拟是基于相似原理，建立与大功率原型系统具备相同性质的物理模型并进行实验以真实反映系统运行动态过程，是研究电力系统的重要手段。为验证分频输电的基本理论，本章分别介绍基于三倍频变压器、三相12脉波周波变换器和模块化多电平矩阵换流器的分频输电系统的动模实验与实证系统，证明分频输电的技术可行性。其中，分频输电系统主要分频电气设备及不同变频装置的原理和特性分析将在4.2节详细论述。

3.1 分频输电系统动态模拟实验系统的构成

3.1.1 实验系统的构成及模拟比例

分频输电系统动态模拟实验系统简称分频输电动模实验系统，其构成如图3-1所示。图中M、F与FDL分别为直流电动机、分频发电机与发电机侧空开断路器，SYB为升压变压器，SDXL为输电线路，JJBP与HLB分别为周波变换器与换流变压器，X为工频系统，TS、LC与ZK分别为调速控制器、励磁控制器与变频器中控系统，A～E点为测量点，采用横河SL1000数据采集系统对各个测点进行录波。

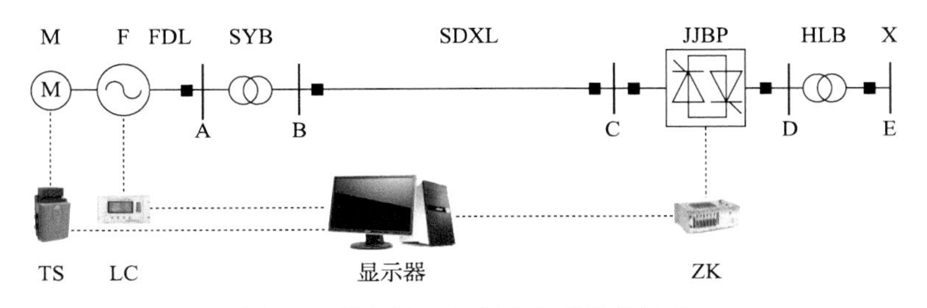

图3-1　分频输电动模实验系统的构成

图 3-2 为西安交通大学分频输电系统动模实验室布局，主要包括分频发电机调速柜、分频发电机励磁控制柜、分频升压变及线路柜、交-交变频柜。动模实验平台拟对额定电压 500kV、额定功率 20kW、线路长度 1200km 的分频输电系统进行实验研究。因此，在模拟比例选取时，使用 500V 模拟 500kV，20kW 模拟 2000MW，由此可知输电线路阻抗的模拟比例为 10 ∶ 1。根据模拟比例，可以进一步选定图 3-1 中各电气设备的主要参数。

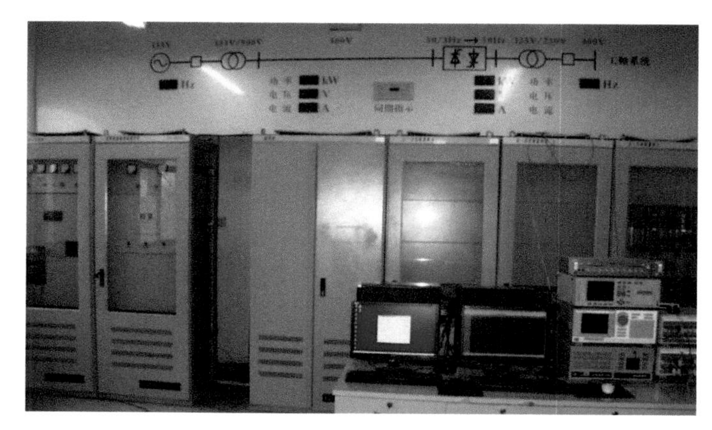

图 3-2 西安交通大学分频输电系统动模实验室布局

3.1.2 分频发电机组

1. 分频发电机组参数

分频输电动模实验系统的分频发电机组由一台小型的工频交流发电机、一台直流电动机以及其调速励磁控制系统组成。其中，直流电动机作为发电机的原动机使用，可以模拟风场的出力特性。两台发电机的铭牌参数如表 3-1 所示。

表 3-1 两台发电机的铭牌参数

项目	工频交流发电机	直流电动机
型号	TZH-280S4-TH	Z4-200-31
额定容量	112.5kVA/90kW	30kW
额定功率因数	0.8	—
额定电压	400V	440V
额定电流	162A	82.7A
额定转速	$1500r \cdot min^{-1}$	$500r \cdot min^{-1}$
额定频率	50Hz	—

动模实验中，直流电动机升至额定转速 500r · min^{-1}，与其同轴旋转的同步发电机端可产生频率为 50/3Hz 的低频交流电压。由于发电机运行转速低于其额定转速，在发电机转子铁心未发生饱和的条件下，机端电压与其容量等比例降低，可知在 500r · min^{-1}、50/3Hz 的运行状态下，发电机的额定容量为 30kW。

2. 发电机励磁系统及调速系统

实验系统分频发电机的原动机调速系统采用欧陆 SSD-590+直流调速器，励磁系统采用全数字式微机励磁系统。其中，SSD-590+直流调速器采用定转速调节方式，属于无差调节，不具备调差特性，无法直接用作发电机的调速系统。在其控制系统增加如图 3-3(a)所示的功率控制外环后，使同步发电机实际转速 n_{ture}、发电机输出功率 P 及截距 n_{ref} 作综合放大，三者关系满足式(3-1)，进而得到如图 3-3(b)所示的调速器调差曲线。

$$n_{\mathrm{ref}} = n_{\mathrm{ture}} + K_{\mathrm{p}} P \tag{3-1}$$

式中，n_{ref} 为发电机功率–频率曲线的截距，可由上层控制系统实时调节；n_{ture} 为发电机实际转速；K_{p} 为发电机调差系数；P 为发电机输出功率。

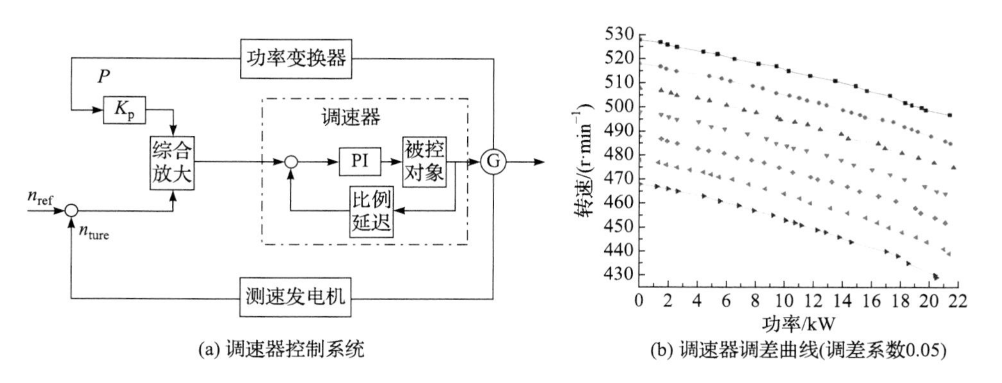

(a) 调速器控制系统　　(b) 调速器调差曲线(调差系数0.05)

图 3-3　调速器改造方案

3. 分频发电机组特性实验

如图 3-3 所示，改造后的原动机调速特性满足电力系统中发电机的功率–频率曲线，实现了调差特性。同时，利用上述系统，还可控制原动机使其跟随风速指令变化，从而模拟风力发电机组的出力特性。改造后的分频发电机组特性如图 3-4 所示。

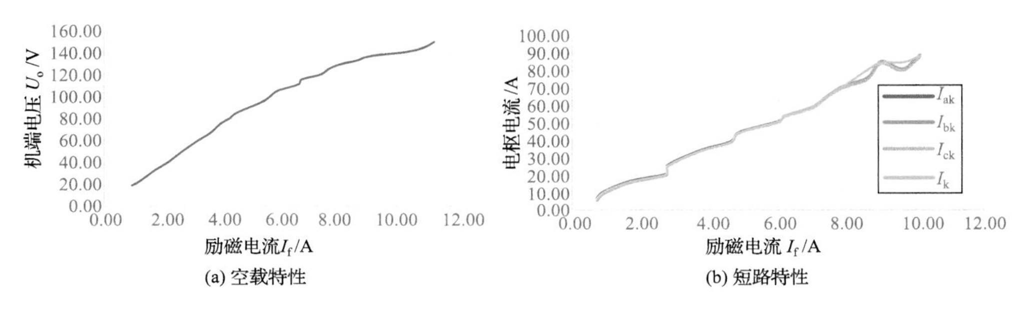

(a) 空载特性　　(b) 短路特性

图 3-4　分频发电机组空载与短路特性

3.1.3　分频升压变压器

分频升压变压器采用文献[1]中所提的定制干式分频变压器，可在 50/3Hz 时将发电机的出口电压 133V 升压至 500V，其电气参数如表 3-2 所示。

表 3-2　分频升压变压器的电气参数

参数	取值
额定容量	25kVA
初级额定电压	133V
初级额定电流	109A
次级额定电压	500V
次级额定电流	29A
短路电压(以百分数计)	4%
接线方式	△/Y_0-11

3.1.4　模拟输电线路

动模实验模拟的 500kV 输电线路长度为 1200km，导线采用四分裂大截面耐热导线 TACSR810，分裂导线距离为 0.45m，相间距离为 13m，进一步计算可以得到表 3-3 所示的输电线路参数[1]。在动模实验中，往往采用 π 型电路对输电线路进行等效，当线路长度超过 100km 时，则采用多个 π 型电路串联的方式。若采用四组 π 型电路串联的方式，则分频输电系统动模实验的主电路如图 3-5 所示。

表 3-3　分频输电系统动模实验输电线路参数

参数	$r_0/(\Omega\cdot km^{-1})$	$l_0/(H\cdot km^{-1})$	$c_0/(F\cdot km^{-1})$	$b_0/(S\cdot km^{-1})$	Z_c/Ω
取值	0.00972	0.00871	1.291×10^{-8}	4.0598×10^{-6}	260

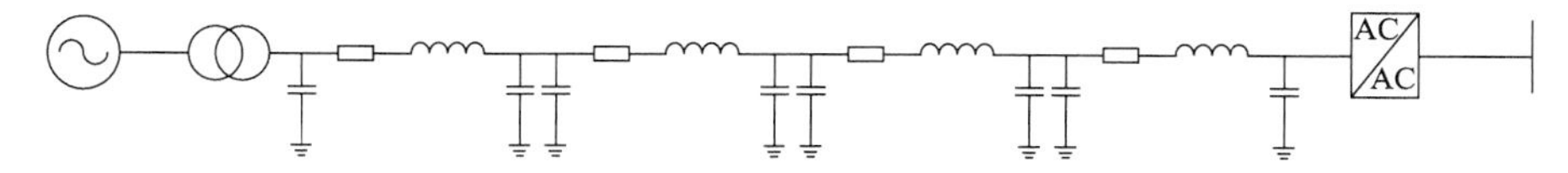

图 3-5 采用π型电路串联时分频输电系统动模实验主电路

显然，采用 π 型电路串联的方式对输电线路进行模拟时，会有一个电容器组直接接在变频器的分频侧。当变频装置采用相控型周波变换器时，分频侧电压突变，将在电容上产生明显冲击电流[1,2]，如图 3-6 所示。根据模拟比例，出口电容上的 100A 电流相当于实际系统中的 10kA 电流，已经远远超过实际系统的额定电流。因此，为了避免在变频器机端直接并联电容元件，实验系统采用 Γ 型电路对输电线路进行模拟，此时分频输电系统动模实验的主电路如图 3-7 所示。仿真结果表明，采用 Γ 型电路能够较为精确地模拟输电线路特性，同时能有效地避免冲击电流的出现[2]。

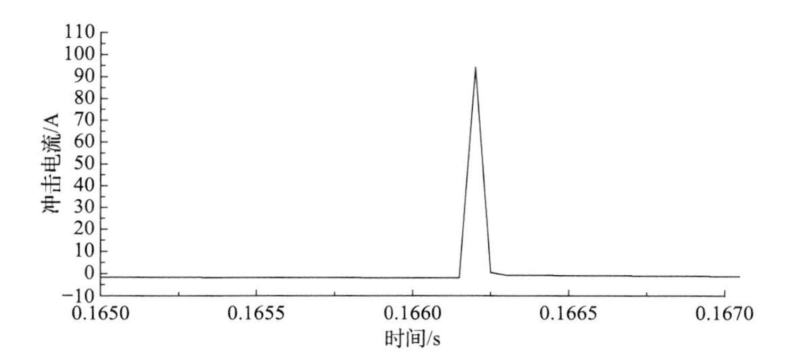

图 3-6 采用π型电路串联时电容上的冲击电流

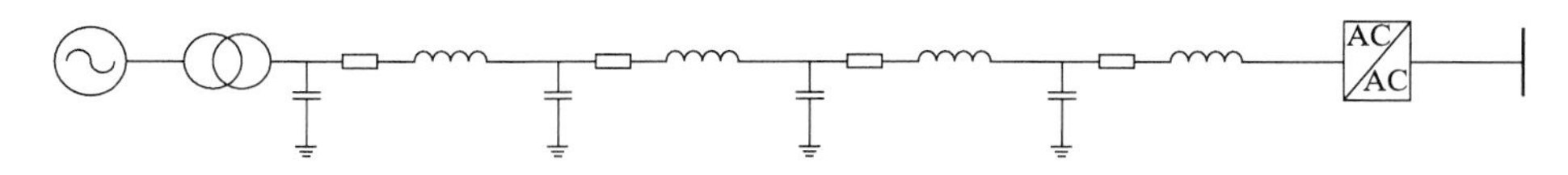

图 3-7 采用Γ型电路时分频输电系统动模实验主电路

采用四组 Γ 型电路对输电线路进行近似模拟，每组输电线路模拟距离为 300km，并忽略每组 Γ 型电路中分布参数特性。根据动模实验平台阻抗模拟比例，对电路参数进行计算，结果如表 3-4 所示。

表 3-4 每组Γ型等值电路参数

参数	计算值
电阻/Ω	0.2925
电感/mH	26.125
电容/μF	38.775

3.1.5 其他元件

根据 3.1.1 小节分频输电动模实验系统的规模与模拟比例可知，额定负载运行时分频侧电流为 23A。因此，在不考虑线路短路工况下的暂态特性时，将常规工频 DZ47-60 型塑壳空气断路器作为分频线路开关即可满足实验系统的需求。在分频互感器方面，为了避免常规电磁式互感器在分频条件下的磁饱和问题，采用霍尔传感器作为控制及测量用传感器。

3.2 基于三倍频变压器的分频输电系统实验

3.2.1 三倍频变压器基本原理

三倍频变压器是一种铁磁型静止式变频装置，属于特种变压器，与常规变压器相同，均利用电磁感应原理实现电能传输，但在具体实现方式上有较大差异。常规变压器工作在铁心的线性区，利用不同的绕组接法和铁心结构消除谐波分量，实现同频率不同电压等级电能的变换。三倍频变压器则相反，主要工作在铁心的饱和区，通过采用适当的铁心结构和绕组接法，尽量消去输出侧的基频分量而输出三次分量，实现三倍频率电能的相互变换[3]。

3.2.2 三相三倍频变压器的结构设计

三相三倍频变压器由 3 个单相三倍频变压器构成。动模实验样机通过在原边集成了移相绕组的方法进行移相，避免了使用独立的移相变压器进行三相绕组移相而导致装置经济性较差的问题。由倍频变压器的原理易知，铁心中的 3 次谐波磁通初相位与基波磁通首相(即 U 相)初相位的三倍相同，而根据电磁感应定律，心柱基波磁通恒定落后于该相基波电压 90°。因此，为实现副边输出电压的 120°移相，仅需将原边三相电压向对应方向移相 40°即可，对应于工频侧相序，三相三倍频变压器分别称为 U 相、V 相和 W 相倍频变压器。U 相倍频变压器绕组联结及原边基波电压相量如图 3-8 所示。图 3-8(a)为 U 相倍频变压器的绕组联结，原边为星形(Y 形)接法，副边为开口三角形接法，该图被分为三个部分，每部分代表了一个单相日字形变压器的原副边绕组。图 3-8(b)为 U 相倍频变压器原边基波电压相量，当施加三相对称电压时，原边绕组上的基波电压相量幅值相等，相位互差 120°，由于每个心柱上只有一相原边绕组，三相心柱的基波磁通同样三相对称，并滞后对应的三相电压 90°。

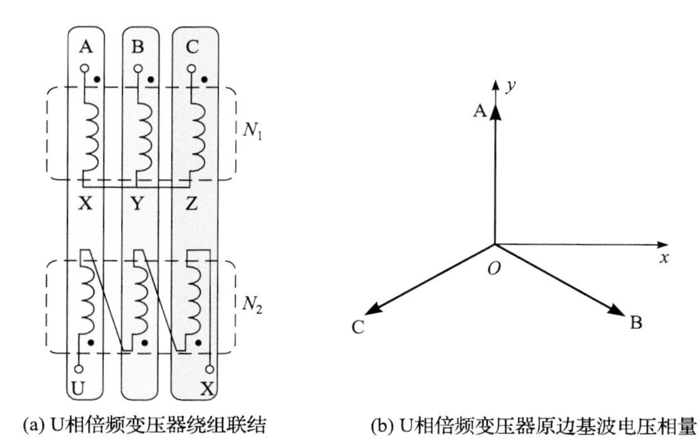

(a) U相倍频变压器绕组联结　　(b) U相倍频变压器原边基波电压相量

图 3-8　U 相倍频变压器绕组联结与原边基波电压相量

图 3-9 为 V 相倍频变压器绕组联结与原边基波电压相量。V 相倍频变压器需要将电源电压后移 40°，故图 3-9(b)中的 A_1 相量(蓝色)为 V 相倍频变压器中的首相电压，此处用电源的 A 相电压和 C 相电压(反向)进行合成，记目标电压相量长度为 l，用以合成目标电压的 A 相和 C 相电压相量长度分别为 l_1 和 l_2，将其均分解至 xy 坐标下，有

$$\begin{cases} l_2\cos 60^\circ + l_1 = l\cos 40^\circ \\ l_2\sin 60^\circ = l\sin 40^\circ \end{cases} \tag{3-2}$$

由此可求得，$l_1 = 0.3949l$，$l_2 = 0.7422l$，相应的绕组联结如图 3-9(a)所示。

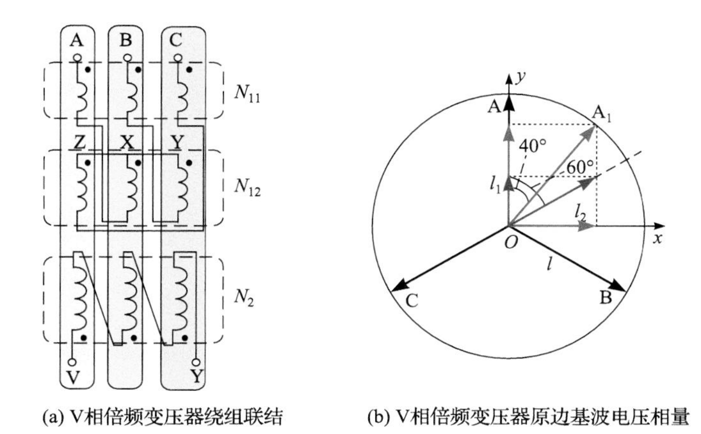

(a) V相倍频变压器绕组联结　　(b) V相倍频变压器原边基波电压相量

图 3-9　V 相倍频变压器绕组联结与原边基波电压相量

同理，V 相倍频变压器的第二相(B_1)和第三相(C_1)电压分别可由 B 相电压和 A 相电压(反向)及 C 相电压和 B 相电压(反向)进行合成，对应的相量长度与 l_1 和 l_2 相

同；W 相倍频变压器则需要将电源电压前移 40°，其首相电压(A_2)由电源的 A 相电压和 B 相电压(反向)进行合成，第二相(B_2)和第三相(C_2)电压分别由 B 相电压和 C 相电压(反向)及 C 相电压和 A 相电压(反向)进行合成，对应的相量长度与 l_1 和 l_2 相同。图 3-10 为 W 相倍频变压器绕组联结与原边基波电压相量。

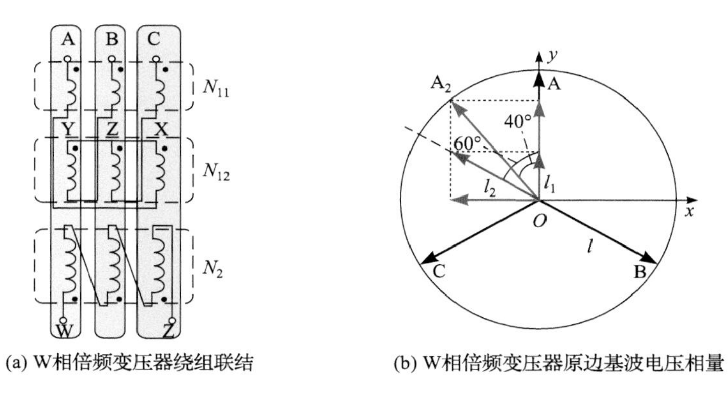

(a) W相倍频变压器绕组联结　　(b) W相倍频变压器原边基波电压相量

图 3-10　W 相倍频变压器绕组联结与原边基波电压相量

由此可得到三相三倍频变压器的拓扑如图 3-11 所示。需要特别注意的是，图 3-11 中的每相倍频变压器均包含 3 个日字形变压器，因此三相三倍频变压器系统将包含 9 个日字形变压器。

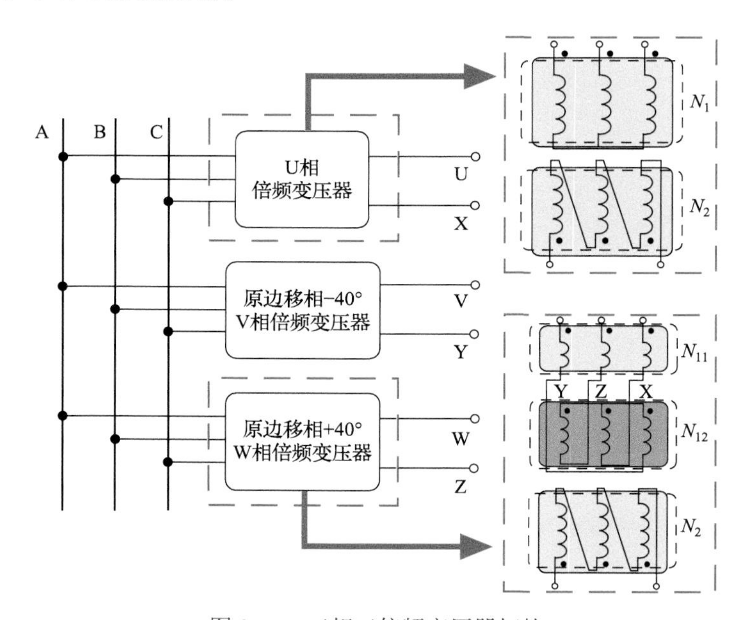

图 3-11　三相三倍频变压器拓扑

3.2.3　三相三倍频变压器的参数设计

三相三倍频变压器由三组单相三倍频变压器组成，此处以单相三倍频变压器设计为例进行说明。日字形单相三倍频变压器由 3 个日字形铁心的单相变压器通过星形/开口三角形接法联结而成，设计额定容量为 8kW，其余电气参数如表 3-5 所示。由于三倍频变压器工作时原副边均需无功补偿，各变压器接头需要接线较多(3 根以上)，需要在接头设计方面留出足够裕度，避免出现由于接头无法并接无功补偿设备的问题。

表 3-5　单相三倍频变压器电气参数

参数	数值	单位
原边电压(线)	500	V
副边电压(相)	230	V
原边电流*(相)	40	A
副边电流(相)	35	A
原边频率	16.67	Hz
副边频率	50	Hz
额定容量**	8	kW
调压范围	± 4×2.5%	—
中性点接地方式	不接地	—

注：*由于变压器工作于饱和区，额定负载时原边电流为常规变压器额定电流的 4 倍。
**总输出功率为 8kW，故单个铁心功率为 8/3kW。

单相三倍频变压器的铁心截面、绕组匝数与型式以及铁心窗截面等参数根据文献[4]和[5]给出的变压器设计方法确定。特别地，如图 3-9 和图 3-10 所示，对于 V 相、W 相需要进行移相的倍频变压器，原边需要改用曲折接法。为保证 V 相、W 相倍频变压器原边等效匝数与 U 相倍频变压器相同，在保持铁心磁通密度与每匝电压不变时，可以得到曲折接法绕组的匝数。限于篇幅，此处只给出参数数值，如表 3-6 所示。

表 3-6　单相三倍频变压器结构参数

参数	数值	单位
中柱有效面积(圆)	6361	mm^2
轭有效面积(方形)	8100	mm^2
原边匝数	265(U 相)	—

续表

参数	数值	单位
副边匝数	105+197(V 相、W 相)	—
原边导线截面积	120	mm^2
副边导线截面积	24	mm^2
窗高*	16	mm
窗宽*	320	mm
持续运行时长	90	h

注：*导线截面积和窗的尺寸需要设计人员根据实际情况调整，表中数据仅作参考。另外，导线建议选择 $2\times4\ mm^2$ 扁铜线并联的形式。

3.2.4 有限元仿真及动态模拟实验验证

1. 有限元仿真计算

根据 3.2.3 小节中提供的三倍频变压器参数，可以在有限元仿真程序中进行精确建模，进行各工况下的场路耦合仿真。为全面分析倍频变压器特性，本小节进行了开路、短路和负载下的仿真，电路拓扑如图 3-12 所示。

倍频变压器在开路、短路和负载条件下的有限元仿真结果如表 3-7～表 3-9 所示，其中 N_1、N_2 分别为原边和副边的绕组匝数，V_{open} 为开路电压有效值，ϕ_3/ϕ_1 为心柱三次磁通与基波磁通比值，B_m 为心柱最大磁通密度，I_{1m} 为原边电流峰值，I_{short} 为副边短路电流有效值，V_3 为负载电压有效值，THD 为负载电压总谐波畸变率，I_3 为负载电流有效值，P_0 为负载功率，P_{cu} 为原副边铜耗之和。

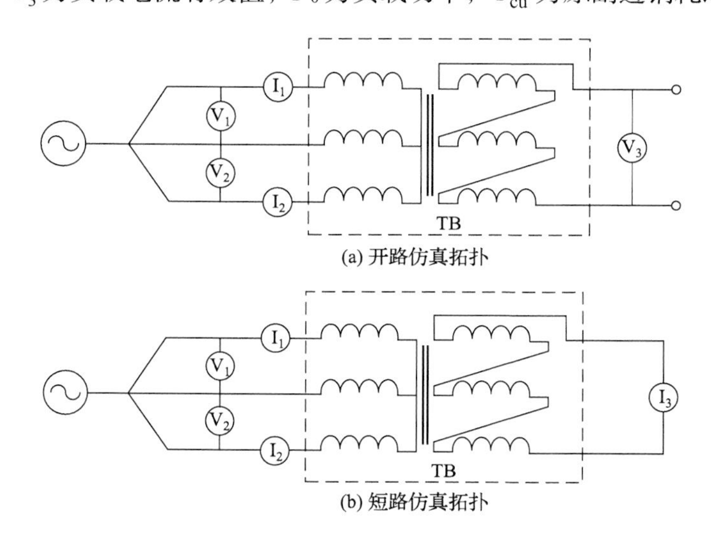

(a) 开路仿真拓扑

(b) 短路仿真拓扑

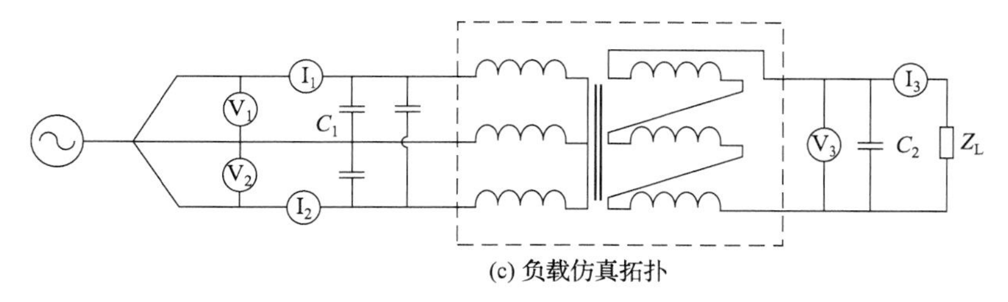

(c) 负载仿真拓扑

图 3-12　倍频变压器各工况下的仿真拓扑

从仿真结果可知，在设计的饱和程度下，倍频变压器的开路电压为 1.07 倍的额定值，符合设计需求，而由于基波磁通被抵消，倍频变压器的内阻抗较大，短路电流较小，在原边全电压条件下，短路电流仅为 27.3A。带载能力方面，在 17Ω+0.23mF 的负载条件下，输出功率达到了 8.86kW，此时由于样机电压等级低，原副边电流都较大，铜耗达到了 820.8W，考虑到倍频变压器工作频率相较工频降低为原来的 1/3，铁耗不会过大，故倍频变压器总体效率应在 90%左右。

表 3-7　开路仿真结果

仿真条件	V_{open} / V	ϕ_3/ϕ_1	B_m / T	I_{1m} / A	励磁铜耗/W
N_1=265, N_2=120	235.1	0.201	2.01	13.3	8.62

表 3-8　短路仿真结果

仿真条件	I_{short} / A	B_m / T	I_{1m} / A
N_1=265, N_2=120	27.3	2.09	35.3

表 3-9　负载仿真结果

仿真条件	V_3 / V	THD/%	I_3 / A	ϕ_3/ϕ_1	B_m / T	I_{1m} / A	P_0 / W	P_{cu} / W
6Ω+0.53mF	184.3	2.14	30.72	0.124	2.16	58.2	5900	907.39
10Ω+0.32mF	261.3	4.10	26.13	0.185	2.18	59.5	6950	774.95
17Ω+0.23mF	384.0	7.45	22.59	0.266	2.18	61.2	8860	820.84

2. 动态模拟实验验证

三相三倍频变压器动模实验平台如图 3-13 所示，分别开展倍频变压器开路、负载及并网等实验验证，其中开路和负载实验拓扑与图 3-12 类似，并网实验拓扑见图 3-14。

图 3-13　三相三倍频变压器动模实验平台

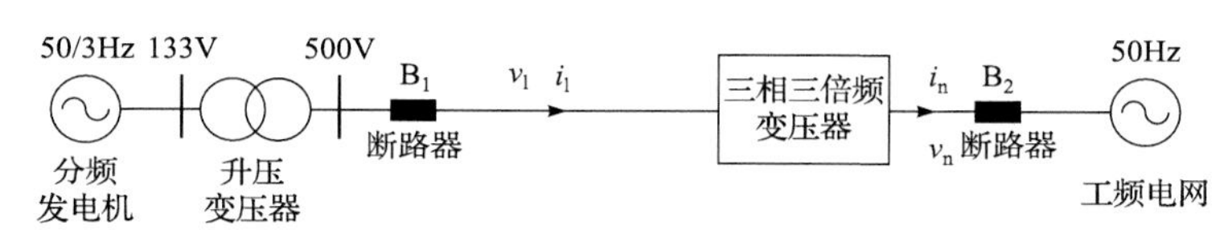

图 3-14　分频发电机经三相三倍频变压器并网实验拓扑

1) 三相倍频变压器开路实验

为研究三相倍频变压器的空载特性，首先在动模实验平台中对其进行开路实验。开路实验中，三相倍频变压器原边直接与发电机升压变压器 500V 侧连接，发电机完成励磁后，闭合发电机侧断路器 B_1，倍频变压器从分频侧启动励磁，其铁心进入饱和状态，实现三倍频电压输出。图 3-15(a)～(c)展示了倍频变压器在额定电压下的输入线电压、输入相电流和输出相电压的波形。倍频变压器在空载情况下，输入端的线电压和相电流仍是较为标准的正弦波。输出相电压为平顶波，经计算，其谐波畸变率为 26.19%，主要谐波频率为 150Hz 和 250Hz，输出线电压波形如图 3-15(d)所示，其谐波畸变率降为 15.3%，主要谐波频率提高至 250Hz 和 350Hz。此外，倍频变压器输出电压的负序含量为 2.71%，略大于国标中长期运行负序含量的要求(2%)，符合短期运行负序含量小于 4%的要求，较好地完成了

移相，基本实现了设计目标。

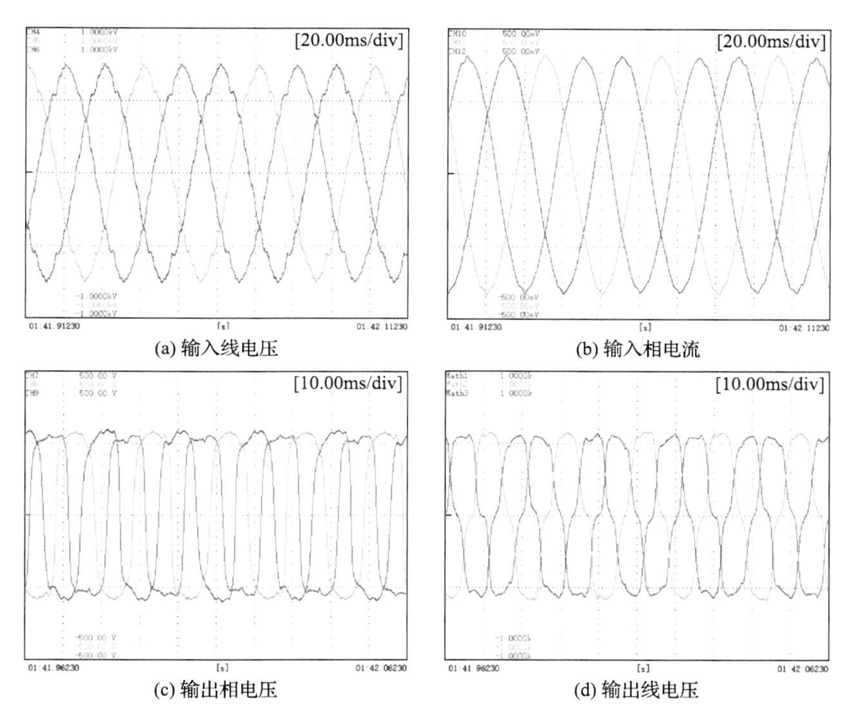

(a) 输入线电压　(b) 输入相电流

(c) 输出相电压　(d) 输出线电压

图 3-15　三相三倍频变压器开路时的电压、电流波形

ms/div：毫秒每格

2) 三相三倍频变压器负载实验

负载实验中，发电机完成励磁后，闭合发电机侧断路器 B_1，倍频变压器从分频侧启动励磁，其铁心进入饱和状态，实现三倍频电压输出。由于倍频变压器工作于饱和区，需大量感性无功，为提高发电机功率因数，在原边三相各并联了 1 个 461.9μF 的补偿电容。考虑到倍频变压器内阻较大，在负载侧并联了 1 个 314.4μF 的电容以提高有功输出能力。

图 3-16 展示了阻容负载下倍频变压器输入线电压、输入相电流和输出线电压波形。可以看到，阻容负载下各波形的谐波含量均较低。由于发电机容量限制，过程中三相三倍频变压器输入功率达到 17.83kW，输出功率为 16.41kW，有功功率传输效率为 92.0%。另外，由于倍频变压器铁心工作于高度饱和下，此时其吸收的无功功率为 43.03kvar，倍频变压器的功率因数为 0.38，通过补偿电容后，发电机输出无功功率为 10.43kvar，此时发电机的功率因数为 0.86。

可以看出，由于发电机励磁控制维持电压幅值，并且 3 台倍频变压器的 5 次、7 次谐波电流相互抵消，倍频变压器接阻容负载时的输入线电压和相电流仍为正弦波，输出线电压也为正弦波，但由于制造工艺等原因，三相输出电压的幅值略有差异。经计算，输出电压的谐波畸变率为 2.94%，负序含量为 3.66%。

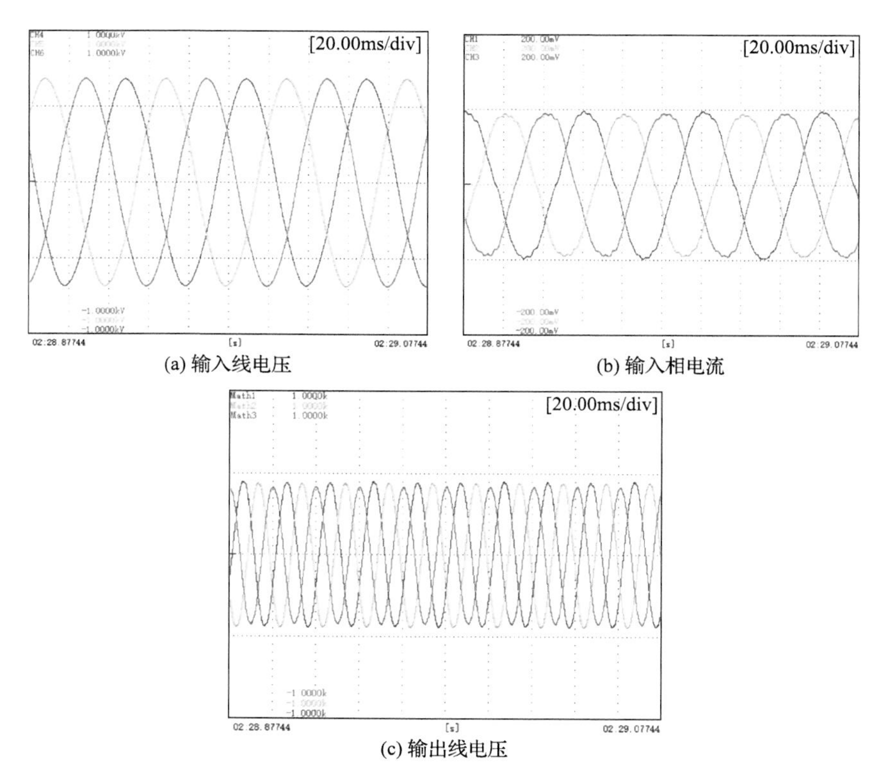

(a) 输入线电压　(b) 输入相电流

(c) 输出线电压

图 3-16　三相三倍频变压器阻容负载时的电压、电流波形

3) 三相三倍频变压器并网实验

参照图 3-14，启动分频发电机组，闭合发电机侧断路器 B_1，待三相三倍频变压器工频侧电路器 B_2 两侧电压满足并网条件时，闭合 B_2，完成并网。

倍频变压器并网时的电压、电流波形如图 3-17 所示。由实验结果可知，倍频变压器输入线电压均保持为正弦形，由于铁心饱和，输入电流含有 19.53%的谐波，主要频率为 283Hz(17 次谐波)。并网时倍频变压器的输出电压被网侧电压钳制，输出电流以 50Hz 为主，还含有 32.8%的 150Hz 分量(即基波的 9 次分量)，这也是铁心饱和的必然结果，后续工程使用时为提高电压质量需进一步选配滤波器。并网过程中倍频变压器输出最大有功功率为 13.6kW，输送有功功率的效率为 87.3%～92%。

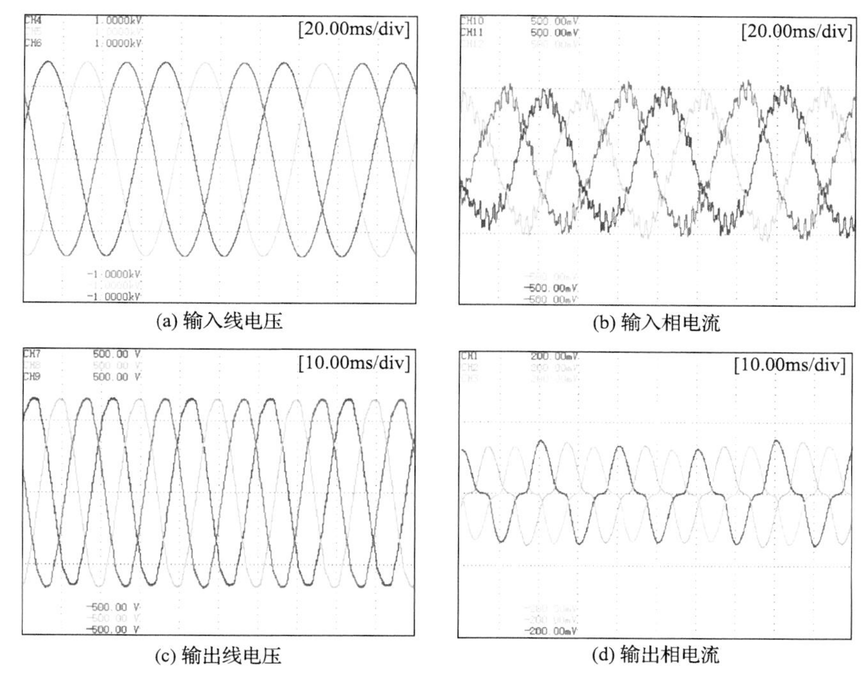

(a) 输入线电压　(b) 输入相电流

(c) 输出线电压　(d) 输出相电流

图 3-17　三相三倍频变压器并网时的电压、电流波形

本节通过优化设计，将倍频变压器输送有功功率的效率从已有文献报道的25%～50%提升至最高 92%，较大程度地提高了倍频变压器的性能，还首次使用了含移相绕组的倍频变压器，避免使用单独的移相变压器，较为经济地实现了三相三倍频变压器的功率输出。此外，有限元仿真结果和动模实验结果的一致性证明了分析手段的正确性，为进一步优化设计奠定基础。

3.3　基于周波变换器的分频输电系统实验

3.3.1　周波变换器的主电路参数计算与设备选型

1. 主电路拓扑与整体架构

周波变换器是 20 世纪六七十年代开发的大容量变频调速装置，在大容量变频传动领域得到了广泛的应用。在分频输电系统中，周波变换器由 3 个完全相同的单相变频器组成，为减小周波变换器的电压谐波畸变率，实际应用中采用多重化技术，将两组 6 脉波周波变换器通过换流变压器移相 30°，从而构成输出 Y 联结方式的 12 脉波周波变换器。每个单相输出周波变换器由 24 个晶闸管搭建而成，每 2 个反并联连接的晶闸管组成 1 个桥臂，每个桥臂都并联有常规阻容保护吸收电路。为了安全起见，每个单相输出周波变换器的输入输出侧都串联了起过流保护作用的快速熔断器。在用于分频输电时，其主电路拓扑如图 3-18 所示。

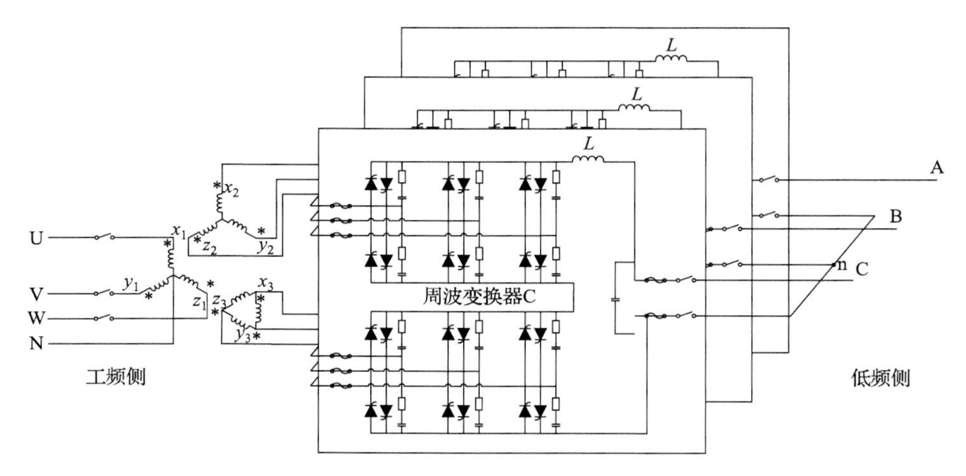

图 3-18　三相 12 脉波周波变换器主电路拓扑

2. 主电路参数计算

1) 晶闸管选型和 *RC* 缓冲吸收电路参数计算

根据前述动模实验系统的规模与模拟比例可知分频侧额定电流为 23A，因此为保证实验室条件下晶闸管能正常工作，实验中应留有充足的裕度，选择 KK_8 200-16 型快速晶闸管，其参数如表 3-10 所示。

表 3-10　晶闸管性能参数

参数	数值
通态平均电流/V	200
通态峰值电压/V	2.16
断态重复峰值电压/V	1600
反向重复峰值电压/V	1600
门极导通电流/mA	93
关断时间/μs	37.0

阀侧 RC 缓冲吸收电路的参数需要视负载的情况而定，分析主电路结果可发现：某一晶闸管关断后，会产生 RC 元件与线路电抗 L 共同形成的二阶动态电路的振荡过程，此电路不发生发散振荡的条件是 $R>2\sqrt{L/C}$ ，由此可选择其参数为 R=200Ω，C=1μF。

2) 换流变压器参数计算

如图 3-18 所示，周波变换器在工频侧需要换流变压器与工频电网相连，换流变压器的作用如下：

(1) 换流变压器变频器侧的绕组采用△接法和 Y 形接法，其中性点均不接地。因此利用换流变压器可以实现变频器分频侧与工频侧之间的电气隔离绕组。

(2) 换流变压器变频器侧的两个绕组接法不同，并相移 30°，实现两个 6 脉波周波变换器串联多重化。

(3) 将换流变压器的变比与余弦交点法中电压调制比配合，实现分频侧电压的幅值要求。

在动模实验平台中，换流变压器采用三相三绕组型，接线方式为 Y/Y/△-11，额定功率 12kVA，为使串联的两组整流桥换相重叠角相同以减小谐波畸变率，换流变压器的两个副边绕组漏感 $L_{\mathrm{Ym}}:L_{\triangle\mathrm{m}}$ 应满足下述关系：

$$L_{\mathrm{Ym}}:L_{\triangle\mathrm{m}}=\sqrt{3}:1 \tag{3-3}$$

根据动模实验平台规模，设计周波变换器分频侧电压有效值为 500V，工频侧电压有效值为 380V，同时设计电压调制比 λ 为 0.85 以保证逆变时不会发生换向失败。因此，可以计算出换流变压器二次侧额定电压 V_2 为

$$V_2=\frac{\pi\times 500}{6\sqrt{3}\lambda}=\frac{\pi\times 500}{0.85\times 6\sqrt{3}}=178(\mathrm{V}) \tag{3-4}$$

进而可得换流变压器的变比为

$$\frac{380/\sqrt{3}}{178}=\frac{220}{178} \tag{3-5}$$

在实际系统中，换流变压器的变比 W_1/W_2 取为

$$\frac{W_1}{W_2}=\frac{220}{180} \tag{3-6}$$

同时配有 8 组分接头，以适应不同环境下调压的需要。

换流变压器的参数如表 3-11 所示。

表 3-11 换流变压器参数

参数	数值
额定容量/kVA	12
电网侧额定电压/V	400
电网侧额定电流/A	22
变频器侧额定电压/V	178
变频器侧额定电流/A	25
额定频率/Hz	50

3.3.2 控制系统设计

根据系统控制需求可将整个动模实验系统的控制分为四个部分：发电机励磁控制、原动机调速控制、周波变换器控制和并网控制。在全系统开环运行状态下，机群并网装置和周波变换器的控制系统是关键。机群并网装置主要用于实现风场所有风机逐台并网的任务，周波变换器控制系统主要完成以下任务：

(1) 按余弦交点法规律对各个晶闸管的触发延迟角进行计算，并根据计算结果发出触发脉冲对正负组晶闸管变流电路进行换相控制；

(2) 能接收外部发来的频率和电压指令，并根据外部指令，实时修正晶闸管的触发控制角，实现分频侧频率和电压在线调整的功能[6]；

(3) 实现逻辑无环流控制功能，包括负载电流的零电流检测和周波变换器正反组换组切换逻辑；

(4) 可实现风电场经周波变换器与工频系统远端并网和解列，即周波变换器启动/停止控制。

根据上述要求设计的三相 12 脉波周波变换器的全数字控制系统框图如图 3-19 所示。

周波变换器的主要任务是产生晶闸管的触发脉冲并支持分频侧频率和电压的在线调整，12 脉波周波变换器需要 72 个晶闸管，就需要实时产生 72 路触发脉冲信号，即实时求解余弦交点法这一非线性方程，运算量巨大。另外，考虑到56个通用 I/O(输入/输出)端口难以满足触发通道数目的要求，必须对其进行端口扩展。因此，最终采用双 DSP+CPLD(数字信号处理器+复杂可编程逻辑器件)的全数字控制方案，两块 DSP 控制器功能略有冗余，并可通过数据总线或通信接口互相交换数据，实现多 CPU(中央处理器)的协调控制，其功能划分如下。

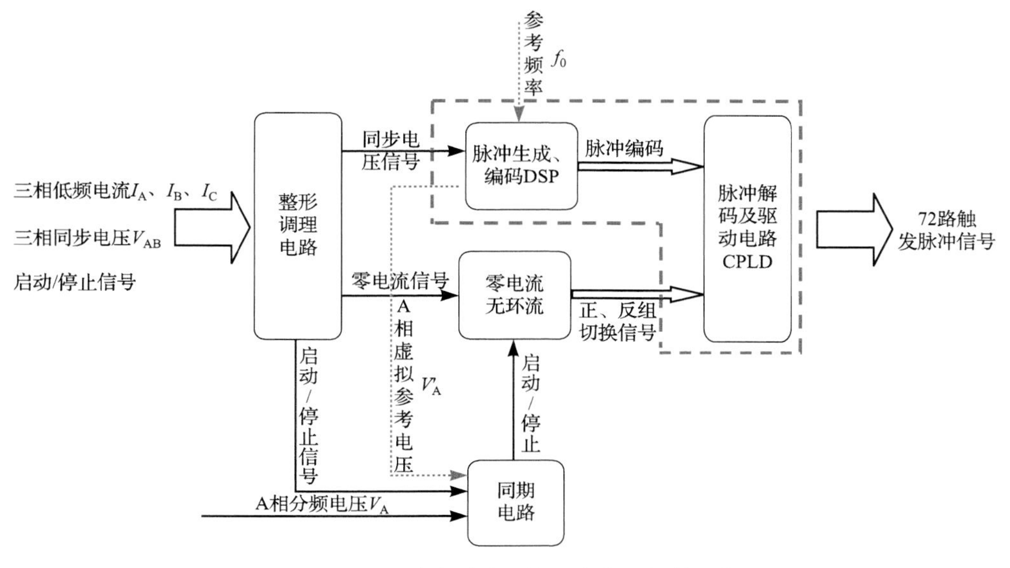

图 3-19　三相 12 脉波周波变换器全数字控制系统框图

1) 主控单元

主控单元如图 3-19 虚线框中所示，由一块 DSP 和一块 CPLD 构成，DSP 负责脉冲生成和编码，CPLD 负载脉冲解码和分配，并对触发脉冲进行软件调制，得到触发脉冲列，同时，主控板还负责接收上位机频率优化指令，并给同期控制板下达并网与解列操作的命令。

2) 零电流控制单元

零电流控制单元主要负责周波变换器负载电流过零点的检测，以及实现正、负组的无环流切换，由零电流检测和逻辑无环流控制两部分组成。

3) 同期控制单元

同期控制单元主要负责周波变换器的并网和解列操作。

4) 信号处理单元

信号处理单元主要对传感器送至CPU的信号进行前期处理，包含滤波、整形和限幅操作。

3.3.3　动态模拟实验验证

基于周波变换器的分频输电动模实验平台分别开展分频输电系统同期并网与解列、满载运行等实验，以及周波变换器传输效率与谐波分析实验。

1. 同期并网与解列实验

周波变换器启动成功，将同步发电机并入电网后，周波变换器分频侧三相电压和电流波形如图 3-20 所示。可以看出，在周波变换器并网瞬间，电流波形不规则，主要是因为负载电流较小，可能导致晶闸管导通不完全，造成波形畸变严重。在周波变换器解列时，首先通过上位机降低原动机出力，待出力降到接近 0 时，再次按下“启动/停止”按钮，同时去励磁，并逐渐将原动机转速降至 0，然后关闭电源，完成系统解列。

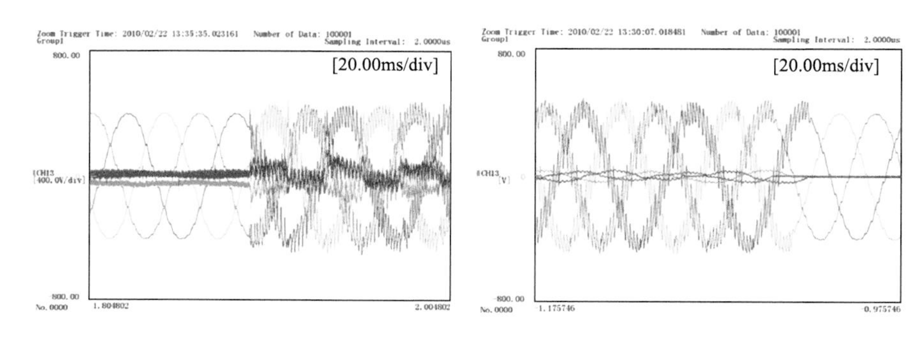

图 3-20　同期并网和解列实验波形

实验结果中，交-交变频器退出运行时，三相出现了非同步解列的现象，这种情况是工作原理所致：周波变换器退出运行是靠封锁脉冲完成，而晶闸管是半控型电力电子器件，在电流降到 0 附近时自然关断，由于三相之间有 120°的相角差，因此出现了上述现象。三相不同步解列必然会引起系统瞬时不平衡，但是由于不平衡电流很小，对系统影响甚微。

2. 满载运行实验

周波变换器并网成功后，利用原动机调速系统下传控制指令，逐渐增加原动机出力，直至达到变频器的额定功率 20kW，由于电压调制系数 λ 不变，因此周波变换器分频侧电压维持恒定，线路电流随有功功率的增大呈比例增大，此时周波变换器分频侧三相电压和分频线路中的三相电流波形如图 3-21 所示。

3. 周波变换器传输效率实验

12 脉波周波变换器单元包括晶闸管桥和换流变压器，其中变频器的主电路即图 3-1 中 C 点和 D 点之间的部分。由于功率分析仪测量通道数目的限制，无法同时测出三个三相变压器共计 6 个低压侧的三相功率，故假定三个换流变压器参数一致且 A、B、C 三相严格对称。启动周波变换器，将频率设定在 16.67Hz，调节原动机出力，将功率升至额定值 20kW，测得 C 点和 D 点的有功功率如表 3-12 所示。

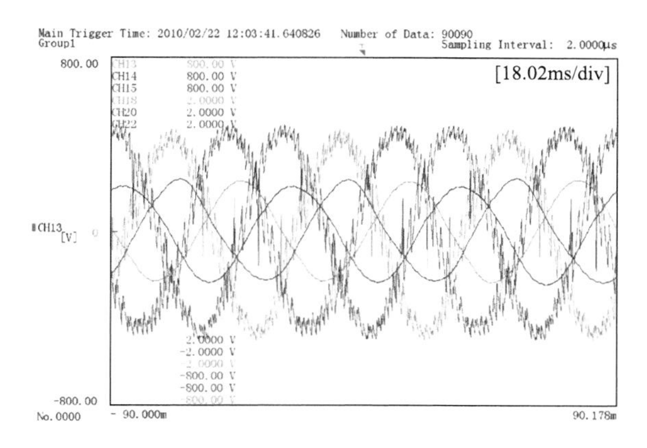

图 3-21　满载运行实验波形

表 3-12　周波变换器关键节点有功功率测试结果

测量点	C 点	D 点
有功功率/kW	19.90	19.74

由此可得 12 脉波周波变换器的有功功率传输效率 η 为

$$\eta = \frac{19.74}{19.90} \times 100\% = 99.2\% \tag{3-7}$$

可见周波变换器的传输效率较高，因此整个输电过程功率损耗主要出现在输电线路和周波变换器的换流变压器上。

4. 周波变换器谐波分析实验

满载运行时，周波变换器工频侧电流波形如图 3-22 所示。

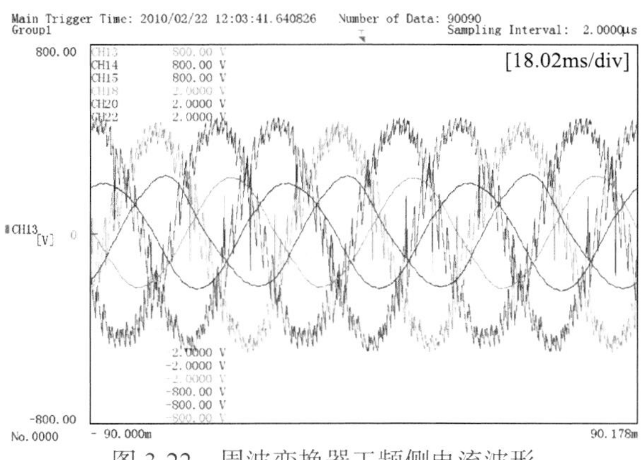

图 3-22　周波变换器工频侧电流波形

由图 3-22 可知，在模拟规模相同的条件下，当分频侧频率为 50/3Hz 时，与实验室原有 6 脉波周波变换器相比，12 脉波周波变换器分频侧电压和工频侧电流总谐波畸变率(THD)有很大降低，在不加滤波设备时，对两种周波变换器分频侧电压和工频侧电流波形作快速傅里叶变换(FFT)分析，其结果如表 3-13 所示。

表 3-13　6 脉波与 12 脉波周波变换器谐波分析结果比较

类型	分频侧电压 THD/%	工频侧电流 THD/%
6 脉波周波变换器	41.8	22.34
12 脉波周波变换器	14.8	8.71

由表 3-13 可见，12 脉波周波变换器分频侧电压 THD 为 14.8%，工频侧电流 THD 为 8.71%，12 脉波周波变换器与 6 脉波周波变换器相比，THD 显著下降，因此可以相应减小分频风电系统的无功补偿及滤波器的容量。

3.4 基于 M^3C 的分频输电系统实验

模块化多电平矩阵换流器(M^3C)是建设新一代分频输电系统中变频器的最佳选择，本节首先介绍基于 M^3C 的分频输电系统的动模实验，在此基础上，介绍西安交通大学、中国电力科学研究院有限公司(简称“中国电科院”)与特变电工科技投资有限公司等团队在中国电科院张北试验基地开展的基于 M^3C 的分频输电系统实证情况。

3.4.1 M^3C 的主电路参数计算与设备选型

1. 主电路拓扑与整体架构

在图 3-1 所示的动模实验平台中，令其中的变频器、换流变压器为 M^3C，完成从 380V、50Hz 到 500V、50/3Hz 的转换。为留出裕度，取 M^3C 的设计容量为 50kW，桥臂串联模块数为 4，每个桥臂留出 1 个模块作为备用，其主电路结构如图 3-23 所示。

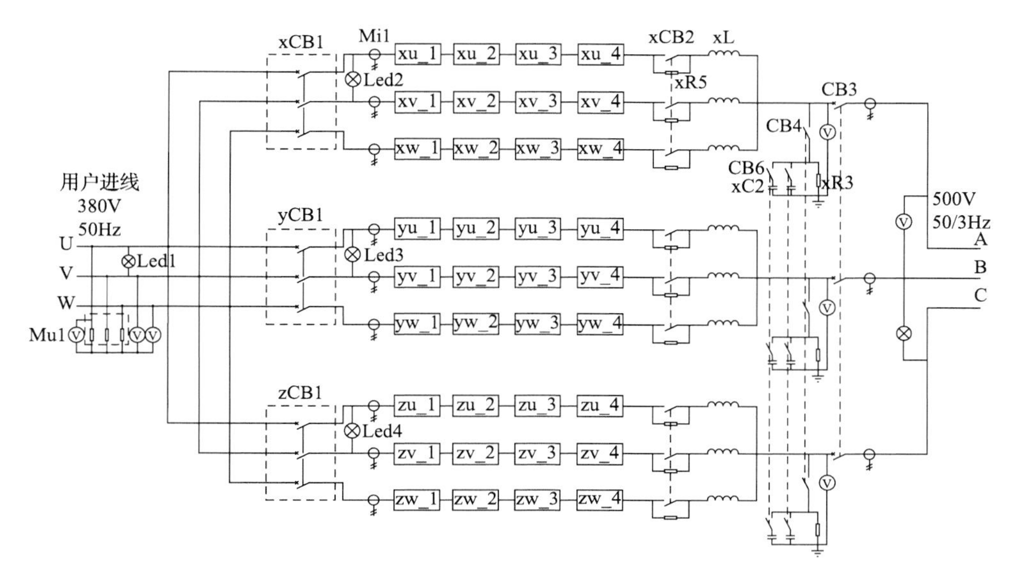

图 3-23　M³C 主电路结构

2. 主要电气元件参数计算及选择

M³C 的调制比定义为两侧电网单相电压的峰值之和与桥臂模块数×模块电容平均电压的比值。正常工作时调制比应小于 1，考虑到实验装置应保留较大的裕度，暂定其稳定工作时调制比最大为 0.8：

$$\gamma = \sqrt{\frac{2}{3}}\frac{380+500}{nV_{\mathrm{C}}} \leqslant 0.8 \tag{3-8}$$

$$nV_{\mathrm{C}} \geqslant 898.146 \tag{3-9}$$

若取模块数 $n=3$，则子模块电压 V_{C} 须大于等于 299.382V。由于 M³C 由一系列单相全桥电路组成，因此 IGBT(绝缘栅双极晶体管)的额定电压实际由额定电容电压决定。IGBT 的额定电压一般取直流电容电压的两倍，再考虑到留有 100%的裕度，IGBT 的额定电压应为 600V。

工频侧线电流 I_1 和分频侧线电流 I_2 分别为

$$I_1 = \frac{50000}{\sqrt{3}\cdot 380} = 75.97(\mathrm{A}) \tag{3-10}$$

$$I_2 = \frac{50000}{\sqrt{3}\cdot 500} = 57.74(\mathrm{A}) \tag{3-11}$$

因此稳态时各个桥臂电流有效值 $I_{\mathrm{arm}}^{\mathrm{RMS}}$ 为

$$I_{\text{arm}}^{\text{RMS}} = \frac{1}{3} \cdot \sqrt{I_1^2 + I_2^2} = 31.80(\text{A}) \tag{3-12}$$

稳态工作时流过桥臂的峰值电流 $I_{\text{arm}}^{\max}$ 为

$$I_{\text{arm}}^{\max} = \frac{\sqrt{2}}{3}(I_1 + I_2) = 63.02(\text{A}) \tag{3-13}$$

考虑留有裕度，IGBT 的额定电流应大于 100A，允许的最大峰值电流约为 200A。根据电压、电流谐波抑制的相关要求，桥臂电抗 L 和模块电容 C 分别取为 5mH 和 10000μF。

卸荷电阻 R_c 取值应考虑卸荷速度和限制电容放电冲击电流两方面因素。限制最大放电电流为 30A 时，R_c 应取为

$$R_c = \frac{V_C}{30} = 10(\Omega) \tag{3-14}$$

式中，V_C 为子模块电压。

预充电限流电阻 R_5 的取值主要考虑抑制充电瞬间的冲击电流。限制冲击电流小于 30A 时，有

$$R_5 = \frac{\sqrt{2} \cdot V_1}{2 \cdot I_{\max}} = \frac{\sqrt{2} \cdot 380}{2 \cdot 30} = 8.9566(\Omega) \tag{3-15}$$

$$R_3 = \frac{\sqrt{2} \cdot V_2}{\sqrt{3} \cdot 30} = 13.60(\Omega) \tag{3-16}$$

考虑裕度，R_c、R_5 和 R_3 可选取阻值 15Ω 的功率电阻。变频器主要器件参数如表 3-14 所示。

表 3-14　变频器主要器件的参数

主要器件	额定(最大)工作点	参数配置
桥臂电抗	峰值电流 63.02A，有效值电流 31.80A	额定电流 100A，电感 5mH
模块电容	电压 300V，峰值电流 63.02A，有效值电流 31.80A	额定电压 400V，电容 10000μF
模块 IGBT	通态峰值电流 63.02A，有效值电流 31.80A；阻态电压 300V	额定电压 600V，额定电流 100A
卸荷晶闸管	通态峰值电流 30A，阻态电压 300V	额定电压 600V，额定电流 50A
卸荷电阻	电压 300V，电流 30A	额定电流 30A，电阻 15Ω
预充电电阻	电压 268.33V，电流 30A	额定电流 30A，电阻 15Ω
放电电阻	电压 408.20V，电流 30A	额定电流 30A，电阻 15Ω
分频侧电容	峰值电压 408.20V，有效值电流 5A	额定电压 500V，电容 100μF(交流)

3.4.2 实验平台控制系统设计

控制系统采用主辅控制。主控芯片使用 TI 公司浮点型为 TMS320F28335 的 DSP，其内部集成了浮点处理单元。M^3C 子模块数较多，DSP 的 I/O 端口数无法实现如此多路的脉冲宽度调制(PWM)波输出，因此选用 Spartan6-XC6SLX150 芯片作为辅助控制器。考虑到实际需要，配置 DSP 负责上位机指令接收、状态机切换与 M^3C 控制算法，产生调制波与开关等指令值送给现场可编程门阵列(FPGA)；FPGA 辅助控制 9 个桥臂，并完成与主要模拟数字转换器(ADC)采样板、I/O 板通信，以及指令传送与状态值反馈。FPGA 主要负责传感器采集通信、底层调制算法、电容电压排序以及子模块触发光纤通信。DSP 和 FPGA 之间通过 DSP 总线通信。控制算法需要采集 54 路电量信号进行运算，DSP 内部的 ADC 通道数不足，因此选用 5 块 ADC 板进行模拟量采集，FPGA 和 ADC 之间采用并行通信。另外，断路器等开关操作由 I/O 板与 FPGA 通信，整个系统的功能及架构如图 3-24 所示。

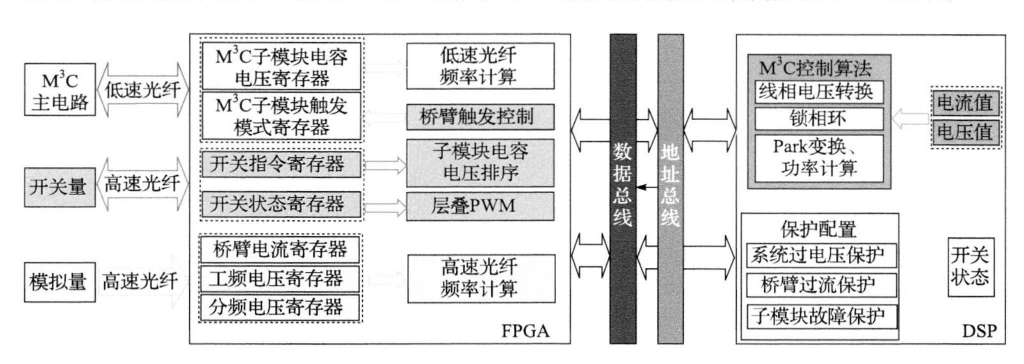

图 3-24　控制系统功能及架构

依据前文所述功能需求和控制系统规划，M^3C 控制系统采用高性能 DSP+FPGA 的全数字控制方案，强弱电系统采用光隔离，通信接口预留 RS232、RS485、CAN 总线及以太网通信四种接口，以适应不同的应用场合并留作扩展备用。

3.4.3 动态模拟实验验证

M^3C 实验台如图 3-25 所示。基于动模实验平台，分别开展 M^3C 预充电、子换流器逆变实验等实验验证。

1. M^3C 预充电实验

M^3C 基于模块化多电平换流器(MMC)技术，其功率模块单元由全桥子模块与电容构成，因此在正常运行前，需要对子模块中直流电容进行充电。本实验中，M^3C

图 3-25　M^3C 实验台

子模块通过工频交流无穷大系统进行充电。其中，不控充电完成的判据为子模块电压是否大于 85V；可控充电完成判据为所有 9 个桥臂的桥臂子模块电压和达到 280V。可控充电阶段，桥臂子模块以 1Hz 频率分别进行闭锁与零投入(正零投入、负零投入)；在可控充电完成 4 个周期切换后，桥臂预充电电阻切出，子模块继续充电直至达到额定值。

预充电实验电压波形如图 3-26 所示，图中为桥臂 xw 子模块电容电压值。可以看出，工频侧断路器闭合后，全桥模块触发脉冲保持闭锁，子模块不控充电达到88V左右；控制系统判断后子模块进入可控阶段，子模块触发脉冲解锁，根据前述控制方法，桥臂的三个子模块轮流闭锁与零投入，实现子模块充电；经过 4 个周期切换后，桥臂预充电电阻切出，子模块继续充电直至额定值；完成桥臂预充电后子模块脉冲闭锁，预充电完成。

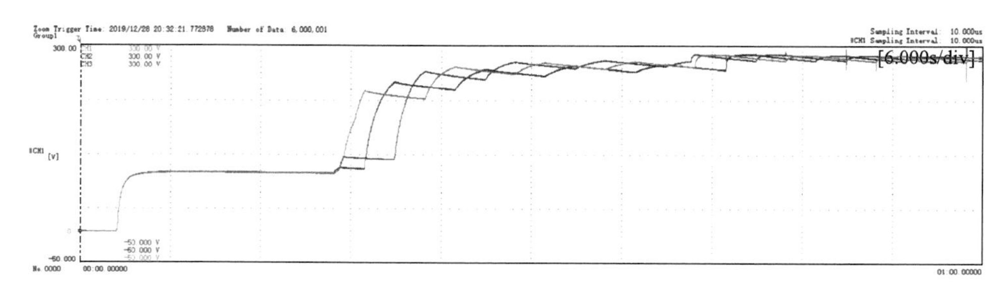

图 3-26　预充电实验电压波形

2. M³C 子换流器无源逆变实验

M³C 从交流侧看可以划分为 3 个带有零序电压输出的静止同步补偿器(STATCOM)并联运行，因此需要对三个子换流器的一致性进行验证。本实验中，在预充电完成后，通过 DSP 下发桥臂调制波，由 FPGA 接收后生成触发脉冲，桥臂输出电压。

以子换流器 C 为例，其桥臂输出电压波形及电压输出动态特性波形分别如图 3-27 和图 3-28 所示。由实验结果可以看出，当 DSP 下发 50Hz 调制波后，FPGA 可以经过层叠 PWM 生成 7 电平电压。经过控制系统软件同步处理后，FPGA 能够使子换流器 C 中的三个桥臂同时触发，三个子换流器具有较高的一致性。

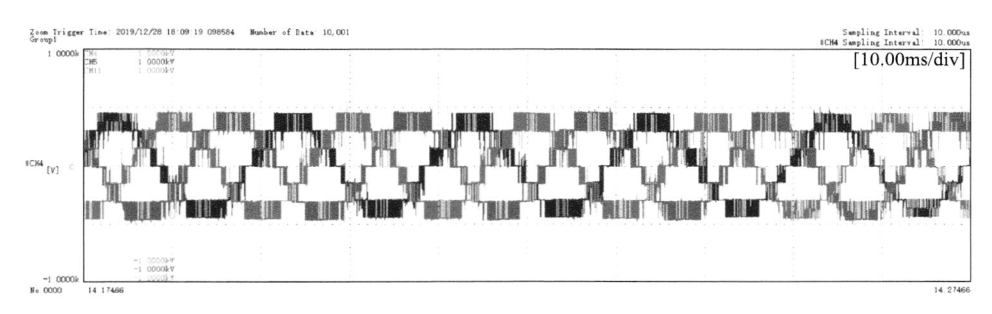

图 3-27　子换流器 C 桥臂输出电压波形

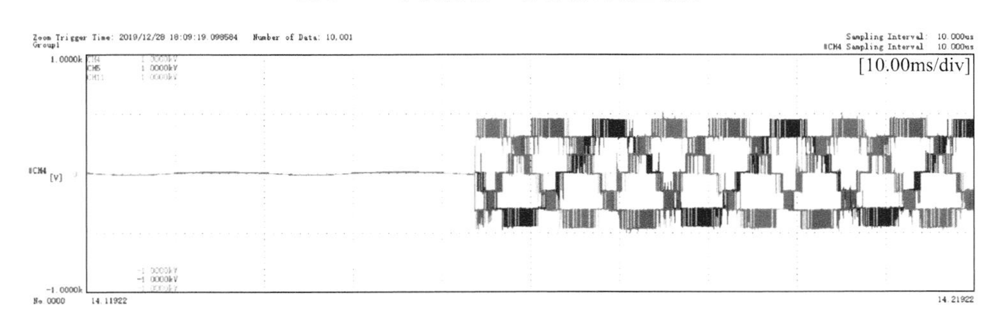

图 3-28　子换流器 C 桥臂电压输出动态特性波形

3. M³C 分频定电压实验

M³C 正常工作时，其分频侧工作在定交流电压模式。本实验中，M³C 子模块预充电完成后，保持三个子换流器的工频侧交流开关闭合，M³C 与交流系统保持连接，分频侧带负载。工频侧采用定子模块平均电压控制与定无功功率控制，分频侧采用定交流电压幅值、定频率控制。各个子换流器并网时电压调制波为各个子换流器内环输出的 dq 轴电流经 $dq0$-abc 变换后的三相电压。为保证设备安全，M^3C 工频侧经过三相调压器降低电压后实现与工频系统并网，由于调压器的限制，无功功率指令值较小。实验结果如图 3-29～图 3-33 所示。

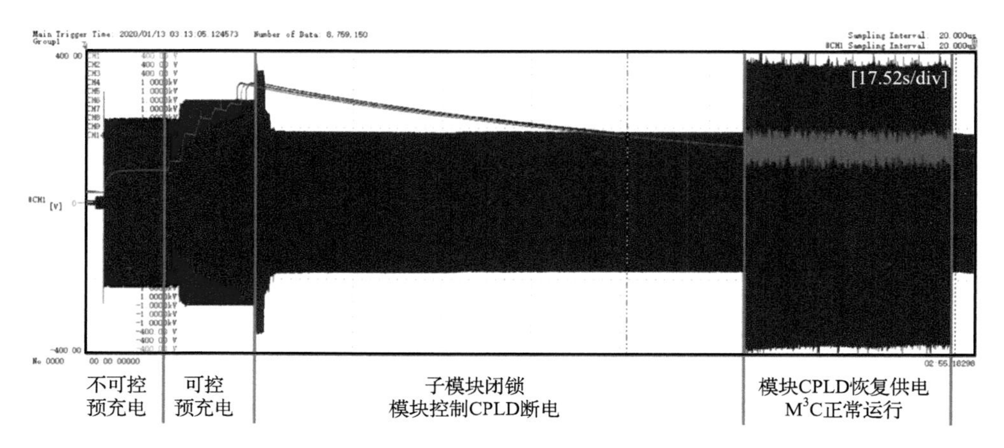

图 3-29　M^3C 正常运行波形

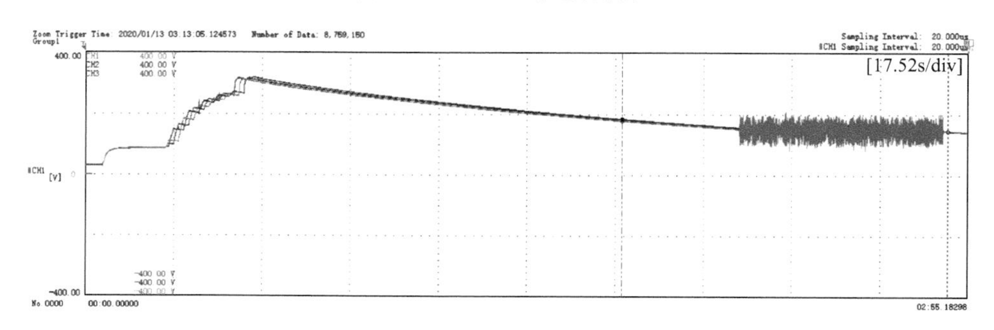

图 3-30　M^3C 桥臂 xw 子模块电容电压波形

从图 3-29 可以看出，实验可划分为 4 个步骤，其中预充电包括不可控预充电和可控预充电两步；由于受到主电路装置限制，本实验需要在子模块充电完成后关闭模块控制 CPLD，在此期间子模块保持闭锁，电容电压失电；经过一段时间后重启 CPLD，下达启动指令，M^3C 进入正常工作；M^3C 接受停机指令，闭锁触发脉冲，断开 M^3C 系统侧交流开关，M^3C 进入停机状态。

从图 3-30 可以看出，子模块充电控制算法运行顺利，CPLD 断电闭锁后，由于主电路质量问题，直流电容电压降低，在进入正常运行后，定电压控制投入保持子模块平均电压不变，控制系统正常工作。

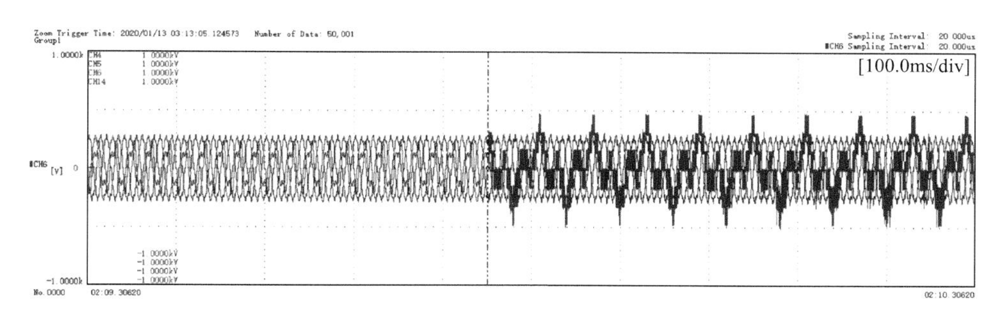

图 3-31　工频侧系统电压与桥臂 yu 输出电压波形

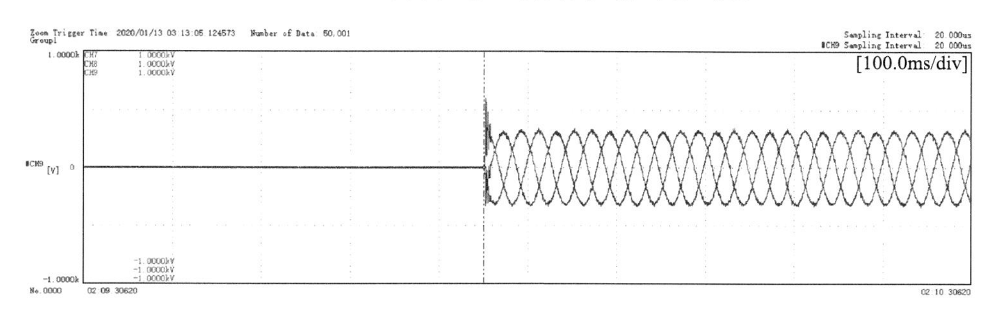

图 3-32　分频输出电压波形

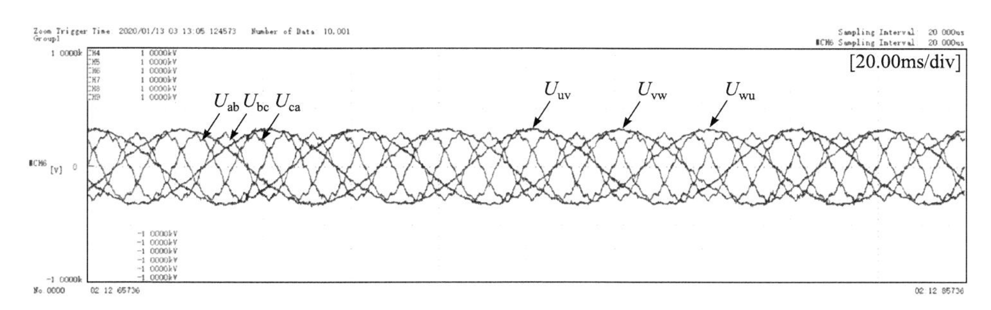

图 3-33　工频、分频输出电压波形

从图 3-31 可以看出，M^3C 启动后其工频侧无冲击并网，桥臂输出由工频调制电压、分频调制电压组成的调制电压，工作正常。如图 3-32 所示，在分频侧启动时出现电压波动的情况，这是因为分频侧的滤波电容容值较小，M^3C 解锁脉冲后为零状态响应，其暂态过程波动较大，但快速恢复，输出分频电压稳定。对图 3-33 中工频输出电压、分频输出电压进行 FFT 分析，对本次实验中 M^3C 分频侧电压 THD 与实验室原有 12 脉波周波变换器分频侧电压 THD 进行对比，结果如表 3-15 所示。可以看出，M^3C 分频侧输出电压谐波含量低，电压质量高，能够满足实验系统的需要。

表 3-15　谐波分析结果比较

类别	分频侧电压 THD/%
12 脉波周波变换器	14.8
M^3C	0.013

3.5 新能源分频发电与送出系统

3.5.1　中国电科院张北试验基地实证平台简介

分频输电系统动模实验的顺利开展证明了分频输电系统的可行性，但在装备实证方面仍需进一步验证。西安交通大学联合国网甘肃省电力公司、中国电科院与特变电工科技投资有限公司等多家单位形成联合科研团队，以 2021 年 11 月国家电网有限公司批准的“新能源分频发电与送出关键技术研究及实证”项目为依托，充分发挥中国电科院张北试验基地的实验条件，搭建小规模分频系统，对现有风力发电机组和光伏测试系统进行分频化改造，经分频输电线路送入变频器分频侧，并经变频后并入风场的工频高压汇流母线。在此基础上，结合已有研究成果，细化示范方案，重点解决分频风电系统示范阶段中关键设备研发与改造，即变频器的解决方案选择和技术改进问题。图 3-34 为联合科研团队在中国电科院张北试验基地所搭建的分频发电与送出实证系统拓扑，目前团队已经设计并研制核心变频装置 M^3C，为实证研究奠定坚实基础。实证系统中的 M^3C 变频装置如图 3-35 所示，基本电气参数见表 3-16。

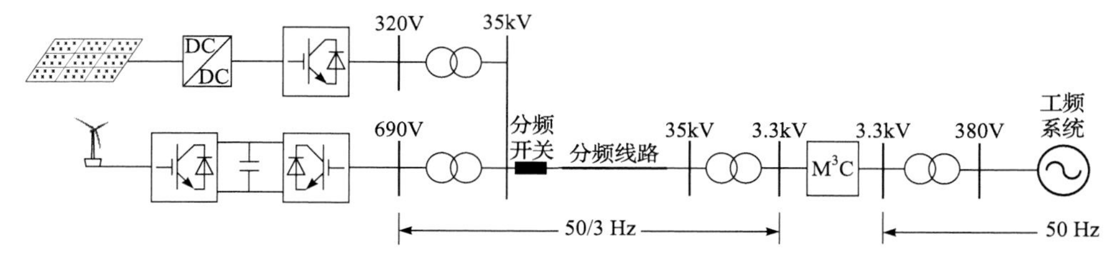

图 3-34　中国电科院张北试验基地新能源分频发电与送出实证系统拓扑

(a) 箱式M^3C变频器

(b) 功率室

图 3-35　M^3C 变频装置

表 3-16　M^3C 变频装置基本电气参数

参数	数值	单位
额定容量	3	MVA
工频侧额定电压	3.3	kV
分频侧额定电压	3.3	kV
工频侧额定频率	50	Hz
分频侧额定频率	50/3	Hz
模块电容电压	970	V
模块电容	8.1	mF
桥臂子模块数	7	个
桥臂电感	7	mH

3.5.2　M^3C 功能验证

1. 分频侧频率调节实验

在新能源发电与送出场景中，M^3C 分频侧需要采用 V/f 控制，因此首先进行分频侧频率调节实验验证 M^3C 控制系统的性能。实验中，M^3C 顺控系统启动，完成工频侧和分频侧解锁，分频侧有功功率由 0kW 增加至 1500kW(半载)，控制系统改变分频侧频率指令值，在 15～18Hz 变化。图 3-36 展示了分频侧频率指令为 50/3Hz 时 M^3C 工频侧、分频侧输出的线电压与相电流波形。此时系统稳定运行，根据采样系统计算可知，此时分频侧电压实际频率为 16.7043Hz，与设定值偏差小于 0.1Hz，满足设计需要。

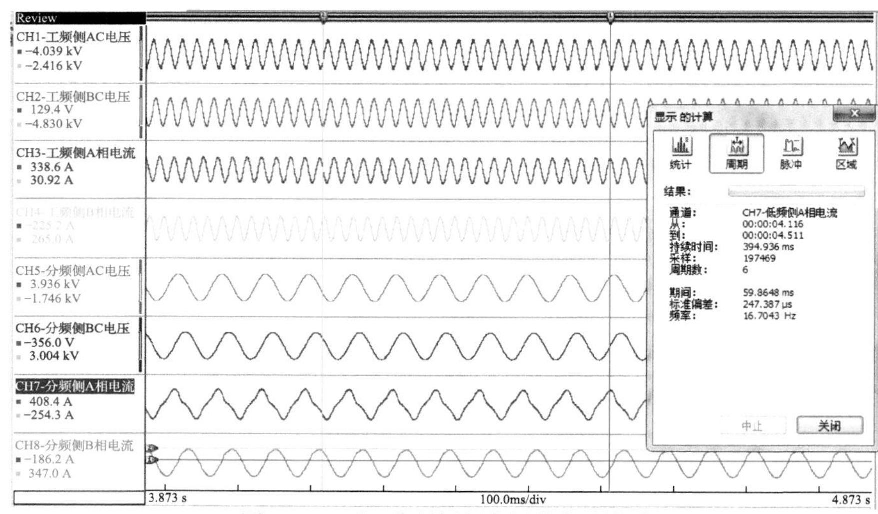

图 3-36　M³C 分频侧频率调节实验波形

2. 功率阶跃实验

新能源发电存在波动性，本实验通过功率阶跃验证 M³C 在功率突然增/减情况下的控制系统稳定性。实验中，在 M³C 系统顺控启机，完成工频侧和分频侧解锁后，设置分频侧有功功率从 0kW 阶跃至 1500kW，从 1500kW 阶跃至 3000kW，从 3000kW 跌落至 1500kW，从 1500kW 跌落至 0kW，每次完成功率阶跃后持续运行 10min。图 3-37 展示了功率从 1500kW 阶跃至 3000kW 时，M³C 工、分频侧的

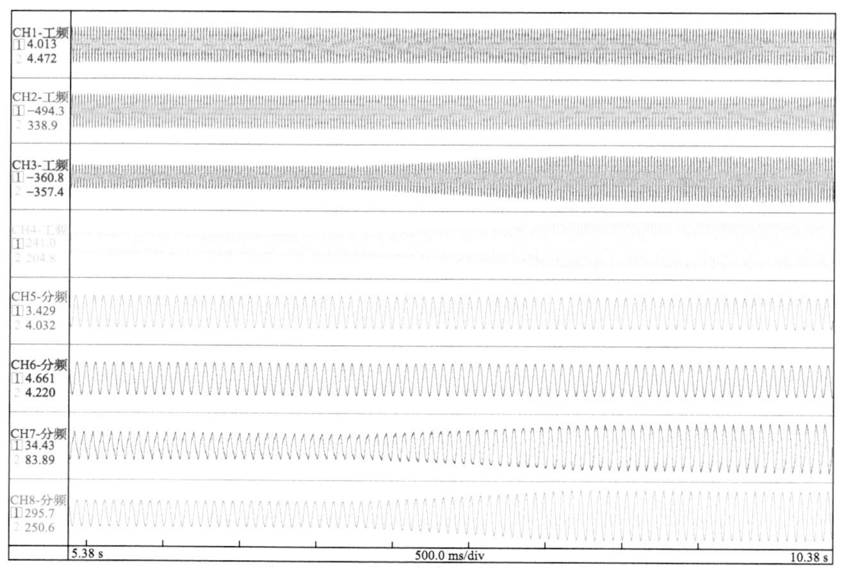

图 3-37　M³C 功率阶跃实验波形

电压和电流波形。由此可见，王锡凡团队提出的 M^3C 控制策略能够有效应对新能源电力波动，保证系统稳定运行。

3. 电能质量实验

为了验证 M^3C 变频器在满载运行时的电能质量是否符合设计标准，按照如下步骤设计电能质量实验方案：M^3C 系统顺控启机，完成工频侧和分频侧解锁；分频电源设置功率 0kW 启机；分频电源增加有功功率到满载 3000kW；使用功率分析仪测量工频侧电流、分频侧电压谐波，导出工频侧电流、分频侧电压 THD。其中，若网侧电压及电流 THD 小于 5%，则认为电能质量符合要求。

图 3-38 展示了系统运行 60min 时的电压和电流波形。可以看出，系统满载运行过程中，电流、电压 THD 均小于 5%，满足系统要求。

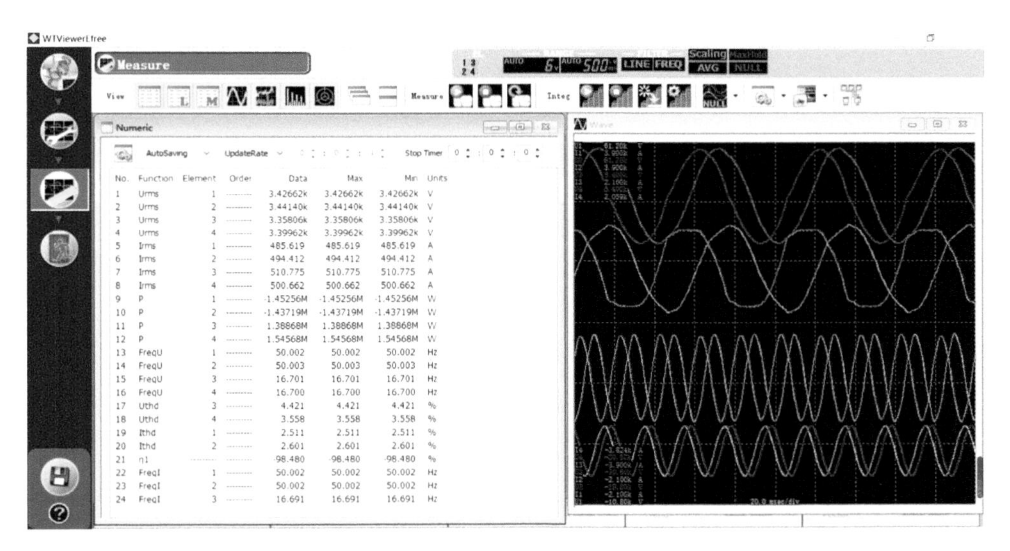

图 3-38　M^3C 变频器网侧的电能质量实验波形

3.5.3　中国电科院张北试验基地实验验证

1. M^3C 充电解锁

工频系统通过 35kV/380V 变压器给现场控制设备供电，使 M^3C 在系统中建立物理连接(M^3C 本体两侧刀闸、断路器合闸)、M^3C 模块充电、M^3C 解锁，先解锁工频侧，后解锁分频侧，建立分频侧 3.3kV 电压。

充电过程中 M^3C 工频侧电流波形以及 M^3C 解锁后的工频侧和分频侧电压波形分别如图 3-39 与图 3-40 所示。可以看出，M^3C 成功启动并且建立了分频侧

35kV 电压，还通过光伏升压变压器给光伏逆变器提供了分频 380V 电压，为分频侧光伏电站通过 M^3C 并网发电运行创造了必要条件。

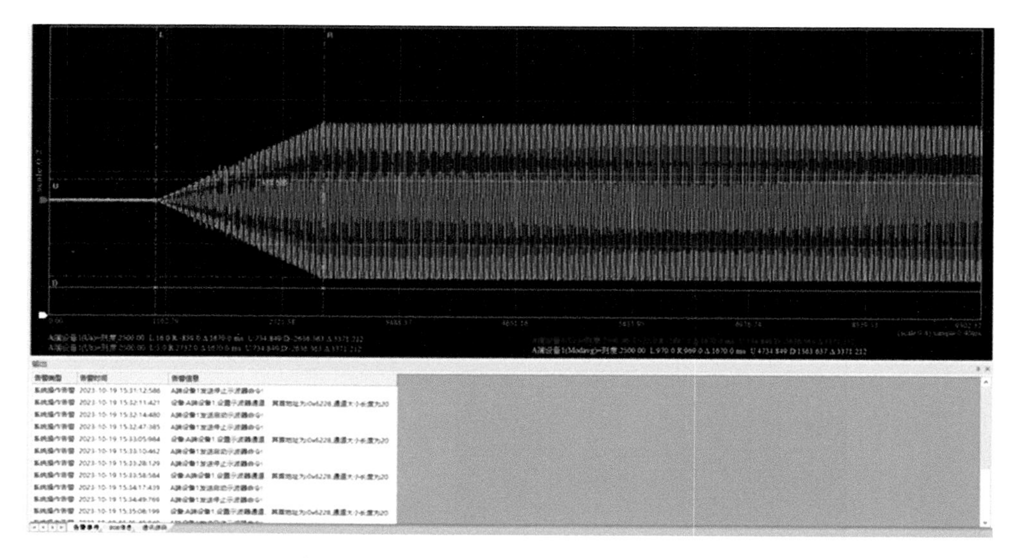

图 3-39 充电过程中 M^3C 工频侧电流波形

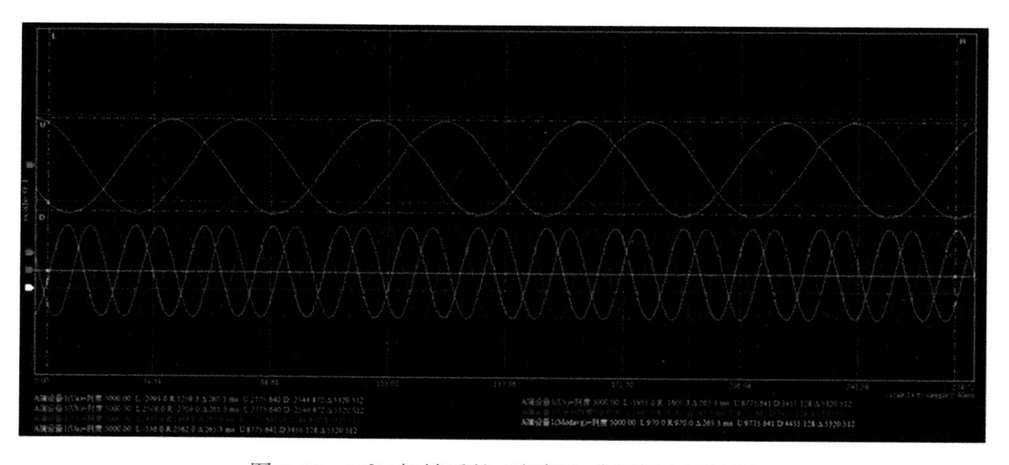

图 3-40 M^3C 解锁后的工频侧和分频侧电压波形

2. 分频光伏并网发电

分频光伏逆变器经分频变压器，连接至 35kV 分频母线。在逆变器控制面板中，依次单击运行控制、面板控制、开机，完成逆变器并网；没有故障后，合逆变器直流侧断路器。

此时，分频光伏经 M^3C 并网发电。当光伏正常并网发电后(中午时间，满功率 458kW)，光伏逆变器检测的输出电压与输出电流波形分别如图 3-41 与图 3-42 所示。通过分析光伏满功率 458kW 成功并网发电运行 1h，以及当日午后光伏出力从 98kW 逐渐降低到 6kW 成功持续运行 1h 的实验结果，可以看出 M^3C 工频侧和分频侧检测电压和电流波形稳定，传输功率符合预期目标，光伏经分频输电系统并网发电实验成功。

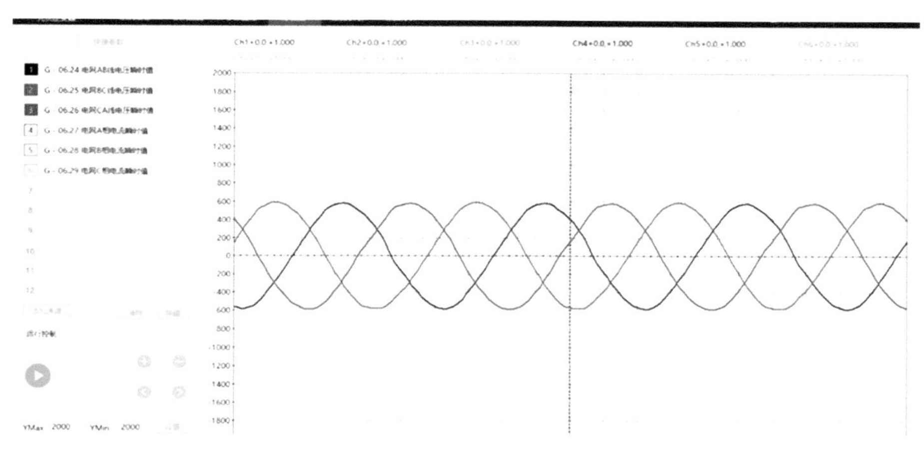

图 3-41　光伏逆变器检测的输出电压波形

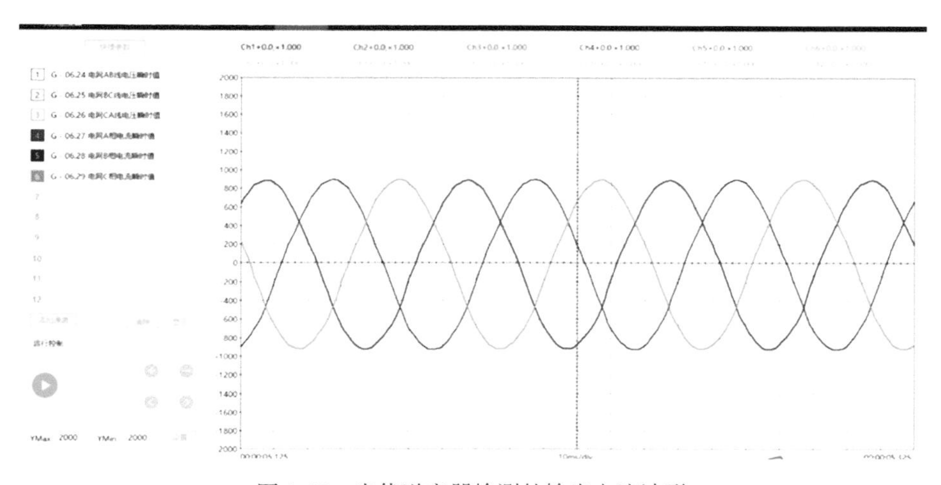

图 3-42　光伏逆变器检测的输出电流波形

参 考 文 献

[1] WANG X F, CAO C H, ZHOU Z C. Experiment on fractional frequency transmission system[J]. IEEE Transactions on Power Systems, 2006, 21(1): 372-377.

[2] 宁联辉，王锡凡，滕予非，等. 风力发电经分频输电接入系统的实验[J]. 中国电机工程学报，2011，31(21):

9-16.
[3] WANG X F, WANG X L. Feasibility study of fractional frequency transmission system [J]. IEEE Transactions on Power System, 1996, 11(2): 962-967.
[4] 王建华, 王秀丽, 王锡凡. 新型三倍频变压器的数值仿真及物理实验研究[J]. 电网技术, 2000, 24(11): 8-11, 40.
[5] 王建华, 王锡凡, 陈希炜, 等. 三倍频变压器的物理试验研究[J]. 变压器, 2001, 38(12): 28-31.
[6] 滕予非, 王锡凡, 宁联辉, 等. 分频输电系统交交变频器触发脉冲实时生成方法[J]. 电力系统自动化, 2010, 34(23): 76-81.

第4章

分频输电系统的关键设备

根据我国相关的标准与规范[1,2]，常规交流电力系统的额定频率为 50Hz，而分频电力系统的额定频率为 50/3Hz，因此其主要的一、二次设备(部分控保设备除外)均应为 50/3Hz 左右的分频设备。但是，我国尚无与之对应的电气设备生产与检测规范，也无成熟可用的分频发电、输电设备，这为分频输电系统的应用及推广带来极大的不便。基于此，本章对分频输电系统中电源、变频装置、变压器、断路器等主要设备的频率特性、制造/改造的可行性及技术难度等进行介绍。

4.1 分频输电系统的电源

在电能远距离输送及大规模新能源采用分频输电技术集中输送的应用场景下，需要将水能等一次能源经分频发电机直接发出频率为50/3Hz的电能，或以变频的方式将由风能、太阳能等一次能源转化而来的电能利用电力电子装备转换为 50/3Hz 左右的分频电能，再经升压后送出到工频输电系统并网点。由于水电、风电的原动机转速很低，其发出分频电能是可行且经济的。从分频升压站的高压母线处来看，分频输电系统的电源既可能是旋转电机(如水轮机和汽轮机)，也可能是大容量的电力电子装备(如光伏逆变器、直驱式风力发电机的全功率变流器)，或兼而有之(如双馈式异步发电机组)，为讨论方便，本节以应用场景划分分频电源。

4.1.1 常规能源远距离外送场景下的同步发电机

在水能、煤炭、石油、天然气等常规能源生产过程中，一般采用大型同步发电机作为电源。其中，由于汽轮机与燃气轮机在高转速下效率较高，因此与其匹配的汽轮发电机一般采用高转速的隐极式同步发电机，也称为透平发电机[3]，当输电频率为 50Hz 时，转速高达 $3000\text{r}\cdot\text{min}^{-1}$；由于受到水头和落差的影响，水力发电水轮机组的容量和转速差异较大，其选型与水电站的自然条件直接相关，一般大容量水轮机组采用低速同步发电机，转速多在 $100\mathrm{r}\cdot\mathrm{min}^{-1}$ 以下。

根据电机理论，同步发电机的同步转速 n_1 与发电机转子极对数 p 及输电频率 f 的关系满足[3]：

$$n_1 = \frac{60f}{p} \tag{4-1}$$

对于水轮发电机而言，应用于分频输电系统时，p 与 f 保持等比例降低，既可保持水轮机工作在最佳状态下，又可减小转子的重量与尺寸，大幅降低了发电机的生产难度与制造成本，非常适合用于分频输电的电源需求。

以我国某特大型水电站采用的 SF700-80/19720 型水轮机组为例[4]，若改为分频发电机，则转子极对数可减少至 13～14 对极，在不增加制造难度的情况下可发出分频电力，如图 4-1 所示。在此基础上，由于输电线路的静稳极限增大为工

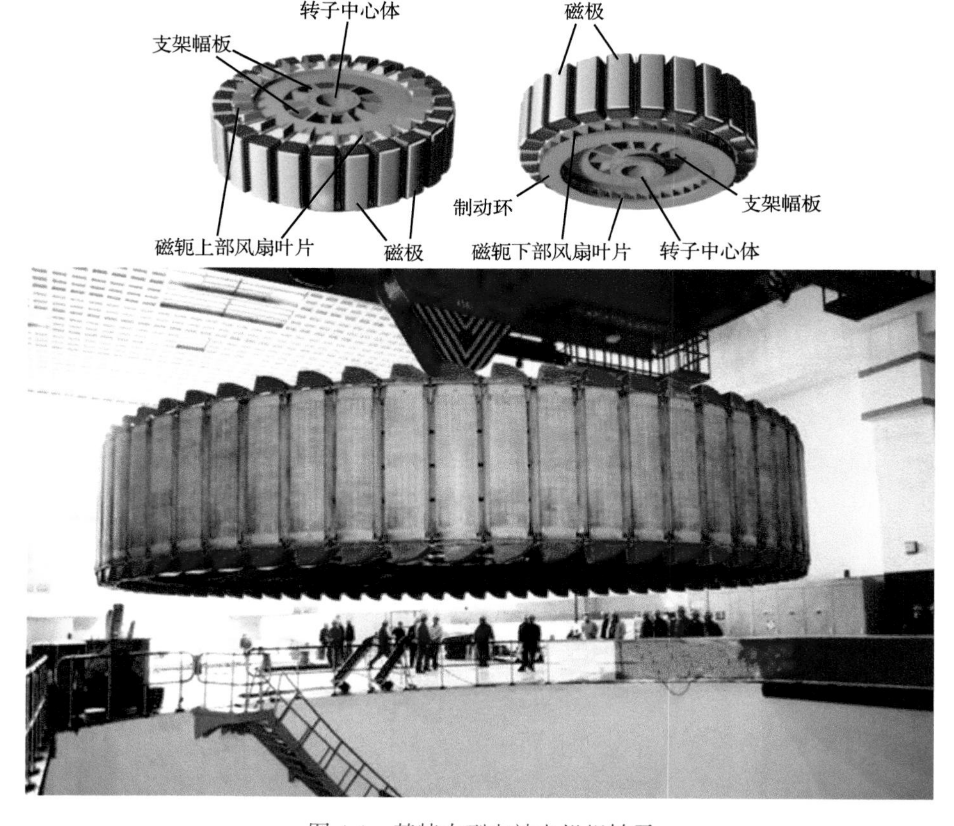

图 4-1　某特大型电站电机组转子

频输电时的 3 倍，出线回数相应的减少约 2/3，可极大降低输电走廊紧张带来的施工难度。

4.1.2　大规模新能源外送场景下的旋转电机与机端换流器

1986 年 5 月，我国第一座陆上风电场马兰风电场，在山东省荣成市成功并网发电，揭开了我国风电场从无到有的发展大幕。2010 年 1 月，国家能源局与国家海洋局共同印发《海上风电开发建设管理暂行办法》，标志着我国海上风电发展的开始[5]。经过多年的高速发展，大容量直驱式永磁风电机组和双馈式异步风电机组成为当前风电的主流机型，也代表了未来风电发展方向，基于二者的分频风力发电机组拓扑如图 4-2 所示。

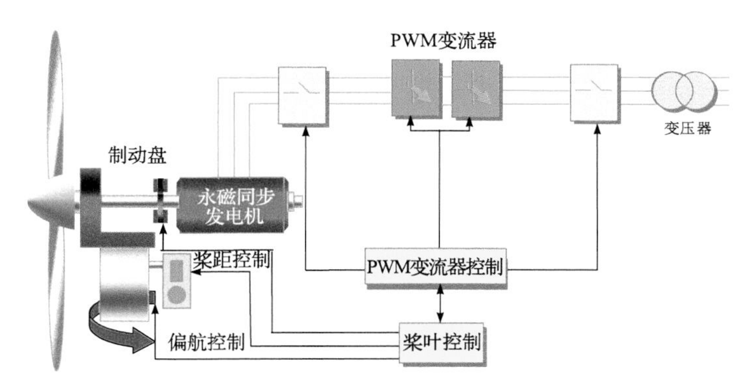

(a) 直驱式永磁分频风力发电机组

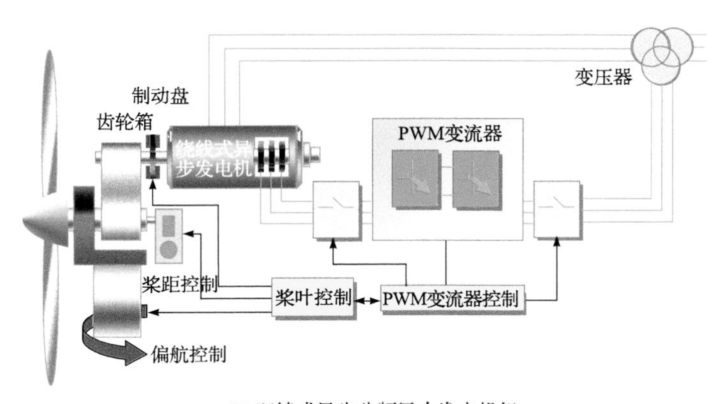

(b) 双馈式异步分频风力发电机组

图 4-2　分频风力发电系统中的发电机组拓扑

这两种风机在发出分频电力方面各有特色。对于直驱式永磁分频风力发电机而言，其通过全功率交直交换流器实现了风力发电机和电网的电气隔离，因此仅需重新设计机端换流器及其辅助系统，使其网侧输出为50/3Hz左右的分频电力，即可变为分频电源。

对于双馈式异步分频风力发电机(以下简称“双馈风机”)而言，必须改造发电机本体，其最大的优点是可减少齿轮箱的级数从而大大降低维护成本。双馈风机的定子侧与电网直连，转子通过小容量交直交换流器对转差功率进行调节，因此除对该换流器进行重新设计外，还需对绕线式异步发电机本体进行重新设计与优化，一定程度上增加了电机本体的成本。但是考虑到定子侧频率由 50Hz 降至 50/3Hz 左右时，可通过降低增速齿轮箱的变速比进行重新匹配设计，极大地降低了我国在风电系统增速齿轮箱结构设计、生产与维护方面的技术门槛和成本。根据文献[6]，可以近似认为异步发电机工作在 50/3Hz 时，其本体的体积与质量将变为原来的 1.8 倍。此时风机叶轮和发电机转子的齿轮箱升速比将为工频下的1/3，齿轮箱可以去除最大的一级齿轮，因此齿轮箱的质量将减少 1/2。综合考虑以上两个因素以及设备的质量变化对风电机组塔筒、轴承、轮毂等装置成本，以及吊装、施工费用的影响，双馈风机的成本变为原来的 94.8%左右。因此，采用双馈式异步分频风力发电机的分频风电系统极具发展潜力。

除了上述发电机侧的改造外，还需对机端升压变压器、机用电源、滤波环节等进行50/3Hz下的设计与改造，其中升压变压器由于频率降低其体积增大，不存在技术瓶颈。直驱式风机分频化改造示意如图 4-3 所示。

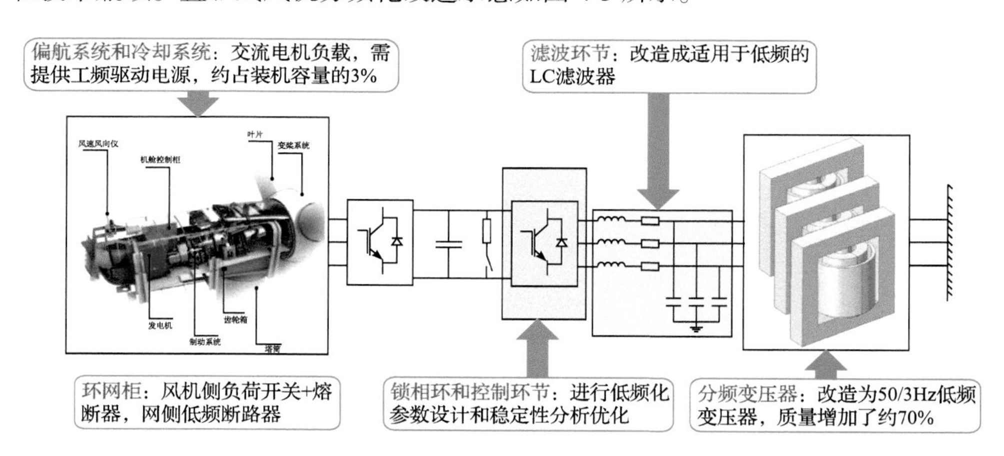

图 4-3　直驱式风机分频化改造示意图

与风力发电系统相比，光伏发电系统中无旋转电机，因此仅需重新设计额定频率为50/3Hz的光伏逆变器，再经分频线路送出至远端变频站，即可构成分频光伏发电系统。

4.2 分频输电系统的变频装置

变频装置承担着电气量由分频向工频转换的关键任务，是分频输电系统的核心装备，提升其效率及可靠性是分频输电系统研究的重点。变频装置可分为铁磁型和电力电子型两大类，在电力输送或工业生产中均获得广泛应用。随着电力电子装备的制造、控制技术不断发展，分频输电系统的变频装置已由最初的铁磁型变频器发展至目前的电力电子型变频器。

4.2.1 铁磁型变频装置

Splinlli 在 1912 年提出了铁磁型三倍频变压器设想，随后学者提出了数种相关三倍频变压器结构，主要用于感应加热或电机驱动[7]。Biringer 等于 1975～1976 年制造出三个 2.2MVA、60/180Hz 的三倍频变压器用于工业冶炼，并提出了一种基频磁通及奇次磁通存在时估算硅钢片损耗的算法[8-10]。20 世纪 80 年代，日本金泽大学的 Bessho 等提出了一种新式的铁磁型变频器，利用饱和电抗器和电感电容并联谐振实现三倍频输出[11-16]。

西安交通大学王秀丽等在 1996 年将旧变压器改造为三倍频变压器，对其进行了 50/3Hz 到 50Hz 的分频输电系统动模实验。实验结果表明，该倍频变压器在输出 1240W 有功功率时效率可达 81.7%[17]，首次验证了三倍频变压器用于分频输电系统的可能性。王建华等于 2000 年设计了输出功率为 3kW，效率达 92.5%的三倍频变压器[18]，为三倍频变压器的设计以及进一步优化奠定了基础。

美国通用电气公司(GE)于 20 世纪 90 年代开始研发倍频变压器，21 世纪初成功应用于电网。核心技术是在定子与转子侧都有三相绕组的旋转变压器，并通过直流电机驱动系统确保等效转子磁场与定子磁场在旋转空间上的同步，以调节转子磁场与定子磁场的相角差，从而改变由倍频变压器传输的有功功率方向和大小。但是该装置需要外加直流电机驱动转子，效率难以进一步提高。大功率电磁型旋转电能转换装置具有广阔的应用空间，目前我国对这方面的研究较少。2021 年，西安交通大学王曙鸿在上述研究基础上，分别提出了基于双定子永磁同步电机设计的变压变频器[19]和基于磁场调制原理的变压变频器[20]，可实现输电频率和电压的变换，同时可保证在额定功率下功率因数大于 0.95。该装置还可实现自起动，无需外加控制电路，具有良好的稳定性。

1. 基于磁通饱和原理的三倍频变压器

为深入阐释三倍频变压器的原理，本节选用如图 4-4 所示的副边开路的口字形变压器进行分析。一次侧上的正弦电压产生磁势，磁势在场域中产生磁通，由于铁心由高导磁率的硅钢片叠制而成，大部分磁通集中在铁心内，这部分磁通称为主磁通，极少部分磁通会经过气隙闭合，这部分磁通称为漏磁通。根据实验测量，在常规变压器空载运行的情况下，漏磁通占全部磁通的比例不足 1%，故后续分析中仅考虑主磁通。假定磁通在铁心中均匀分布，则根据全电流定律和电磁感应定律可得

$$H(t)=\frac{N_1 S i_1(t)}{l} \tag{4-2}$$

$$v_1(t)=-N_1 S\frac{\mathrm{d}B(t)}{\mathrm{d}t}=-N_1\frac{\mathrm{d}\phi(t)}{\mathrm{d}t} \tag{4-3}$$

式中，$H(t)$ 和 $B(t)$ 分别为磁场强度和磁通密度；$v_1(t)$和 $i_1(t)$分别为变压器一次侧电压和电流；N_1 为变压器一次绕组匝数；S 为闭合回路所圈定的面积；l 为该回路的周界，即磁路长度；$\phi(t)$ 为磁通量。

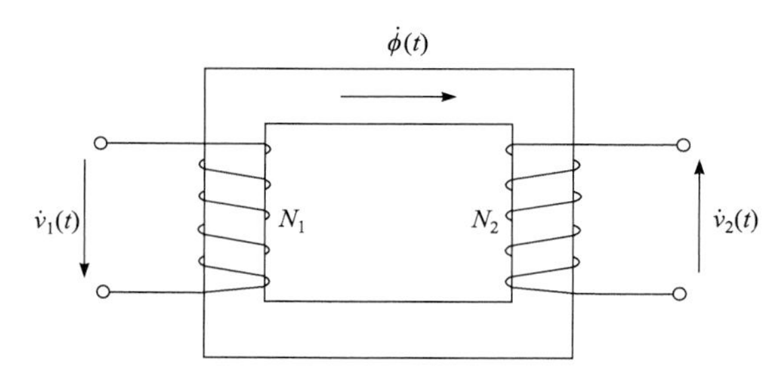

图 4-4　口字形变压器示意图

图 4-5 展示了某型号硅钢片的磁化曲线，其横轴为对数化的磁场强度 H，纵轴为磁通密度 B。在磁场强度超过 $30\text{A}\cdot\text{m}^{-1}$ 后，磁通密度随磁场强度的增加急剧降低，当磁场强度超过 $400\text{A}\cdot\text{m}^{-1}$ 后，磁通密度几乎不随磁场强度而变化，体现出了明显的饱和特性。若变压器一次侧接理想电压源，即 $v_1(t)$保持为标准正弦波，则由式(4-3)可知，主磁通将为超前 U_1 四分之一周波的正弦波。此时在单相变压器拓扑中，原边电流可由多次谐波组成以支撑主磁通的正弦波形，该特性与铁心工作点无关。因而，当铁心进入饱和后，磁通波形被施加电压钳制为正弦形，励磁电流变为主要含 3 次谐波的尖顶电流。

此时使三相变压器一次绕组为 Y 形接法，去除一次侧 3 次谐波电流通路，则由于 3 次励磁电流的缺失，铁心中会出现该电流对应的 3 次磁通，进而在副边绕组感应出 3 次电压。由于铁心磁通主要为基波磁通和 3 次磁通，副边绕组电压为基频电压和三倍频电压，采用开口三角形接法，使输出端口的基频电压和为 0，

此时开口三角形出口仅有三倍频电压。单相三倍频变压器的绕组联结如图 4-6 所示。三倍频变压器将利用这一特性实现倍频电能输出，本节后续将详细展开讨论。

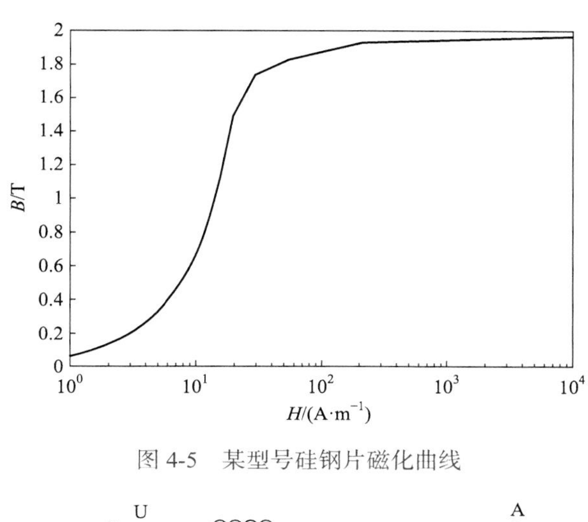

图 4-5　某型号硅钢片磁化曲线

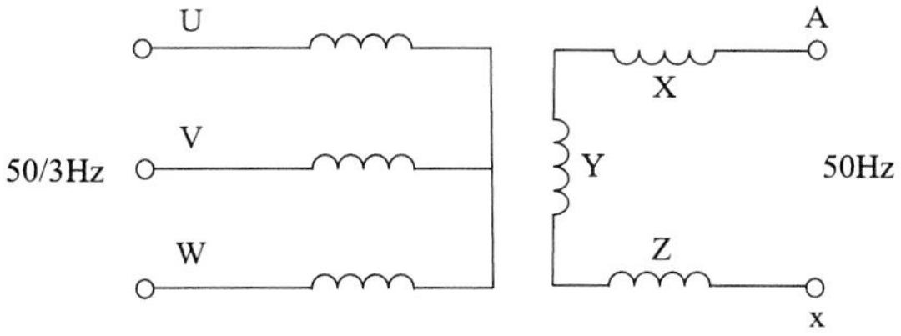

图 4-6　单相三倍频变压器的绕组联结

结合上述分析可知，当图 4-4 所示的口字形铁心磁通量处于饱和状态后，心柱磁通被电源钳制为正弦形，而此时励磁电流由于铁磁材料的饱和特性将含有 3 次、5 次、7 次等高次谐波。换言之，这些电流谐波均用于抵消绕组电压(心柱磁通)中的相应高次谐波。故而要在心柱中激发 3 次谐波并在副边实现三倍频电能传输，就需要去除分频侧的 3 次谐波通路。图 4-6 所示的三倍频变压器典型绕组联结图中，分频侧因采用 Y 形接法而没有零序通路，因此分频侧电流 i_{U} 、i_{V} 和 i_{W} 中将不含有 3 次及 3 的整数倍次谐波分量，即 i_{U} 、i_{V} 和 i_{W} 只含有基波、5 次、7 次等奇次谐波分量。如略去 5 次及以上的高次谐波，则由于铁心饱和及零序通路缺失，铁心中的磁通(磁通密度)中 3 次谐波分量幅值大。因此，在前文所述铁心形式及绕组两侧绕组接线方式的情况下，三倍频变压器将在工频侧绕组中产生三倍频感应电压。

1) 三倍频变压器铁心结构

三相四柱式铁心和日字形铁心由三个口字形铁心演化而来。口字形变压器便于运输，但三台的占地面积较大，为提高空间利用率，三相口字形铁心的组合演化为图 4-7(a)所示的三相四柱式铁心。该铁心由三个口字形铁心的一个边柱卷为一个公共心柱，另一边柱在空间中互差 120°的对称排列而成。三相四柱式铁心既保留了口字形铁心的对称磁路的优点，还降低了三个口字形铁心的占地面积，同时避免了在现场进行绕组联结的操作，提高了设备的可靠性。三相四柱式铁心的三相心柱上施加的三相对称电压使三相基频磁通也对称，故理想情况下中柱的基频磁通为 0，饱和工况下的三次磁通将直接累积在中央心柱。因此，只要在中央心柱放置一个副边绕组即可实现三倍频电压输出。但由于制造工艺复杂，应用于 35kV 及以上的电压等级的三相四柱式铁心在实际生产制造中仍有困难。为降低生产制造难度，去除三相四柱式铁心中流通 3 次谐波磁通的中柱，并将三个边柱排列在同一个平面内，产生了图 4-7(b)所示的日字形铁心。

(a) 三相四柱式铁心

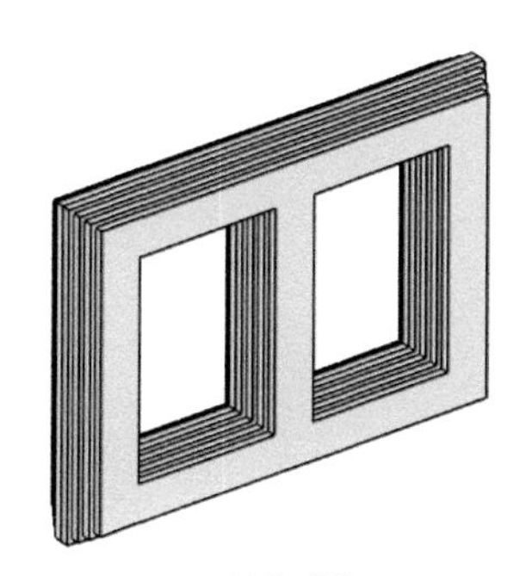

(b) 日字形铁心

图 4-7　三相四柱式铁心和日字形铁心示意图

随着变压器容量上升，铁心高度不断增加，造成了运输上的困难，故产生了图 4-8(a)所示的带旁轭的三相铁心，其磁通相量分布见图 4-8(b)。可以看出，心柱磁通幅值为轭中磁通幅值的 $\sqrt{3}$ 倍，若以铁心磁通密度一致为设计原则，将上下轭的宽度均减少相应的比例，能有效降低大容量变压器铁心的高度。实践中，一般选取旁轭直径为心柱的 44.2%，横轭直径为心柱的 65.5%。不同于日字形铁心，带旁轭的三相铁心的两个旁轭补充了三次磁通磁路，故从磁通磁路的角度而言，带旁轭的三相铁心可用于三倍频变压器。

因此，本节选择了对于原副边绕组结构对称的三个日字形铁心构成三倍频变压器，这样部分磁通磁路高度饱和，在产生足够的 3 次谐波磁通的同时，大部分铁心工作磁通密度较低，损耗较小，同时结构和磁路完全对称，也有利于提高整个铁心的动稳定性和热稳定性。实际生产中，三倍频变压器的三个日字形铁心

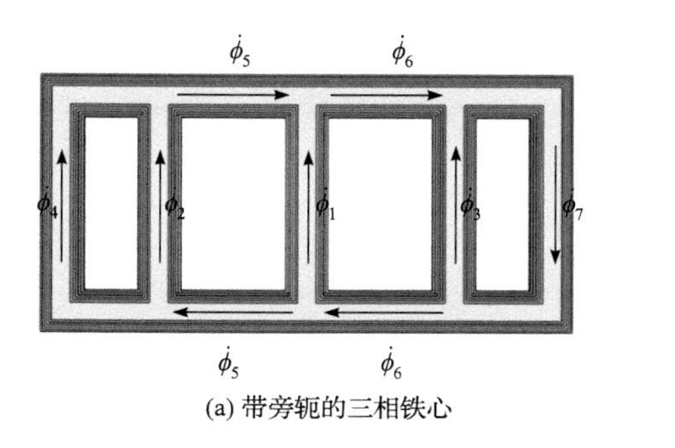

(a) 带旁轭的三相铁心

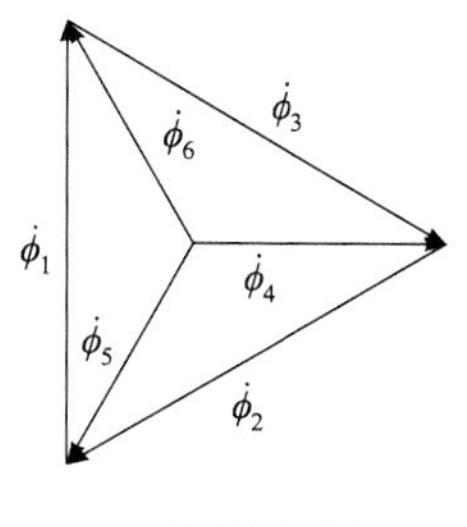

(b) 磁通相量分布

图 4-8 带旁轭的三相铁心及其磁通相量分布示意图

将置于同一装置内，避免过多端子裸露带来的潜在风险，提升倍频变压器的可靠性和安全性。

2) 输电用三倍频变压器

由 3.2 节单相三倍频变压器的绕组接法可知，只需将一个单相倍频变压器分频侧采用曲折形绕组分别移相±40°，即可构成工频侧输出相差为±120°的单相倍频变压器。三个单相倍频变压器组合，就形成了一个输出侧为 50Hz、三相相位各差 120°的三倍频变压器，其拓扑如图 4-9 所示。

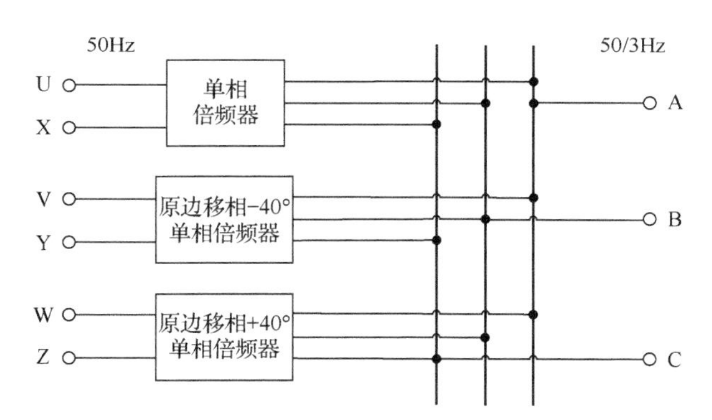

图 4-9 分频输电系统中三相三倍频变压器拓扑

三倍频变压器工作时，对称的三相电源加在三个端线上，变压器运行在高度饱和状态。由于铁心 *B-H* 曲线的非线性，所以在正弦电压作用下，i_U、i_V 和 i_W 都是非正弦电流。根据基尔霍夫第一定律：

$$i_U + i_V + i_W = 0 \tag{4-4}$$

因此，在 i_U、i_V 和 i_W 中将不含有 3 次以及 3 的整数倍次的谐波分量，只含有基波、5 次、7 次等谐波分量。考虑到 5 次、7 次等高次谐波分量远小于基波分量，由于铁心饱和，铁心中的磁通(磁通密度)3 次谐波分量幅值大。因此，各铁

心中的磁通 ϕ_U、ϕ_V 和 ϕ_W 可以写成下列形式：

$$\begin{cases}\phi_U = \phi_{m1}\sin(\omega t+\theta_1)+\phi_{m3}\sin(3\omega t+\theta_3)+\cdots \\ \phi_V = \phi_{m1}\sin(\omega t+\theta_1-120°)+\phi_{m3}\sin(3\omega t+\theta_3)+\cdots \\ \phi_W = \phi_{m1}\sin(\omega t+\theta_1+120°)+\phi_{m3}\sin(3\omega t+\theta_3)+\cdots\end{cases} \tag{4-5}$$

由图 4-6 所示各绕组的接法可得

$$v_2 = N_2\frac{\mathrm{d}}{\mathrm{d}t}(\phi_U+\phi_V+\phi_W) \tag{4-6}$$

将式(4-5)代入式(4-6)，可以得到

$$v_2 = 9N_2\omega\phi_{m_3}\cos(3\omega t+\theta_3) \tag{4-7}$$

式(4-7)表明，v_2 中只包括 3 次以及 3 的整数倍次的谐波分量。

在设计倍频变压器时，铁心磁通密度的选择是关键。试验研究与仿真计算均发现，当铁心工作点进入饱和点以后，3 次谐波磁通密度与基波磁通密度的比值基本保持不变，如继续增加饱和度，励磁电流会激增，而磁通密度谐波分量与基波的比值无明显变化，所以铁心磁通密度的选择应使铁心进入饱和区，产生较高的 3 次谐波分量，同时保证励磁电流不会太高。

倍频变压器是一种特殊的变压器，除了变压以外，还要变频，即原、副绕组工作在不同的频率下，因此除原、副绕组感应电势的计算与常规的变压器相比有所不同外，等值参数的求取也不同，而其余的设计过程可以按照常规变压器的设计方法进行设计。

三倍频变压器目前存在的主要问题是长期运行的低效率和高发热。关于各种结构倍频变压器的效率，文献[21]研制的倍频变压器效率达到 96%，文献[18]研制的日字形倍频变压器效率可达 92.5%。随着新型铁磁材料的出现和制造水平的提高，以及对大容量倍频变压器铁心结构的设计与优化，铁磁型倍频变压器的效率可以进一步提高，达到 95%以上。

3) 铁心结构及磁通密度设计

铁心磁通密度的选择是倍频变压器设计过程中的关键问题之一。试验与仿真计算均发现，当铁心工作点进入饱和点以后，3 次谐波磁通密度与基波磁通密度的比值基本保持不变，如继续增加饱和度，激磁电流会激增，而磁通密度谐波分量与基波的比值无明显变化。因此，铁心磁通密度以保证铁心进入饱和区、产生较高 3 次谐波分量的同时，激磁电流不过高为宜进行选择。选用 0.35mm 冷轧晶粒取向型硅钢片作为倍频变压器的铁心材料时，试验与仿真计算发现，在铁心饱和后，磁通密度的幅值约为 2.4T，3 次谐波与基波磁通密度的比值最大约为 1/3。随后继续增大激磁电流，3 次谐波磁通密度与基波磁通密度的比值基本不变，故

实际设计中宜取铁心中磁通密度为 2.4T。

2. 基于磁场调制原理的旋转变压变频器

旋转变压器是一种新型大功率三相绕线式异步电机，由定子、转子三相绕组和铁心组成，其定子绕组和转子绕组分别与两侧电网互联，其中定子绕组与一侧电网直接相连，而转子绕组通过集电环导流与另一侧电网相连，其拓扑如图 4-10 所示。基于旋转变压器的变速恒频特性和异步化同步电机特性，实现异步互联电网连接。当两侧电网频率相同时，流过电机定转子绕组的电流频率相同，电机处于静止状态。当两侧电网频率不同时，流过电机定子绕组和转子绕组的电流频率不同，两侧系统存在转差率，电机处于异步运行状态；通过控制直流电机的驱动力矩，输入有功功率，调节转速，使电机的定转子绕组产生的旋转磁场处于相对静止状态，从而实现异步电网互联。

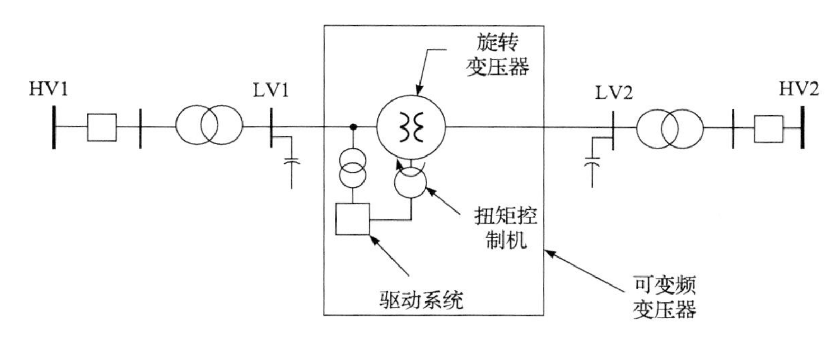

图 4-10　旋转变压器拓扑

基于磁场调制原理的旋转变压变频器是一种铁磁型旋转变频装置，其拓扑如图 4-11 所示。内定子绕组和外定子绕组均为对称三相绕组，内定子绕组和外定子绕组极对数之间的比例为频率变换的比例，采用旋转调磁环来进行磁场调制，实现旋转磁场极对数的变换，且保证内定子绕组产生的旋转磁动势的角速度、外定子绕组产生的旋转磁动势的角速度和旋转调磁环的角速度一致，从而实现频率变换的功能。旋转调磁环上凸极调磁块的个数为内定子绕组和外定子绕组极对数的和，且在旋转调磁环上安装永磁体，实现旋转调磁环的同步旋转。根据不同频率变换和电压变换需求，可以通过改变内定子绕组极对数和匝数、外定子绕组极对数和匝数、旋转调磁环凸极调磁块个数来实现相应的功能。在旋转调磁环上安装的起动笼，具有自起动的功能，无需控制电路的参与。该装置输出功率因数大，输出电压、电流波形畸变率小，不会对电网造成污染，工作可靠性高，运行稳定，可以适应比较恶劣的工作环境。

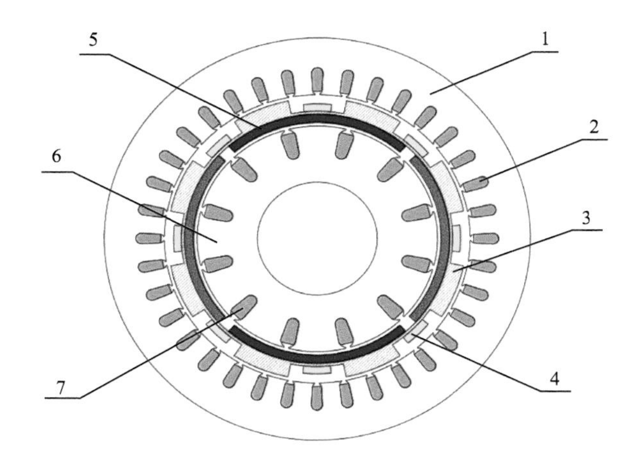

图 4-11　旋转基于磁场调制原理的旋转变压变频器拓扑

1 为外定子铁心；2 为外定子绕组；3 为旋转调磁环上的凸极调磁块；4 为起动笼；5 为旋转调磁环上的表贴式永磁体；6 为内定子铁心；7 为内定子绕组

为实现 n 倍的频率变换，利用旋转调磁环将 p 对极的内定子绕组产生的旋转磁动势调制为 np 对极的旋转磁场，与外定子绕组的 np 对极相对应，且需要使内定子绕组产生的旋转磁动势和调制后的三相旋转磁场以同步转速旋转，故调制后的旋转磁场可以在外定子绕组中感应出 n 倍频的对称三相交流电压。

图 4-12 为旋转变压变频器的等效电路。在电路中，变压变频器包括输入侧 A、B、C 三相绕组和输出侧 A、B、C 三相绕组，输入侧和输出侧的三相绕组都是 Y 联结。输入侧三相绕组分别连接 A、B、C 三相交流电压源，三相交流电压源公共点接地；输出侧三相绕组接滤波电阻，然后接三相负载电阻，负载电阻上并联滤波器，负载电阻连接到接地的公共点上。

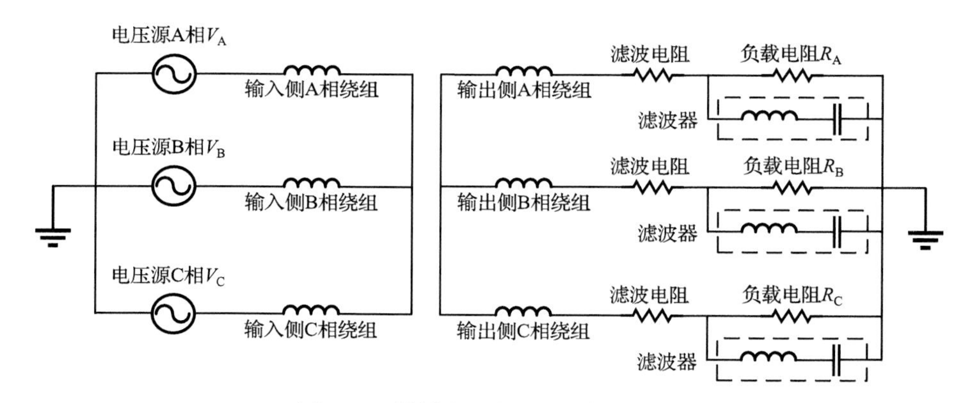

图 4-12　旋转变压变频器的等效电路

变压变频器可以将三相交流电压源的频率变换为 n 倍，然后从输出侧输出给负载，对于图 4-12 所示拓扑就是变换为 3 倍，频率变换的倍数可以通过改变内定子绕组极对数、外定子绕组极对数和旋转调磁环凸极调磁块个数来改变，并且同时要改变永磁体的极对数，以便实现同步旋转。

三相对称电流流过时，定子绕组可以产生旋转磁动势。旋转磁动势的极对数与绕组排布有关，内定子绕组产生的旋转磁动势在空间的分布 $F_{\mathrm{n}}(\theta)$ 可以表示为

$$F_{\mathrm{n}}(\theta)=\sum_{i=1,3,5}F_i\cos\left[ip_{\mathrm{n}}(\theta-\omega_{\mathrm{n}}t)+ip_{\mathrm{n}}\theta_0\right] \tag{4-8}$$

式中，i 为谐波的次数；F_i 为相应次数谐波磁动势的幅值；p_{n} 为内定子绕组的极对数；ω_{n} 为内定子绕组产生的旋转磁动势的角速度；θ_0 为初始位置的角度；θ 为此刻的空间角度；t 为此刻的时间。

旋转调磁环的磁导 $\Lambda(\theta)$ 在空间的分布可以表示为

$$\Lambda(\theta)=\Lambda_0+\sum_{i=1,2,3,\cdots}\Lambda_i\cos\left[iZ(\theta-\omega_{\mathrm{s}}t)\right] \tag{4-9}$$

式中，i 为谐波的次数；Λ_0 为磁导中的恒定分量；Λ_i 为相应次数谐波磁动势的幅值；Z 为旋转调磁环凸极调磁块的个数；ω_{s} 为旋转调磁环的角速度；θ 为此刻的空间角度；t 为此刻的时间。

进一步，调制后的磁通为 $F_{\mathrm{n}}(\theta)$ 与 $\Lambda(\theta)$ 的乘积。调制后的旋转磁场极对数 p_{w} (即外定子绕组的极对数)、内定子绕组产生的旋转磁动势的极对数 p_{n} 和旋转调磁环的凸极调磁块个数 Z 满足关系式：

$$p_{\mathrm{w}}+p_{\mathrm{n}}=np+p=(n+1)p=Z \tag{4-10}$$

调制后的三相旋转磁场的角速度 ω_{w} (即外定子绕组中感应电流产生的旋转磁动势的角速度)、旋转调磁环角速度 ω_{s} 和内定子绕组产生的旋转磁场的角速度 ω_{n} 满足关系式：

$$\omega_{\mathrm{w}}=\frac{p_{\mathrm{n}}}{p_{\mathrm{n}}-Z}\omega_{\mathrm{n}}+\frac{Z}{Z-p_{\mathrm{n}}}\omega_{\mathrm{s}}=-\frac{p_{\mathrm{n}}}{p_{\mathrm{w}}}\omega_{\mathrm{n}}+\frac{Z}{p_{\mathrm{w}}}\omega_{\mathrm{s}} \tag{4-11}$$

为实现上述目的，设置旋转调磁环凸极调磁块个数 Z 为 $(n+1)p$，旋转调磁环的角速度 ω_{s} 应满足关系式：

$$\omega_{\mathrm{w}}=-\frac{p_{\mathrm{n}}}{p_{\mathrm{w}}}\omega_{\mathrm{n}}+\frac{Z}{p_{\mathrm{w}}}\omega_{\mathrm{s}}=-\frac{p}{np}\omega_{\mathrm{n}}+\frac{(n+1)p}{np}\omega_{\mathrm{s}}=\omega_{\mathrm{n}} \tag{4-12}$$

即 $\omega_{\mathrm{w}}=\omega_{\mathrm{n}}=\omega_{\mathrm{s}}$。

为保证旋转调磁环的角速度满足关系，在旋转调磁环上添加 p 对极的永磁体，永磁体与内定子绕组极对数相同，在稳定运行中使旋转调磁环保持同步

转速。

在上述旋转变频结构中，内定子绕组为输入侧，极对数为 2；外定子绕组为输出侧，极对数为 6。极对数之间满足 3 倍的关系。旋转调磁环凸极调磁块个数为 8，是内定子绕组和外定子绕组极对数的和。旋转调磁环上表贴式永磁体的极对数为 2，与内定子绕组极对数相同。旋转调磁环上还安装有起动笼。各部分的数量关系均满足设计原理，调制后的三相旋转磁场的角速度 ω_w (即外定子绕组中感应电流产生的旋转磁动势的角速度)、旋转调磁环角速度 ω_s 和内定子绕组产生的旋转磁场的角速度 ω_n 满足关系式：

$$\omega_w = -\frac{2}{6}\omega_n + \frac{8}{6}\omega_s = \omega_n \tag{4-13}$$

即 $\omega_w = \omega_n = \omega_s$ 。

各部分角速度的关系也与设计原理一致。该装置可以实现将输出侧电压频率变换为输入侧电压频率的 3 倍，并且可以通过改变绕组匝数实现电压幅值的变换。由于安装有起动笼，也可以实现异步自起动，然后转入同步速旋转，在起动到稳定运行过程中不需要任何控制电路的参与，装置结构较为简单，在运行过程中具有很强的稳定性和可靠性，可以适应比较恶劣的工作环境。

线电压的波形畸变率很小，但相电压存在一定的波形畸变，滤波器和滤波电阻配合可以实现滤除相电压谐波的作用。选择滤波电阻的阻值应当远大于滤波器支路的阻抗，且远小于负载电阻的阻值，可保证滤波效果且不降低输出电压的幅值。

图 4-13 为变压变频器的输入和输出线电压波形。由图可知，输出线电压频率是输入线电压频率的 3 倍，变压变频器可实现 3 倍频率变换的功能，同时还可以改变电压的幅值。

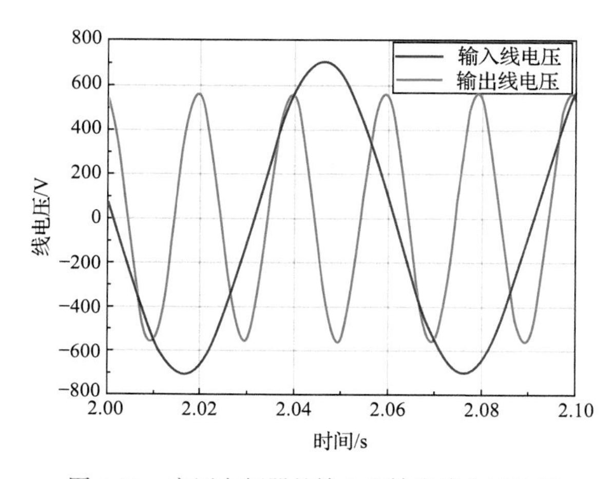

图 4-13　变压变频器的输入和输出线电压波形

4.2.2 电力电子型变频装置

随着大功率电力电子器件封装与装备控制技术的成熟，电力电子装置广泛应用于工业生产和生活的各个方面，高压大容量交-交变频装置在冶炼、电气拖动、特种电源等领域得到了广泛的应用，为分频输电技术的工业应用提供了有力支撑。

电力电子型变频装置种类繁多，根据采用器件及其控制/调制方式的不同，可分为相控式交-交变频器和双 PWM 变频器。其中，相控式交-交变频器简称交-交变频器[22]，又称周波变流器(cycloconverter)；双 PWM 变频器是指变频器两侧都采用全控器件构建，并采用 PWM 方式对器件进行开关控制的变频器，在 MMC 的拓扑被提出以后，由于采用 MMC 结构更容易实现各种拓扑的组合且可靠性高，基于MMC技术的各种新型交-交变频装置不断涌现，如模块化多电平矩阵换流器、六边形模块化多电平换流器(Hexverter)、Y 形模块化多电平换流器(Y-MMC)等。根据变频方式，又可将变频装置分为只经过一次变频的直接型变频装置和通过直流环节对两侧交流系统进行耦合的间接型变频装置。根据端口特性，交-交变频器又有电压源型和电流源型之分。本节对几种可应用于分频输电系统的变频装置的拓扑、工作原理和数学模型等进行简要分析。

1. 周波变流器

1) 拓扑和工作原理

周波变流器是一种典型的相控式直接变频装置，其分频侧呈电压源特性，而工频侧则具有典型的电流源特征，采用串联移相构成的单相 12 脉波周波变换器拓扑如图 4-14 所示。

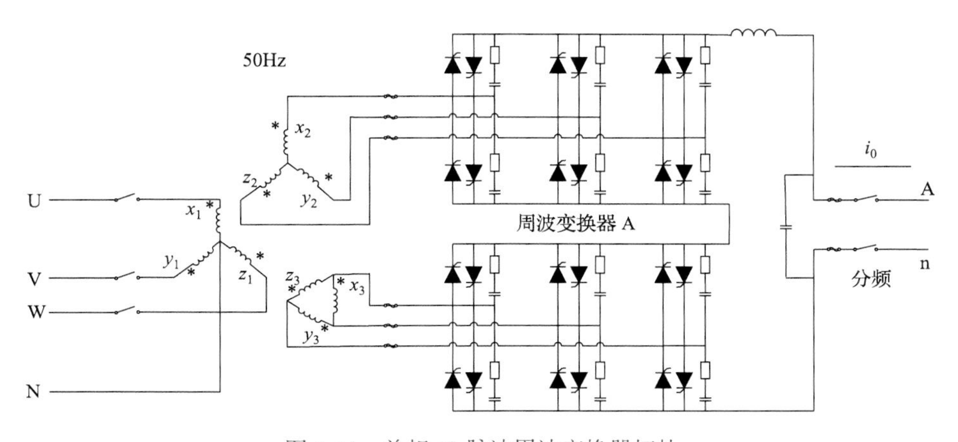

图 4-14　单相 12 脉波周波变换器拓扑

在半个周期内让正桥或反桥的触发延迟角 α 按正弦规律从 90°逐渐减小到 0°，然后再逐渐增大到 90°，那么这半个周期电路在每个控制间隔内的平均输出电压就按正弦规律从零逐渐增至最大，再逐渐减小到零。在另外半个周期内，对另一组变流电路进行同样的控制，就可以得到接近正弦波的输出电压。由此，通过改变晶闸管的 α，可以改变变频器分频侧输出电压的有效值[23]。

2) 数学模型

3 个单相 12 脉波周波变换器在分频侧采用 Y 形接法，便可得到一个三相 12 脉波周波变换器，见图 4-15。

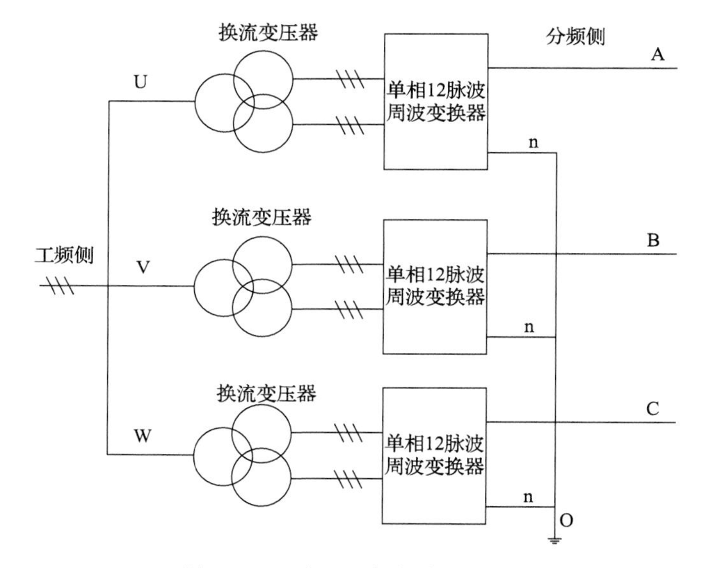

图 4-15　三相 12 脉波周波变换器

假设工频侧线电压幅值为 $V_{2\mathrm{m}}$，$t=0$ 时分频侧输出电压为

$$v(t)=V_{\mathrm{om}}\sin\left(\omega_{\mathrm{L}}t+\varphi_{\mathrm{L}}\right) \tag{4-14}$$

则根据其工作原理可得

$$V_{\mathrm{om}}\sin\left(\omega_{\mathrm{L}}t+\varphi_{\mathrm{L}}\right)=\frac{6\sqrt{2}}{\pi}V_{2\mathrm{m}}\cos\alpha \tag{4-15}$$

由式(4-15)可知在任一时刻 t 时，对于三相 12 脉波周波变换器：

$$\alpha=\cos^{-1}\left[\frac{\pi}{6\sqrt{2}}\cdot\frac{V_{\mathrm{om}}}{V_{2\mathrm{m}}}\cdot\sin\left(\omega_{\mathrm{L}}t+\varphi_{\mathrm{L}}\right)\right]=\cos^{-1}\left[\gamma\cdot\sin\left(\omega_{\mathrm{L}}t+\varphi_{\mathrm{L}}\right)\right] \tag{4-16}$$

由于式(4-16)是一个非线性方程，因此工业应用中，一般采用余弦交点法来实现对于晶闸管的触发控制[24]。

根据前文描述的端口特性，可得知三相 12 脉波周波变换器的等效电路如图 4-16 所示[23]。

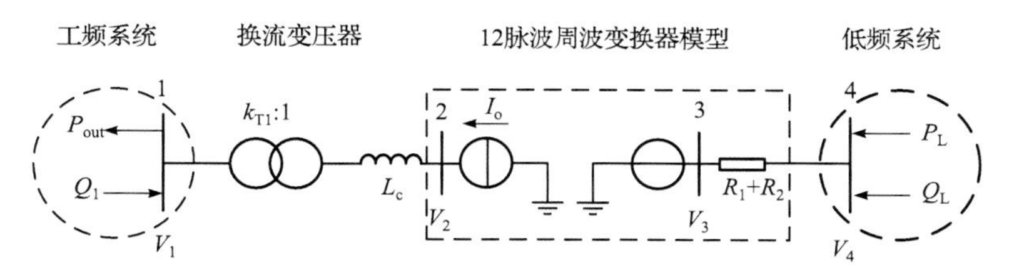

图 4-16　三相 12 脉波周波变换器等效电路

设工频交流节点 2 处，即周波变换器工频侧的功率因数为 $\cos\varphi_2$，根据文献[23]，经过对周波变换器两侧功率因数的线性拟合，可得到其近似关系：

$$\cos\varphi_2 = 0.884\gamma\cos\varphi_L \tag{4-17}$$

在忽略周波变换器的有功功率损耗和谐波分量的影响时，可得三相 12 脉波周波变换器的稳态数学模型为[23]

$$\begin{cases} V_4 = 2V_2\dfrac{3\sqrt{3}}{\pi}\gamma + R_\gamma I_L \\ f_L = f_{order} \\ P_L = P_2 \\ \cos\varphi_2 = 0.884\gamma\cos\varphi_L \end{cases} \tag{4-18}$$

式中，P_2 为周波变换器注入工频系统的有功功率；P_L 为分频系统(母线 4)注入周波变换器的有功功率；V_2 为周波变换器工频侧电压；f_L 为周波变换器分频侧频率；f_{order} 为周波变换器分频侧频率指令值；V_4 为周波变换器分频侧输出电压；γ 为周波变换器电压调制系数；R_γ 为周波变换器换相电阻；I_L 为周波变换器分频侧电流。

2. 背靠背模块化多电平换流器

1) 拓扑和工作原理

背靠背模块化多电平换流器(BTB-MMC)是一种基于 MMC 技术的电压源型间接式变频装置，其拓扑如图 4-17 所示。

BTB-MMC 为交-直-交间接变频装置，其优势在于技术成熟，MMC-HVDC 丰富的研究成果和实践经验为 BTB-MMC 的运行控制提供了有力的技术支持，缺点在于变频过程被分为整流和逆变两个环节，换流效率低；电路结构不符合“n–1”原则，任一桥臂因故障退出运行后，整个换流站也将随之被迫停运。由

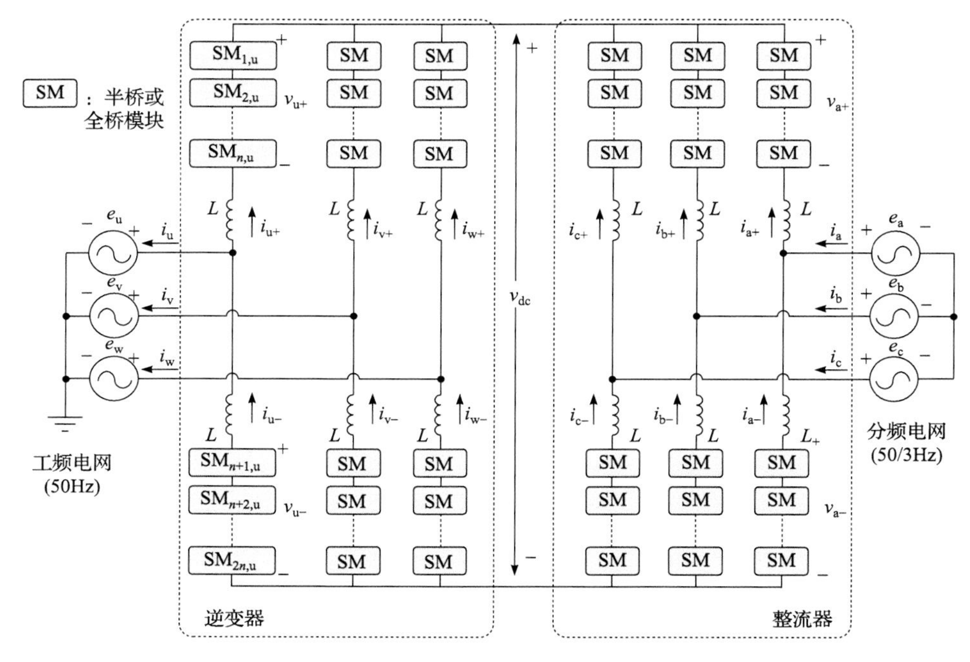

图 4-17　BTB-MMC 变频装置的拓扑

于正常运行时各桥臂电压的极性保持恒定，因此 BTB-MMC 可以使用半桥模块，但如此一来，换流站就不具备直流侧故障的穿越能力，故障可能造成严重后果；若须具备直流环节故障穿越能力，须将至少半数的半桥模块替换为全桥模块[25]，这又显著增加了换流站的经济成本。

2) 数学模型

BTB-MMC 中工频侧或分频侧模型相同，仅运行频率存在差异，此处以分频侧为例进行推导。由图 4-17 所示的输入电压、输出电压关系，可以建立相应的输入侧交流回路电压方程，也即系统在 abc 坐标系下的数学模型：

$$\begin{cases} e_x = L\dfrac{\mathrm{d}i_{x+}}{\mathrm{d}t} - v_{x+} + \dfrac{v_{\mathrm{dc}}}{2} \\ e_x = -L\dfrac{\mathrm{d}i_{x-}}{\mathrm{d}t} + v_{x-} - \dfrac{v_{\mathrm{dc}}}{2} \end{cases},\quad x = \mathrm{a,b,c} \tag{4-19}$$

对式(4-19)两式分别进行相加和相减，可得

$$\begin{cases} 2e_x = L\dfrac{\mathrm{d}\left(i_{x+} - i_{x-}\right)}{\mathrm{d}t} - v_{x+} + v_{x-} \\ v_{x+} + v_{x-} - v_{\mathrm{dc}} = L\dfrac{\mathrm{d}\left(i_{x+} + i_{x-}\right)}{\mathrm{d}t} \end{cases},\quad x = \mathrm{a,b,c} \tag{4-20}$$

根据基尔霍夫电流定律(KCL)可知，桥臂电流与分频侧输出电流满足：

$$i_x = i_{x+} - i_{x-}, \quad x = \mathrm{a,b,c} \tag{4-21}$$

进一步令

$$\begin{cases} v_{\Delta x} = \left(-v_{x+} + v_{x-}\right)/2 \\ v_{\Sigma x} = v_{x+} + v_{x-} - v_{\mathrm{dc}} \\ i_{\Delta x} = i_x = i_{x+} - i_{x-} \\ i_{\Sigma x} = i_{x+} + i_{x-} \end{cases}, \quad x = \mathrm{a,b,c} \tag{4-22}$$

则式(4-20)所示的 BTB-MMC 数学模型可表示为如下形式：

$$\begin{cases} e_x = \dfrac{L}{2}\dfrac{\mathrm{d}i_{\Delta x}}{\mathrm{d}t} + v_{\Delta x} \\ v_{\Sigma x} = L\dfrac{\mathrm{d}i_{\Sigma x}}{\mathrm{d}t} \end{cases}, \quad x = \mathrm{a,b,c} \tag{4-23}$$

由式(4-23)第一式可知，MMC 的差模输出数学模型与常规两电平电压源换流器(VSC)的数学模型相同。式(4-23)第二式为 MMC 的共模输出模型，即环流模型，表明 MMC 在桥臂之间存在环流电流。文献[26]中对 MMC 数学模型、控制与运行的相关问题进行了详细叙述，本节不再赘述。

3. 模块化多电平矩阵式换流器

1) 拓扑和工作原理

M^3C 由 Erickson 等于 2001 年提出[27]，其模块化的电路结构有着极强的易拓展性，因此很快在中、高电压等级的 AC/AC 变换场合，如电机驱动、新能源并网、异步电网互联和统一潮流控制器等领域得到了广泛应用。M^3C 的拓扑如图 4-18 所示。M^3C 是一种基于 MMC 技术的电压源型直接式变频装置，包含 9 个桥臂，将工频侧和分频侧的三相两两相连，每个桥臂均由 1 个桥臂电抗和若干个全桥模块串联而成，不存在集中直流环节，换流效率高。M^3C 具备缺桥臂运行能力，符合电力系统所要求的“n–1”原则，方便实现桥臂故障穿越和不停电检修，可靠性高，而这一优点对于提升分频海上风电系统的经济技术性能有重要意义。

M^3C 的结构和参数在完全对称的条件下，每个桥臂均可视为一个单相级联逆变器，各个桥臂可进行独立控制，从而大大增加了控制方式的灵活性。但 M^3C 是基于三相合成的频率变换原理，即系统的每一相输出均由三相输入通过相应的桥臂合成得到，其拓扑复杂，实现交-交功率变换需要 9 个桥臂，每个桥臂均需要 n 个子模块，体积较大，成本较高，可靠性较差；由于 M^3C 内部环流通道众多，其

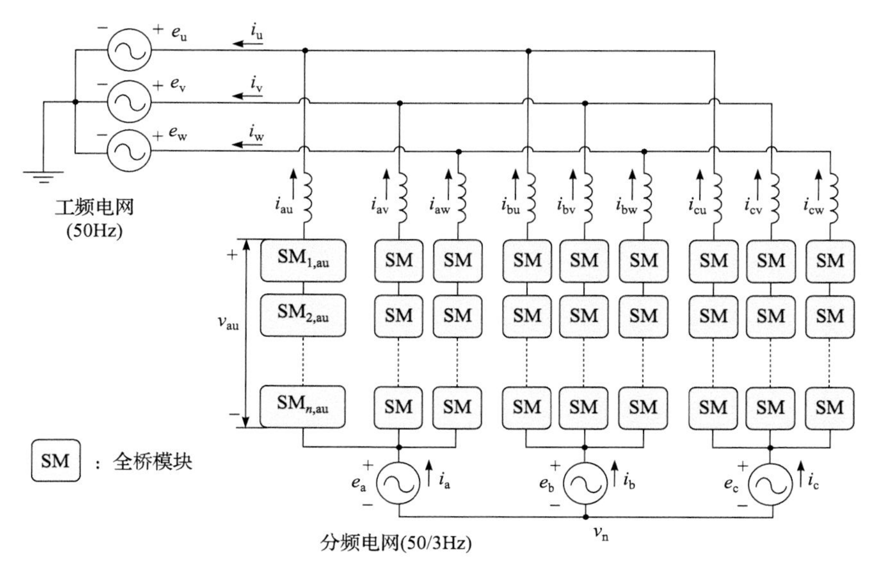

图 4-18　M³C 的拓扑

环流分析及抑制策略更加复杂。此外，由 M³C 连接的两侧三相交流系统之间耦合程度高，若一侧系统的任何一相电压发生波动，均会对另一侧所有三相电压造成影响。

2) 数学模型

由图 4-18 可见，M³C 通过 9 条桥臂将两侧交流电网的三相端口两两相连。为简化描述，本章用 x 指代分频侧三相 a、b、c 中的任意一项，而 y 指代工频侧三相 u、v、w 中的任意一项。

每个桥臂由一个桥臂电抗 L 和 n 个全桥模块串联而成。每一个桥臂通过其两端所连接的端口名称命名，而桥臂 $xy(x = \text{a, b, c};\ y = \text{u, v, w})$中的第 j 个模块被命名为模块 $\text{SM}_{j,xy}$ $(j = 1, 2, \cdots, n)$。例如，连接分频侧 a 相和工频侧 u 相的桥臂被称为“桥臂 au”，而其中的第 2 个模块被称为模块 $\text{SM}_{2,\text{au}}$，其他桥臂和模块的命名法同理。每个模块均由一个模块电容和一个单相全桥逆变器组成，通过改变全桥逆变器中四个换流阀的开关信号，每个模块可输出 $+v_C$、$-v_C$ 或 0 三种电平(v_C 为模块电容电压)，因此 n_{SM} 个模块共可以产生从 $-n_{SM}v_C$ 到 $n_{SM}v_C$ 之间的$(2n+1)$个电平。

根据 M³C 的电路结构，M³C 又可以被划分为三个 Y 形子换流器(SC，sub-converter)，每个子换流器通过其中性点所连的相命名，如桥臂 au、av 和 aw 组成的子换流器被命名为子换流器 a。M³C 中存在两种子换流器划分方式：从工频侧，M³C 可以被划分为子换流器 a、b 和 c，而从分频侧则可以被划分为子换流器

u、v 和 w，分别如图 4-19(a)和(b)所示。

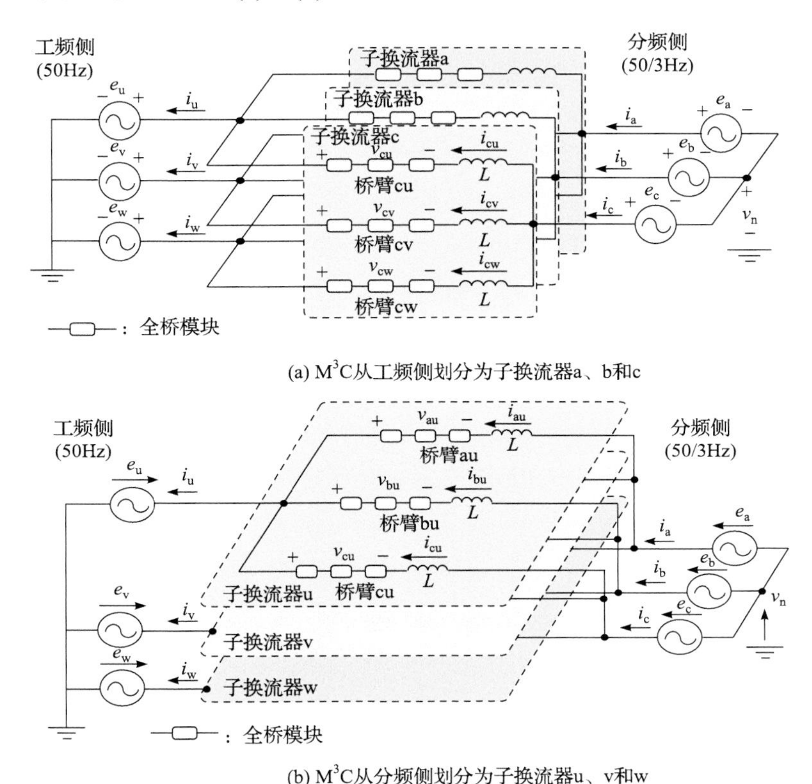

(a) M^3C从工频侧划分为子换流器a、b和c

(b) M^3C从分频侧划分为子换流器u、v和w

图 4-19　两种 M^3C 的子换流器划分方式

电网电压矢量在三相静止 abc 坐标系、两相静止 $\alpha\beta$ 坐标系、正交同步 dq 坐标系下的位置关系如图 4-20 所示。变量在各坐标系中的转换用克拉克(Clark)变换和派克(Park)变换进行。

其中，Clark 变换将三相交流映射到正交静止坐标系，可以方便地提取出三相电量中的共模(即零序)和差模分量。Clark 变换有等幅值变换和等功率变换两种形式，这里采用前者，Park 变换进一步将 Clark 变换的结果映射到正交同步坐标系中。Park 变换后的坐标系随交流电压、电流矢量同步旋转，因而可以将交流变量映射为直流变量，从而极大简化三相交流电路的分析与计算。同步坐标系的坐标轴与电网电压矢量位置关系不是唯一的，若设定正交同步坐标系的 d 轴与电网电压矢量重合，而 q 轴滞后 d 轴 90°，与此对应的 Park 变换矩阵表达式为

$$\boldsymbol{T}_{dq0}(\omega t)=\begin{bmatrix}\cos(\omega t) & -\sin(\omega t) & 0\\ \sin(\omega t) & \cos(\omega t) & 0\\ 0 & 0 & 1\end{bmatrix} \tag{4-24}$$

式中，$\boldsymbol{T}_{dq0}(\omega t)$为 Park 变换表达式；$\omega$ 为交流电网的角频率。

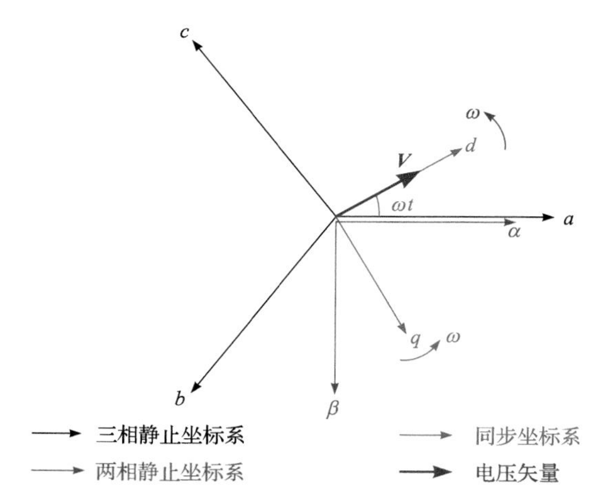

图 4-20　电网电压矢量在各种坐标系下的位置关系

根据基尔霍夫电压定律，可建立各桥臂的电压方程：

$$\begin{bmatrix}e_{\mathrm{u}} & e_{\mathrm{u}} & e_{\mathrm{u}}\\ e_{\mathrm{v}} & e_{\mathrm{v}} & e_{\mathrm{v}}\\ e_{\mathrm{w}} & e_{\mathrm{w}} & e_{\mathrm{w}}\end{bmatrix}-\begin{bmatrix}v_{\mathrm{au}} & v_{\mathrm{bu}} & v_{\mathrm{cu}}\\ v_{\mathrm{av}} & v_{\mathrm{bv}} & v_{\mathrm{cv}}\\ v_{\mathrm{aw}} & v_{\mathrm{bw}} & v_{\mathrm{cw}}\end{bmatrix}+L\frac{\mathrm{d}}{\mathrm{d}t}\begin{bmatrix}i_{\mathrm{au}} & i_{\mathrm{bu}} & i_{\mathrm{cu}}\\ i_{\mathrm{av}} & i_{\mathrm{bv}} & i_{\mathrm{cv}}\\ i_{\mathrm{aw}} & i_{\mathrm{bw}} & i_{\mathrm{cw}}\end{bmatrix}-\begin{bmatrix}e_{\mathrm{a}} & e_{\mathrm{b}} & e_{\mathrm{c}}\\ e_{\mathrm{a}} & e_{\mathrm{b}} & e_{\mathrm{c}}\\ e_{\mathrm{a}} & e_{\mathrm{b}} & e_{\mathrm{c}}\end{bmatrix}-v_{\mathrm{n}}\begin{bmatrix}1 & 1 & 1\\ 1 & 1 & 1\\ 1 & 1 & 1\end{bmatrix}=\mathbf{0} \tag{4-25}$$

式中，e_{a}、e_{b}、e_{c}分别为分频侧 a、b、c 三相相电压；e_{u}、e_{v}、e_{w}分别为工频侧 u、v、w 三相相电压；v_{xy}为桥臂xy中串联全桥模块的输出电压(简称“桥臂电压”)；L 为桥臂电抗的电感值；i_{xy} 为桥臂 xy 的电流；v_{n} 为分频侧中性点相对工频侧中性点的电压差。

由于 v_{n} 对桥臂电流分布没有影响，并可以通过各桥臂电压的零序分量控制在 0，因此在后续分析中，如未作特殊说明，均假设 $v_{\mathrm{n}}=0$ 而不考虑其影响。

根据基尔霍夫电流定律，可得

$$\begin{cases}\displaystyle\sum_{x=\mathrm{a,b,c}} i_{xy}=i_y\\ \displaystyle\sum_{y=\mathrm{u,v,w}} i_{xy}=i_x\end{cases} \tag{4-26}$$

式中，i_x 和 i_y 分别为分频侧 x 相和工频侧 y 相的线电流。

在式(4-25)等号两侧同时左乘 $\boldsymbol{T}_{\alpha\beta0}$，再左乘 $\boldsymbol{T}_{dq0}(\omega_{\mathrm{S}}t)$，便可以将其映射到工频同步坐标系中。只取其 dq 轴分量，可得子换流器 a、b 和 c 在工频同步坐标系下的电压方程：

$$\begin{bmatrix} e_{d\mathrm{S}} & e_{d\mathrm{S}} & e_{d\mathrm{S}} \\ e_{q\mathrm{S}} & e_{q\mathrm{S}} & e_{q\mathrm{S}} \end{bmatrix} - \begin{bmatrix} v_{d\mathrm{a}} & v_{d\mathrm{b}} & v_{d\mathrm{c}} \\ v_{q\mathrm{a}} & v_{q\mathrm{b}} & v_{q\mathrm{c}} \end{bmatrix} + L\frac{\mathrm{d}}{\mathrm{d}t}\begin{bmatrix} i_{d\mathrm{a}} & i_{d\mathrm{b}} & i_{d\mathrm{c}} \\ i_{q\mathrm{a}} & i_{q\mathrm{b}} & i_{q\mathrm{c}} \end{bmatrix} - \omega_{\mathrm{S}}L\begin{bmatrix} -i_{q\mathrm{a}} & -i_{q\mathrm{b}} & -i_{q\mathrm{c}} \\ i_{d\mathrm{a}} & i_{d\mathrm{b}} & i_{d\mathrm{c}} \end{bmatrix} = \boldsymbol{0} \tag{4-27}$$

式中，$e_{d\mathrm{S}}$ 和 $e_{q\mathrm{S}}$ 为工频侧的 dq 轴电压分量；v_{dx} 和 v_{qx} 为子换流器 x 中桥臂电压的 dq 轴分量；i_{dx} 和 i_{qx} 为子换流器 x 中桥臂电流的 dq 轴分量。

同理，在式(4-25)等号两侧同时右乘 $\boldsymbol{T}_{\alpha\beta0}^{\mathrm{T}}$，再右乘 $\boldsymbol{T}_{dq0}^{\mathrm{T}}(\omega_{\mathrm{S}}t)$ 便可以将其映射到分频同步坐标系中。只取其 dq 轴分量，可得子换流器 u、v 和 w 在工频同步坐标系下的电压方程：

$$-\begin{bmatrix} e_{d\mathrm{L}} & e_{q\mathrm{L}} \\ e_{d\mathrm{L}} & e_{q\mathrm{L}} \\ e_{d\mathrm{L}} & e_{q\mathrm{L}} \end{bmatrix} - \begin{bmatrix} v_{d\mathrm{u}} & v_{q\mathrm{u}} \\ v_{d\mathrm{v}} & v_{q\mathrm{v}} \\ v_{d\mathrm{w}} & v_{q\mathrm{w}} \end{bmatrix} + L\frac{\mathrm{d}}{\mathrm{d}t}\begin{bmatrix} i_{d\mathrm{u}} & i_{q\mathrm{u}} \\ i_{d\mathrm{v}} & i_{q\mathrm{v}} \\ i_{d\mathrm{w}} & i_{q\mathrm{w}} \end{bmatrix} - \omega_{\mathrm{L}}L\begin{bmatrix} -i_{q\mathrm{u}} & i_{d\mathrm{u}} \\ -i_{q\mathrm{v}} & i_{d\mathrm{v}} \\ -i_{q\mathrm{w}} & i_{d\mathrm{w}} \end{bmatrix} = \boldsymbol{0} \tag{4-28}$$

式中，$e_{d\mathrm{L}}$ 和 $e_{q\mathrm{L}}$ 为分频侧的 dq 轴电压分量；v_{dy} 和 v_{qy} 为子换流器 y 中桥臂电压的 dq 轴分量；i_{dy} 和 i_{qy} 为子换流器 y 中桥臂电流的 dq 轴分量。

式(4-26)～式(4-28)构成了 $\mathrm{M^3C}$ 主电路在工频同步坐标系下的电压方程的数学模型，有关 $\mathrm{M^3C}$ 的内、外环电流控制问题，均以此模型为基础展开[28]。

4. 六边形模块化多电平换流器

1) 拓扑和工作原理

六边形模块化多电平换流器 Hexverter 是一种基于 MMC 技术的电压源型直接式变频装置，其拓扑如图 4-21 所示。

Hexverter 只包含 6 条桥臂，与 BTB-MMC 和 $\mathrm{M^3C}$ 相比，结构最为简单，6 条桥臂首尾相接组成一个六边形，两侧交流系统的三相在六边形顶点上交错布置。Hexverter 是可以实现三相-三相交流变换的最简单拓扑，但是不具备桥臂故障穿越能力。与 $\mathrm{M^3C}$ 相似，Hexverter 每个桥臂由全桥模块串联而成，不存在集中直流环节，可以切断两边网侧的故障电流，缺点在于不适合用于实现相同或相近的频率变换。此外，Hexverter 的另一个独有缺点是无法实现两侧交流电网的完全解耦。当两侧无功功率不相等时，Hexverter 的桥臂中会出现功率直流偏置，需采取措施加以平衡。

Hexverter 于 2011 年才被提出[29]。Hexverter 的电路结构简单，只有一个环流分量，但这也意味着需要同时使用桥臂环流和共模电压完成桥臂间模块均压和纹

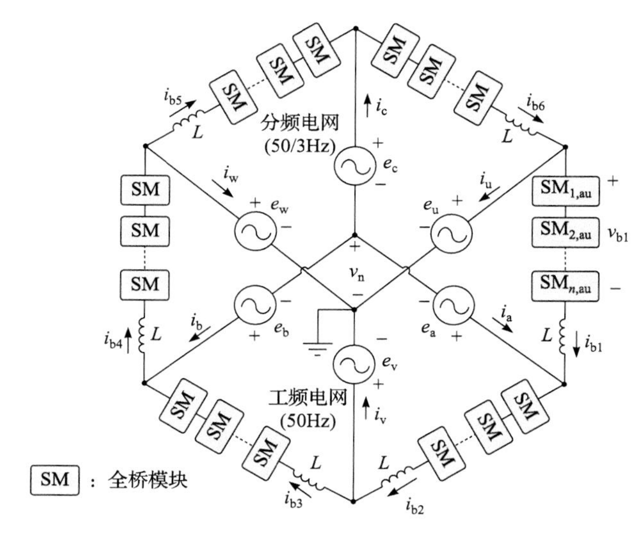

图 4-21　Hexverter 变频装置拓扑

波抑制的目的。文献[30]和[31]介绍了 Hexverter 的变频原理，建立了 Hexverter 的电路和桥臂功率方程，设计了 Hexverter 的控制系统，指出了两侧无功功率不相等会使桥臂中出现功率直流偏置问题，并提出了补偿措施。文献[32]优化了 Hexverter 的桥臂环流和共模电压，达到了换流器正常运行时，桥臂环流和桥臂峰值电压最小的优化目标。文献[33]使用互耦电抗器作为 Hexverter 的桥臂电抗，优化了换流器的输出特性并减小了电抗体积。文献[34]研究了 Hexverter 用于电机驱动时的软起动问题。总体来说，Hexverter 的电路结构和控制器设计相对简单，其研究还处于起步阶段，有待进一步的深入，而电力系统格外关心的电网故障穿越等方面的研究尚为空白。

2) 数学模型

在图 4-21 中，将每个桥臂支路等效为一个支路电阻、支路电感和理想受控电压源的串联单元。系统输入侧电压和电流分别为 e_u 、 e_v 、 e_w 、 i_u 、 i_v 、 i_w ，系统分频侧电压和电流分别为 e_a 、 e_b 、 e_c 、 i_a 、 i_b 、 i_c [35]。根据等效电路可得

$$
\begin{cases}
e_u = Ri_{b1} + L\dfrac{di_{b1}}{dt} + v_{b1} + e_a + v_n \\
e_v = Ri_{b3} + L\dfrac{di_{b3}}{dt} + v_{b3} + e_b + v_n \\
e_w = Ri_{b5} + L\dfrac{di_{b5}}{dt} + v_{b5} + e_c + v_n
\end{cases}, \quad
\begin{cases}
e_a = Ri_{b2} + L\dfrac{di_{b2}}{dt} + v_{b2} + e_v + v_n \\
e_b = Ri_{b4} + L\dfrac{di_{b4}}{dt} + v_{b4} + e_w + v_n \\
e_c = Ri_{b6} + L\dfrac{di_{b6}}{dt} + v_{b6} + e_u + v_n
\end{cases} \tag{4-29}
$$

$$\begin{cases} i_{b1} = i_{b6} + i_u \\ i_{b3} = i_{b2} + i_v \\ i_{b5} = i_{b4} + i_w \end{cases}, \quad \begin{cases} i_{b2} = i_{b1} + i_a \\ i_{b4} = i_{b3} + i_b \\ i_{b6} = i_{b5} + i_c \end{cases} \tag{4-30}$$

若设输入和输出系统为三相三线制，则两侧电流满足：

$$i_u + i_v + i_w = i_a + i_b + i_c = 0 \tag{4-31}$$

在工频侧、分频侧两侧均为对称系统的条件下，由式(4-29)和式(4-30)可得

$$\left(R + L\frac{\mathrm{d}}{\mathrm{d}t}\right)\sum_{i=1}^{6} i_{bi} + \sum_{i=1}^{6} V_{bi} = 0 \tag{4-32}$$

$$(v_{b1} + v_{b3} + v_{b5}) - (v_{b2} + v_{b4} + v_{b6}) + 6v_n = 0 \tag{4-33}$$

$$i_{b1} + i_{b3} + i_{b5} = i_{b2} + i_{b4} + i_{b6} \tag{4-34}$$

由式(4-29)和式(4-30)可以看出，工频、分频支路电压及电流中均含有对侧相应的电气量，需进行解耦。对式(4-29)采用等功率变换，可得 $\alpha\beta$ 坐标系下的电压方程为

$$\begin{cases} e_{S\alpha} = Ri_{b\alpha1} + L\dfrac{\mathrm{d}i_{b\alpha1}}{\mathrm{d}t} + v_{b\alpha1} + v_{L\alpha} \\ e_{S\beta} = Ri_{b\beta1} + L\dfrac{\mathrm{d}i_{b\beta1}}{\mathrm{d}t} + v_{b\beta1} + v_{L\beta} \\ e_{S0} = Ri_{b01} + L\dfrac{\mathrm{d}i_{b01}}{\mathrm{d}t} + v_{b01} + v_{L0} + \sqrt{3}v_n \end{cases}, \quad \begin{cases} e_{L\alpha} = Ri_{b\alpha2} + L\dfrac{\mathrm{d}i_{b\alpha2}}{\mathrm{d}t} + v_{b\alpha2} - \dfrac{1}{2}v_{S\alpha} + \dfrac{\sqrt{3}}{2}v_{S\beta} \\ e_{L\beta} = Ri_{b\beta2} + L\dfrac{\mathrm{d}i_{b\beta2}}{\mathrm{d}t} + v_{b\beta2} - \dfrac{\sqrt{3}}{2}v_{S\alpha} - \dfrac{1}{2}v_{S\beta} \\ e_{L0} = Ri_{b02} + L\dfrac{\mathrm{d}i_{b02}}{\mathrm{d}t} + v_{b02} + v_{S0} - \sqrt{3}v_n \end{cases} \tag{4-35}$$

式中，下标 1 表示 1、3、5 支路；下标 2 表示 2、4、6 支路。同样，将变量分解为工频分量和分频分量，并分别以下标 fs 、fl 标记，则可将各电气量表示为

$$\begin{cases} i_{s\alpha} = i_{s\alpha,fs} + i_{s\alpha,fl} \\ i_{s\beta} = i_{s\beta,fs} + i_{s\beta,fl} \\ i_{b\alpha1} = i_{b\alpha1,fs} + i_{b\alpha1,fl} \\ i_{b\beta1} = i_{b\beta1,fs} + i_{b\beta1,fl} \\ v_{b\alpha1} = i_{b\alpha1,fs} + i_{b\alpha1,fl} \\ v_{b\beta1} = i_{b\beta1,fs} + i_{b\beta1,fl} \end{cases}, \quad \begin{cases} i_{l\alpha} = i_{l\alpha,fs} + i_{l\alpha,fl} \\ i_{l\beta} = i_{l\beta,fs} + i_{l\beta,fl} \\ i_{b\alpha2} = i_{b\alpha2,fs} + i_{b\alpha2,fl} \\ i_{b\beta2} = i_{b\beta2,fs} + i_{b\beta2,fl} \\ v_{b\alpha2} = i_{b\alpha2,fs} + i_{b\alpha2,fl} \\ v_{b\beta2} = i_{b\beta2,fs} + i_{b\beta2,fl} \end{cases} \tag{4-36}$$

将式(4-36)代入式(4-35)可变换为

$$
\begin{cases}
e_{S\alpha}=Ri_{b\alpha1,fs}+L\dfrac{d}{dt}i_{b\alpha1,fs}+v_{b\alpha1,fs}\\
e_{S\beta}=Ri_{b\beta1,fs}+L\dfrac{d}{dt}i_{b\beta1,fs}+v_{b\beta1,fs}\\
0=Ri_{b\alpha1,fl}+L\dfrac{d}{dt}i_{b\alpha1,fl}+v_{b\alpha1,fl}+v_{l\alpha}\\
0=Ri_{b\beta1,fl}+L\dfrac{d}{dt}i_{b\beta1,fl}+v_{b\beta1,fl}+v_{l\beta}
\end{cases},\quad
\begin{cases}
e_{L\alpha}=Ri_{b\alpha2,fl}+L\dfrac{d}{dt}i_{b\alpha2,fl}+v_{b\alpha2,fl}\\
e_{L\beta}=Ri_{b\beta2,fl}+L\dfrac{d}{dt}i_{b\beta2,fl}+v_{b\beta2,fl}\\
0=Ri_{b\alpha2,fs}+L\dfrac{d}{dt}i_{b\alpha2,fs}+v_{b\alpha2,fl}-\dfrac{1}{2}v_{s\alpha}+\dfrac{\sqrt{3}}{2}v_{s\beta}\\
0=Ri_{b\beta2,fs}+L\dfrac{d}{dt}i_{b\beta2,fs}+v_{b\beta2,fl}-\dfrac{1}{2}v_{s\beta}-\dfrac{\sqrt{3}}{2}v_{s\alpha}
\end{cases}
\tag{4-37}
$$

对式(4-37)进行 dq 变换得 dq 坐标系下的电压方程：

$$
\begin{cases}
\begin{bmatrix}e_{Sd}\\e_{Sq}\end{bmatrix}=R\begin{bmatrix}i_{bd1,fs}\\i_{bq1,fs}\end{bmatrix}+L\dfrac{d}{dt}\begin{bmatrix}i_{bd1,fs}\\i_{bq1,fs}\end{bmatrix}+\omega_S L\begin{bmatrix}-i_{bq1,fs}\\i_{bd1,fs}\end{bmatrix}+\begin{bmatrix}v_{bd1,fs}\\v_{bq1,fs}\end{bmatrix}\\
\begin{bmatrix}e_{Ld}\\e_{Lq}\end{bmatrix}=-R\begin{bmatrix}i_{bd1,fs}\\i_{bq1,fs}\end{bmatrix}-L\dfrac{d}{dt}\begin{bmatrix}i_{bd1,fl}\\i_{bq1,fl}\end{bmatrix}-\omega_L L\begin{bmatrix}-i_{bq1,fl}\\i_{bd1,fl}\end{bmatrix}-\begin{bmatrix}v_{bd1,fl}\\v_{bq1,fl}\end{bmatrix}\\
\begin{bmatrix}1/2&-\sqrt{3}/2\\\sqrt{3}/2&1/2\end{bmatrix}\begin{bmatrix}e_{Sd}\\e_{Sq}\end{bmatrix}=R\begin{bmatrix}i_{bd2,fs}\\i_{bq2,fs}\end{bmatrix}+L\dfrac{d}{dt}\begin{bmatrix}i_{bd2,fs}\\i_{bq2,fs}\end{bmatrix}+\omega_S L\begin{bmatrix}-i_{bq2,fs}\\i_{bd2,fs}\end{bmatrix}+\begin{bmatrix}v_{bd2,fs}\\v_{bq2,fs}\end{bmatrix}\\
\begin{bmatrix}e_{Ld}\\e_{Lq}\end{bmatrix}=R\begin{bmatrix}i_{bd2,fs}\\i_{bq2,fs}\end{bmatrix}+L\dfrac{d}{dt}\begin{bmatrix}i_{bd2,fl}\\i_{bq2,fl}\end{bmatrix}+\omega_L L\begin{bmatrix}-i_{bq2,fl}\\i_{bd2,fl}\end{bmatrix}+\begin{bmatrix}v_{bd2,fl}\\v_{bq2,fl}\end{bmatrix}
\end{cases}
\tag{4-38}
$$

假定 $i_{b0}=i_{b01}=i_{b02}$，则式(4-35)中的零序分量可简化为

$$
\left(v_{b01}+v_{b02}\right)/2=-Ri_{b0}-L\frac{d}{dt}i_{b0}
\tag{4-39}
$$

在子模块电容 C 足够大时，可抑制桥臂电流中 $f_S \pm f_L$ 分量的波动，根据能量平衡原理可知：

$$
\begin{cases}
3C\overline{v}_{dc1}\dfrac{d}{dt}\overline{v}_{dc1}=v_{b1}i_{b1}+v_{b3}i_{b3}+v_{b5}i_{b5}\\
3C\overline{v}_{dc2}\dfrac{d}{dt}\overline{v}_{dc2}=v_{b2}i_{b2}+v_{b4}i_{b4}+v_{b6}i_{b6}
\end{cases}
\tag{4-40}
$$

对式(4-40)作 dq 变换后可得子模块直流电压的方程为

$$
\begin{cases}
3C\overline{v}_{dc1}\dfrac{d}{dt}\overline{v}_{dc1}=\left(v_{bsd1}i_{bd1,fs}+v_{bsq1}i_{bq1,fs}\right)+\left(v_{bsd1}i_{bd1,fl}+v_{bsq1}i_{bq1,fl}\right)+v_{b01}i_{b0}\\
3C\overline{v}_{dc2}\dfrac{d}{dt}\overline{v}_{dc2}=\left(v_{bsd2}i_{bd2,fs}+v_{bsq2}i_{bq2,fs}\right)+\left(v_{bsd2}i_{bd2,fl}+v_{bsq2}i_{bq2,fl}\right)+v_{b02}i_{b0}
\end{cases}
\tag{4-41}
$$

式 4-38)、式(4-39)和式(4-41)构成了 Hexverter 的频率解耦数学方程。

5. Y 形模块化多电平换流器

1) 拓扑和工作原理

Y-MMC 也是一种电压源型直接式交-交变频装置，其拓扑如图 4-22 所示[36]。Y-MMC 中连接工频侧与分频侧系统的每个 Y 形结构中的三个桥臂，实际上所包含的子模块个数及等效电阻和电感个数与两个传统意义上的桥臂相同，即 Y-MMC 等效包含了 6 个桥臂，每个等效桥臂均含 n 个子模块。

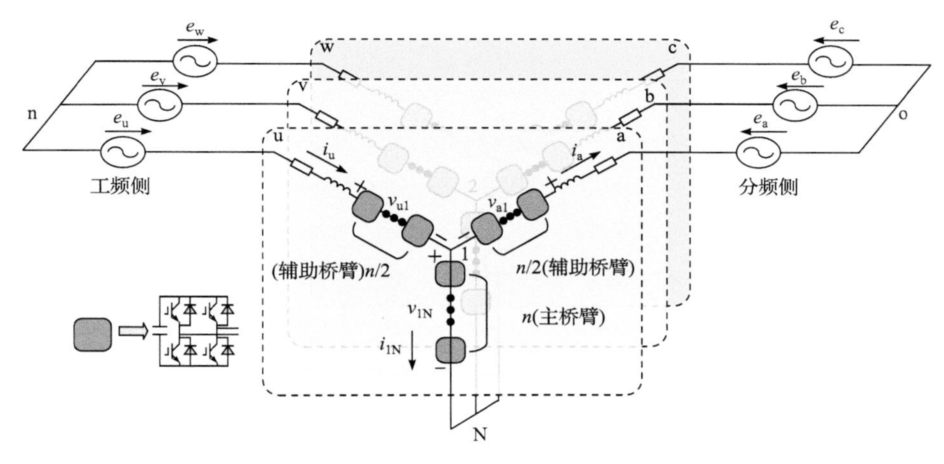

图 4-22　Y-MMC 的拓扑

Y-MMC 的两侧分别连接工频和分频系统，两侧系统的中性点分别用 n 和 o 表示。用 e_u、e_v、e_w 分别表示工频侧(输入侧)系统的三相电压，用 i_u、i_v、i_w 分别表示工频侧系统的三相电流；用 e_a、e_b、e_c 分别表示分频侧(输出侧)系统的三相电压，i_a、i_b、i_c 分别表示分频侧系统的三相电流。用 u、v、w 分别表示 Y-MMC 与工频系统相连的三个端子，a、b、c 分别表示 Y-MMC 与分频系统相连的三个端子，用 1、2、3 分别表示 Y-MMC 三个 Y 形结构的中心连接点，用 N 表示 Y-MMC 的中性点。如图 4-22 所示，Y-MMC 共有 9 个桥臂，分别以桥臂两端端子符号命名，其中桥臂 u1、v2、w3 称作工频侧辅助桥臂，桥臂 a1、b2、c3 称作分频侧辅助桥臂，桥臂 1N、2N、3N 称作主桥臂。Y-MMC 的每个主桥臂都是由 n 个全桥子模块串联构成，Y-MMC 的每个辅助桥臂都是由等效电阻 R、等效电感 L 和 $n/2$ 个全桥子模块串联构成。其中，每个全桥子模块都是 1 个单相全桥电路，由 4 个绝缘栅双极晶体管与 1 个直流电容并联构成。这种纯全桥模块的桥臂结构使得 Y-MMC 具备了任意侧故障电流的抑制能力。由于 Y-MMC 辅助桥臂的子模块数是主桥臂的一半，因此 Y-MMC 的每个 Y 形结构相当于 2 个等效桥臂。可以看出，Y-MMC 的结构简单对称，且不存在环流问题，从而能够降低分频海上风电系统中变频站的控制复杂度，有利于提高系统的可靠性，因此 Y-MMC 在分频海上风电系统中有着较好的应用前景。

Y-MMC 的三个 Y 形结构完全相同，且三相之间没有耦合，因此，Y-MMC 的工作原理可通过图 4-23 所示的单相等效电路进行解释。图中，f_S 为工频侧系统频率，f_L 为分频侧系统频率。Y-MMC 通过单相电压对消的方式实现频率的解耦，如式(4-43)所示，工频侧辅助桥臂电压的分频频率分量可以与主桥臂电压的分频频率分量相抵消，Y-MMC 的工频侧只存在工频电压分量；同样，分频侧辅助桥臂电压的工频频率分量可以与主桥臂电压的工频频率分量相抵消，Y-MMC 的分频侧只存在分频电压分量，即可实现系统两侧不同频率分量的解耦。

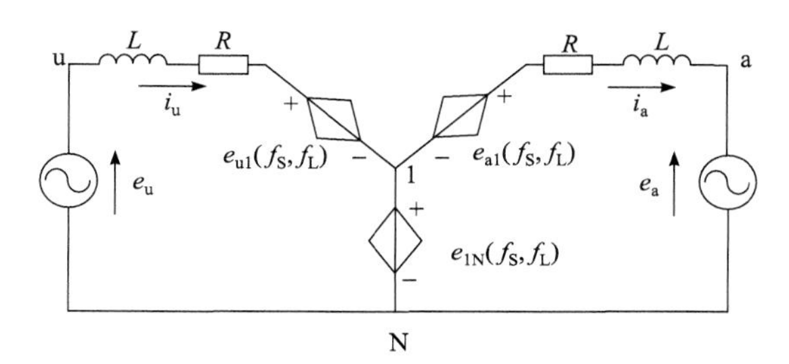

图 4-23 Y-MMC 变频器等效电路

$$
\begin{cases}
e_u - Ri_u - L\dfrac{di_u}{dt} = v_{u1}(f_S, f_L) + v_{1N}(f_S, f_L) = v_{u1}(f_S) + \underbrace{v_{u1}(f_L) + v_{1N}(f_L)}_{=0} + v_{1N}(f_S) \\
e_a + Ri_a + L\dfrac{di_a}{dt} = v_{a1}(f_S, f_L) + v_{1N}(f_S, f_L) = v_{a1}(f_L) + \underbrace{v_{a1}(f_S) + v_{1N}(f_S)}_{=0} + v_{1N}(f_L)
\end{cases}
\tag{4-42}
$$

2) 数学模型

根据基尔霍夫电流定律和图 4-22 给定的电压电流参考方向，将图 4-22 中的桥臂子模块同图 4-23 等效成相应的受控电压源，可以列写 Y-MMC 的数学模型如下：

$$
\begin{cases}
e_u = Ri_u + L\dfrac{di_u}{dt} + v_{u1} + v_{1N} + v_{Nn} \\
e_v = Ri_v + L\dfrac{di_v}{dt} + v_{v2} + v_{2N} + v_{Nn} \\
e_w = Ri_w + L\dfrac{di_w}{dt} + v_{w3} + v_{3N} + v_{Nn}
\end{cases}
,\quad
\begin{cases}
e_a = -Ri_a - L\dfrac{di_a}{dt} + v_{a1} + v_{1N} + v_{No} \\
e_b = -Ri_b - L\dfrac{di_b}{dt} + v_{b2} + v_{2N} + v_{No} \\
e_c = -Ri_c - L\dfrac{di_c}{dt} + v_{c3} + v_{3N} + v_{No}
\end{cases}
\tag{4-43}
$$

为了对每个桥臂电压中的工频频率分量与分频频率分量分别进行控制，首先需要对它们进行解耦。因此，把式(4-43)变换到 $\alpha\beta$ 坐标系下，当 Y-MMC 两侧系统都为三相三线制时，不存在零序电流通道，故 $\alpha\beta$ 坐标系下的零序分量可以忽略，因此可以得到：

$$\begin{cases}\begin{bmatrix}e_{S\alpha}\\e_{S\beta}\end{bmatrix}=\left(R+L\dfrac{d}{dt}\right)\begin{bmatrix}i_{S\alpha}\\i_{S\beta}\end{bmatrix}+\begin{bmatrix}v_{bs\alpha}\\v_{bs\beta}\end{bmatrix}+\begin{bmatrix}v_{bc\alpha}\\v_{bc\beta}\end{bmatrix}\\ \begin{bmatrix}e_{L\alpha}\\e_{L\beta}\end{bmatrix}=-\left(R+L\dfrac{d}{dt}\right)\begin{bmatrix}i_{L\alpha}\\i_{L\beta}\end{bmatrix}+\begin{bmatrix}v_{bl\alpha}\\v_{bl\beta}\end{bmatrix}+\begin{bmatrix}v_{bc\alpha}\\v_{bc\beta}\end{bmatrix}\end{cases} \tag{4-44}$$

式中，下标 S 表示工频侧电压、电流分量；下标 L 表示分频侧电压、电流分量；下标 bs 表示工频侧辅助桥臂；下标 bl 表示分频侧辅助桥臂；下标 bc 表示主桥臂。

从前面的介绍可知，Y-MMC 的工作原理是基于电压对消，但在换流器实际运行时，因为器件参数存在一定的分散性，电压可能不能刚好相抵消，这时，Y-MMC 系统的工频侧会出现分频频率电流分量，Y-MMC 系统的分频侧会出现工频频率电流分量，这种现象称为频率泄漏。由于频率泄漏现象的存在，当分频电流分量侵入工频电网设备时，不仅电能质量会下降，还可能引发系统振荡等问题，危害电网的安全运行。因此，有必要考虑频率泄漏现象对 Y-MMC 进行建模，并在控制策略中对其加以抑制。由于 Y-MMC 是一个线性系统，可以运用叠加原理，将式(4-44)分成工频频率分量和分频频率分量两部分，同时对工频侧的分频频率分量和分频侧的工频频率分量进行正负序分解，故式(4-44)描述的 Y-MMC 模型可以分为下述 4 个子系统。

工频侧工频分量子系统：

$$\begin{bmatrix}e_{S\alpha}\\e_{S\beta}\end{bmatrix}=R\begin{bmatrix}i_{S\alpha\_fs}\\i_{S\beta\_fs}\end{bmatrix}+L\frac{d}{dt}\begin{bmatrix}i_{S\alpha\_fs}\\i_{S\beta\_fs}\end{bmatrix}+\begin{bmatrix}v_{bs\alpha\_fs}\\v_{bs\beta\_fs}\end{bmatrix}+\begin{bmatrix}v_{bc\alpha\_fs}\\v_{bc\beta\_fs}\end{bmatrix} \tag{4-45}$$

工频侧分频分量子系统：

$$\begin{cases}\begin{bmatrix}0\\0\end{bmatrix}=R\begin{bmatrix}i^{+}_{S\alpha\_fl}\\i^{+}_{S\beta\_fl}\end{bmatrix}+L\dfrac{d}{dt}\begin{bmatrix}i^{+}_{S\alpha\_fl}\\i^{+}_{S\beta\_fl}\end{bmatrix}+\begin{bmatrix}\Delta v^{+}_{bs\alpha\_fl}\\\Delta v^{+}_{bs\beta\_fl}\end{bmatrix}+\begin{bmatrix}\Delta v^{+}_{bc\alpha\_fl}\\\Delta v^{+}_{bc\beta\_fl}\end{bmatrix}\\ \begin{bmatrix}0\\0\end{bmatrix}=R\begin{bmatrix}i^{-}_{S\alpha\_fl}\\i^{-}_{S\beta\_fl}\end{bmatrix}+L\dfrac{d}{dt}\begin{bmatrix}i^{-}_{S\alpha\_fl}\\i^{-}_{S\beta\_fl}\end{bmatrix}+\begin{bmatrix}\Delta v^{-}_{bs\alpha\_fl}\\\Delta v^{-}_{bs\beta\_fl}\end{bmatrix}+\begin{bmatrix}\Delta v^{-}_{bc\alpha\_fl}\\\Delta v^{-}_{bc\beta\_fl}\end{bmatrix}\end{cases} \tag{4-46}$$

分频侧分频分量子系统：

$$\begin{bmatrix}e_{L\alpha}\\e_{L\beta}\end{bmatrix}=-R\begin{bmatrix}i_{L\alpha\_fl}\\i_{L\beta\_fl}\end{bmatrix}-L\frac{d}{dt}\begin{bmatrix}i_{L\alpha\_fl}\\i_{L\beta\_fl}\end{bmatrix}+\begin{bmatrix}v_{bl\alpha\_fl}\\v_{bl\beta\_fl}\end{bmatrix}+\begin{bmatrix}v_{bc\alpha\_fl}\\v_{bc\beta\_fl}\end{bmatrix} \tag{4-47}$$

分频侧工频分量子系统：

$$\begin{cases}\begin{bmatrix}0\\0\end{bmatrix}=-R\begin{bmatrix}i_{\mathrm{L}\alpha\_\mathrm{fs}}^{+}\\i_{\mathrm{L}\beta\_\mathrm{fs}}^{+}\end{bmatrix}-L\dfrac{\mathrm{d}}{\mathrm{d}t}\begin{bmatrix}i_{\mathrm{L}\alpha\_\mathrm{fs}}^{+}\\i_{\mathrm{L}\beta\_\mathrm{fs}}^{+}\end{bmatrix}+\begin{bmatrix}\Delta v_{\mathrm{bl}\alpha\_\mathrm{fs}}^{+}\\\Delta v_{\mathrm{bl}\beta\_\mathrm{fs}}^{+}\end{bmatrix}+\begin{bmatrix}\Delta v_{\mathrm{bc}\alpha\_\mathrm{fs}}^{+}\\\Delta v_{\mathrm{bc}\beta\_\mathrm{fs}}^{+}\end{bmatrix}\\\begin{bmatrix}0\\0\end{bmatrix}=-R\begin{bmatrix}i_{\mathrm{L}\alpha\_\mathrm{fs}}^{-}\\i_{\mathrm{L}\beta\_\mathrm{fs}}^{-}\end{bmatrix}-L\dfrac{\mathrm{d}}{\mathrm{d}t}\begin{bmatrix}i_{\mathrm{L}\alpha\_\mathrm{fs}}^{-}\\i_{\mathrm{L}\beta\_\mathrm{fs}}^{-}\end{bmatrix}+\begin{bmatrix}\Delta v_{\mathrm{bl}\alpha\_\mathrm{fs}}^{-}\\\Delta v_{\mathrm{bl}\beta\_\mathrm{fs}}^{-}\end{bmatrix}+\begin{bmatrix}\Delta v_{\mathrm{bc}\alpha\_\mathrm{fs}}^{-}\\\Delta v_{\mathrm{bc}\beta\_\mathrm{fs}}^{-}\end{bmatrix}\end{cases}\tag{4-48}$$

式中，下标 _fs 表示工频频率分量；下标 _fl 表示分频频率分量；上标 + 表示正序分量；上标 − 表示负序分量。

为了得到系统在 dq 坐标系下的动态数学模型，还需要对式(4-45)～式(4-48)在不同频率下进行坐标旋转变换。经坐标变换并考虑变量的正负序分离后，即可得到 Y-MMC 在 dq 坐标系下的动态数学模型，如下所示：

$$\begin{cases}\begin{bmatrix}e_{\mathrm{S}d}\\e_{\mathrm{S}q}\end{bmatrix}=R\begin{bmatrix}i_{\mathrm{S}d\_\mathrm{fs}}\\i_{\mathrm{S}q\_\mathrm{fs}}\end{bmatrix}+L\dfrac{\mathrm{d}}{\mathrm{d}t}\begin{bmatrix}i_{\mathrm{S}d\_\mathrm{fs}}\\i_{\mathrm{S}q\_\mathrm{fs}}\end{bmatrix}+\omega_{\mathrm{S}}L\begin{bmatrix}-i_{\mathrm{S}q\_\mathrm{fs}}\\i_{\mathrm{S}d\_\mathrm{fs}}\end{bmatrix}+\begin{bmatrix}v_{\mathrm{bs}d\_\mathrm{fs}}\\v_{\mathrm{bs}q\_\mathrm{fs}}\end{bmatrix}+\begin{bmatrix}v_{\mathrm{bc}d\_\mathrm{fs}}\\v_{\mathrm{bc}q\_\mathrm{fs}}\end{bmatrix}\\\begin{bmatrix}e_{\mathrm{L}d}\\e_{\mathrm{L}q}\end{bmatrix}=-R\begin{bmatrix}i_{\mathrm{L}d\_\mathrm{fl}}\\i_{\mathrm{L}q\_\mathrm{fl}}\end{bmatrix}-L\dfrac{\mathrm{d}}{\mathrm{d}t}\begin{bmatrix}i_{\mathrm{L}d\_\mathrm{fl}}\\i_{\mathrm{L}q\_\mathrm{fl}}\end{bmatrix}-\omega_{\mathrm{L}}L\begin{bmatrix}-i_{\mathrm{L}q\_\mathrm{fl}}\\i_{\mathrm{L}d\_\mathrm{fl}}\end{bmatrix}+\begin{bmatrix}v_{\mathrm{bl}d\_\mathrm{fl}}\\v_{\mathrm{bl}q\_\mathrm{fl}}\end{bmatrix}+\begin{bmatrix}v_{\mathrm{bc}d\_\mathrm{fl}}\\v_{\mathrm{bc}q\_\mathrm{fl}}\end{bmatrix}\end{cases}\tag{4-49}$$

式中，ω_{S} 表示工频角频率；ω_{L} 表示分频角频率。

4.3 其他分频设备

受频率降低的影响，除分频电源和变频装置外，分频输电系统中变压器、交流断路器及互感器等一次设备的特性也与常规交流输电系统有较大差异。由于铁磁型互感器的工作原理与变压器类似，本节只讨论分频断路器与分频变压器在低频环境下的特性与优化设计问题。

4.3.1 分频断路器

断路器是电力系统中最重要的控制和保护设备，作用包括对电力系统运行的控制(根据运行需要将部分或全部电气设备以及部分或全部线路投入或退出运行)和对电力系统的保护。按照灭弧介质，断路器可分为油断路器、空气断路器、真空断路器、六氟化硫(SF_6)断路器、固体产气断路器、磁吹断路器。低压系统中，主要采用真空断路器和 SF_6 断路器，本节主要以 40.5kV 电压等级真空断路器和 SF_6 断路器为例进行简要介绍。

1. 交流断路器在不同频率下的开断能力分析

工频交流断路器利用交流电流过零点的特性在电流零点处快速拉断电弧，完成对高压交流输电线路的保护。交流电路频率下降会延长交流断路器的燃弧时间。当输电频率变为原来的 1/3 时，交流断路器的单个对称短路电流，其半波变为原来的 3 倍，燃弧时间的延长将对其开断短路电流造成额外的困难。以真空断路器为例，输电线路的频率下降延长了交流断路器的燃弧时间，致使其触头表面温度增高，零区电流附近的金属蒸气密度增大，断路器开断能力减弱。文献[37]和[38]研究表明，当系统频率降低时，真空断路器短路电流开断能力的降低与频率降低倍数的平方根有关。以一个横向磁场真空灭弧室为例，在 50Hz 系统开断短路电流时，其燃弧时间中有 8～9ms 为集聚型真空电弧，在电流过零前有 1～2ms 为扩散真空电弧。同一个真空灭弧室在 50/3Hz 分频系统中，其燃弧在电流过零前将有 26～27ms 为集聚型真空电弧。

根据频率降低导致断路器开断短路电流能力减弱的特点，可以假设：

(1) 蒸气密度与电弧能量成正比；

(2) 介质恢复强度与蒸气密度成反比。

$$E = i^2 T = \frac{i}{f} \tag{4-50}$$

$$U_{\text{peak}} \propto \frac{f}{i^2} \tag{4-51}$$

式中，E 为电弧能量；i 为开断电流；T 为周期；f 为频率；U_{peak} 为介质恢复强度的峰值。

对于给定介质恢复强度的断路器，断路器对短路电流的开断能力大致与输电线路频率的平方根成正比：

$$\frac{i(f_1)}{i(f_2)} = \sqrt{\frac{f_1}{f_2}} \tag{4-52}$$

相关文献测试了 12kV 真空断路器工作在不同频率下对称短路电流的开断能力，并与式(4-52)的计算结果进行对比，如图 4-24 所示[39]。相比实验结果，根据上述推理得到的计算结果有一定误差，但仍可作判断的依据。

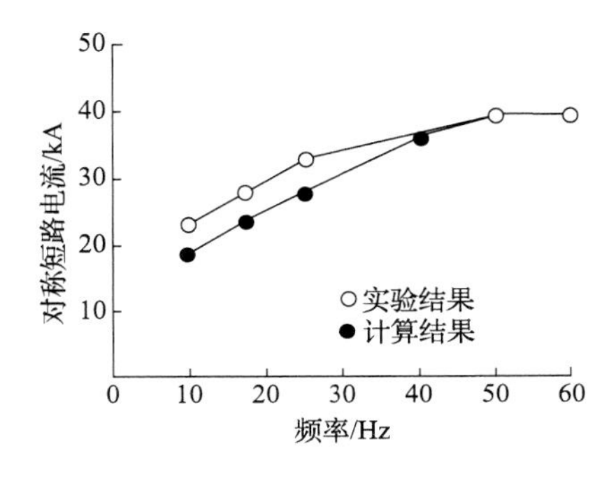

图 4-24　不同频率下真空断路器对称短路电流开断能力

一般认为采用选相分断技术可有效降低电流频率对断路器开断能力的影

响。然而选相分断技术对断路器动作时间的分散性要求很高，断路器动作时间的分散性受触头电磨损、机构机械磨损、环境温度和控制电源值的影响，特别是经常动作和长期不动作两种情况下，动作时间会有差别。在分频输电系统中选用更高电压等级的工频断路器替代，可有效减少频率降低造成的开断困难。

2. 低压分频系统的 SF_6 断路器与真空断路器

1) SF_6 断路器

SF_6 断路器中的 SF_6 与其他绝缘介质相比具有很大的优势。这是因为 SF_6 分子具有负电性，能够吸附气体中的自由电子变成负离子，一方面自由电子数量减少，另一方面负离子质量更大，运动速度降低，所以很难形成击穿通道，从而实现了对电弧的控制。物理特性方面，SF_6 无色、无味、无毒且透明，还是惰性气体，非常稳定，一般情况下不会分解且不溶于水和油。以上特点决定了 SF_6 断路器单个断口所能承受的电压要比其他形式的断路器更高，目前工程实践中已经有500kV 的单断口断路器。

2) 真空断路器

真空断路器的灭弧介质和灭弧后触头间隙的绝缘介质都是高真空。在任何情况下，当真空断路器触头分离时，触头间的电弧通道仅由触头材料的金属蒸气构成。电弧只能由外部能量来维持，当主回路电流在自然过零点时刻消失，此时急速下降的截流密度和快速凝聚的真空金属蒸气在触头间迅速恢复绝缘，因此真空灭弧室恢复了绝缘能力，实现灭弧。

真空断路器的灭弧原理要求其触头在分、合闸操作时必须具有高的抗电弧腐蚀性能，且当开断小电流时，应具有低截流性能。研究表明，含铬量为 20%～60%的铜-铬合成材料能够满足以上要求，已被用作触头的标准材料。触头形状方面，最初采用特殊形状以防止局部过热和不均匀磨损。后期通过轴向磁场的开发，保证弧根均匀地分配在整个触头表面，从而对触头形状进行进一步改进。

真空断路器的主要优点包括：①触头间隙小；②燃弧时间短，电弧电压低；③操作噪声小；④因为无油，所以无火灾爆炸危险；⑤杂质不容易进入，工作可靠性高。主要缺点是：①容易产生操作过电压，在开断感性电流时，会出现电流截断现象，造成较高的过电压；②运行中不易监测到真空度。

3) 分频环境下的真空断路器与 SF_6 断路器

在 40.5kV 及以下电压等级方面，由于真空技术已经非常成熟，真空断路器正逐步取代 SF_6 断路器。SF_6 的温室效应是 CO_2 的 23900 倍，可以在自然环境中存在 3400 年。从产品运行可靠性来看，真空断路器灭弧室内、外气压差为 1 个标准大气压，在真空封接炉直接焊接而成，真空灭弧室的漏气率小于万分之四，发生故障后不会使事故扩大，更适用于频繁操作、终身免维修的使用环境；SF_6 断路器的内、外气压差为 4～6 个标准大气压，所以 SF_6 断路器的漏气率相对较高，可达千分之一到千分之三，如果发生故障存在 SF_6 爆炸风险，产生有害有毒的气体，危及人身安全，且 SF_6 断路器不适用于频繁操作，性能可靠性不如真空灭弧室。因此，从全球环境保护与产品发展角度出发，SF_6 存在被其他介质取代的趋势。

目前电气装备制造行业中，40.5kV 真空灭弧室普遍具备开断 40kA 短路电流的能力。在 50/3Hz 分频环境下，由于燃弧时间延长 3 倍左右，更需要稳定可靠的短路开断能力的断路器。因此针对分频灭弧室，通过选取不同的触头材质，适当提高触头中铬的含量，选用合适的工艺制备方法，能有效提高触头的长时间抗烧蚀能力，相比 SF_6 方案更加具备经济性。在 72.5kV 及以上电压等级方面，由于 SF_6 的环保特性差，采用环保气体介质的单断口结构断路器，或者采用串联真空灭弧室结构的超高压真空断路器，成为电力制造行业的主流发展趋势。

综上所述，真空断路器非常适合额定电压 40.5kV 及以下电压等级的断路器灭弧及绝缘，并在超高压场景中具备显著应用潜力。目前针对 50/3Hz 分频 40.5kV 灭弧室，通过改善动静触头材质，并选用合适的触头工艺制备方法，可以提高分频真空灭弧室的开断电流能力，达到分频输电系统开断短路电流的要求。

4.3.2　分频变压器

根据电机学的相关理论，变压器原边绕组和副边绕组的感应电动势近似计算公式如下：

$$\begin{cases} E_1 = 4.44 f N_1 \phi_m \approx 4.44 f N_1 B_m S \\ E_2 = 4.44 f N_2 \phi_m \approx 4.44 f N_2 B_m S \end{cases} \tag{4-53}$$

式中，E_1 为原边绕组电动势，V；f 为频率，Hz；N_1 为原边绕组匝数；ϕ_m 为最大磁通，Wb；B_m 为最大磁通密度，$Wb \cdot mm^{-2}$；S 为铁心横截面积，mm^2；E_2 为副边绕组电动势，V；N_2 为副边绕组匝数。

由式(4-53)可以看出，当频率较低时，为了避免变压器出现磁饱和的现象，需要对变压器分频改造。下面从变压器的结构选择、联结方式和改造方法分析变压器的分频改造。

三相系统常用的变压器结构有三相三柱式变压器和三相五柱式变压器。对于三相三柱式变压器，由于三相系统磁通和为零，不需要旁柱提供磁通返回的通路，在三相完全对称运行时，左右铁轭中通过的磁通大小相等，相位不同，铁轭横截面积可以和铁心柱相等。三相三柱式变压器的铁心磁通分布如图 4-25 所示。

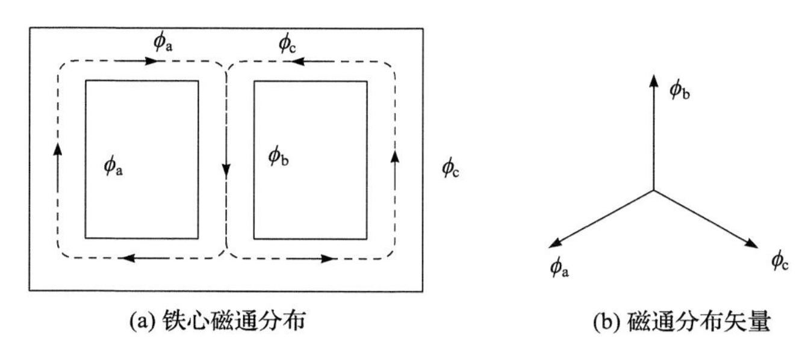

图 4-25　三相三柱式变压器铁心磁通分布

三相五柱式变压器为零序磁通分量和三倍频谐波分量提供了返回通路，省去了其经过油箱、空气等带来的附加损耗。其铁心磁通分布如图 4-26 所示。

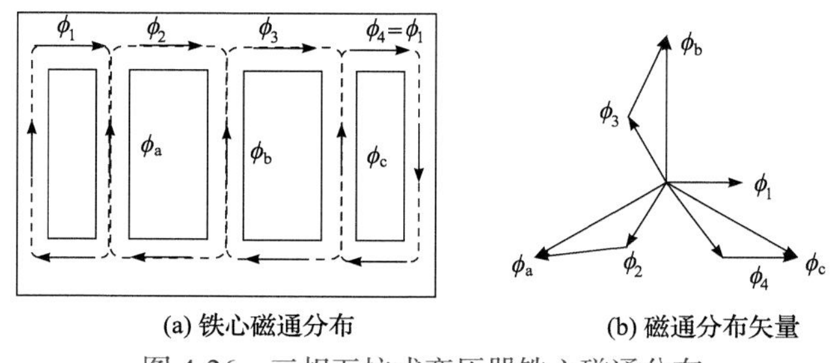

图 4-26　三相五柱式变压器铁心磁通分布

一方面，在完全对称的三相系统中，三相磁通的相量和都为零，不需要旁柱提供磁通返回的通路，三相三柱式变压器能够满足系统运行的要求；另一方面，在海上风电经分频输电送出的场景中，风机中的升压变压器一般安装在塔筒中，可以认为风机中对风机升压变压器的宽度限制要远高于高度限制，因此设计分频变压器的铁心结构为三相三柱式。

变压器磁路不饱和时，励磁电流与励磁磁通成正比。若磁通密度增大至铁磁材料饱和，则变压器的空载电流将不再和铁心中通过的励磁磁通成正比。此时，铁心中若仍保持正弦磁通，电流中将含有显著的谐波分量，特别是 3 次谐波分量。空载电流波形为尖顶波，尖顶程度取决于变压器磁路的饱和状态，如图 4-27(a)所示。若 3 次谐波的励磁电流不能在变压器中流通，那么励磁磁通的波形不再是正弦波，而是平顶波，如图 4-27(b)所示。

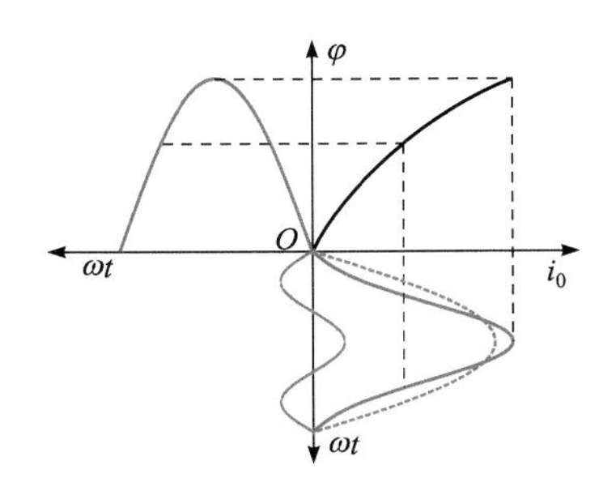

(a) 磁路饱和正弦波磁通的励磁电流

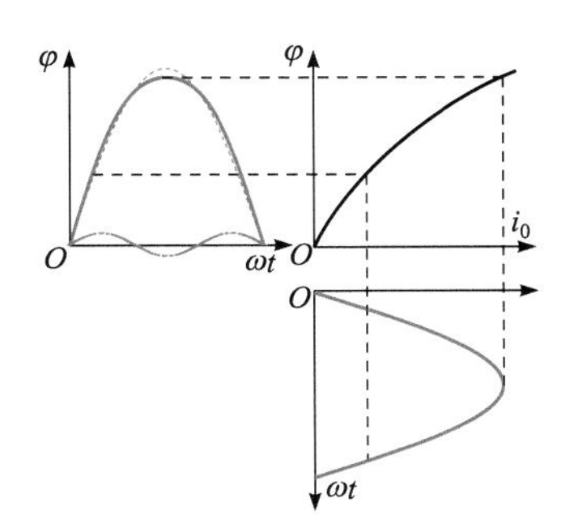

(b) 磁路饱和正弦波电流的励磁磁通

图 4-27　磁路饱和时铁心磁通分布

分频变压器为了使分频侧感应正弦的电动势，必须保证励磁磁通为正弦波形，所以 3 次谐波励磁电流分量的流通是十分必要的。因此，变压器原边绕组可以采用星形或三角形接法。考虑到高压输电系统中性点必须接地，所以变压器原边侧应采用星形方式接地[17]。

设计分频变压器时，原边额定电压需保持不变，为了保证副边绕组的感应电动势，同时避免铁心出现磁饱和的现象，若变压器的额定频率降低，应增大铁心横截面积或增加线圈的绕组匝数，这使得变压器的体积质量也相应的增大。因此，相对工频变压器，分频变压器的造价相对较高，同时海上变电平台的成本也大幅增加。有学者分别通过只增加铁心的横截面积和只增加线圈绕组匝数的方法重新设计额定频率为 50/3Hz 的分频变压器，即分别增加铁心的宽度和高度，结果如表 4-1 所示。

表 4-1　分频变压器设计参数

频率/Hz	总质量/t	铁心质量/t	绕组质量/t	油质量/t	长/m	宽/m	高/m
50	143.42	77.87	34.65	30.89	5.19	1.75	3.48
16.7(宽)	413.84	321.41	36.10	56.33	7.10	2.39	4.76
16.7(高)	253.93	130.40	73.80	49.73	5.19	1.75	6.11

由表 4-1 可以看出，采用增加铁心高度时，分频变压器的质量可以限制在只增加原来的 77%，体积限制在只增加原来的 75.5%。这两种方法代表了设计方向的两个极端，最优设计方案应介于二者之间。

与此同时，分频变压器的有功功率损耗减少。负载损耗是变压器绕组发热产生损耗，频率降低会减弱绕组的集肤效应，降低绕组的电阻。空载损耗包括铁心的磁滞损耗和涡流损耗。由 Steinmez 经验公式可得

$$p_0 = k_1 f \phi_{\mathrm{m}}^{a} + k_2 f^2 \phi_{\mathrm{m}}^{2} \tag{4-54}$$

式中，p_0 为空载损耗；k_1 为磁滞效应系数；ϕ_m 为最大磁通，Wb；a 为 Steinmez 参数；k_2 为涡流效应系数。

研究表明，分频变压器的额定频率为 50/3Hz 时，损耗约占额定频率为 50Hz 时的 1/6，从而在一定程度上提高了变压器的输电效率，降低其对散热的需求。

4.4 主要电气设备的频率特性分析

4.4.1 分频断路器

1. 频率对断路器绝缘性能的影响

频率由 50Hz 变成 50/3Hz 时，由于电压峰值和有效值不变，先分析材料的相对介电常数随频率的变化规律。

电介质在电场作用下会产生极化介电现象。极化是电介质中被束缚在分子内部或局部空间不能完全自由运动的电荷，在电场作用下产生局部迁移而形成感应偶极矩的物理现象。电介质的极化方式通常包括电子位移极化、离子位移极化、转向极化及空间电荷极化等形式。电介质的极化程度与电场频率有一定关系。表征电介质极化现象的宏观参数为相对介电常数。一般随着频率的升高，相对介电常数会减小。当频率从 50Hz 变化为 50/3Hz，根据宽频介电测试系统对相对介电常数测试结果推断，断路器中的材料的相对介电常数会增大，但是变化幅度非常小。不同材料在分频下的相对介电常数如表 4-2 所示。

表 4-2　不同材料 50/3Hz 下的相对介电常数

材料名称	相对介电常数
环氧树脂	4.95
硅橡胶	2.42
瓷壳	9.35

对断路器导电回路输入 95kV 电压，对计算域边界输入 0V 接地电压，设置求解步骤，在有限元仿真软件中求解模型，研究分频环境对断路器绝缘性能的影响。

根据图 4-28 可知，环氧树脂电场强度 E 较为集中区域为紧挨下出线座处和绝缘拉杆处，50Hz 时最大电场强度为 2.54kV · mm^{-1}，小于环氧树脂的击穿强度 24～28kV · mm^{-1}；50/3Hz 时最大电场强度约为 2.44kV · mm^{-1}，小于环氧树脂的击穿强度 24～28kV · mm^{-1}。空气电场强度较为集中区域为绝缘拉杆上部区域，

50Hz 时最大电场强度约为 1.96kV · mm^{-1}，小于空气的击穿强度 3kV · mm^{-1}；50/3Hz 时最大电场强度约为 1.87kV · mm^{-1}，小于空气的击穿强度 3kV · mm^{-1}。

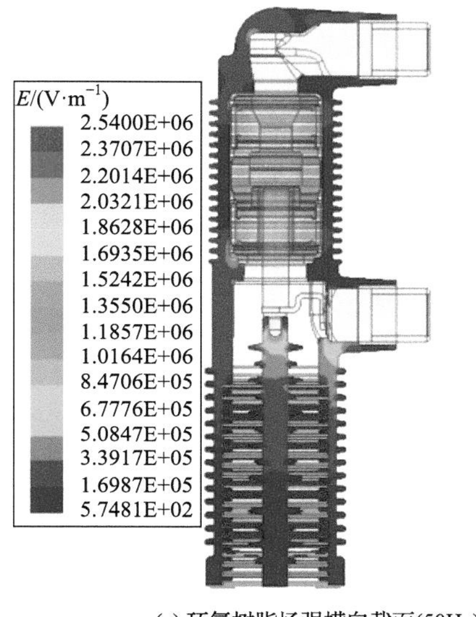

(a) 环氧树脂场强横向截面(50Hz)

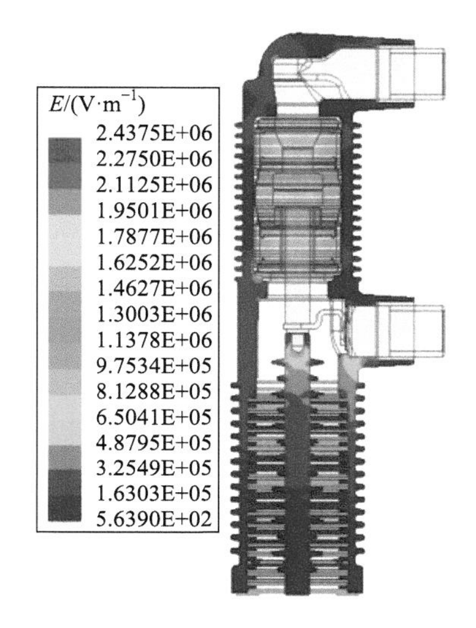

(b) 环氧树脂场强横向截面(50/3Hz)

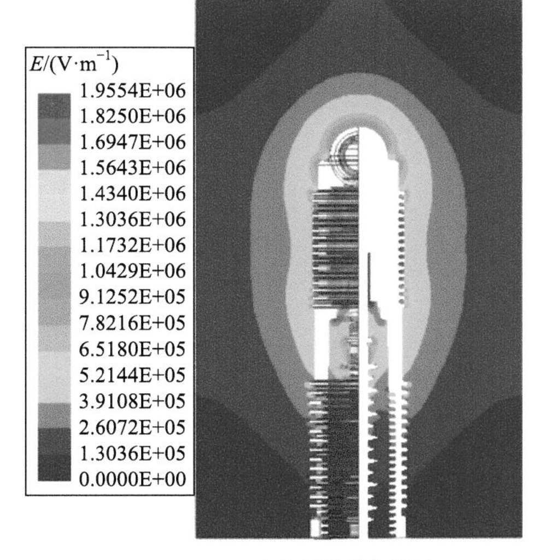

(c) 空气场强横向截面(50Hz)

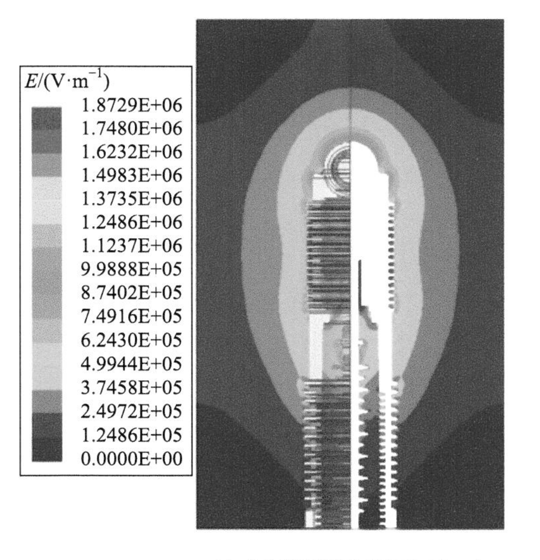

(d) 空气场强横向截面(50/3Hz)

图 4-28　40.5kV 分频真空断路器工频/分频下的电场强度截面云图

进一步对比不同频率下的电场强度，结果见表 4-3。可以看出，断路器频率从 50Hz 变到 50/3Hz 时，环氧树脂在工频耐压 95kV 下的最大电场强度减小 3.9%，空气在工频耐压 95kV 下的最大电场强度减小 4.6%。因此，断路器从 50Hz 变到 50/3Hz 时，最大电场强度有所减小，断路器的绝缘性能会有一定提升，比常规 50Hz 产品的绝缘性能更为优异。但最大电场强度减幅较小，整体绝缘性能提升较小。

表 4-3　不同频率下的电场强度对比(工频耐压 95kV)

序号	区域	50Hz 下的最大电场强度 /(kV · mm^{-1})	50/3Hz 下的最大电场强度 /(kV · mm^{-1})	允许最大电场强度 /(kV · mm^{-1})
1	环氧树脂	2.54	2.44	24～28
2	空气	1.96	1.87	3

2. 频率对断路器温升性能的影响

1) 发热源和温升影响

40.5kV 断路器柜是电力系统配电网中重要的成套电气装置，正常承受工频工作电流情况下，其主回路的各部件会产生损耗，损耗产生的热能会导致断路器柜温度上升，所以明确断路器柜的发热机理至关重要。由于目前断路器柜的结构越来越紧凑且内部防护等级越来越高，因此温升问题越来越突出。柜体内的发热源包括三部分：

(1) 导体通过电流，产生电阻损耗。

(2) 导体通过电流，磁性材料在交变磁场作用下产生磁滞及涡流损耗。

(3) 绝缘材料在交变磁场作用下产生介质损耗。

断路器柜的三相电压相对高压、超高压较低，其绝缘材料的介质损耗很少，功率占比极小，对实际的产品温升影响很小，在该小节的研究中可以忽略其影响。

温升性能是电气性能中的一项关键指标，产品正常运行时温度对产品性能有重要影响。

导体温度的升高很可能会带来如下影响：

(1) 影响机械性能。例如，裸铜导体长期处于发热温度 100～200℃时，机械强度急剧下降。在短期发热情况下，其软化点为 300℃。

(2) 引起接触电阻剧增。例如，铜触头温度在 70～80℃，触头表面开始进行剧烈氧化，氧化膜电阻非常大。

(3) 绝缘材料受热超过一定温度，其介电强度下降，甚至损坏。

2) 温升仿真分析

依据回路阻值等价原则和表面散热等价原则对断路器柜内关键零部件进行等效处理，首先建立导电主回路模型，计算总体电阻，与实际测量电阻进行对比，以达到相同的电阻值。导电回路建模与分析结果见图 4-29。

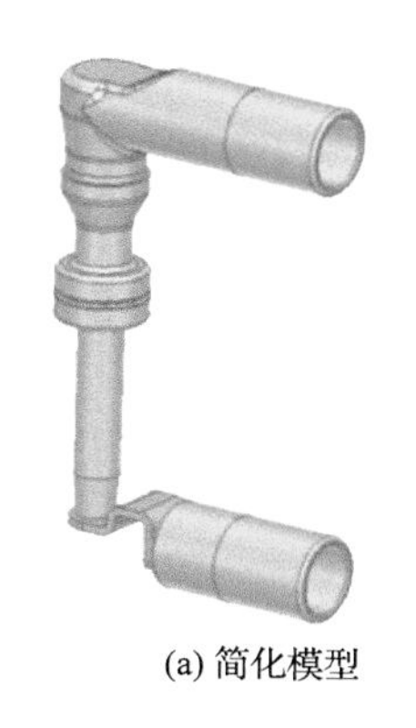

(a) 简化模型

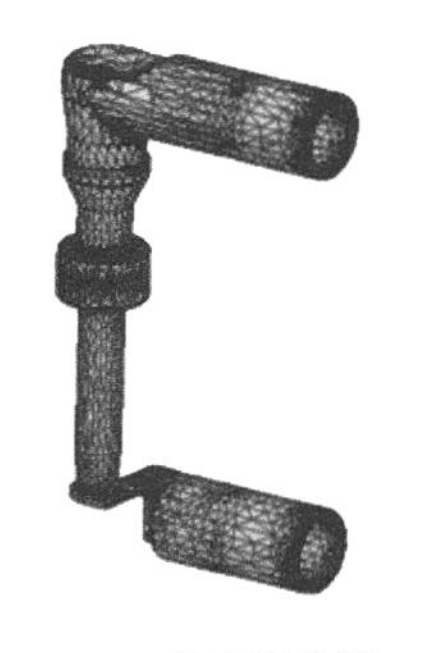

(b) 网格剖分

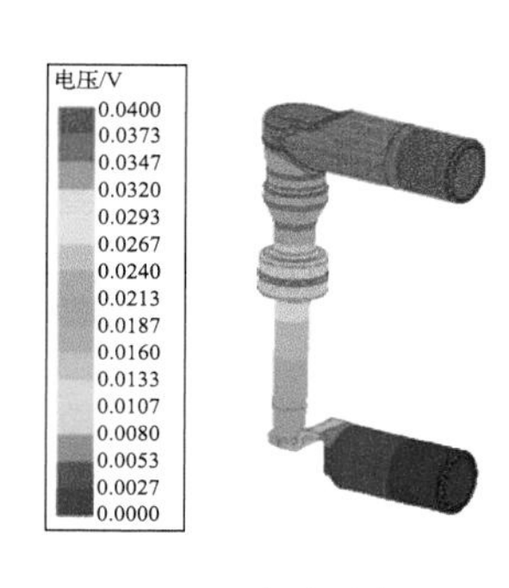

(c) 电压云图

图 4-29　导电回路建模与分析结果

将仿真计算得到的各相电阻，与实测电阻进行对比，见表 4-4。

表 4-4　仿真计算电阻和实测电阻对比

电阻	A 相	B 相	C 相
仿真计算电阻/μΩ	40	40	40
实测电阻/μΩ	41.5	39.6	41.2
误差/%	−3.75	1.00	−3.00

仿真计算电阻与实测电阻误差在±4%以内，符合计算要求。在此基础上建立断路器整体涡流场简化模型，见图 4-30。

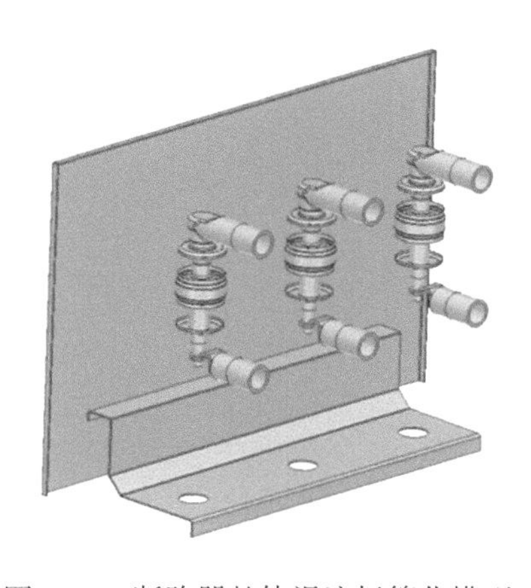

图 4-30　断路器整体涡流场简化模型

3) 50Hz 下涡流场仿真和温度场仿真

输入三相电流，50Hz 频率下，考虑导体的电阻损耗、涡流损耗及钢板等材料的介质损耗等，求解断路器的整体损耗，结果见图 4-31。

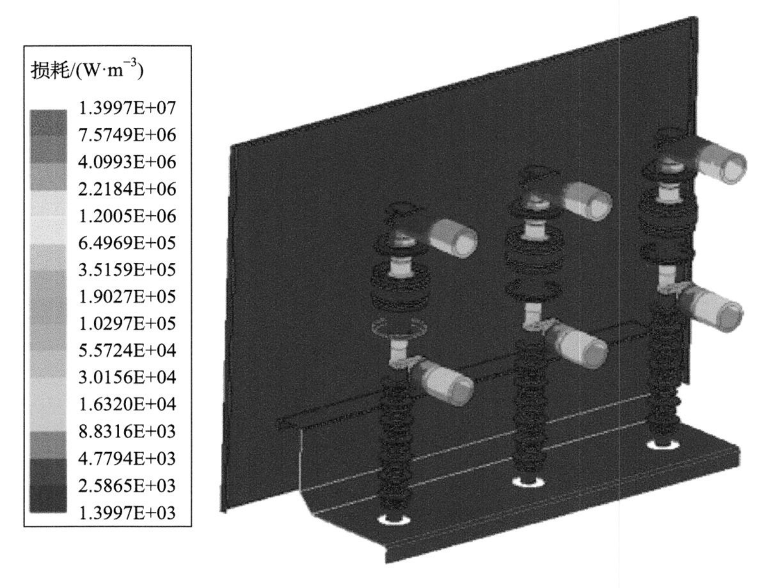

图 4-31　50Hz 断路器整体损耗

之后将损耗仿真计算结果导入温度场仿真中，作为温升场初始功率输入条件。用有限元仿真软件计算断路器温升状态，结果见图 4-32。

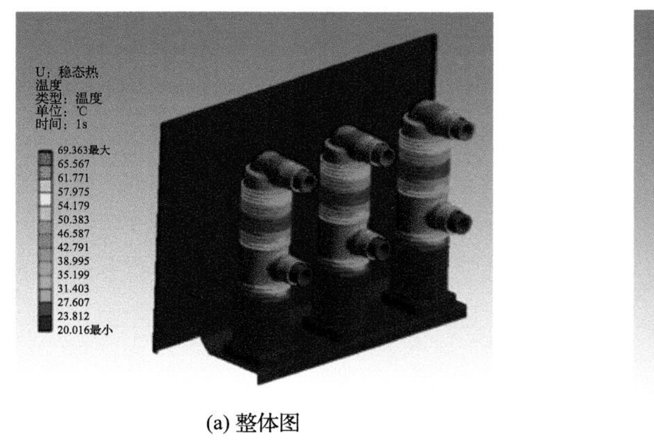

(a) 整体图

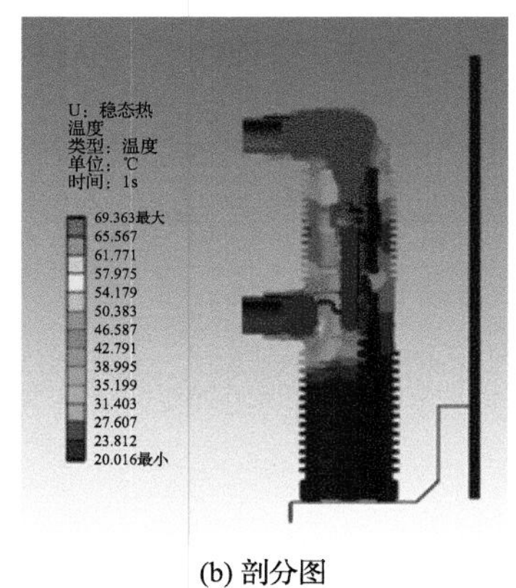

(b) 剖分图

图 4-32　50Hz 断路器整体温升

4) 50/3Hz 下涡流场仿真和温度场仿真

50/3Hz 频率下，考虑导体的电阻损耗、涡流损耗及钢板等材料的涡流损耗等，求解整个断路器的损耗。整体损耗结果见图 4-33。

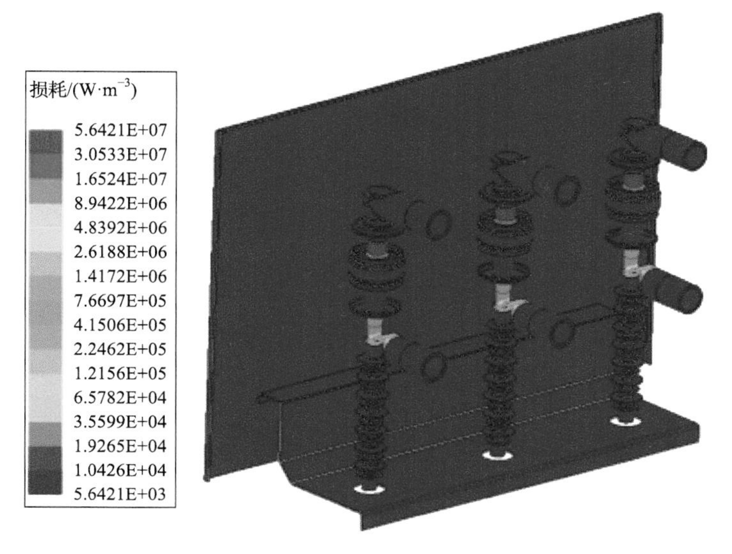

图 4-33　50/3Hz 断路器整体损耗

之后将损耗仿真计算结果导入温度场仿真中，作为温升场初始功率输入条件。用有限元仿真软件计算断路器温升状态，结果见图 4-34。

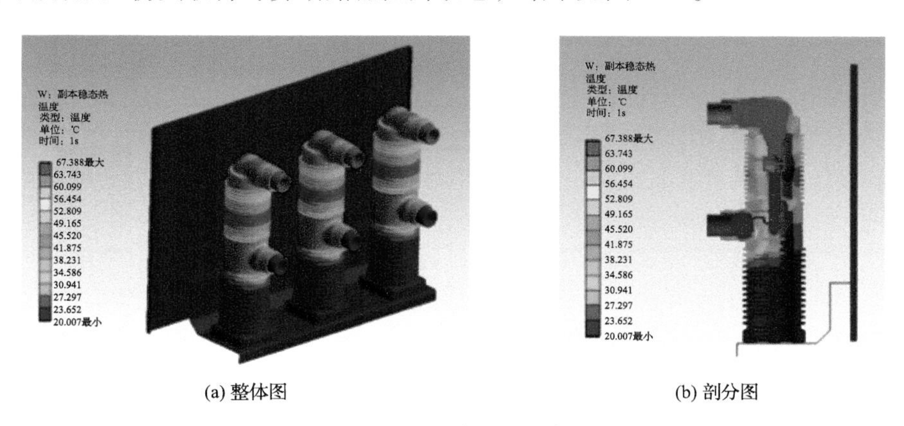

(a) 整体图　　(b) 剖分图

图 4-34　50/3Hz 断路器整体温升

以上述简化模型为基础，分别对 50/3Hz、20Hz、50Hz 及 100Hz 四种不同频率下的真空断路器损耗和温升进行计算，结果如表 4-5 所示。

表 4-5　四种频率下损耗和温升

项目	50/3Hz	20Hz	50Hz	100Hz
A 相主回路损耗总和/W	25.21	25.45	28.38	33.45
B 相主回路损耗总和/W	31.12	31.42	35.03	41.05

续表

项目	50/3Hz	20Hz	50Hz	100Hz
C 相主回路损耗总和/W	37.28	37.57	41.09	47.15
三相总主回路损耗总和/W	93.61	94.44	104.50	121.65
钣金零件损耗总和/W	2.06	2.94	17.94	68.88
最高点温升/K	52.9	53.5	60.5	76.9

根据表 4-5 可知，由于涡流效应的影响，随着频率的降低，导电回路的损耗和钣金零件的损耗都有所降低，断路器温升也随着频率的减小而降低。50/3Hz 与 50Hz 相比，导电三相总回路损耗降低 10.4%，钣金零件损耗降低 88.5%，最高点温升降低 12.6%。由于电流较小，且手车框架钣金距离主回路较远，手车框架钣金零件的损耗占总损耗比例较小，约为 0.04%，可以忽略。

3. 频率对断路器开断性能的影响

真空电弧是在燃弧过程中由触头产生的金属蒸气主导的低温等离子体，其燃弧过程决定了金属蒸气的浓度及其分布，进而决定了弧后介质恢复过程中的初始等离子体参数，是灭弧室开断与否的决定性影响因素之一。

在真空灭弧室用纵向磁场来控制真空电弧的形态，能够提高灭弧室的开断性能。纵向磁场对抑制真空灭弧室内部大电流电弧的收缩、降低电弧电压、防止触头表面的烧蚀以及提高弧后介质恢复强度等具有良好的效果。选用 40.5kV 纵向磁场结构的灭弧室，用三维软件绘制模型，导入仿真软件中，进行纵向磁通密度仿真。磁场仿真计算所关注的区域是电弧模型，所以选择弧柱中心平面，即与触头平面平行、与两触头片表面距离相等的平面，磁通密度仿真结果见图 4-35 和图 4-36。

从图 4-35 和图 4-36 可以看出，此时弧柱中心平面的磁通密度最大值约为 0.44T。由于磁场最大值是在流经动静触头电流波峰值时测得，而电流波峰值在 50Hz 工频和 50/3Hz 分频下的数值相同，因此纵向磁通密度不随频率的变化而变化。

从以上仿真结果和相关理论计算过程推断，在 50Hz 工频条件下的开断能力为 40kA 的真空灭弧室，在 50/3Hz 分频条件下的开断能力约为 25kA。目前市场上 40.5kV 真空灭弧室开断 40kA 短路电流的能力已十分成熟普遍，该开断性可以完全满足分频断路器的工况使用条件。

由于分频断路器的纵向磁通密度与工频断路器相同，燃弧时间增加较多，因此需要对动静触头材质的抗燃烧性能进行不断优化。目前动静触头普遍采用 CuCr25 或者 CuCr30 材料，文献[40]指出，通过对传统触头材料 CuCr25 添加微量金属铋，改善了真空灭弧室短路开断过程中熔焊的问题，同时将微量金属铋含量由 1000×10^{-6} 调整到 100×10^{-6}，通过短路开断实验验证，解决了耐电压水平和开断能力下降的问题。

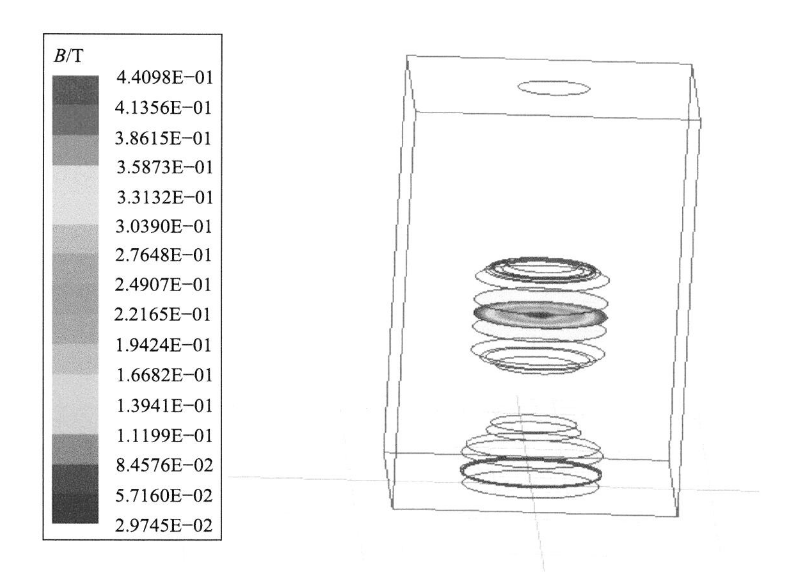

图 4-35　纵向磁通密度仿真

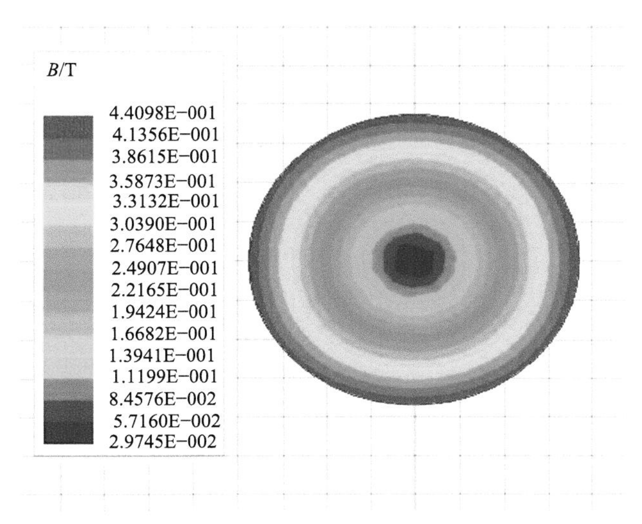

图 4-36　横向磁通密度仿真

4.4.2　分频变压器

1. 频率对硅钢材料性能的影响

分频输电系统中的变压器工作频率为 50/3Hz，其最大磁通密度 B_m 是工频 50Hz 时的 3 倍，进而使得磁场强度 H 大大增加，导致空载电流增大，引起电压或电流波形的失真，另外使得传输电流减小，导致变压器的使用容量降低。空载电流增加超过一定限度，会导致变压器不能正常工作，严重时会烧坏变压器。若只通过将铁心截面增大为原来的 3 倍解决这一问题，将会使体积和成本呈正比例增加。因此，需开展分频率对铁心的影响研究，获得最优设计方案。

将 50/3Hz 下 23QG090 的磁化特性曲线与 50Hz 下的进行对比，结果如图 4-37 所示，可见当磁通密度大于等于 1.55T 时，50/3Hz 下的磁场强度与 50Hz 时接近。一般变压器工作磁通密度大于 1.55T，所以频率对变压器铁心的导磁性能几乎无影响。变压器设计时，通常以 $800\text{A}\cdot\text{m}^{-1}$ 交变磁场峰值下，铁心所达到的最小磁极化强度(B800)作为设计饱和磁通密度。取 50/3Hz 下的 B800 为 1.9T，根据 GB 1094.1—2013《电力变压器　第 1 部分：总则》要求变压器应考虑 10%的过电压，所以变压器的最大设计磁通密度 $B_{\max}$ 为 1.727T。

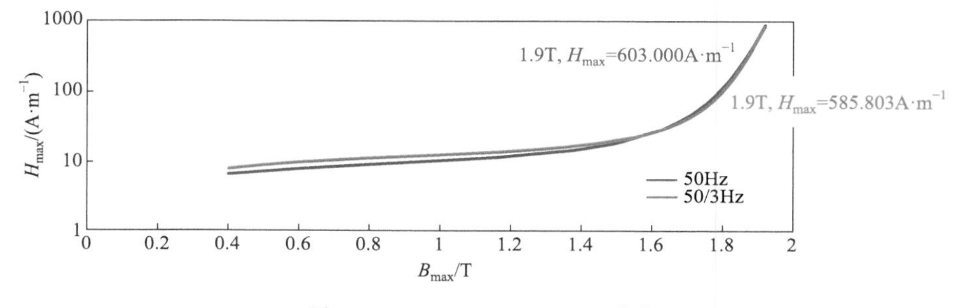

图 4-37　23QG090 $B_{\max}$-$H_{\max}$ 曲线

50/3Hz 下的单位励磁功率(S_s)曲线和单位铁损(P_s)曲线分别如图 4-38 与图 4-39 所示。可以看出，同一磁通密度下，50/3Hz 与 50Hz 的单位激磁功率和单位铁损的比值为定值。以磁通密度为 1.7T 为例，50/3Hz 时的单位励磁功率是 50Hz 下的 0.286 倍，单位铁损则是 50Hz 时的 0.22 倍。

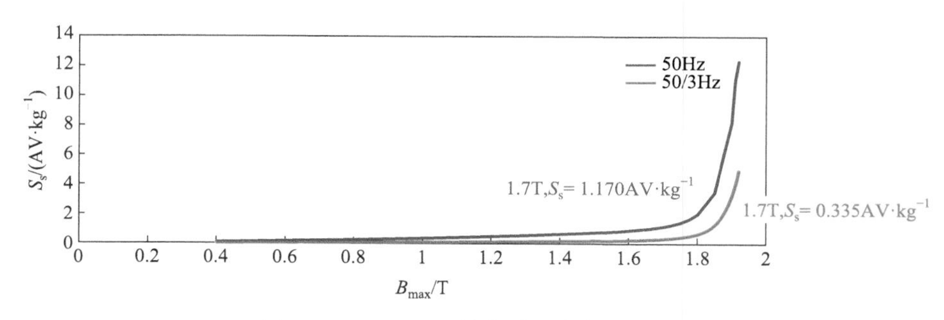

图 4-38　23QG090 单位励磁功率曲线

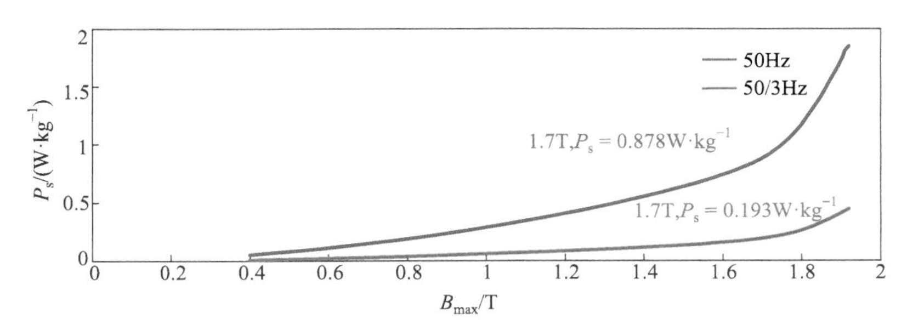

图 4-39　23QG090 单位铁损曲线

2. 频率对硅钢材料性能的影响

变压器的损耗主要由空载损耗和负载损耗组成。负载损耗是电流流经绕制变压器的铜线而产生的热损耗，频率的变化会对铜线上的集肤效应产生影响，从而降低铜线的电阻和热效应。空载损耗是由材料的磁滞和涡流产生，损耗与频率的关系可以由式(4-54)Steinmez 经验公式表示。由式(4-54)可知，频率降低，变压器的空载损耗也会降低。

为了更好地分析频率降低对变压器的影响，基于有限元分析法，利用 COMSOL 软件分析频率降低对变压器的影响，对变压器 0～50Hz 频率范围各部分损耗进行量化计算，其中选取 400kVA、15kV/400V、Y/△联结的三相变压器。为完成对变压器绕组建模，对三相电力变压器进行几何的 2D 轴简化，对一个单相建模，明确每个线圈匝数的 2D 轴等效值，次级绕组被分成较小的并联导体以解决机械问题并减少损耗。

短路测试中，对初级线圈施加标称相电流，次级线圈设置短路。初级线圈和次级线圈表面电流密度如图 4-40 所示。

开路测试中，在 COMSOL 中构建三相电力变压器的 3D 模型，对整个磁心建模，同时设置绕组为均匀多匝线圈。初级绕组施加标称相电压，副边绕组设置开路。在工频下铁心的磁通密度如图 4-41 所示。

设置频率为 0～50Hz，采用 2D 轴对称模型进行变压器短路测试，研究不同输电频率的线圈损耗；采用 3D 模型进行变压器开路测试，分析不同频率下的铁心损耗。以工频变压器损耗为参考，变压器损耗率与频率的关系如图 4-42 所示。可见，频率的降低使得变压器的损耗率随之降低。经计算，分频变压器损耗率约为工频变压器损耗率的 1/6，在提升有效传输效率的同时，发热量较工频大大减少，从而降低了散热需求。

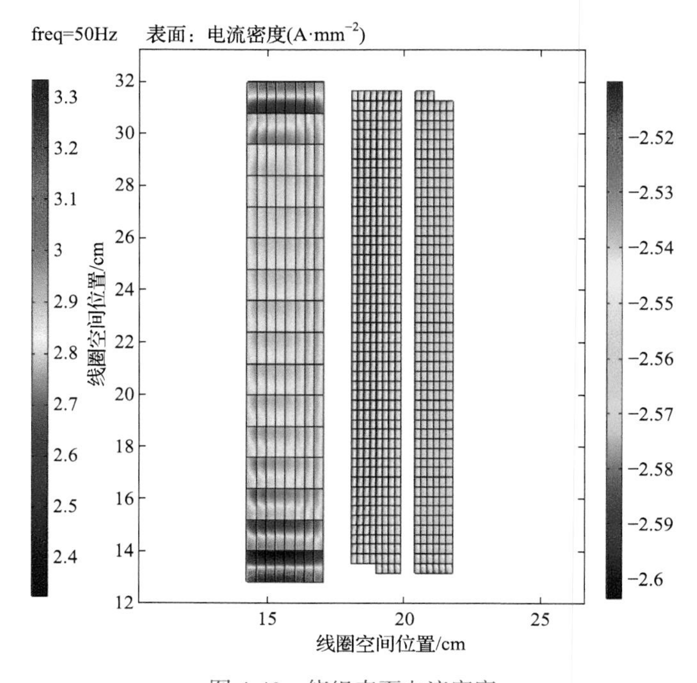

图 4-40　绕组表面电流密度

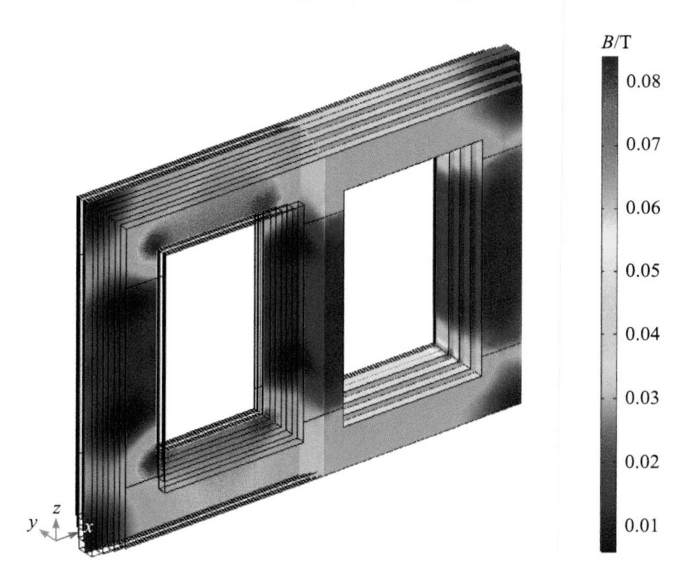

图 4-41　工频下开路测试铁心磁通密度

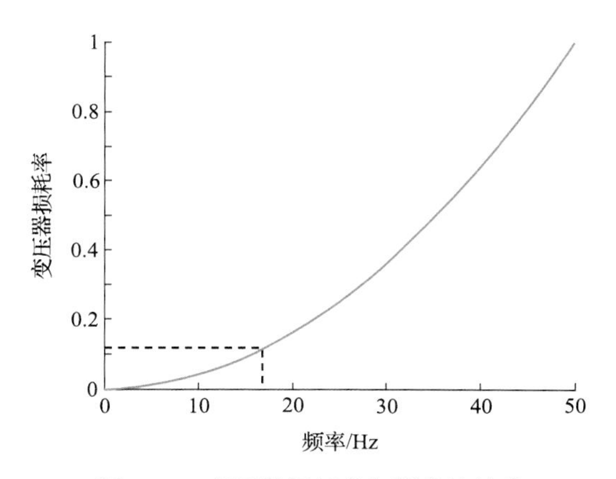

图 4-42　变压器损耗率与频率的关系

4.4.3　长距离海底电缆

海底电缆作为电能跨海长距离输送的传输介质，是交流方案输送容量提升的主要瓶颈，主要原因为长距离交流电缆的充电电流和充电功率的累积限制了线路可用输送容量和输电距离。因此，本小节从电缆载流量、输送容量、运行损耗、运行温度等方面详细对比分析长距离工频电缆、分频电缆、直流电缆的运行状态和运行效率。

1. 频率对电缆载流量的影响

1) 电缆载流量计算方法

线路的输送容量应考虑热极限约束、功角稳定极限约束、电压稳定约束、电压质量约束。其中，电缆线路的热极限约束最为严苛，主要表现为电缆的载流量限制。若导体中电流过大，电缆的工作温度会超过绝缘耐热寿命允许值，将加速绝缘老化，大幅缩短电缆预期寿命；若电流过小，虽然产生的热量减少，但是未能充分利用电缆的传输能力，降低了电缆运行的经济性。

国际电工委员会(IEC)制定的 IEC 60287 标准提供了不同类型电缆载流量计算的解析方法，采用等效热阻法计算电缆载流量的具体步骤如下。

(1) 建立海底电缆及其敷设环境的等效热路模型，三芯电缆的等效热路如图 4-43 所示。

(2) 电缆损耗：主要包括导体损耗 W_c、绝缘层损耗 W_d、护套损耗 $\lambda_1 W_c$ 及铠装损耗 $\lambda_2 W_c$，各部分损耗均与运行频率密切相关，直流仅考虑导体损耗。

(3) 热阻计算：电缆导体的外层材料会制约导体热量的散发，从内到外有导体与护套、护套和铠装、电缆外护层和电缆表面与周围介质间的热阻，相关计算公式较为复杂，此处不再赘述。

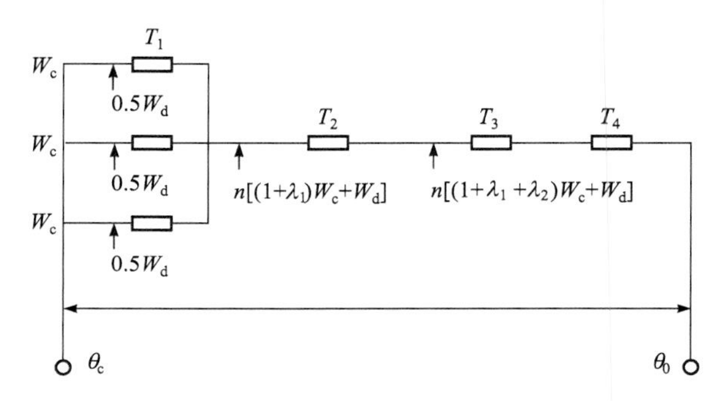

图 4-43　三芯电缆等效热路

(4) 与电路图类似，由等效热路图列写热平衡方程可得交、直流电缆的允许连续载流量。

2) 载流量计算结果分析

目前海上风电场的集电与输电海缆通常采用三芯海底电缆，其结构如图 4-44 所示，包括阻水铜导体、导体屏蔽、交联聚乙烯(XLPE)绝缘、绝缘屏蔽层、半导电阻水带、合金铅套、半导电聚乙烯(PE)护套、聚丙烯(PP)外被层等，其参数见表 4-6。

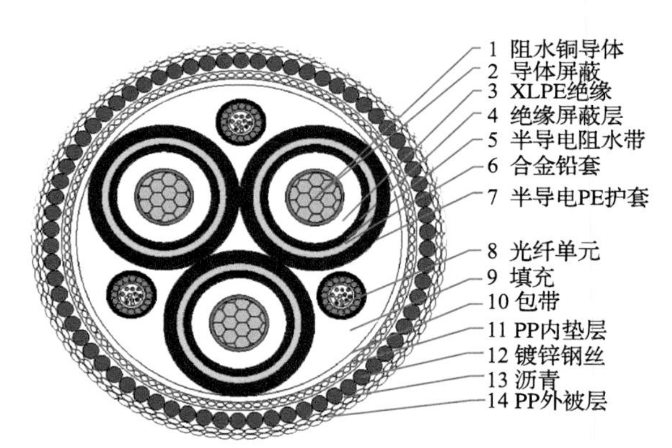

图 4-44　三芯海底电缆结构示意图

表 4-6　三芯海底电缆结构参数

序号	结构名称	标称厚度/mm	近似外径/mm
1	阻水铜导体	—	26.5
2	导体屏蔽	2.6	31.7
3	XLPE 绝缘	27.0	85.7
4	绝缘屏蔽层	1.2	88.1

续表

序号	结构名称	标称厚度/mm	近似外径/mm
5	半导电阻水带	2×0.5	90.1
6	合金铅套	3.5	97.1
7	半导电 PE 护套	3.3	103.7
8	光纤单元	—	16.5
9	填充	—	—
10	包带	2×0.3	224.0
11	PP 内垫层	1.5	227.0
12	镀锌钢丝	6.0×(113±3)	239.0
13	沥青	0.2	—
14	PP 外被层	4.0	246.6

其中，阻水铜导体一般采用绞合导体，可以避免大截面实心导体由于不易弯曲而不能顺利敷设、成型和连接的问题。绝缘屏蔽层为半导体材料，导体与绝缘层之间为内屏蔽，绝缘与金属屏蔽层之间为外屏蔽。绞合导体不规则的边缘及表面的毛刺和刮痕可能造成电场集中，导体屏蔽的作用是在相对粗糙的绞合导体表面形成一层光滑层，缓解其表面的不规则，以减少在绝缘界面的电场集中，从而使得全部电压都作用在绝缘上。

电缆绝缘结构是电缆的核心，电导率很小的电介质(如聚氯乙烯、XLPE 等)常被用作绝缘材料，其中，XLPE 因优异的电、热、理化和机械性能，被广泛应用于电缆绝缘。目前，海上风电场的集电电缆与输电电缆均以 XLPE 作为绝缘材料。电缆设计的核心是绝缘厚度的确定，绝缘水平和绝缘的质量决定了电缆的使用寿命，因此在分频电缆后续研究中需要重点关注。

由于海底电缆面临的工程环境恶劣，冲刷、腐蚀、淘空等长期理化作用相当显著，为防止外力机械破坏、绝缘受潮及腐蚀等，海缆结构上有内外两层保护，包括合金铅套、铠装等。PP 外被层主要起防水作用，从而避免铠装等金属发生电化学腐蚀。电缆内外保护层的结构设计、厚度应综合机械强度和敷设运行环境确定。

根据三芯海底电缆的等值热路模型，将不同运行频率下电缆所对应的导体允许最高温度、敷设环境温度、交/直流电阻及各部分的损耗、热阻等参数代入载流量计算公式(式(2-20))，可以得到在工频(50Hz)、分频(50/3Hz)和直流(0Hz)条件下，电缆的连续载流量与电缆截面积的变化关系，结果如图 4-45 所示。

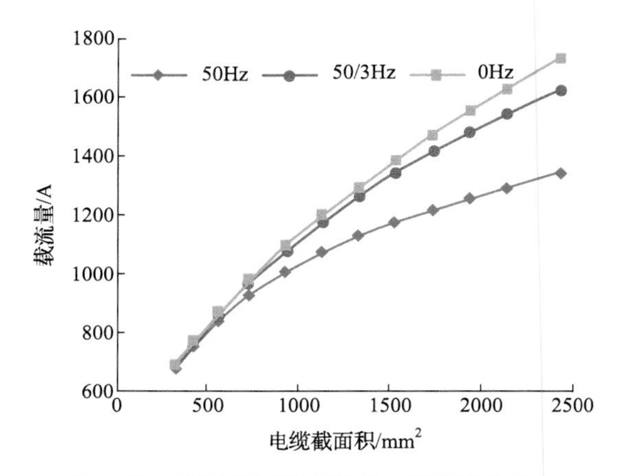

图 4-45　不同截面积和频率电缆连续载流量

由图 4-45 可见，电缆的载流量随着电缆截面积的增大而增加，频率的降低能有效提高电缆的连续载流量，且电缆截面积越大，降低频率对连续载流量的提升效果越明显。这是因为电缆的截面积越大，集肤效应越明显，降低频率对集肤效应的改善效果越显著。连续载流量的提升直接影响了电缆的设计功率，在相同电压等级(220kV)下，计算不同截面积的电缆在工频与分频运行条件下的理论传输容量，结果如图 4-46 所示。

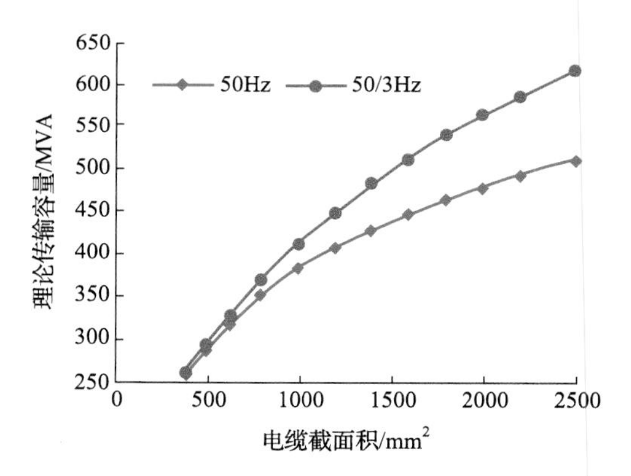

图 4-46　不同电缆截面积下工频及分频条件下的理论传输容量

结果显示，截面积为 1200mm^2 的电缆，在工频条件下，理论传输容量为 409MVA；在分频条件下，理论传输容量为 450MVA。由此可见，对于特定容量、特定输电距离的深远海风电场，从电缆设计功率来看，采用分频输电送出方案较工频高压交流方案，可以使用截面积更小的海底电缆，从而大大节省一次投资费用。

2. 频率对电缆材料的影响

1) 频率对导体导电性能的影响

交流电流通过导体时，受电磁感应影响，导体中心接近中心轴位置的纵向单元周围环绕的磁力线要比边缘附近的磁力线多，导致导体中心的电感增加，电导率减小，区域电阻明显增加，因此越靠近导体中心电流密度越小，而越靠近导体表面电流密度越大。

工程上定义了趋肤深度或穿透深度 $\varDelta$ 以刻画集肤效应，如式(4-55)所示。其物理意义为从导体表面到电流密度下降到表面电流密度的 1/e(约 0.368)的厚度。可以发现，$\varDelta$ 与电流频率平方根成反比，系统频率增加将使 $\varDelta$ 减小，导线的利用率降低。

$$\varDelta=\sqrt{\frac{2k}{\omega\mu\gamma}} \tag{4-55}$$

式中，k 为材料电导率(或电阻率)温度系数；μ 为导线材料的磁导率，$\mathrm{H\cdot m^{-1}}$；$\gamma=1/\rho$，为材料的电导率，$\mathrm{S\cdot m^{-1}}$；$\omega=2\pi f$，为电流角频率。

此外，导线之间还存在邻近效应，即相邻导线上的电流在本导线上激发的涡流使导体中的实际电流分布向截面中接近相邻导线的一侧集中。

邻近效应与集肤效应在输电线路中一般是孪生现象，直接影响了导体的导电性能，将使导体的有效利用截面积减小，有效电阻增加。电缆导体的集肤效应和邻近效应可分别由集肤效应系数与邻近效应系数描述，根据 IEC 60287 标准，集肤效应系数与邻近效应系数计算公式分别如式(4-56)和式(4-57)所示。

$$\begin{cases} y_{\mathrm{s}}=\dfrac{X_{\mathrm{s}}^4}{192+0.8X_{\mathrm{s}}^4} \\ X_{\mathrm{s}}^2=\dfrac{8\pi f\cdot 10^{-7}}{R_{\mathrm{DC}}}k_{\mathrm{s}} \end{cases} \tag{4-56}$$

$$\begin{cases} y_{\mathrm{p}}=\dfrac{X_{\mathrm{p}}^4}{192+0.8X_{\mathrm{p}}^4}\left(\dfrac{D_{\mathrm{c}}}{s}\right)^2\left[0.312\left(\dfrac{D_{\mathrm{c}}}{s}\right)^2+\dfrac{1.18}{\dfrac{X_{\mathrm{p}}^4}{192+0.8X_{\mathrm{p}}^4}+0.27}\right] \\ X_{\mathrm{p}}^2=\dfrac{8\pi f\cdot 10^{-7}}{R_{\mathrm{DC}}}k_{\mathrm{p}} \end{cases} \tag{4-57}$$

式中，R_{DC}为导体直流电阻，Ω；D_{c}为线芯导体直径，mm；s 为同一回路中电缆中心间的距离，mm；k_s、k_p分别为集肤效应系数与邻近效应系数，可取 1。根据上述公式计算不同频率下的集肤效应系数和邻近效应系数，结果如图 4-47 所示。

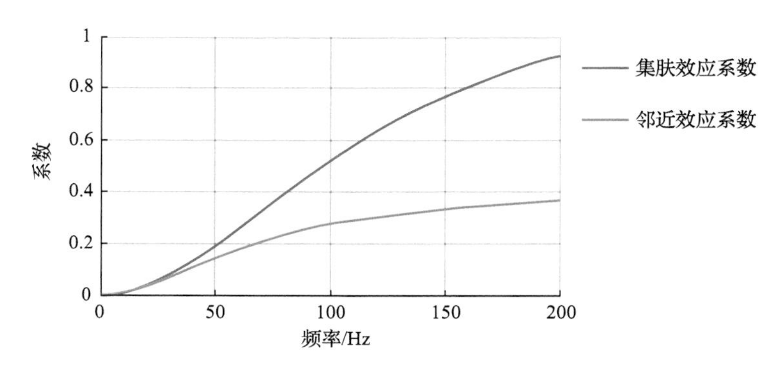

图 4-47 不同频率下的集肤效应系数和邻近效应系数

显然，随着频率的降低，集肤效应系数和邻近效应系数随之降低，因而导体导电性能得到提升，电缆电阻降低。特别地，当频率等于 0 时，集肤效应系数和邻近效应系数均为 0，即直流电缆不存在前述现象。

2) 频率对绝缘介电性能的影响

电缆绝缘是电缆的核心，绝缘材料的介电性能往往决定着电力电缆的寿命，目前海底电缆普遍采用 XLPE 绝缘材料。现有研究表明，频率和温度是影响 XLPE 绝缘材料性能的最关键因素[41]，因此本小节着重分析频率降低对 XLPE 介电性能的影响。工程上通常用复介电常数、复电导率、介质损耗因数、击穿强度四个参数来描述电介质的绝缘性能[41]，下面将逐一分析四个参数的频率响应特性。

(1) 复介电常数。

介电常数是综合反映电介质在外电场作用下微观变化的宏观物理量，复数形式的介电常数如式(4-58)所示，受电场频率影响。当频率为零或频率很低时，介电常数 $\varepsilon(0)$对于一定的电介质而言为常数。

$$\varepsilon(\omega)=\varepsilon'(\omega)-\mathrm{j}\varepsilon''(\omega) \tag{4-58}$$

研究发现，复介电常数的实部 $\varepsilon'(\omega)$随频率的增加而下降[41]，与介质中的无功电流成正比，相当于通常的介电常数ε；复介电常数的虚部 $\varepsilon''(\omega)$ 在不考虑介质的电导时，则与介质中的有功电流成正比，代表介质损耗。

由于材料的内部机理复杂，影响因素多，介电常数通常由试验测定。有学者通过试验测定分析了 XLPE 试样在不同频率、不同温度下的复介电常数、介质损耗、复电导率等，相关试验结果详见文献[42]和[43]。其中，复介电常数实部与频率、温度的关系如图 4-48 所示。

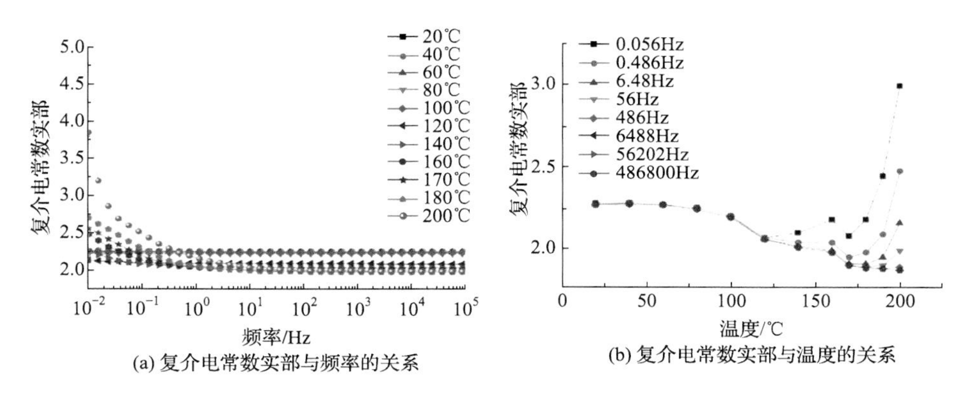

图 4-48　复介电常数实部与频率及温度的关系[42, 43]

可以发现，XLPE 的复介电常数实部随着频率的减小而略微增大，且温度越高增大越明显。为了保证电缆的运行安全和防止温度过高造成电缆老化，交流 XLPE 电缆正常运行的最高允许温度为 90℃，短路时最高允许温度为 250℃。由图 4-48 可知，当运行温度低于 100℃，运行频率为 1～100Hz 时，XLPE 的复介电常数实部基本不变。因此，在后续的电缆电磁热耦合仿真中，工频条件下 XLPE 的相对介电常数取 2.2，分频条件下则取 2.3。

(2) 复电导率。

复电导率是描述绝缘介质中电荷移动难易程度的物理参数。试验测定发现，所有电介质的复电导率σ与角频率ω满足如式(4-59)所示的幂律关系[44]：

$$\sigma(\omega)=\sigma_0\left[1+\left(\frac{\omega}{\omega_{\mathrm{p}}}\right)^s\right] \tag{4-59}$$

式中，σ_0 为与频率无关的复电导率；ω_{p} 为特征角频率；$0<s\leqslant 10$。

研究发现，XLPE 的复电导率也满足上述规律，相关实验结果详见文献 [42]，此处不再赘述。可知，随着运行频率的降低，XLPE 的复电导率减小，电介质内电荷移动难度增大，介质电流减小，有利于提升绝缘效果和减小介质损耗。后续仿真中，XLPE 复电导率在工频条件下可取 $10^{-14}\mathrm{S\cdot m^{-1}}$，分频条件下则取 $10^{-15}\mathrm{S\cdot m^{-1}}$。

(3) 介质损耗因数。

在实际工程应用中，电介质在施加电场后的介质损耗通常用介质损耗正切值 $\tan\delta$ 表征，即介质损耗因数，如式(4-60)所示。研究发现，当运行温度低于 100℃，运行频率为 1～100Hz 时，XLPE 的介质损耗因数基本不变。

$$\tan\delta = \frac{\varepsilon''(\omega)}{\varepsilon'(\omega)} \tag{4-60}$$

此外，交流电缆的绝缘介质损耗 W_{d} 还与电缆的电压等级、电流频率以及电缆的等效对地电容有关，其计算公式如式(4-61)所示。显然，运行频率降低，介质损耗将随之降低。

$$W_{\mathrm{d}} = 2\pi f C V_0^2 \tan\delta \tag{4-61}$$

式中，f 为电缆线路中电流的频率，Hz；C 为单位长度电缆电容，$\mathrm{F\cdot m^{-1}}$；V_0 为电缆相对地电压，V。

(4) 击穿强度。

电缆绝缘的击穿强度是电介质电极化所能容忍的场强极限，是确定绝缘厚度的主要依据之一。击穿强度一般为 10^7～$10^8\mathrm{V\cdot m^{-1}}$，绝缘击穿的过程很复杂，击穿强度与几何尺寸、杂质缺陷、材料成分等诸多因素有关，还受电极形状、样品厚度、环境温度、湿度和气压、所加电场波形的影响和制约。因此，绝缘的击穿强度一般由实验测得，是一个具有统计性的数值。

已有学者对无缺陷 XLPE 进行电压频率范围从直流到超高频(10^4Hz)的变频击穿试验。研究表明，随着频率的降低，无缺陷 XLPE 绝缘的交流击穿电压呈上升趋势[45]，如图 4-49(a)所示，即运行频率降低将使 XLPE 的击穿电压幅值增加，耐压能力提高。由于制造工艺、机械扭转等原因，电缆绝缘层中不可避免出现各类杂质或缺陷，从而引起电场畸变，加剧绝缘击穿。含针尖缺陷的 XLPE 绝缘在连续升压变频电压作用下，击穿电压与频率表现出很强的依赖关系[46]，如图 4-49(b)所示，运行频率在 20～150Hz 时，击穿电压随着频率的升高呈下降趋势。

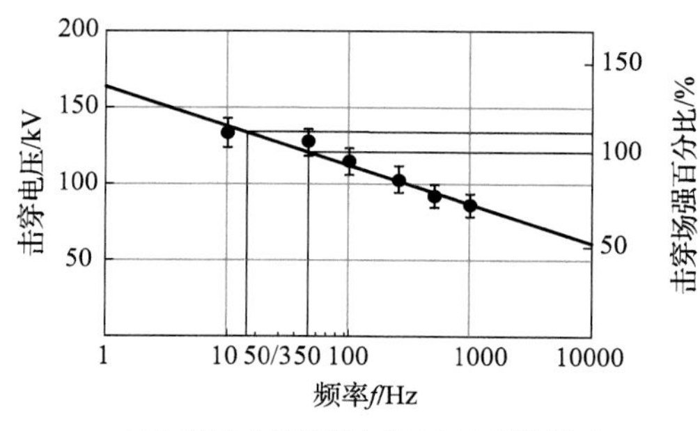

(a) 无缺陷电缆绝缘击穿电压与频率关系

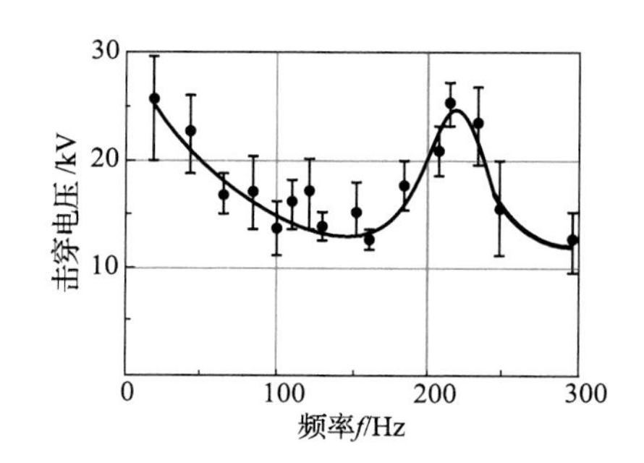

(b) 含针尖缺陷电缆绝缘击穿电压与频率关系

图 4-49　XLPE 绝缘击穿电压与频率的关系[45,46]

综合无缺陷及含针尖缺陷的 XLPE 绝缘击穿电压的频率响应，可以认为运行频率降低至分频(50/3Hz)时，XPLE 的击穿强度较工频有所提升。

综合运行频率对复介电常数、复电导率、介质损耗因数、击穿强度的影响，可以发现频率降低在一定程度上提升了 XLPE 绝缘的介电性能，若使用 XLPE 绝缘材料，则分频电缆较工频运行条件的绝缘水平及绝缘效果将更加理想。

3) 分频海缆的电磁热场建模

根据前文的分析可知，频率对导体导电性能及绝缘介电性能均产生不同程度的影响，相关电气参数变化最终将影响分频电缆的运行状态。为了更加直观方便地分析电缆在特定敷设环境下的运行状态，本节将使用多物理场仿真软件 COMSOL Multiphysics®建立图 4-44 所示的三芯海底电缆电磁热仿真模型，对电压等级 220kV、截面积 $3\times500\text{mm}^2$ 的三芯海底电缆在埋深约 1m、温度 20℃海床的特定敷设环境下这一真实物理系统进行电磁热多物理场仿真模拟。仿真系统应满足的电磁热场数学物理方程及边界条件等详见文献[47]，使用有限元分析方法对含大量初始条件、边界条件的复杂数学物理方程进行数值求解，并绘制表征电磁热场运行状态的各物理量的分布图进行比较分析。

为了更好地分析频率对电缆运行状态的影响，下面对比分析电缆在 50Hz 与 50/3Hz 条件下的电场强度、电流密度、运行损耗、运行温度等量化数据，从而论证分频海缆的技术可行性与优越性。使用 COMSOL 进行海缆建模仿真分析的主要步骤包括物理几何模型构建、电场分析、磁场分析和温度场分析四部分。其中，物理几何模型构建主要包括三芯电缆物理几何模型构建、材料参数设置、敷设环境设置及求解域划分等；电场分析、磁场分析和温度场分析主要是在设定初始条件(如电压、电流、频率等)及边界条件后，对所构建的三芯电缆电磁热多物理场耦合模型进行有限元求解，并根据求解结果分别绘制表征电磁热特性的各物理量的分布图，如电势、电场模、感应电流、运行温度等物理量的分布图，从而实现对电缆电磁热运行状态的直观分析。此外，COMSOL 还可以对电缆电阻、电容和电感等各部分损耗进行量化计算。

(1) 物理几何模型构建。

在物理几何模型构建阶段，首先，根据图 4-44 所示的三芯海底电缆结构，在 COMSOL 几何绘图区绘制出该电缆结构形成联合体，并根据所用材料特性划分不同的材料域，主要包括铜导体、交联聚乙烯、半导体混合物、聚乙烯、聚丙烯、铅合金、铠装钢丝等。其次，根据表 4-7 所示材料参数，设置电缆材料的物性和电磁性参数，主要包括电导率、相对介电常数、相对磁导率、导热系数、密度和比热容等。且根据上一小节的分析可知，运行频率不同，导体及绝缘的材料参数略有不同。构建电缆的敷设仿真环境，绘制土壤域及海水域，电缆埋深约 1m，并设置求解的电磁域及传热域范围。最后，使用自适应智能化网格剖分，对该物理几何模型进行有限元划分，所构建的特定敷设环境下三芯海底电缆模型网格化剖分结果如图 4-50 所示，可知离边界越近，网格越密集；离边界越远，网格越稀疏。这样既保证了求解的精确度，又可以减少不必要的计算，减少求解时间。

表 4-7　电缆仿真模型材料参数

材料	电导率/$(S \cdot m^{-1})$	相对介电常数	相对磁导率	导热系数/$[W \cdot (m \cdot K)^{-1}]$	密度/$(kg \cdot m^{-3})$	比热容/$[J \cdot (kg \cdot K)^{-1}]$
空气	1×10^{-14}	1.00	1	—	—	—
饱和砂土	1	28.00	1	1.00	2020	2512
聚乙烯	1×10^{-18}	2.25	1	0.46	935	2302
聚丙烯	1×10^{-18}	2.36	1	0.25	946	1920
半导体化合物	2	2.25	1	10.00	1055	2405
交联聚乙烯	1×10^{-15}	2.30	1	0.46	930	2302
光纤	1×10^{-14}	2.09	1	1.38	2203	703
铜	5.96×10^{7}	1.00	1	400.00	8700	385
铅合金	4.55×10^{6}	1.00	1	35.30	11340	127
铠装钢丝	4.032×10^{6}	1.00	1	44.50	7850	475

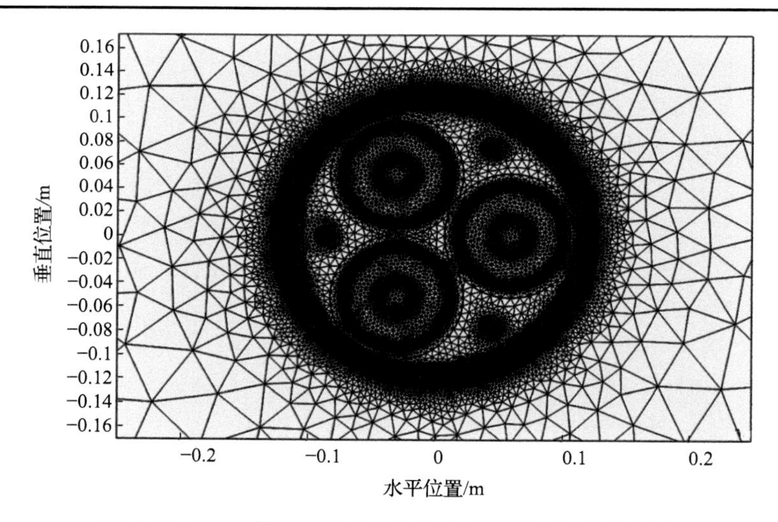

图 4-50　特定敷设条件下三芯海底电缆模型网格化剖分

(2) 电磁热多物理场求解分析。

构建完物理几何模型后，可以开始添加物理场，主要包括电流场、磁场及固体传热场。添加完物理场后，首先需要设置仿真模型的初始条件，包括电缆的电压等级(220kV)、注入电流(655A)、频率(50Hz 或 50/3Hz)及海床温度(20℃)等。其次，针对不同的物理场，还需要设置仿真模型的边界条件，如电场中主要包括缆芯的三相电压变化及电流守恒等。设置完所有初始条件及边界条件后便可以对电缆的多物理场耦合模型进行求解，并根据不同物理场绘制相应物理量的仿真结果，从而对特定敷设环境下的三芯电缆进行电场分析、磁场分析及温度场分析。

根据表 4-6 结构参数构建几何形状，设定材料的相对介电常数、电导率等电气参数后，即可确定电缆的电阻、电容、电感等参数。通过 COMSOL 软件提供的量化计算模块可以求解所构建电缆在工频条件下的电阻、电容、电感以及电缆导体损耗、绝缘损耗、金属护套损耗、铠装损耗等电缆参数，并与厂商数据进行对比，进而验证所构建模型的准确性。最后，从绝缘层电场分布、各部分电流分布、电缆运行损耗及温度等方面，对比工频电缆与分频电缆的运行状态及特性，进一步验证工频交流电缆直接应用于分频系统的可行性，分析频率降低对电缆绝缘设计和运行状态的影响，论证分频输电电缆的技术可行性与优越性。

4) 仿真结果分析

根据所构建的在特定敷设环境下的三芯电缆的电场分析、磁场分析及温度场分析仿真结果，从绝缘层电场分布、各部分电流分布、运行损耗及温度分布等方面对比分析工频与分频条件下电缆的运行状态。

(1) 绝缘层电场分布。

当三芯电缆正常运行时，正弦变化的三相电压在整个电缆空间及敷设环境中建立随时间变化的电场。导体屏蔽层和绝缘屏蔽层改善了导体表面的电场分布不均匀情况，使得相电压(127kV)几乎全部作用在绝缘层上，且越靠近导体电势越强。正常运行条件下三芯海底电缆在工频及分频条件下的电场强度分布如图 4-51 所示。

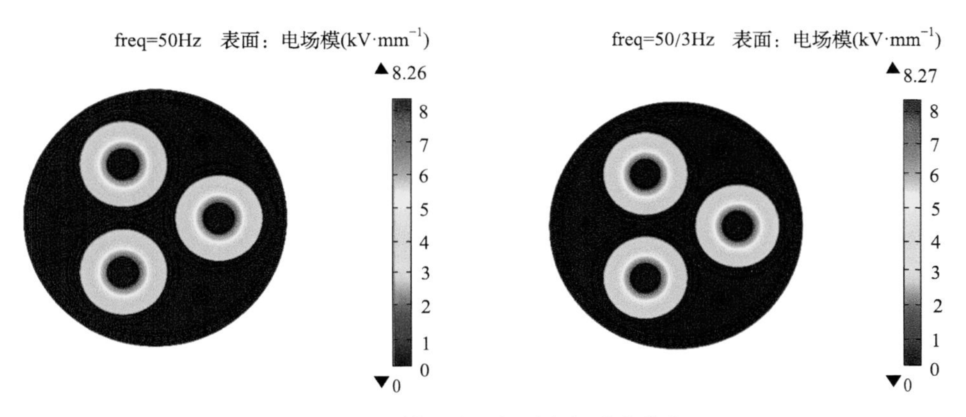

图 4-51　电缆正常运行时电场强度分布

可以发现，由于电压几乎全部作用于绝缘层，因此电场强度主要分布在绝缘层，靠近导体的绝缘层内表面的电场强度最大，绝缘层外表面的电场强度最小。

当电缆运行频率为 50Hz 时，绝缘层最大电场强度为 8.26kV · mm^{-1}，最小电场强度为 2.89kV · mm^{-1}；当电缆运行频率为 50/3Hz 时，绝缘层最大电场强度为 8.27kV · mm^{-1}，最小电场强度为 2.89kV · mm^{-1}。根据电缆绝缘设计规定，电缆绝缘承受的长期工作电场强度不应超过 XLPE 的击穿强度才能保证电缆的安全稳定运行。由于绝缘层中的电场为随时间变化的旋转电场，在实际工程中仅考虑长期最大工作电场强度即可。可以发现，在正常工作电压下，运行频率对三芯海底电缆的绝缘层最大工作电场强度造成的影响几乎可以忽略不计，在 XLPE 击穿强度不变的前提下，已有工频电缆绝缘结构设计具备保证分频电缆在正常工作电压安全稳定运行的可行性。

除正常工作电压外，电缆在运行过程中还可能承受不同原因导致的过电压，包括工频过电压、操作过电压等内部过电压和大气过电压等。例如，变压器、线路的投切，谐振，雷击或不对称短路故障等均有可能导致电缆线路发生短时过电压。因此，电缆绝缘也应能耐受短时过电压，不发生绝缘击穿。

内部过电压的能量来自电网本身，过电压的幅值和工频电压基本成正比，一般可取 2～4 倍最高相电压[48]。设置仿真电压为 3pu，得到工频与分频条件下电场强度分布如图 4-52 所示。显然，由于电压升高，电缆绝缘层承受的电场强度大幅增大，工频条件与分频条件下，过电压下最大电场强度均升高至 24.9kV · mm^{-1}。仿真结果表明，运行频率变化不会对过电压下的最大电场强度造成影响，在 XLPE 的短时过电压击穿强度不变的前提下，已有工频电缆结构设计也能保证分频电缆在短时过电压下不发生绝缘击穿。

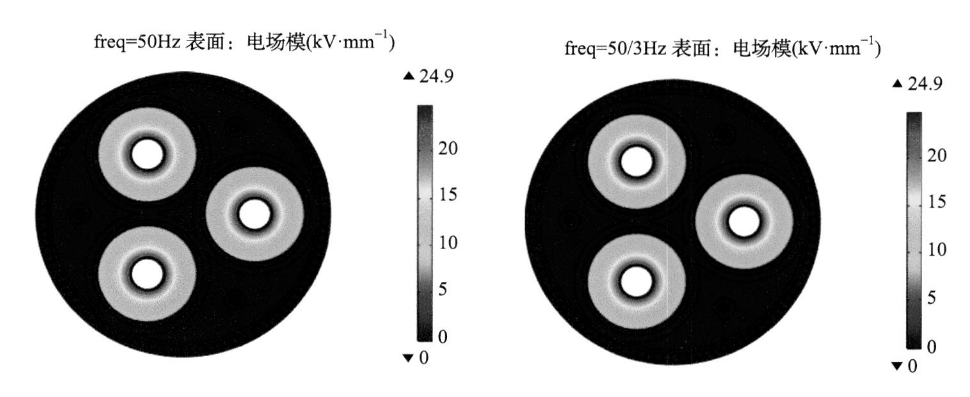

图 4-52　电缆过电压时电场强度分布

在电缆的生产制造及运输敷设过程中，由于制造工艺、机械扭转等原因，不可避免会使电缆绝缘层中出现各种杂质或缺陷，而杂质或缺陷会造成空间电荷和高电场积聚，使电场发生畸变，从而造成聚合物的老化和击穿，影响电缆的寿命。为了探究杂质对分频电缆电场强度分布的影响，在绝缘层内设置不同尺度的杂质，观察不同杂质直径和不同杂质位置对绝缘层电场分布的影响。运行频率为 50/3Hz 时，含直径 0.1mm 圆形杂质的电场强度分布整体图与绝缘层局部放大图如图 4-53 所示。可以发现，杂质处出现高电场积聚，绝缘层最大电场强度由原先位于绝缘层内表面的 $8.27kV \cdot mm^{-1}$ 上升至位于杂质处的 $9.5kV \cdot mm^{-1}$。同理，运行频率为工频时，可以求得绝缘层同一位置含相同尺度杂质的最大电场强度升高至 $9.49kV \cdot mm^{-1}$，可见运行频率几乎不影响电场强度最大值。

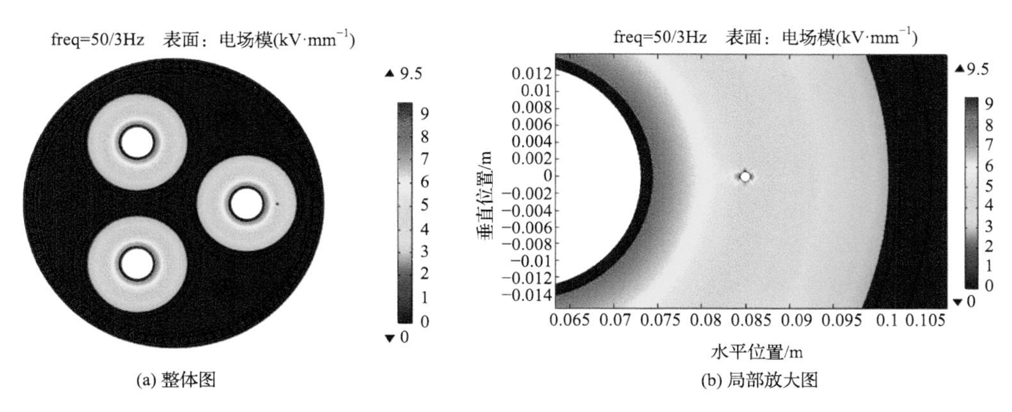

图 4-53　分频电缆含杂质电场强度分布

显然，杂质位置、尺度参数不同，引起的空间电荷和高电场积聚以及电场畸变程度不同。在仿真中通过改变杂质的直径来进一步探究杂质尺度对绝缘层电场分布的影响，仿真结果如图 4-54 所示。可以发现，杂质直径越大，电场积聚越明显，电场强度最大值越大，越可能发生绝缘击穿事故。但运行频率几乎不会对含杂质缺陷下的最大电场强度造成影响，在 XLPE 击穿强度不变的前提下，现有工频电缆 XLPE 绝缘制造工艺具备保证分频电缆安全稳定运行的可行性，分频电缆对绝缘纯洁度无更高要求。

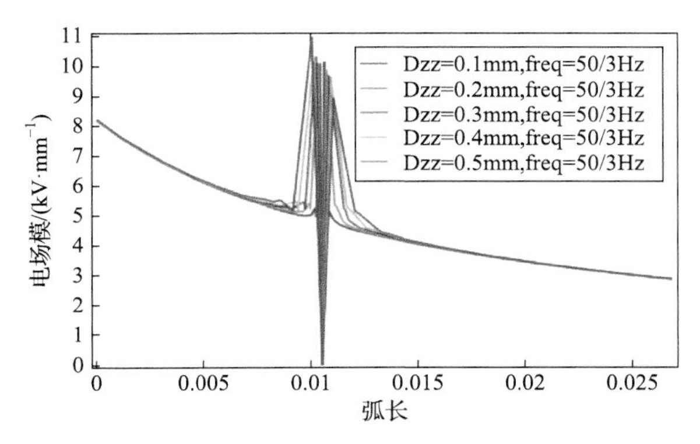

图 4-54　含不同尺度杂质绝缘层电场强度分布

Dzz：圆形杂质直径；freq：电缆运行频率

根据电缆设计原理，电缆绝缘承受的长期工作电场强度不应超过 XLPE 的击穿强度才能保证电缆的安全稳定运行，对于超高压电缆，XLPE 的击穿强度是决定绝缘层厚度的主要因素。XLPE 绝缘的击穿属于“弱点击穿”，弱点即绝缘中的缺陷，包括气孔、杂质及半导电屏蔽层上的凸起等。根据图 4-54 的结果可知，杂质缺陷处集中了较强的电场，最容易达到发生击穿的条件。大量实验研究发现，XLPE 的击穿强度与绝缘层厚度满足式(4-62)所示关系：

$$E_L = At^{-b} \tag{4-62}$$

式中，E_L 为 XLPE 击穿强度，$kV \cdot mm^{-1}$；t 为绝缘层厚度，mm；A 和 b 均为常数，可由击穿试验得到。

电缆绝缘层厚度应尽可能保证电缆在预期寿命内能在长期工作电压及短时过电压下安全稳定运行，考虑到在实际运行过程中，温度、老化、缺陷等会对 XLPE 击穿强度产生影响，应增加电缆绝缘层厚度并应留出一定安全裕度。电缆绝缘层厚度 t_δ 计算公式如式(4-63)所示：

$$t_\delta = \frac{V_L k_1 k_2 k_3}{E_L} \tag{4-63}$$

式中，V_L 为电缆绝缘可能承受的最高电压，kV；k_1 为老化系数；k_2 为温度系数；k_3 为裕度系数。

220kV 的 XLPE 电缆的老化系数、温度系数和裕度系数可分别取 2.83、1.2、1.1。综合式(4-63)和式(4-64)即可确定电缆绝缘层厚度，而通过对工频电缆与分频电缆的仿真结果对比，可以发现不同工况下电缆绝缘层的电场强度分布与最大电场强度基本不受频率影响。在 XLPE 击穿强度不变的前提下，分频电缆的结构可以参照工频电缆结构设计，甚至理论上现有工频电缆直接运用于分频系统同样具备安全稳定运行的技术可行性。需要指出的是，事实上，根据 4.3.2 小节的分析结果，频率降低能有效提升 XLPE 的击穿强度，因此理论上，分频电缆的绝缘层厚度较工频电缆可以适当减小，在节约电缆成本的同时也减小了绝缘“弱点”的出现概率，但仍需要进一步的试验验证。

(2) 各部分电流分布。

除高电压作用下的电场强度分布外，电缆的电流分布特性也是电缆运行状态的关注重点。受电压和电磁感应的影响，电缆内除了导体中有注入电流外，还存在屏蔽层传导电流、绝缘层位移电流、金属护套及铠装层感应电流。

由于导体屏蔽与绝缘屏蔽均为半导电材料，屏蔽层的自由电子在电场作用下定向运动产生传导电流。工频与分频条件下电缆传导电流密度模分布如图 4-55 所示，由于导体屏蔽层离导体更近，电势更大，因此导体屏蔽层中的传导电流密度模大于绝缘屏蔽层的传导电流密度模。当运行频率由 50Hz 降低至 50/3Hz 时，传导电流密度模最大值也由 $0.06A \cdot m^{-2}$ 下降至 $0.02A \cdot m^{-2}$。

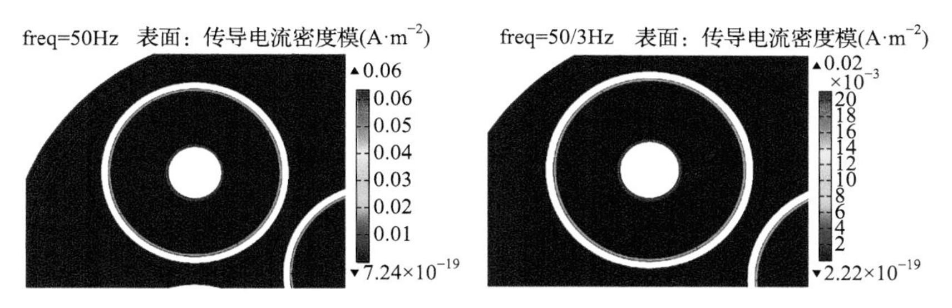

图 4-55　电缆传导电流密度模分布

位移电流主要分布于绝缘层中，与绝缘介质损耗相关。工频与分频条件下电缆位移电流密度模分布如图 4-56 所示，绝缘层位移电流密度模随直径从内向外呈减小趋势。当运行频率由 50Hz 降低至 50/3Hz 时，绝缘层位移电流密度模最大值也由 $0.06A \cdot m^{-2}$ 下降至 $0.02A \cdot m^{-2}$。

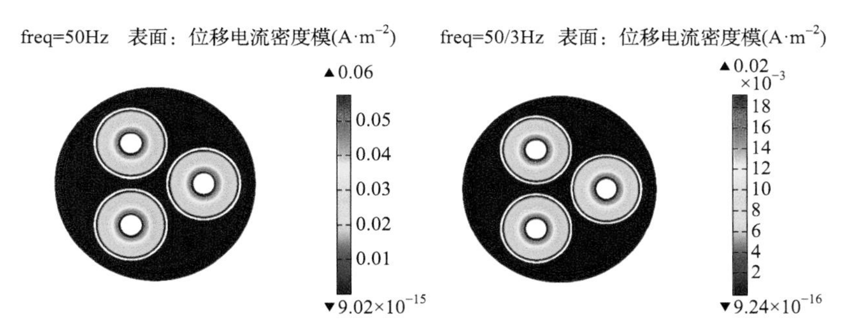

图 4-56　电缆位移电流密度模分布

根据电磁感应原理，金属护套与铠装层存在感应电压，为了保证生产安全，目前长距离海底电缆大多采用两端接地的方式来消除金属护套层与铠装层的感应电压。但与此同时，在金属护套与铠装层中产生了电流环流现象。电流环流过大不仅造成电能损耗，而且会在金属护套及铠装层中产生大量热量，阻碍导体热量散发，威胁电缆运行安全。为了更好地观察电缆截面内的电流密度模分布，绘制电流密度模立体分布图，如图 4-57 所示。与导体线芯中流过的电流相比，金属护套层与铠装层的电流密度模较小。此外，可以直观发现电流在导体、金属护套及铠装中均表现出不均匀的特点，而导体线芯内的电流密度模分布不均匀尤其明显。根据 4.3.1 小节的分析，这是受集肤效应与邻近效应的影响，使得导体表面附近的电流密度要比导体中心大。

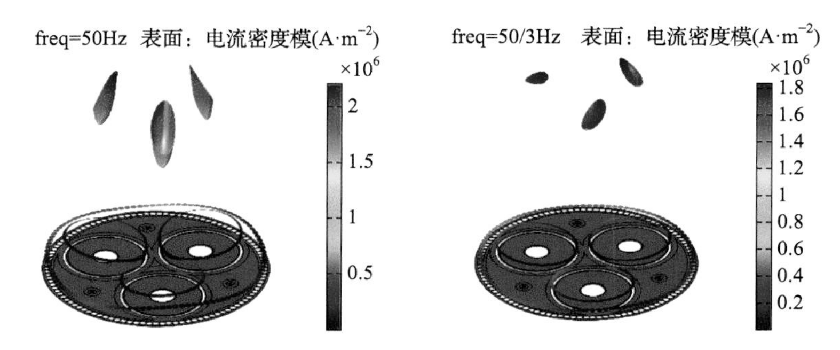

图 4-57 电缆电流密度模立体分布

电缆导体外电流密度模分布如图 4-58 所示。可以发现，由于金属护套层离导体更近，金属护套层中的电流密度模比铠装层中的电流密度模大。运行频率为 50 Hz 时，导体外电流密度模最大值为 2.62×10^5A · m^{-2}，最小值为 8.91×10^4A · m^{-2}；运行频率为 50/3Hz 时，导体外电流密度模最大值为 1.01×10^5 A · m^{-2}，最小值为 3.26×10^4A · m^{-2}。可以发现频率降低后，金属护套层及铠装层中的电磁感应电流均随之显著降低，在分频运行条件下威胁工频电缆运行安全的电流环流问题得到显著缓解。

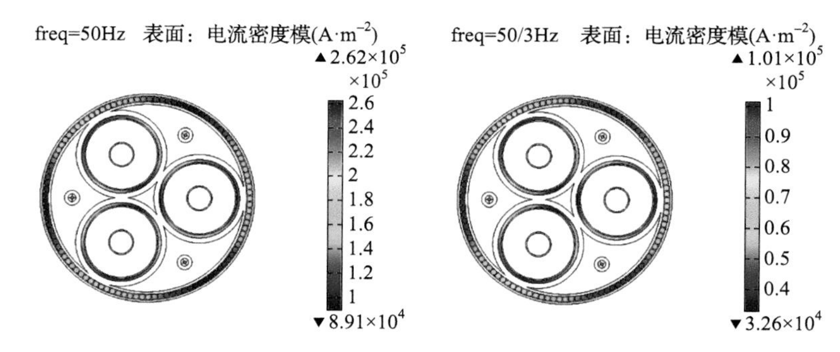

图 4-58 电缆导体外电流密度模分布

(3) 运行损耗及温度分布。

由于导体层、屏蔽层、金属护套层、铠装层中均有电流流过，将造成电能损耗。根据前一部分的分析结果，运行频率降低一方面改善了电缆导体电流分布的不均匀性，另一方面降低了屏蔽层、金属护套层、铠装层中的感应电流，因此分频电缆的电能损耗将有所降低。下面将从运行损耗分布及运行温度分布两方面展开分析。

交流电缆损耗主要包括导体损耗、绝缘介质损耗、金属护套损耗及铠装损耗四部分，且均与频率有关。通过 COMSOL 软件分别对三芯海底电缆的导体、绝缘介质、金属护套以及铠装四部分的体积损耗密度进行面积分，即可得到单位长度电缆损耗的具体数值，结果如表 4-8 所示。

表 4-8　工频及分频电缆损耗量化结果

运行频率/Hz	导体损耗 /(kW · km^{-1})	绝缘介质损耗 /(kW · km^{-1})	金属护套损耗 /(kW · km^{-1})	铠装损耗 /(kW · km^{-1})	总损耗/(kW · km^{-1})
50	46.6	3.6×10^{-17}	13.3	10.4	70.3
50/3	43.6	8.6×10^{-18}	1.9	1.6	47.1

对比工频及分频电缆损耗计算结果可知，当运行频率降低时，前述四部分损耗均有不同程度的下降。其中，导体损耗降低是因为运行频率降低改善了电缆导体的集肤效应与邻近效应，电流分布变得相对均匀，所以电缆电阻减小。但由于 $3\times500\text{mm}^2$ 电缆截面积相对较小，频率降低对集肤效应与邻近效应的改善效果对较大截面电缆相对不明显，因此分频电缆的导体损耗降低相对较少。金属护套损耗及铠装损耗是金属导体电磁感应原理生成感应电压，当两端接地时产生电流环流造成的。运行频率降低后，电磁感应现象减弱，金属护套层及铠装层产生的感应电压降低，环流电流大大降低，因此金属护套损耗及铠装损耗均大幅降低。

综合四部分损耗，当运行频率由 50Hz 降低至 50/3Hz 时，电缆的总损耗由 70.3kW · km^{-1}降低至 47.1kW · km^{-1}，相同运行条件下，分频电缆损耗仅为工频电缆损耗的 70.0%。以等效年利用小时数 3000h，离岸 150km 的 400MW 风电场为例，海上风电上网电价取 0.85 元 · (kW · h)$^{-1}$时，与工频电缆相比，分频电缆的年损耗费用减少约 876.96 万元。

根据前面的分析，在温度场中，三芯海底电缆的热源主要包括导体、金属护套及铠装，根据传热学原理，热量由温度高处向温度低处扩散，因此电缆运行中产生的热量将由导体向敷设环境中扩散。由于特定环境的散热能力是固定的，而分频电缆的导体、铠装等四部分的运行损耗均有不同程度的降低，特别是金属护套及铠装层中电流环流产生的热损耗大大降低，减小了自身散热需求且有助于导体热量向外扩散。因此，相同导体电流下，分频电缆的运行温度将低于工频电缆。注入电流 655A 的工频及分频电缆温度分布如图 4-59 所示。

可以发现，越靠近导体温度越高，越远离导体温度越低，热量由导体向外扩散。当注入电流为655A，运行频率为工频时，温度最大值为85.7℃；运行频率为分频时，温度最大值为 68.1℃。目前，规定的交流电缆最高运行温度为 90℃，因此运行频率降低后分频电缆的载流能力还有进一步提升的空间。通过改变注入电流大小，可以得到工频电缆与分频电缆的运行温度与注入电流的关系曲线，如图 4-60 所示。

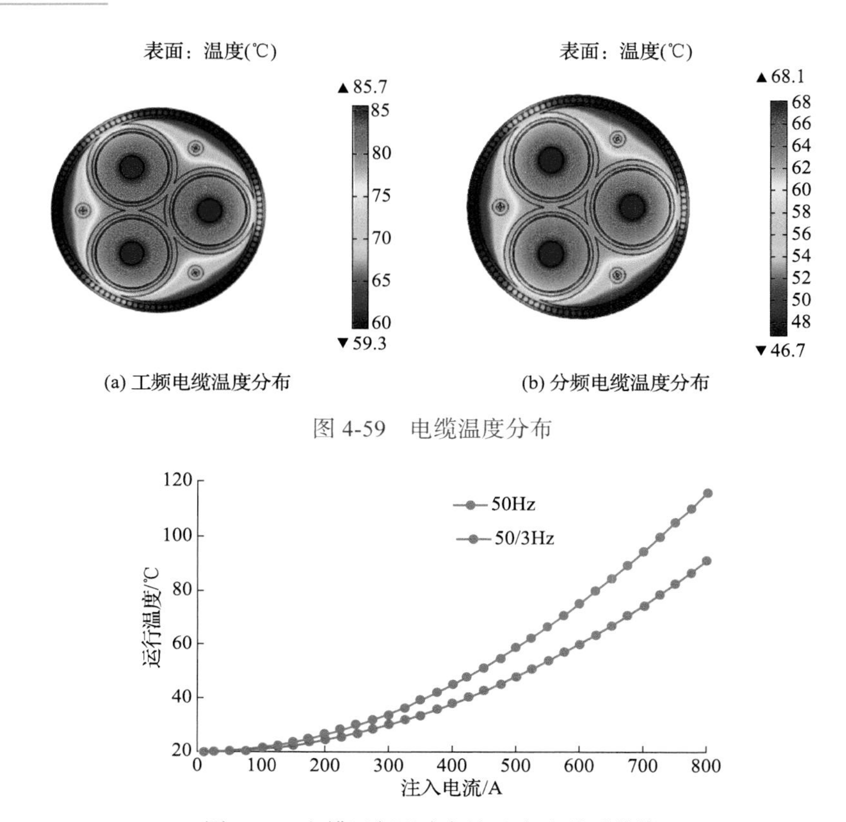

图 4-59　电缆温度分布

图 4-60　电缆运行温度与注入电流关系曲线

由图 4-60 可知，电缆运行温度与运行电流呈非线性关系，运行温度上升速度随着运行电流的增加而加快。当注入电流较小时，电缆自身产生的热量较少，此时电缆的运行温度主要取决于敷设环境温度，如仿真模型中设置的 20℃，且随着注入电流的增加，运行温度增加相对缓慢；随着注入电流的增大，电缆运行温度上升速度加快，其中，分频电缆的温度上升幅度低于工频电缆，注入电流越大时，分频电缆与工频电缆的运行温度差值越明显。进一步提高分频电缆的导体电流幅值至 765A，此时，其温度最大值达到 85.3℃，接近三芯交流电缆绝缘承受温度极限值。因此，从电缆热极限约束方面来看，可以认为相同截面积分频电缆的载流能力较工频电缆得到较大提升，这一结论与 4.3.2 小节第一部分的电缆载流量分析结果一致。

参考文献

[1] 国家标准化管理委员会. 国家电气设备安全技术规范标准: GB 19517—2023[S]. 北京: 中国标准化出版社, 2023.

[2] 国家标准化管理委员会. 电能质量电力系统频率偏差: GB/T 15945—2008[S]. 北京: 中国标准化出版社, 2008.

[3] 唐任远, 顾国彪, 秦和, 等. 中国电气工程大典[M]. 北京: 中国电力出版社, 2008.

[4] 周献林, 吴云, 康义. 三峡电站水轮发电机参数选择[J]. 电网技术, 1996, 20(10): 8-12.

[5] 国家能源局. 关于政协第十三届全国委员会第四次会议第 0429 号、第 B097 号提案答复的函[R/OL]. (2021-07-31). http://zfxxgk.nea.gov.cn/2021-07/31/c_1310486036.htm.

[6] WANG X F, TENG Y F, NING L H, et al. Feasibility of integrating large wind farm via fractional frequency transmission system a case study[J]. International Transactions on Electrical Energy Systems, 2014, 24(1): 64-74.

[7] 李中藩. 倍频变压器概论[M]. 北京: 水利电力出版社, 1958.

[8] LAVERS J, BIRINGER P. Prediction of core losses for high flux densities and distorted flux waveforms[J]. IEEE Transactions on Magnetics, 1976, 12(6): 1053-1055.

[9] LAVERS J, BIRINGER P, HOLLITSCHER H. Estimation of core losses when the flux waveform contains the fundamental plus a single odd harmonic component[J]. IEEE Transactions on Magnetics, 1977, 13(5): 1128-1130.

[10] LAVERS J, BIRINGER P, HOLLITSCHER H. The effect of third harmonic flux distortion on the core losses in thin magnetic steel laminations[J]. IEEE Transactions on Power Apparatus and Systems, 1977, 96(6): 1856-1862.

[11] BESSHO K, MATSUMURA F, AOKI Y, et al. Theory and analysis of a new power converter with center-tap reactor circuit[J]. IEEE Transactions on Magnetics, 1975, 11(5): 1558-1560.

[12] BESSHO K, YAMADA S, SUDANI T, et al. Some experiments and considerations on the behavior of a new magnetic frequency tripler with bridge-connected reactor circuit[J]. IEEE Transactions on Magnetics, 1976, 12(6): 829-831.

[13] BESSHO K, YAMADA S, MATSUMURA F. Improvement of characteristics and applications of the magnetic frequency tripler with bridge-connected reactor circuit[J]. IEEE Transactions on Magnetics, 1977, 13(5): 1217-1219.

[14] SUDANI T, YAMADA S, BESSHO K. Numerical analysis of a new magnetic frequency tripler with series-connected reactors[J]. IEEE Transactions on Magnetics, 1979, 15(6): 1788-1790.

[15] SUDANI T, YAMADA S, OHYAMA K, et al. New magnetic frequency tripler with delta connection suited for high power unit[J]. IEEE Transactions on Magnetics, 1979, 15(6): 1791-1793.

[16] NAFALSKI A, BESSHO K, YAMADA S, et al. Performance and analysis of an advanced type magnetic frequency tripler with three three-legged cores[J]. IEEE Transactions on Magnetics, 1982, 18(6): 1758-1760.

[17] 王秀丽, 王锡凡, 王建华, 等. 分频输电系统实验初探[J]. 中国电力, 1996(6): 33-36.

[18] 王建华, 王锡凡, 陈希炜. 三倍频变压器的物理试验研究[J]. 变压器, 2001, 38(12): 28-31.

[19] 王曙鸿. 一种基于双定子永磁同步电机设计的变压变频器[P]. 中国专利, ZL20211396254.6, 2021.

[20] 王曙鸿. 一种基于磁场调制原理的变压变频器[P]. 中国专利, ZL202111397772.X, 2021.

[21] 王锡凡, 王秀丽. 分频输电系统的数字仿真研究[J]. 中国电力, 1995(3): 8-12, 21.

[22] PELLY B R. Thyristor Phase-Controlled and Cycloconverters[M]. New York: John Wiley & Sons, 1971.

[23] 宁联辉. 分频风电系统 12 脉波交交变频器的实验研究[D]. 西安: 西安交通大学, 2012.

[24] 王兆安, 刘进军. 电力电子技术[M]. 北京: 机械工业出版社, 2009.

[25] MARQUARDT R. Modular multilevel converter: A universal concept for HVDC-networks and extended DC-bus-applications[C]. The 2010 International Power Electronics Conference - ECCE ASIA, Sapporo, 2010: 502-507.

[26] 徐政. 柔性直流输电系统[M]. 北京: 机械工业出版社, 2017.

[27] ERICKSON R W, AL-NASEEM O A. A new family of matrix converters[C]. IECON'01. 27th Annual Conference of the IEEE Industrial Electronics Society (Cat. No.37243), Denver, 2002: 1515-1520.

[28] 刘沈全. 分频海上风电系统的关键变频技术[D]. 西安: 西安交通大学, 2018.

[29] BARUSCHKA L, MERTENS A. A new 3-phase AC/AC modular multilevel converter with six branches in hexagonal configuration[C]. IEEE Energy Conversion Congress and Exposition, Phoenix, 2011: 4005-4012.

[30] HAMASAKI S I, OKAMURA K, TSUJI M. Control of modular multilevel converter based on bridge cells for 3-phase AC/AC converter[C]. International Conference on Electrical Machines and Systems, Busan, 2013: 1532-1537.

[31] KARWATZKI D, BARUSCHKA L, VON HOFEN M, et al. Branch energy control for the modular multilevel direct converter Hexverter[C]. IEEE Energy Conversion Congress and Exposition, Pittsburgh, PA, 2014: 1613-1622.

[32] FAN B, WANG K, LI Y D, et al. A branch energy control method based on optimized neutral-point voltage injection for a hexagonal modular multilevel direct converter (Hexverter)[C]. 18th International Conference on Electrical Machines and Systems, Pattaya, 2015: 1889-1893.

[33] KARWATZKI D, BARUSCHKA L, KUCKA J, et al. Improved Hexverter topology with magnetically coupled branch inductors[C]. 16th European Conference on Power Electronics and Applications, Lappeenranta, 2014: 1-10.

[34] BARUSCHKA L, KARWATZKI D, VON HOFEN M, et al. Low-speed drive operation of the modular multilevel converter Hexverter down to zero frequency[C]. IEEE Energy Conversion Congress and Exposition, Pittsburgh, 2014: 5407-5414.

[35] MENG Y Q, LIU B, LUO H Y, et al. Control scheme of hexagonal modular multilevel direct converter for offshore wind power integration via fractional frequency transmission system[J]. Journal of Modern Power Systems and Clean Energy, 2018, 6(1): 168-180.

[36] MENG Y Q, WU K, JIA F, et al. Grid integration and fault ride-through of fractional frequency offshore wind power system based on Y-connected modular multilevel converter[J]. IET Generation, Transmission & Distribution, 2022, 16(15): 2977-2988.

[37] SLADE P G, SMITH R K. A comparison of the short circuit interruption performance using transverse magnetic field contacts and axial magnetic field contacts in low frequency circuits with long arcing times[C]. XXIst International Symposium on Discharges and Electrical Insulation in Vacuum, Yalta, 2005: 337-340.

[38] SLADE P G. The Vacuum Interrupter Theory, Design, and Application[M]. Boca Raton: CRC Press, 2008.

[39] 刘志远. 分频输电系统中真空断路器的开断性能[J]. 高压电器, 2011, 47(4): 101-103, 107.

[40] 刘凯, 王小军, 张石松, 等. 真空灭弧室用 CuCr 触头材料制备方法及其应用[J]. 真空电子技术, 2019(5): 33-37.

[41] 方俊鑫. 电介质物理学[M]. 北京: 科学出版社, 1989.

[42] 耿蒲龙, 杜亚昆, 宋建成, 等. 温度和频率对 XLPE 电缆泄漏电流的影响[J]. 绝缘材料, 2017, 50(10): 65-71.

[43] LEI Z P, SONG J C, GENG P L, et al. Influence of temperature on dielectric properties of EPR and partial discharge behavior of spherical cavity in EPR insulation[J]. IEEE Transactions on Dielectrics and Electrical Insulation, 2015, 22(6): 3488-3497.

[44] NODA R L, BARRANCO A P, PINAR F C. Thermal behavior of Jonschefs formalism in relaxor ferroelectrics showing diffuse phase transitions[J]. Applied Physics A, 2005, 81(6): 1237-1239.

[45] GOCKENBACH E, HAUSCHILD W. The selection of the frequency range for high-voltage on-site testing of extruded insulation cable systems[J]. IEEE Electrical Insulation Magazine, 2000, 16(6): 11-16.

[46] 李欢, 李欣, 李巍巍, 等. 含针尖缺陷的 XLPE 电缆绝缘击穿行为的频率依赖特性研究[J]. 绝缘材料, 2014, 47(2): 71-75, 83.
[47] 宁联辉, 王琦晨, 杨勇, 等. 海底电缆的低频特性分析及仿真研究[J]. 浙江电力, 2021, 40(12): 94-102.
[48] 卓金玉. 电力电缆设计原理[M]. 北京: 机械工业出版社, 1999.

第5章

分频输电系统运行分析

分频输电系统能够大幅度提升线路输送能力，改善电压特性；通过变频装置连接工频电网，深刻改变了电力系统的运行特性。合理规划分频输电线路，充分发挥分频输电系统的技术优势，可以提升电力系统的经济性与运行灵活性。研究分频输电系统的稳态、动态行为特征，揭示其对电力系统的影响规律，是进行分频输电系统优化设计的前提。本章首先给出含分频输电系统的电力系统潮流计算方法，研究分频输电系统的稳态运行特性；其次，分别讨论含分频输电系统的暂态、稳态稳定性问题，研究分频输电系统的暂态、稳态稳定特性；最后，介绍分频输电系统的优化设计问题，包括额定电压等级的选择、额定频率选择以及参数优化设计方法。

5.1 含分频输电系统的电力系统潮流计算

电力系统潮流计算能够得到系统不同运行方式下的所有母线电压与支路功率信息，揭示系统的稳态特性，是电力系统生产运行的基本计算。当系统含有分频输电系统时，描述全系统的非线性代数方程将包含与分频输电系统相关的变量，特别地，将引入与周波变换器相关的变量。本节首先介绍包括采用相控型、全控型器件的周波变换器稳态模型，其次给出含分频输电系统的电力系统潮流算法，最后通过风电送出算例验证所提潮流计算方法的正确性，并进一步讨论分频输电系统对整个电力系统稳态运行特性的影响[1,2]。

5.1.1 分频输电系统周波变换器稳态模型

1. 周波变换器

分频输电系统中周波变换器电路拓扑在3.3节给出，其中单相12脉波周波变换器的结构如图 5-1 所示。建立模型时，可以进行以下假设：①忽略变频器两侧的谐波分量；②忽略系统中性点偏移的影响；③忽略换流变压器的激磁阻抗与铜耗；④忽略周波变换器上的有功功率损耗。

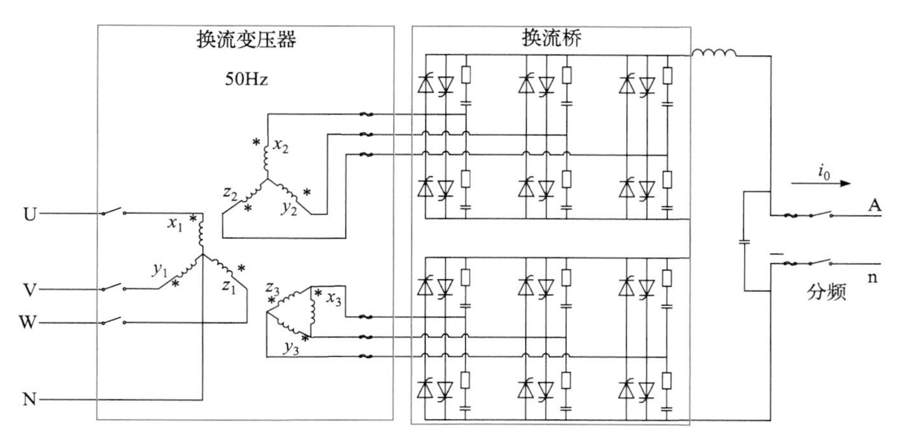

图 5-1　单相 12 脉波周波变换器结构

周波变换器的等效电路如图 5-2 所示。图中，P_{Lt} 和 Q_{Lt} 分别为分频系统(母线 4)注入的有功功率和无功功率；P_{tI} 和 Q_{tI} 分别为周波变换器注入换流变压器(母线 2)的有功功率和无功功率；L_{c} 和 k_{T1} 分别为换流变压器的漏抗和变比；V_{nL} 为周波变换器低压侧母线 4 电压；R_{γ} 为换相电阻；母线 1 为换流变压器系统侧母线；母线 2 为换流变压器阀侧母线，直接与周波变换器阀组相连；母线 3 则为等效出来的母线，实际并不存在；母线 4 为周波变换器的分频侧母线。

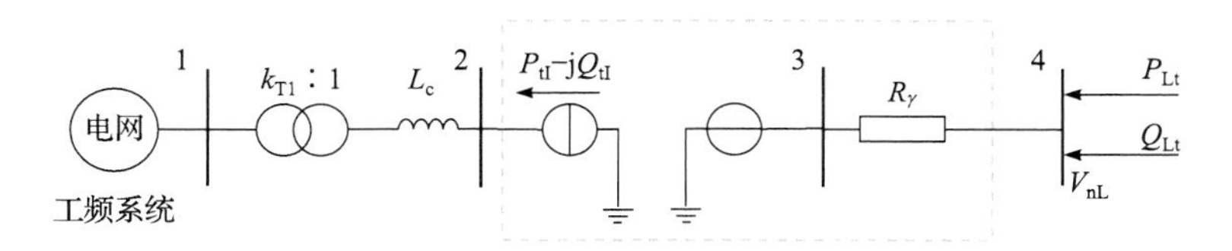

图 5-2　周波变换器等效电路

根据周波变换器的工作原理，在分频输电系统中，周波变换器需利用余弦交点法对其分频侧的输出电压进行控制，因此周波变换器对于分频侧而言可以等效为一个电压源。由于周波变换器实现了分频侧与工频侧非同步连接，母线 3 为分频电网的松弛节点，母线 3 与母线 4 之间的电阻 R_{γ} 则用来等效换相重叠角所造成的电压降落。对工频侧而言，周波变换器处于有源逆变的工作状态，可等效为一个电流源，其输出电流幅值与相角反映了周波变换器两侧有功功率与无功功率的耦合关系。值得注意的是，由于周波变换器始终从工频侧吸收无功功率，因此

图 5-2 中 Q_{tI} 的符号为负。

根据周波变换器等效电路，可以进一步得到周波变换器的潮流模型。周波变换器相分频侧可以等效为一个理想电压源与输出阻抗的串联。计及换相电阻的影响，可以得到周波变换器分频侧母线 4 电压 V_{nL} 与换流变压器阀侧母线 2 电压 V_2 的关系为

$$V_{nL} = n_T V_2 \frac{3\sqrt{3}}{\pi}\gamma + R_\gamma I_L \tag{5-1}$$

式中，n_T 为多桥换流器的桥数，对于 12 脉波周波变换器，$n_T = 2$；γ 为电压调制系数；I_L 为分频侧流入变频器的电流：

$$I_L = \frac{\sqrt{P_{Lt}^2 + Q_{Lt}^2}}{V_{nL}} \tag{5-2}$$

将式(5-2)代入式(5-1)得

$$V_{nL} = n_T V_2 \frac{3\sqrt{3}}{\pi}\gamma + R_\gamma \frac{\sqrt{P_{Lt}^2 + Q_{Lt}^2}}{V_{nL}} \tag{5-3}$$

忽略电压降落的横分量以及换流变压器的电阻，可以得到换流变压器两侧的电压满足下列潮流关系：

$$\frac{V_1}{k_{T1}} = V_2 - 2\pi f_S L_T \frac{Q_{tI}}{V_2} \tag{5-4}$$

式中，V_1 为母线 1 的电压，即换流变压器系统侧母线电压；k_{T1} 为换流变压器变比；Q_{tI} 为周波变换器从母线 2 吸收的无功功率。

由于换相电阻 R_γ 用来解释换相重叠角引起的电压下降，并不代表真实的电阻，其不消耗功率，则周波变换器两侧的有功功率关系为

$$P_{tI} = P_{Lt} \tag{5-5}$$

忽略谐波的影响，母线 2 处注入周波变换器的无功功率为

$$Q_{tI} = \sqrt{\frac{P_{tI}^2}{\cos^2\varphi_{tI}} - P_{tI}^2} \tag{5-6}$$

式中，$\cos\varphi_{tI}$ 为母线 2 的功率因数。文献[3]给出了周波变换器的功率因数近似特性：

$$\cos\varphi_{tI} = 0.844\gamma\cos\varphi_{Lt} \tag{5-7}$$

由式(5-3)和式(5-4)可知，工频侧无功功率 Q_{tI} 可由工频系统的有功功率 P_{tI} 与工频侧功率因数导出，则式(5-6)可进一步写为

$$\frac{P_{tI}}{\sqrt{P_{tI}^2+Q_{tI}^2}}=0.844\gamma\frac{P_{Lt}}{\sqrt{P_{Lt}^2+Q_{Lt}^2}} \tag{5-8}$$

分频电压频率由控制策略给定，即

$$f_L=f_L^* \tag{5-9}$$

综合电路模型与控制策略，式(5-3)、式(5-5)、式(5-8)与式(5-9)即为晶闸管周波变换器的稳态模型。

2. M³C

M³C 采用全控型器件且基于模块化多电平技术，其具体结构已在 3.4 节中给出，此处只讨论其潮流模型。本小节将基于以下假设进行 M³C 稳态建模：①忽略 M³C 环流电流与谐波分量；②忽略 M³C 器件通断与桥臂电感导致的有功功率损耗；③忽略两侧系统中性点漂移。M³C 在稳态运行时，桥臂电流、输出电压同时包含工频、分频两种频率分量，因此可采用叠加定理将 M³C 转化为两个不同频子电路，工频、分频子电路之间仅存在功率耦合。

以理想变压器与串联阻抗作为换流变压器模型时，M³C 变频站的单相等效电路如图 5-3 所示。其中，$\dot{V}_S$、$\dot{V}_L$ 分别表示工频侧、分频侧电网电压；$\dot{V}_s$、$\dot{V}_l$ 分别表示 M³C 工频阀侧、分频阀侧等效电压；$\dot{V}_{t,s}$、$\dot{V}_{t,l}$ 分别表示工频侧、分频侧换流变压器节点电压；$Z_{t,s}$、$Z_{t,l}$ 分别代表示工频侧、分频侧换流变压器等效阻抗；$Z_{c,s}$、$Z_{c,l}$ 分别表示 M³C 工频阀侧、分频阀侧桥臂等效阻抗；k_s、k_l 分别表示工频侧、分频侧换流变压器变比；P_s^V、P_l^V、Q_s^V、Q_l^V 分别表示 M³C 等效阀侧注入工频侧、分频侧的有功功率和无功功率；P_s^M、P_l^M、Q_s^M、Q_l^M 分别表示 M³C 变频站注入工频侧、分频侧电网的有功功率和无功功率。

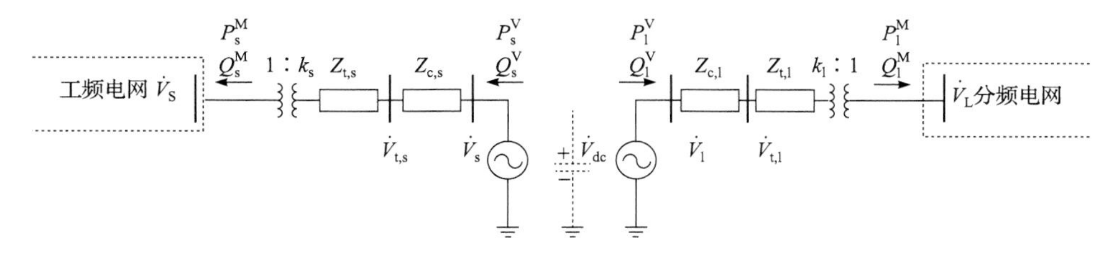

图 5-3　M³C 变频站单相等效电路

潮流计算主要关注电力系统各节点处的电压与功率，因此使用两侧交流系统的基准值分别对变频站的电气量进行标幺化，此时以阀侧电压、阻抗表示 M³C 输出电流：

$$\begin{cases} \dot{I}_{s} = \dfrac{\dot{V}_{s} - k_{s}\dot{V}_{S}}{Z_{t,s} + Z_{c,s}} = \dfrac{\dot{V}_{s} - k_{s}\dot{V}_{S}}{Z_{tc,s}} \\ \dot{I}_{l} = \dfrac{\dot{V}_{l} - k_{l}\dot{V}_{L}}{Z_{t,l} + Z_{c,l}} = \dfrac{\dot{V}_{l} - k_{l}\dot{V}_{L}}{Z_{tc,l}} \end{cases} \tag{5-10}$$

根据式(5-10)可得到变频站的基本方程，即注入两侧电网的功率为

$$\begin{cases} P_{s}^{M} + jQ_{s}^{M} = k_{s}\dot{V}_{S}\left(\dfrac{\dot{V}_{s} - k_{s}\dot{V}_{S}}{Z_{tc,s}}\right)^{*} \\ P_{l}^{M} + jQ_{l}^{M} = k_{l}\dot{V}_{L}\left(\dfrac{\dot{V}_{l} - k_{l}\dot{V}_{L}}{Z_{tc,l}}\right)^{*} \end{cases} \tag{5-11}$$

M^3C 变频站根据系统调度指令实现不同的网侧控制目标，据此可将并网点划分为 PQ、PV 与平衡节点。当并网点为 PQ 或 PV 节点时，M^3C 网侧控制有功功率、无功功率或交流电压幅值为指令值。有功功率的控制方式包括定有功功率、定模块电容电压，且 M^3C 两侧不能同时采用定有功功率控制：

$$P^{M} = P^{Mref} \tag{5-12}$$

$$v_{C} = \frac{V_{dc}}{n} = \frac{V_{dc}^{ref}}{n} \tag{5-13}$$

定无功功率控制为

$$Q^{M} = Q^{Mref} \tag{5-14}$$

定交流电压幅值为

$$U = U^{ref} \tag{5-15}$$

网侧有功功率以定模块电容电压实现时，该侧 M^3C 输出有功功率由输入有功功率及阀损耗确定。因此，定模块电容电压控制也可由式(5-16)表示：

$$P_{s}^{V} + P_{l}^{V} + P_{loss} = 0 \tag{5-16}$$

当 M^3C 网侧采用 V/f 控制时，并网点节点为平衡节点：

$$U = U^{ref} \tag{5-17}$$

$$\theta^{M} = \theta^{Mref} = 0 \tag{5-18}$$

式(5-12)～式(5-18)即为 M^3C 的控制方程。

换流变压器损耗可由式(5-11)的 Z_{t} 项($Z_{tc,s}$ 和 $Z_{tc,l}$)计入，则 M^3C 变频站的损耗主要为 M^3C 阀损耗。换流阀损耗项较多，主要由导通损耗与开关损耗组成，其中导通损耗与半导体器件的通态特性相关，开关损耗则主要取决于开关特性

与调制、触发算法。

一般，采用式(5-19)对 IGBT 与二极管的通态特性进行线性拟合：

$$\begin{cases} V_{CE} = V_{CE0} + R_C I_C \\ V_F = V_{F0} + R_F I_F \end{cases} \tag{5-19}$$

式中，V_{CE} 和 V_F 分别为 IGBT 与二极管的通态压降；V_{CE0} 和 V_{F0} 分别为 IGBT 与二极管的通态压降常数分量；R_C 和 R_F 分别为 IGBT 与二极管的通态电阻。

开关器件的导通损耗则可通过一个交流周期内平均压降功率表示，即

$$\begin{cases} P_{condT} = \dfrac{1}{T}\displaystyle\int_0^T V_{CE} I_C \mathrm{d}t = V_{CE0} I_{C,AVE} + R_C I_{C,RMS}^2 \\ P_{condF} = \dfrac{1}{T}\displaystyle\int_0^T V_F I_F \mathrm{d}t = V_{F0} I_{F,AVE} + R_F I_{F,RMS}^2 \end{cases} \tag{5-20}$$

式(5-20)表明，精确计算 M^{3}C 的导通损耗需要 9 个桥臂电流瞬时值、任一时刻桥臂电流在各桥臂中的 IGBT 与二极管的分布情况。从系统潮流计算的角度出发，应在保持必要精度的同时对 M^{3}C 的导通损耗计算进行适当简化。全桥模块自身具备对称性，因此可认为桥臂电流在 IGBT 与二极管内平均分布。实际工程中，全桥模块中的任一“开关管”是根据耐压水平、通流能力需求，将特定数量的 IGBT 与二极管模组进行串联、并联而成。考虑以上因素后，可将 IGBT 与二极管的通态特性进行等效处理。假设每个开关管所含串联模组数为 N_s，并联模组数为 N_p，则可将式(5-19)简化为

$$V_T = V_0 + R_0 I_T \tag{5-21}$$

式中，V_T 为等效通态压降；V_0 为等效通态压降常数分量，$V_0 = N_s\left(V_{CE0} + V_{F0}\right)/2$；$R_0$ 为等效通态电阻，$R_0 = N_s(R_C+R_F)/(2N_p)$。

每个全桥模块导通时，电流会流过两个串联开关管，而每个桥臂由 n 个全桥模块串联组成。另外，由于 M^{3}C 的桥臂间自均压特性，可进一步认为 M^{3}C 9 个桥臂的损耗相同。因此根据式(5-20)与式(5-21)，M^{3}C 的导通损耗为

$$P_{cond} = 18n\left(V_0 I_{arm,AVE} + R_0 I_{arm,RMS}^2\right) \tag{5-22}$$

式中，$I_{arm,AVE}$ 为桥臂电流绝对平均值；$I_{arm,RMS}$ 为桥臂电流有效值。

忽略环流电流后，桥臂电流为 1/3 工频电流与 1/3 分频电流叠加。以桥臂 au 为例：

$$I_{arm,AVE} = \frac{\sqrt{2}}{3T_1}\int_0^{T_1}\left|-I_s \sin\left(\omega_S t - \varphi_S\right) + I_l \sin\left(\omega_L t + \theta - \varphi_L\right)\right| \mathrm{d}t \tag{5-23}$$

$$I_{arm,RMS} = \frac{1}{3}\sqrt{I_s^2 + I_l^2} \tag{5-24}$$

显然 $I_{\text{arm,AVE}}$ 的大小随基频电流的相角差变化而变化，但基频电流的相角差为随机量，应简化式(5-23)以便于潮流计算。考虑到工频侧、分频侧的系统频率分别为 50Hz 与 50/3Hz，可知式(5-23)中的桥臂电流绝对值将随着相角差 $\theta-\varphi_{\text{L}}+\varphi_{\text{S}}$ 以 2π/3 为周期变化。当 $I_{\text{arm,AVE}}$ 取最大值时，基频电流相角差为 π/3，对应于基频电流峰–谷叠加，因此潮流计算时 $I_{\text{arm,AVE}}$ 可采用式(5-25)计算：

$$I_{\text{arm,AVE}} \leqslant \frac{\sqrt{2}}{3T_{\text{f}}}\int_0^{T_{\text{f}}}\left|-I_{\text{s}}\sin\left(\omega_{\text{S}}t\right)+I_{\text{l}}\sin\left(\omega_{\text{L}}t+\pi/3\right)\right|\text{d}t=\frac{\sqrt{2}}{9\pi}\left(2I_{\text{s}}+6I_{\text{l}}\right) \tag{5-25}$$

综上，M^3C 的导通损耗由式(5-22)给出，相关变量由式(5-21)、式(5-24)与式(5-25)计算。

不同的通态电流与结温下，IGBT 的开通、关断损耗与二极管的反向恢复损耗不相同，因此器件的开关损耗功率 P_{sw} 为

$$P_{\text{sw}}=\frac{1}{T}\left[\sum_{N_{\text{on}}}E_{\text{on}}\left(I\right)+\sum_{N_{\text{off}}}E_{\text{off}}\left(I\right)+\sum_{N_{\text{rec}}}E_{\text{rec}}\left(I\right)\right] \tag{5-26}$$

式中，N_{on}、N_{off} 和 N_{rec} 分别为一个交流周期 T 内 IGBT 的开通次数、关断次数与二极管的关断次数。

精确计算 M^3C 的开关损耗需要各桥臂每个模块每个开关管的触发脉冲信息，以及模块投切状态改变时的电流大小，潮流计算中的开关损耗计算也需要进行适当简化。全桥模块在实际工作中包含四个基本开关动作：正向投入、正向切出、反向投入与反向切出。研究表明，两种开关损耗出现的概率相同，因此可以认为全桥模块进行一次投切所产生的开关损耗近似为

$$E_{\text{sw}}=\frac{1}{2}\left[E_{\text{on}}\left(I\right)+E_{\text{off}}\left(I\right)+E_{\text{rec}}\left(I\right)\right] \tag{5-27}$$

器件的开关损耗与通态电流虽然为非线性的关系，但稳态运行时 M^3C 的全桥模块开关频率为 180Hz，因此可以使用线性拟合的方法对开关损耗进行近似处理。计全桥模块的开关频率为 f_{sw}，则 M^3C 的开关损耗为

$$P_{\text{sw}}=\frac{9}{2}nN_{\text{s}}f_{\text{sw}}\left[E_{\text{on}}\left(I_{\text{Cnom}}\right)+E_{\text{off}}\left(I_{\text{Cnom}}\right)+E_{\text{rec}}\left(I_{\text{Cnom}}\right)\right]\frac{I_{\text{arm,AVE}}}{I_{\text{Cnom}}} \tag{5-28}$$

式中，I_{Cnom} 为 IGBT 与二极管的额定电流。

定义 IGBT 与二极管开关损耗等效压降分别为 V_{swT}、V_{swD}：

$$V_{\text{swT}}=\frac{E_{\text{on}}\left(I_{\text{Cnom}}\right)+E_{\text{off}}\left(I_{\text{Cnom}}\right)}{2I_{\text{Cnom}}}N_{\text{s}}f_{\text{sw}} \tag{5-29}$$

$$V_{\text{swD}}=\frac{E_{\text{rec}}\left(I_{\text{Cnom}}\right)}{2I_{\text{Cnom}}}N_{\text{s}}f_{\text{sw}} \tag{5-30}$$

联立式(5-28)～式(5-30)，可得 M^3C 简化开关损耗为

$$P_{sw}=9n\left(V_{swT}+V_{swD}\right)I_{arm,AVE} \tag{5-31}$$

M^3C 换流阀的总损耗由式(5-22)与式(5-31)相加得到：

$$\begin{aligned}P_{Loss}&=P_{cond}+P_{sw}=18n\left[\left(V_0+\frac{V_{swT}+V_{swD}}{2}\right)I_{arm,AVE}+R_0I_{arm,RMS}^2\right]\\&=K_1I_{arm,AVE}+K_2I_{arm,RMS}^2\end{aligned} \tag{5-32}$$

为保证正常运行，M^3C 实际输出的桥臂电压幅值应小于桥臂输出电压最大值，避免过调制。由于桥臂电压初始相角差存在，应取峰值电压叠加的情况：

$$\sqrt{\frac{2}{3}}\left(V_s+V_l\right)\leqslant V_{dc}^{ref} \tag{5-33}$$

同时，桥臂电流最大值应小于开关器件的额定电流，以避免器件损坏：

$$I_{arm,max}=\frac{\sqrt{2}}{3}\left(I_s+I_l\right)\leqslant N_pI_{Cnom} \tag{5-34}$$

另外，变频站允许输出的最大功率受到换流变压器容量 S_T 的约束：

$$\begin{cases}\left(P_s^M\right)^2+\left(Q_s^M\right)^2\leqslant S_{T,s}\\\left(P_l^M\right)^2+\left(Q_l^M\right)^2\leqslant S_{T,l}\end{cases} \tag{5-35}$$

至此，综合以上各节推导的 M^3C 基本方程、控制方程、损耗方程以及运行约束，即为 M^3C 变频站的稳态模型。

5.1.2　含分频输电系统的电力系统潮流计算方法

交流-直流混联电力潮流计算的相关方法十分成熟，含分频输电系统的电力系统潮流计算方法与之类似，主要分为统一迭代法与交替迭代法两种。其中，统一迭代法以牛顿法为基础，将工频和分频交流节点电压幅值、相角与变频器的附加方程统一进行迭代求解，其收敛特性较好。交替迭代法是统一迭代法的简化，求解工频交流系统方程时，将分频系统等效为连接在相应工频节点上已知有功功率和无功功率的负荷；求解分频交流系统方程，根据分频输电系统中节点控制目标，按照传统分频交流系统方程进行求解。本小节首先建立系统潮流计算的数学模型；其次，介绍统一迭代法(基于周波变换器)与交替迭代法(基于 M^3C)的具体的计算流程；最后，利用算例说明本节所提出的潮流计算方法的正确性与有效性。

1. 统一迭代法

基于周波变换器分频输电系统的潮流方程包括工频节点功率方程、分频节点功率方程及变频器方程。

工频节点功率方程与传统交流系统潮流计算节点功率方程具有相同的形式，即

$$\Delta P_i = P'_{is} - V_i \sum_{j \in i} V_j \left(G_{ij} \cos\theta_{ij} + B_{ij} \sin\theta_{ij} \right) \tag{5-36}$$

$$\Delta Q_i = Q'_{is} - V_i \sum_{j \in i} V_j \left(G_{ij} \sin\theta_{ij} + B_{ij} \cos\theta_{ij} \right) \tag{5-37}$$

$$P'_{is} = \begin{cases} P_{iG} - P_{iL}, & i \notin n_{cs} \\ P_{iG} + P_{tI} - P_{iL}, & i \in n_{cs} \end{cases} \tag{5-38}$$

$$Q'_{is} = \begin{cases} Q_{iG} - Q_{iL}, & i \notin n_{cs} \\ Q_{iG} + Q_{tI} - Q_{iL}, & i \in n_{cs} \end{cases} \tag{5-39}$$

式中，P_{iG} 和 P_{iL} 分别为母线 i 上发电机发出的有功功率和负荷消耗的有功功率；Q_{iG} 和 Q_{iL} 分别为母线 i 上发电机发出的无功功率和负荷消耗的无功功率；V_i 和 V_j 分别为节点 i 和 j 的电压幅值；G_{ij} 和 B_{ij} 分别为节点 i 和 j 之间互导纳的实部与虚部，特别地，当 $i=j$ 时，该物理量表示节点 i 自导纳的实部与虚部；θ_{ij} 为节点 i 和 j 之间的相角差；P_{is} 和 Q_{is} 分别为考虑分频系统修正输入的有功功率和无功功率；n_{cs} 为换流变压器母线编号集合。

分频节点功率方程形式上与工频侧节点功率方程类似，但由于频率不同，反映网络参数的导纳矩阵需进行处理。其方程如下：

$$\Delta P_k = P'_{kS} - V_k \sum_{m \in k} V_m \left(G_{km} \cos\theta_{km} + B_{km} \sin\theta_{km} \right) \tag{5-40}$$

$$\Delta Q_k = Q'_{kS} - V_k \sum_{m \in k} V_m \left(G_{km} \sin\theta_{km} + B_{km} \cos\theta_{km} \right) \tag{5-41}$$

$$P'_{kS} = \begin{cases} P_{kG} - P_{kL}, & k \notin n_{cl} \\ P_{kG} - P_{kL} - P_{Lt}, & k \in n_{cl} \end{cases} \tag{5-42}$$

$$Q'_{kS} = \begin{cases} Q_{kG} - Q_{kL}, & k \notin n_{cl} \\ Q_{kG} - Q_{kL} - Q_{Lt}, & k \in n_{cl} \end{cases} \tag{5-43}$$

式中，P_{kG} 和 P_{kL} 分别为母线 k 上发电机发出的有功功率和负荷消耗的有功功率；Q_{kG} 和 Q_{kL} 分别为母线 k 上发电机发出的无功功率和负荷消耗的无功功率；V_k 和 V_m 分别为节点 k 和 m 的电压幅值；G_{km} 和 B_{km} 分别为节点 k 和 m 之间互导纳的实

部与虚部，特别地，当 $k=m$ 时，该物理量表示节点 k 自导纳的实部与虚部；θ_{km} 为节点 k 和 m 之间的相角差；P_{Lt} 和 Q_{Lt} 分别为变频器注入的有功功率和无功功率；n_{cl} 为与变频站连接的分频系统节点编号。

同时，由于分频侧频率可以调节，还需对导纳阵中的对应元素进行修正：

$$B_{km}=-\frac{X_{km}}{R_{km}^2+X_{km}^2} \tag{5-44}$$

$$G_{km}=-\frac{R_{km}}{R_{km}^2+X_{km}^2} \tag{5-45}$$

$$X_{km}=X_{km}^{f_{\mathrm{S}}}\frac{f_{\mathrm{S}}}{f_{\mathrm{L}}} \tag{5-46}$$

式中，G_{km} 和 B_{km} 分别为分频频率为 f_{L} 时节点 k 和 m 之间互导纳的实部和虚部；X_{km} 为分频条件下的电抗；$X_{km}^{f_{\mathrm{S}}}$ 和 R_{km} 分别为工频条件下的电抗和电阻。

根据 5.1.1 小节中的变频器方程，可得到相应变频器的修正方程：

$$\Delta d_1=V_{\mathrm{nL}}-n_{\mathrm{T}}V_2\frac{3\sqrt{3}}{\pi}\gamma+R_{\gamma}\frac{\sqrt{P_{\mathrm{Lt}}^2+Q_{\mathrm{Lt}}^2}}{V_{\mathrm{nL}}}=0 \tag{5-47}$$

$$\Delta d_2=P_{\mathrm{Lt}}-P_{\mathrm{tI}}=0 \tag{5-48}$$

$$\Delta d_3=\frac{P_{\mathrm{tI}}}{\sqrt{P_{\mathrm{tI}}^2+Q_{\mathrm{tI}}^2}}-0.844\gamma\frac{P_{\mathrm{Lt}}}{\sqrt{P_{\mathrm{Lt}}^2+Q_{\mathrm{Lt}}^2}}=0 \tag{5-49}$$

至此，工频节点功率方程、分频节点功率方程与变频器方程共同组成了含分频输电系统的电力系统潮流方程。

由以上分析可知，整个系统中分频侧与工频侧均为交流电网，因此其潮流计算与传统电网没有太大的区别，而周波变换器的引入会增加系统潮流方程的数目。由式(5-47)～式(5-49)可知，系统中每增加一个周波变换器就会在系统潮流方程组中增加 3 个方程，相应地也在潮流方程中增加 3 个未知数，即变频器注入工频系统的有功功率、无功功率以及换流变压器阀侧母线的电压。由此可见，周波变换器引入后系统的潮流方程依然是适定方程。

同时，由于分频风电系统的引入没有大规模地增加系统潮流方程的维度，因此利用传统的牛顿-拉弗森法即可对含分频风电的电力系统潮流进行求解，不需要进行特殊处理。

1) 修正方程与雅可比矩阵

计及分频风电系统及变频器后，潮流方程中增加了新的方程和变量。因此，当使用牛顿-拉弗森法计算潮流时，需要对雅可比矩阵进行扩展。假设工频系统

有 n 个节点，其中有功功率–电压(PV)节点 r 个；分频系统共有 p 个节点，其中 PV 节点 q 个。根据本小节的叙述，可以得到扩展后的修正方程的常数项为

$$\begin{bmatrix}\Delta \boldsymbol{P}_{\mathrm{I}}^{\mathrm{T}} & \Delta \boldsymbol{P}_{\mathrm{L}}^{\mathrm{T}} & \Delta \boldsymbol{Q}_{\mathrm{I}}^{\mathrm{T}} & \Delta \boldsymbol{Q}_{\mathrm{L}}^{\mathrm{T}} & \Delta \boldsymbol{d}_{1}^{\mathrm{T}} & \Delta \boldsymbol{d}_{2}^{\mathrm{T}} & \Delta \boldsymbol{d}_{3}^{\mathrm{T}}\end{bmatrix}^{\mathrm{T}} \tag{5-50}$$

式中，$\Delta \boldsymbol{P}_{\mathrm{I}}$ 为注入工频系统有功功率偏差行向量，其维数为 $n-1$；$\Delta \boldsymbol{P}_{\mathrm{L}}$ 为分频系统注入有功功率偏差行向量，其维数为 p；$\Delta \boldsymbol{Q}_{\mathrm{I}}$ 为注入工频系统无功功率偏差行向量，其维数为 $n-r-1$；$\Delta \boldsymbol{Q}_{\mathrm{L}}$ 为分频系统注入无功功率偏差行向量，其维数为 $p-q$；$\Delta \boldsymbol{d}_1$ 为变频器两端电压偏差行向量，其维数为 1；$\Delta \boldsymbol{d}_2$ 为变频器两端有功功率偏差行向量，其维数为 1；$\Delta \boldsymbol{d}_3$ 为变频器两端无功功率偏差行向量，其维数为 1 。

同理，可以得到扩展后的修正方程的变量为

$$\begin{bmatrix}\boldsymbol{\theta}_{\mathrm{I}}^{\mathrm{T}} & \boldsymbol{\theta}_{\mathrm{L}}^{\mathrm{T}} & \boldsymbol{V}_{\mathrm{I}}^{\mathrm{T}} & \boldsymbol{V}_{\mathrm{L}}^{\mathrm{T}} & \Delta \boldsymbol{P}_{\mathrm{Lt}}^{\mathrm{T}} & \Delta \boldsymbol{Q}_{\mathrm{Lt}}^{\mathrm{T}} & \Delta \boldsymbol{P}_{\mathrm{tI}}^{\mathrm{T}} & \Delta \boldsymbol{Q}_{\mathrm{tI}}^{\mathrm{T}}\end{bmatrix}^{\mathrm{T}} \tag{5-51}$$

式中，$\boldsymbol{\theta}_{\mathrm{I}}^{\mathrm{T}}$ 为工频侧各节点的电压相角行向量，其维数为 $n-1$；$\boldsymbol{\theta}_{\mathrm{L}}^{\mathrm{T}}$ 为分频侧各节点的电压相角行向量，其维数为 $p-1$；$\boldsymbol{V}_{\mathrm{I}}^{\mathrm{T}}$ 为工频侧各节点的电压幅值行向量，其维数为 $n-r-1$；$\boldsymbol{V}_{\mathrm{L}}^{\mathrm{T}}$ 为分频侧各节点的电压幅值行向量，其维数为 $p-q$；$\Delta \boldsymbol{P}_{\mathrm{Lt}}^{\mathrm{T}}$ 为分频侧向周波变换器注入有功功率行向量，其维数为 1；$\Delta \boldsymbol{Q}_{\mathrm{Lt}}^{\mathrm{T}}$ 为分频侧向周波变换器注入无功功率行向量，其维数为 1；$\Delta \boldsymbol{P}_{\mathrm{tI}}^{\mathrm{T}}$ 为周波变换器向工频侧注入有功功率行向量，其维数为 1；$\Delta \boldsymbol{Q}_{\mathrm{tI}}^{\mathrm{T}}$ 为周波变换器向工频侧注入无功功率行向量，其维数为 1。

由上可知，修正方程的系数矩阵为$(2n+2p-q-r+1)$阶方阵。整个修正方程及其雅可比矩阵的表达式如下：

$$\begin{bmatrix}\Delta \boldsymbol{P}_{\mathrm{I}} \\ \Delta \boldsymbol{P}_{\mathrm{L}} \\ \Delta \boldsymbol{Q}_{\mathrm{I}} \\ \Delta \boldsymbol{Q}_{\mathrm{L}} \\ \Delta \boldsymbol{d}_{1} \\ \Delta \boldsymbol{d}_{2} \\ \Delta \boldsymbol{d}_{3}\end{bmatrix}=\begin{bmatrix}\boldsymbol{H}_{\mathrm{II}} & \boldsymbol{H}_{\mathrm{IL}} & \boldsymbol{N}_{\mathrm{II}} & \boldsymbol{N}_{\mathrm{IL}} & 0 & 0 & \boldsymbol{A}_{13} & 0 \\ \boldsymbol{H}_{\mathrm{LI}} & \boldsymbol{H}_{\mathrm{LL}} & \boldsymbol{N}_{\mathrm{LI}} & \boldsymbol{N}_{\mathrm{LL}} & \boldsymbol{A}_{21} & 0 & 0 & 0 \\ \boldsymbol{J}_{\mathrm{II}} & \boldsymbol{J}_{\mathrm{IL}} & \boldsymbol{L}_{\mathrm{II}} & \boldsymbol{L}_{\mathrm{IL}} & 0 & 0 & 0 & \boldsymbol{A}_{34} \\ \boldsymbol{J}_{\mathrm{LI}} & \boldsymbol{J}_{\mathrm{LL}} & \boldsymbol{L}_{\mathrm{LI}} & \boldsymbol{L}_{\mathrm{LL}} & 0 & \boldsymbol{A}_{42} & 0 & 0 \\ 0 & 0 & \boldsymbol{C}_{13} & \boldsymbol{C}_{14} & \boldsymbol{F}_{11} & \boldsymbol{F}_{12} & 0 & 0 \\ 0 & 0 & 0 & 0 & \boldsymbol{F}_{21} & 0 & \boldsymbol{F}_{23} & 0 \\ 0 & 0 & 0 & 0 & \boldsymbol{F}_{31} & \boldsymbol{F}_{32} & \boldsymbol{F}_{33} & \boldsymbol{F}_{34}\end{bmatrix}\begin{bmatrix}\Delta \boldsymbol{\theta}_{\mathrm{I}} \\ \Delta \boldsymbol{\theta}_{\mathrm{L}} \\ \Delta \boldsymbol{V}_{\mathrm{I}} / \boldsymbol{V}_{\mathrm{I}} \\ \Delta \boldsymbol{V}_{\mathrm{L}} / \boldsymbol{V}_{\mathrm{L}} \\ \Delta \boldsymbol{P}_{\mathrm{Lt}} \\ \Delta \boldsymbol{Q}_{\mathrm{Lt}} \\ \Delta \boldsymbol{P}_{\mathrm{tI}} \\ \Delta \boldsymbol{Q}_{\mathrm{tI}}\end{bmatrix} \tag{5-52}$$

式中，阵列 $\boldsymbol{H}$、$\boldsymbol{N}$、$\boldsymbol{J}$、$\boldsymbol{L}$ 与传统的潮流计算具有相同的意义和形式，此处不再赘述。

定义 $\boldsymbol{e}_m^p$ 为一个 p 维行向量，其第 m 个元素为 1，其余元素都为 0。此处不难

导出：

$$\boldsymbol{A}_{13}=\frac{\partial \Delta \boldsymbol{P}_{\mathrm{I}}}{\partial \boldsymbol{P}_{\mathrm{tI}}}=\left(\boldsymbol{e}_{\mathrm{nI}}^{n-1}\right)^{\mathrm{T}} \tag{5-53}$$

$$\boldsymbol{A}_{21}=\frac{\partial \Delta \boldsymbol{P}_{\mathrm{L}}}{\partial \boldsymbol{P}_{\mathrm{Lt}}}=\left(\boldsymbol{e}_{\mathrm{nL}}^{p-1}\right)^{\mathrm{T}} \tag{5-54}$$

$$\boldsymbol{A}_{34}=\frac{\partial \Delta \boldsymbol{Q}_{\mathrm{I}}}{\partial \boldsymbol{Q}_{\mathrm{tI}}}=\left(\boldsymbol{e}_{\mathrm{nI}}^{n-r-1}\right)^{\mathrm{T}} \tag{5-55}$$

$$\boldsymbol{A}_{42}=\frac{\partial \Delta \boldsymbol{Q}_{\mathrm{L}}}{\partial \boldsymbol{Q}_{\mathrm{Lt}}}=\left(\boldsymbol{e}_{\mathrm{nL}}^{p-q}\right)^{\mathrm{T}} \tag{5-56}$$

式(5-53)～式(5-56)表明，$\boldsymbol{A}_{ij}$ 是各节点功率的修正方程对分频、工频系统间交换的有功功率、无功功率进行求导。因此，只有直接与变频器连接的节点对应的元素为 1，其余都为 0。

$$\boldsymbol{C}_{13}=\frac{\partial \Delta \boldsymbol{d}_{1}}{\partial \boldsymbol{V}_{\mathrm{I}}}=-3\sqrt{3}\cdot \gamma n_{\mathrm{T}}/(k_{\mathrm{T1}}\cdot \pi)\boldsymbol{e}_{\mathrm{nI}}^{n-r-1} \tag{5-57}$$

$$\boldsymbol{C}_{14}=\frac{\partial \Delta \boldsymbol{d}_{1}}{\partial \boldsymbol{V}_{\mathrm{L}}}=\left(1-\frac{R_{\mathrm{r}}\sqrt{P_{\mathrm{Lt}}^{2}+Q_{\mathrm{Lt}}^{2}}}{U_{\mathrm{nL}}^{2}}\right)\boldsymbol{e}_{\mathrm{nL}}^{p-q} \tag{5-58}$$

式(5-57)和式(5-58)表明，$\boldsymbol{C}$ 是变频器两端电压偏差对系统节点电压的导数，因此只有直接与变频器连接的节点对应的元素有值，其余都为 0。

同时，可以得到 $\boldsymbol{F}$ 的相关元素，如式(5-59)～式(5-66)所示：

$$\boldsymbol{F}_{11}=\frac{\partial \Delta \boldsymbol{d}_{1}}{\partial \boldsymbol{P}_{\mathrm{Lt}}}=\left\{\frac{R_{\gamma}P_{\mathrm{Lt}}}{U_{\mathrm{nL}}\sqrt{P_{\mathrm{Lt}}^{2}+Q_{\mathrm{Lt}}^{2}}}\right\} \tag{5-59}$$

$$\boldsymbol{F}_{12}=\frac{\partial \Delta \boldsymbol{d}_{1}}{\partial \boldsymbol{Q}_{\mathrm{Lt}}}=\frac{R_{\gamma}Q_{\mathrm{Lt}}}{U_{\mathrm{nL}}\sqrt{P_{\mathrm{Lt}}^{2}+Q_{\mathrm{Lt}}^{2}}} \tag{5-60}$$

$$\boldsymbol{F}_{21}=\frac{\partial \Delta \boldsymbol{d}_{2}}{\partial \boldsymbol{P}_{\mathrm{Lt}}}=1 \tag{5-61}$$

$$\boldsymbol{F}_{23}=\frac{\partial \Delta \boldsymbol{d}_{2}}{\partial \boldsymbol{P}_{\mathrm{tI}}}=-1 \tag{5-62}$$

$$\boldsymbol{F}_{31}=\frac{\partial \Delta \boldsymbol{d}_{3}}{\partial \boldsymbol{P}_{\mathrm{Lt}}}=\left(-\frac{0.844\gamma}{\sqrt{P_{\mathrm{Lt}}^{2}+Q_{\mathrm{Lt}}^{2}}}+\frac{0.844\gamma P_{\mathrm{Lt}}^{2}}{\sqrt[3]{P_{\mathrm{Lt}}^{2}+Q_{\mathrm{Lt}}^{2}}}\right)\boldsymbol{F}_{23}=\frac{\partial \Delta \boldsymbol{d}_{2}}{\partial \boldsymbol{P}_{\mathrm{tI}}}=-1 \tag{5-63}$$

$$\boldsymbol{F}_{32}=\frac{\partial \Delta \boldsymbol{d}_3}{\partial \boldsymbol{Q}_{\mathrm{Lt}}}=\frac{0.844\gamma P_{\mathrm{Lt}}Q_{\mathrm{Lt}}}{\sqrt[3]{P_{\mathrm{Lt}}^2+Q_{\mathrm{Lt}}^2}} \tag{5-64}$$

$$\boldsymbol{F}_{33}=\frac{\partial \Delta \boldsymbol{d}_3}{\partial P_{\mathrm{Lt}}}=\frac{1}{\sqrt{P_{\mathrm{tI}}^2+Q_{\mathrm{tI}}^2}}-\frac{P_{\mathrm{tI}}^2}{\sqrt[3]{P_{\mathrm{tI}}^2+Q_{\mathrm{tI}}^2}} \tag{5-65}$$

$$\boldsymbol{F}_{34}=\frac{\partial \Delta \boldsymbol{d}_3}{\partial \boldsymbol{Q}_{\mathrm{tI}}}=-\frac{P_{\mathrm{tI}}Q_{\mathrm{tI}}}{\sqrt[3]{P_{\mathrm{tI}}^2+Q_{\mathrm{tI}}^2}} \tag{5-66}$$

为了突出分频风电系统周波变换器的运行特点，在风力发电机模型的处理上，本节采用了简化的方法，即根据控制方式将整个风电场等效为一个 PV 节点或有功功率-无功功率(PQ)节点。根据以上的推导和假设，可以采用统一迭代法对含分频风电的电力系统潮流进行求解，其具体步骤如下所示。

步骤 1：在输入数据后建立系统导纳矩阵。特别地，分频侧的导纳矩阵需要根据式(5-44)～式(5-46)进行修正。

步骤 2：设定变量初始值。各条母线的初始电压均为 1.0pu 或为 PV 节点的给定值。母线相角的初始值设为 0°。同时，周波变换器方程中的初始值设定为分频发电机的出力。变频器工频侧母线功率因数的初始值则设定为 0.9。从而，通过式(5-48)和式(5-49)可算得 P_{tI} 与 Q_{tI} 的初始值。

步骤 3：令 K=0。

步骤 4：将 $\boldsymbol{X}^{(K)}$ 代入式(5-53)～式(5-66)，得到修正方程的常数项 $\Delta\boldsymbol{P}^{(K)}$、$\Delta\boldsymbol{Q}^{(K)}$、$\Delta\boldsymbol{D}^{(K)}$。

步骤 5：判断修正方程的常数项 $\Delta\boldsymbol{P}^{(K)}$、$\Delta\boldsymbol{Q}^{(K)}$、$\Delta\boldsymbol{D}^{(K)}$ 是否满足收敛条件，即 $\max\left\{\left\|\Delta\boldsymbol{P}^{(K)}\right\|,\left\|\Delta\boldsymbol{Q}^{(K)}\right\|,\left\|\Delta\boldsymbol{D}^{(K)}\right\|\right\}<\varepsilon$。如果收敛则计算支路潮流并输出结果，结束计算；否则进入步骤 6。

步骤 6：将 $\boldsymbol{X}^{(K)}$ 代入式(5-20)～式(5-49)，得到修正方程的雅可比矩阵。

步骤 7：求解修正方程，得到修正量 $\Delta\boldsymbol{X}^{(K)}$。

步骤 8：利用 $\Delta\boldsymbol{X}^{(K)}$ 修正 $\boldsymbol{X}^{(K)}$。

$$\boldsymbol{X}^{(K+1)}=\boldsymbol{X}^{(K)}-\Delta\boldsymbol{X}^{(K)} \tag{5-67}$$

步骤 9：令 K=K+1。

步骤 10：判断迭代次数 K 是否大于最大迭代次数 $K_{\max}$。如果 $K>K_{\max}$，则计算支路潮流并输出结果，结束计算；否则返回步骤 4。

根据上述描述，统一迭代法的流程如图 5-4 所示。

2) 周波变换器方程参数选择

由式(5-47)～式(5-49)可知，周波变换器的稳态方程中除了两侧的电压、电流

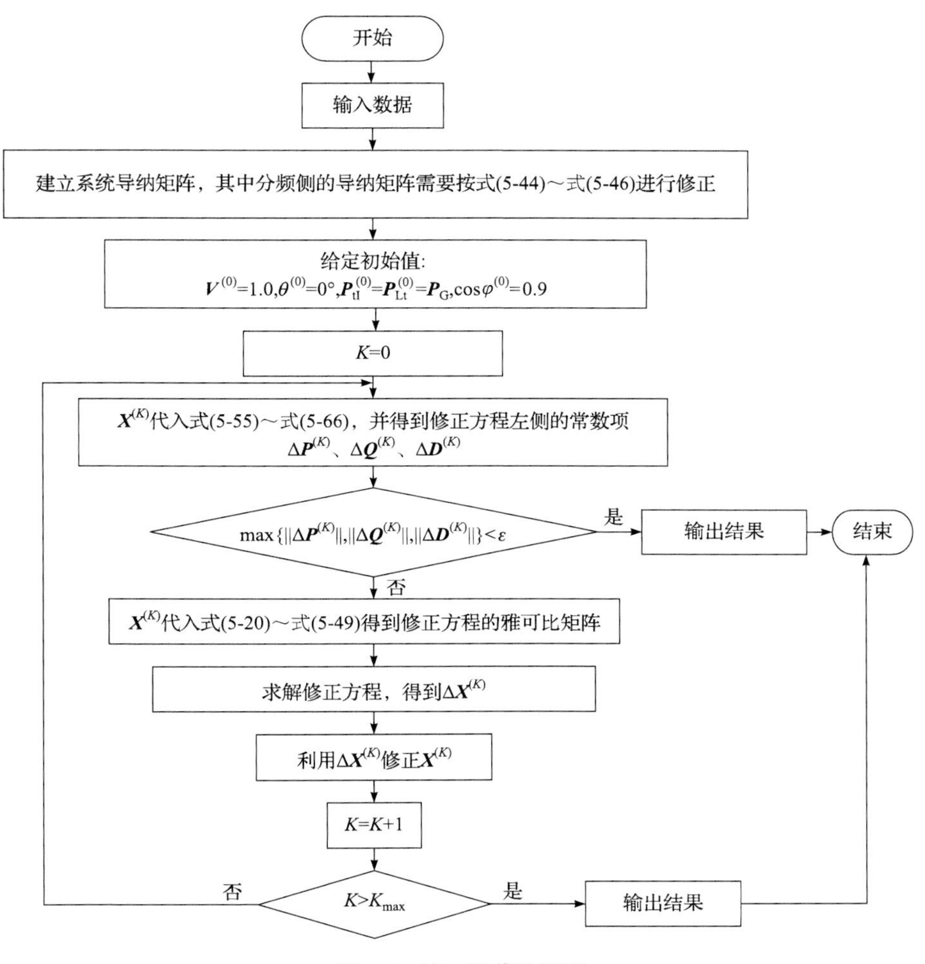

图 5-4　统一迭代法流程

外，还增加了变频器电压调制系数γ，同时换流变压器变比k_{T1}也会对系统潮流产生影响。这两个参数相互配合，可以对变频器分频侧的电压进行控制，且对工频侧的功率因数产生显著的影响。

电压调制系数γ反映的是系统分频侧电压有效值与换流变压器阀侧电压有效值的比值。根据周波变换器的控制原则，为了保证阀组有效触发并留有一定的裕度，建议$\gamma<0.866$[4]。同时，由式(5-47)和式(5-49)可知，在分频侧工况不变的情况下，γ越小，工频侧的功率因数越低。因此，在实际运行中建议γ应尽可能接近 0.866 这一上限值。

与直流输电类似，为了提高分频风电系统的控制能力及分频侧的运行性能，分频风电系统换流变压器的阀侧配置了大量的档位。当工频侧电压有所波动或分频侧指令电压有变化时，可以通过调节换流变压器的变比 k_{T1}，以保障运行在 γ 为 0.866 左右。

2. 交替迭代法

由于变频站的引入，工频-分频混联电力系统的潮流计算与交流-直流混联电力系统类似，可以通过统一迭代法或者交替迭代法进行求解。从实际应用方面来说，用于新能源外送以及线路扩容改造中的分频电网占实际电力系统的比例较小，因此本节基于 M^{3}C 变频站稳态模型提出了一种适用于潮流计算的交替迭代方法，所提方法能够沿用现有潮流计算程序，并且充分考虑损耗以及运行约束。

典型的工频-分频混联电力系统如图 5-5 所示，多个分频电网经过 M^{3}C 变频站与工频主网连接。工频主网含有 n 个节点，记为集合 N，其中 l 个节点为 M^{3}C 变频站工频公共连接点(PCC)，记为集合 N_c；分频电网含有 r 个节点，记为集合 R，其中 l 个节点为 M^{3}C 变频站工频 PCC，记为集合 R_c；集合 N_c、R_c 中通过定平均子模块电压控制有功功率的节点记为子集 N_{cvd}、R_{cvd}。

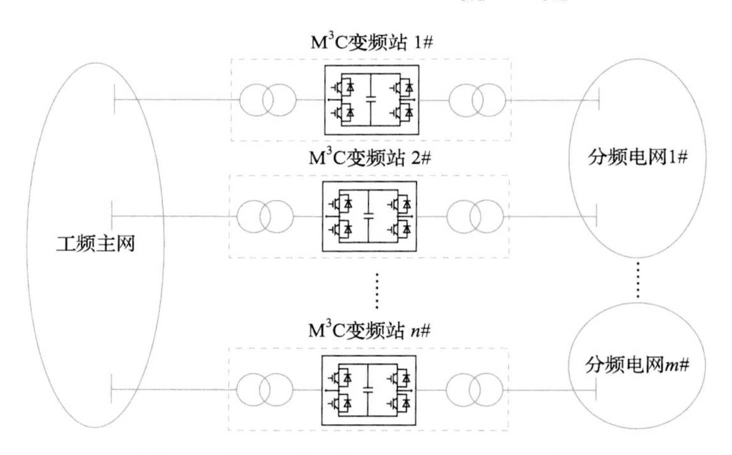

图 5-5 典型工频-分频混联电力系统示意图

设定所有节点的初始电压幅值为 1，相角为 0°，即采用“平启动”方式。但对于集合与 R_{cvd} 中节点的有功功率，由于采用定平均子模块电压控制，处于未知状态，则暂时视 M^{3}C 变频站为无损环节，对其进行初始化：

$$P_{i,s}^{M(0)} + P_{j,f}^{M(0)} = 0 \tag{5-68}$$

式中，i、j 分别为 M^{3}C 变频站工频侧、分频侧并网点的节点编号。

特别地，当 M^{3}C 分频侧采用 V/f 控制以作为分频电网的平衡节点时，M^{3}C 两侧的有功功率均未知，此时将整个分频网络视为无损网络，初始化分频电网平衡节点的有功功率。当节点 r 为分频电网的平衡节点时：

$$P_{r,\mathrm{f}}^{\mathrm{M}(0)} = -\sum_{\substack{i\in R\\ i\neq r}} P_{i,\mathrm{f}}^{(0)} \tag{5-69}$$

对于集合 R 中的节点 i，其节点注入功率为

$$\begin{cases} P_{i,\mathrm{f}} = V_{\mathrm{f},i}\sum\limits_{j\in R} U_{\mathrm{f},j}\left(G_{ij,\mathrm{f}}\cos\theta_{ij,\mathrm{f}} + B_{ij,\mathrm{f}}\sin\theta_{ij,\mathrm{f}}\right) \\ Q_{i,\mathrm{f}} = V_{\mathrm{f},i}\sum\limits_{j\in R} U_{\mathrm{f},j}\left(G_{ij,\mathrm{f}}\sin\theta_{ij,\mathrm{f}} - B_{ij,\mathrm{f}}\cos\theta_{ij,\mathrm{f}}\right) \end{cases} \tag{5-70}$$

式中，$G_{ij,\mathrm{f}}$ 和 $B_{ij,\mathrm{f}}$ 分别为节点 i 与节点 j 间的导纳；$\theta_{ij,\mathrm{f}}$ 为节点 i 与节点 j 间的电压相角差。

基于式(5-70)可以得到节点功率平衡方程从而进行潮流求解：

$$\begin{cases} \Delta P_{i,\mathrm{f}} = \left(P_{i,\mathrm{f}}^{\mathrm{G}} - P_{i,\mathrm{f}}^{\mathrm{L}} + P_{i,\mathrm{f}}^{\mathrm{M}}\right) - P_{i,\mathrm{f}} = 0 \\ \Delta Q_{i,\mathrm{f}} = \left(Q_{i,\mathrm{f}}^{\mathrm{G}} - Q_{i,\mathrm{f}}^{\mathrm{L}} + Q_{i,\mathrm{f}}^{\mathrm{M}}\right) - Q_{i,\mathrm{f}} = 0 \end{cases} \tag{5-71}$$

式中，上标 G、L 和 M 分别表示发电机、负荷与 $\mathrm{M^3C}$ 变频站。

对于集合 N 中的节点 i，采用相同的方法可以得到工频电网节点功率平衡方程从而进行潮流计算：

$$\begin{cases} \Delta P_{i,\mathrm{s}} = \left(P_{i,\mathrm{s}}^{\mathrm{G}} - P_{i,\mathrm{s}}^{\mathrm{L}} + P_{i,\mathrm{s}}^{\mathrm{M}}\right) - P_{i,\mathrm{s}} = 0 \\ \Delta Q_{i,\mathrm{s}} = \left(Q_{i,\mathrm{s}}^{\mathrm{G}} - Q_{i,\mathrm{s}}^{\mathrm{L}} + Q_{i,\mathrm{s}}^{\mathrm{M}}\right) - Q_{i,\mathrm{s}} = 0 \end{cases} \tag{5-72}$$

通过潮流计算可以得到 $\mathrm{M^3C}$ 变频站并网点的节点电压与注入功率，进而根据等效电路与变频站的电气参数求得换流阀输出电压、电流及功率。以工频侧并网点 $i\in N_{\mathrm{c}}$ 为例，工频阀侧输出电压、电流与功率分别为

$$\dot{V}_{i,\mathrm{s}} = \dot{U}_{i,\mathrm{s}} + \left(\frac{P_{i,\mathrm{s}}^{\mathrm{M}} + \mathrm{j}Q_{i,\mathrm{s}}^{\mathrm{M}}}{k_{\mathrm{s}}\dot{U}_{i,\mathrm{s}}}\right)^{*} Z_{\mathrm{tc,s}} \tag{5-73}$$

$$\dot{I}_{i,\mathrm{s}} = \frac{P_{i,\mathrm{s}}^{\mathrm{M}} - \mathrm{j}Q_{i,\mathrm{s}}^{\mathrm{M}}}{\left(k_{\mathrm{s}}\dot{U}_{i,\mathrm{s}}\right)^{*}} \tag{5-74}$$

$$P_{i,\mathrm{s}}^{\mathrm{V}} + \mathrm{j}Q_{i,\mathrm{s}}^{\mathrm{V}} = P_{i,\mathrm{s}}^{\mathrm{M}} + \mathrm{j}Q_{i,\mathrm{s}}^{\mathrm{M}} + I_{i,\mathrm{s}}^{2} Z_{\mathrm{tc,s}} \tag{5-75}$$

同理，由分频侧并网点的功率、电压可得 $\mathrm{M^3C}$ 分频阀侧的输出电压、电流及功率，将双侧电气量转换至有名值后，根据式(5-32)可以计算得到 $\mathrm{M^3C}$ 变频站的损耗。

本节提出的潮流计算方法的收敛判据为所有 M³C 变频站满足有功功率平衡方程，即满足式(5-76)：

$$\left|P_{i,\mathrm{s}}^{\mathrm{V}(t)}+P_{i,\mathrm{f}}^{\mathrm{V}(t)}+P_{i,\mathrm{Loss}}^{(t)}\right|\leqslant\varepsilon \tag{5-76}$$

式中，t 为当前迭代次数；ε 为潮流计算容许误差。

同时，对于任一变频站，还需要分析式(5-33)～式(5-35)所示的运行约束是否满足。约束条件不满足时，可通过调节换流变压器分接头的方式或转换节点类型以使约束满足：

(1) 桥臂电压过调制时，减小阀侧电压较高一侧的换流变压器变比，反之则增加变比，并校验有功功率是否满足运行范围。如果运行范围不满足则增大对侧换流变压器变比。

(2) 当桥臂电流超过允许最大值时，优先增加变频站 PV 节点侧的换流变压器变比，反之则减小变比。

(3) 当变频站 PV 节点输出功率超过换流变压器容量时，将该节点转化为 PQ 节点，令其无功功率为最大允许值。

如果潮流计算未收敛，一方面需要对约束越限进行相应的处理，另一方面，还需要对 M³C 变频站采用定模块电容电压控制有功功率的节点，即对集合 N_{cvd} 与 R_{cvd} 中节点的有功功率进行更新：

$$\begin{cases}P_{i,\mathrm{s}}^{\mathrm{M}(t+1)}=-P_{i,\mathrm{f}}^{\mathrm{V}(t)}-P_{i,\mathrm{Loss}}^{(t)}-\dfrac{\left(P_{i,\mathrm{f}}^{\mathrm{V}(t)}+P_{i,\mathrm{Loss}}^{(t)}\right)^2+\left(Q_{i,\mathrm{s}}^{\mathrm{V}(t)}\right)^2}{V_{i,\mathrm{s}}^2}R_{i,\mathrm{tc,s}}\\[2ex]P_{i,\mathrm{f}}^{\mathrm{M}(t+1)}=-P_{i,\mathrm{s}}^{\mathrm{V}(t)}-P_{i,\mathrm{Loss}}^{(t)}-\dfrac{\left(P_{i,\mathrm{s}}^{\mathrm{V}(t)}+P_{i,\mathrm{Loss}}^{(t)}\right)^2+\left(Q_{i,\mathrm{f}}^{\mathrm{V}(t)}\right)^2}{V_{i,\mathrm{f}}^2}R_{i,\mathrm{tc,f}}\end{cases} \tag{5-77}$$

如图 5-6 所示，本节提出的交替迭代潮流计算方法还包含对分频电网各节点电压、功率变化的检测，当分频电网的节点电压、功率没有发生变化时，将不再对分频电网的潮流进行重复计算，以进一步提高潮流计算效率。这是分频电网相对于工频主网而言较为简单，其潮流计算结果一般变化不大所致。在不考虑 M³C 变频站损耗且不出现运行越限的情况下，分频电网与工频电网分别进行一次潮流计算即可输出最终潮流计算结果。

5.1.3 算例分析

1. 110kV 分频陆上风电系统

为了验证所提周波变换器的稳态模型与潮流计算方法的正确性，分别在电磁暂态仿真程序 PSCAD/EMTDC 及潮流程序中，对图 5-7 所示的算例系统 1 进行

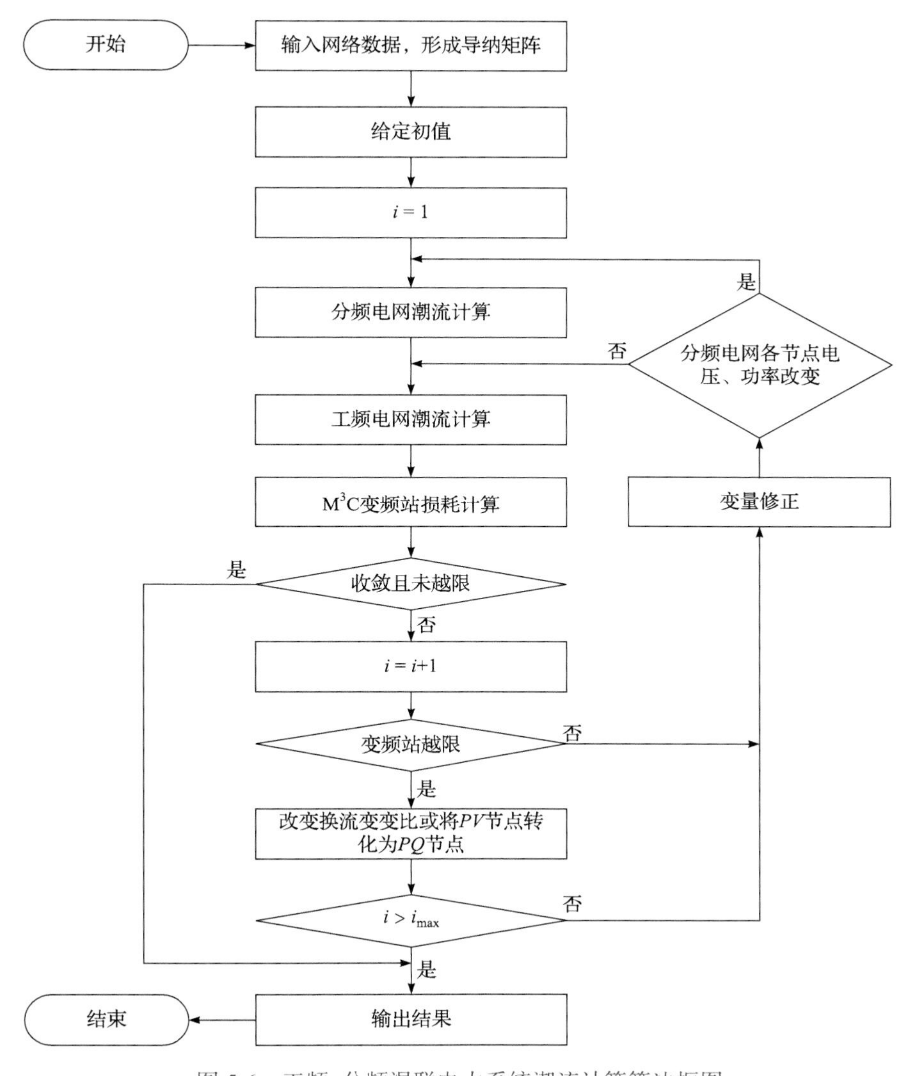

图 5-6 工频-分频混联电力系统潮流计算算法框图

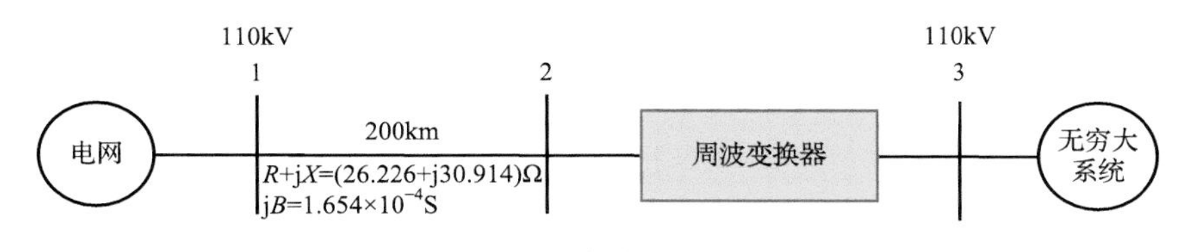

图 5-7 算例系统 1

仿真计算。算例系统中分频侧发电机的输出功率为 50MW，同时周波变换器电压调制比 $\gamma = 0.817$，换流变压器的变比 $k_T = 2.955$。算例系统潮流计算结果与电磁暂态仿真结果如表 5-1 所示。

表 5-1　算例潮流计算结果与电磁暂态仿真结果

节点	P			V			$\cos\varphi$		
	仿真值/MW	计算值/MW	误差/%	仿真值/kV	计算值/kV	误差/%	仿真值	计算值	误差/%
1	49.67	49.67	0.00	120.9	120.9	0.00	0.995725	0.998835	0.31
2	44.09	45.20	2.52	108.3	110.0	−1.52	0.999479	0.999293	−0.02
3	43.98	45.20	2.77	110.0	110.0	0.00	0.691844	0.689061	−0.40

表 5-1 表明，由于潮流计算中忽略了谐波及换流变压器的有功功率损耗，因此与仿真结果有所差别，但是误差小于 3%。由此可见，周波变换器的潮流计算方法满足工业计算的精度，其准确性满足要求。

为了分析周波变换器控制参数对系统的影响，保持分频侧潮流分布不变，设置以下两种工况。

工况 1：通过将换流变压器的变比 k_{T1} 调整为 3.102，可以将电压调制比 γ 调整为 0.8568；

工况 2：通过将换流变压器的变比 k_{T1} 调整为 2.807，可以将电压调制比 γ 调整为 0.7752。

由此可以得到调整前后图 5-7 中母线 3 的电压、有功功率、无功功率，如表 5-2 所示。

表 5-2　潮流计算结果

工况	电压/kV	有功功率/MW	无功功率/Mvar
调整前	110	45.2	47.507
工况 1	110	45.2	43.190
工况 2	110	45.2	52.260

由表 5-2 可知，当分频侧潮流分布不变的情况下，通过增加 γ，可以在一定程度上改善分频风电系统工频侧的功率因数。

2. 220kV 分频陆上风电系统

利用含分频风电的电力系统潮流算法，进一步以四川西昌地区 220kV/500MW 的风电群经远距离传输并入四川电网工程为算例，对风电经分频输电系统并网的稳态特性进行研究。本算例中电网数据采用 2015 年的四川电网规划数据。前期的研究表明，由于电网穿透能力的限制，500MW 的风电资源无法就近并入最近的 220kV 会东变电站。最佳的并网点在距离风电场最近的枢纽站——500kV 普提变电站。普提变电站与风电场之间的输电距离为 260km。

根据西昌地区的电网布置，选用 220kV 线路进行功率传输，导线类型为 2×LGJ-630。因此，260km 分频风电线路的参数：电阻 7.15Ω，电感 0.246H，电容 3.122μF。设定环境温度为 40℃，最高工作温度为 70℃，可以得到 220kV 电压等级下 2×LGJ-630 导线的热极限功率为 594MW，满足系统要求。综上，算例系统 2 的结构如图 5-8 所示。

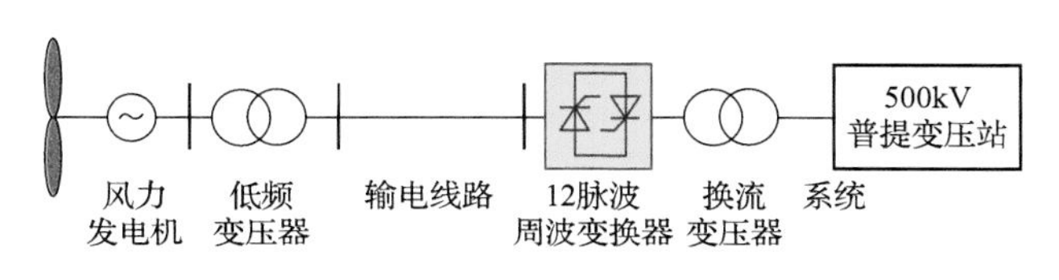

图 5-8　算例系统 2

图 5-8 中，500MW 风电系统发出分频电能后，经升压变压器升压至 220kV。220kV 分频电能经 260km 输电线路传输后，由周波变换器注入四川电网 500kV 普提变电站的 220kV 母线。

为了对分频风电系统稳态特性进行分析，可讨论下述两种控制策略。第 1 种控制策略是采用恒频率策略的分频风电系统(以下简称“恒分频系统”)，该系统的特点是分频侧频率不随风速变化，始终保持在 50/3Hz。第 2 种控制策略是采用变频率策略的分频风电系统(以下简称“变分频系统”)，该系统分频侧的频率随风速的变化而变化，变化范围为 14～18Hz，分频侧工作频率与风速之间的关系如图 5-9 所示。

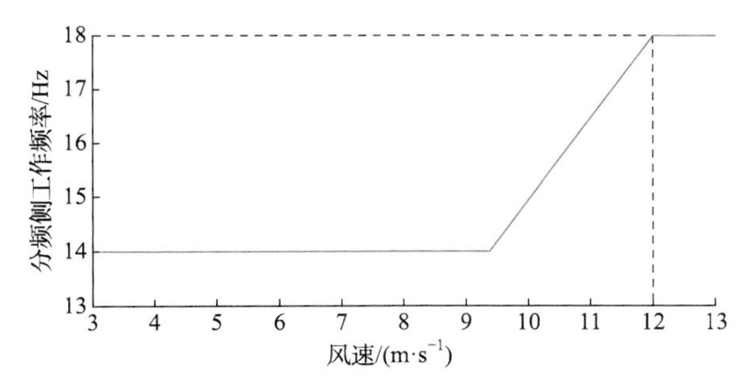

图 5-9　分频侧工作频率与风速间的关系

1) 线路末端电压波动特性分析

由于分频风电系统传输功率较大，输电距离也较长，因此如未装设无功补偿装置，分频线路末端与工频系统连接处将出现较为明显的电压波动。根据潮流算法，可以得到当风力发电机出口电压保持 1.05pu 时，恒分频系统与变分频系统两种策略下风电场输出有功功率与线路末端电压的关系，如图 5-10 所示。可以看出，无论采用哪种策略，如未装设无功补偿装置，分频线路末端与工频系统连接处的电压将随着传输功率的增加而逐渐降低。同时，当系统处于低风速工况时，由于工作频率低于 50/3Hz，变分频系统的电压偏移小于恒分频系统。但是，当系统处于高风速工况时，由于工作频率的提高，前者的电压偏离将较大。

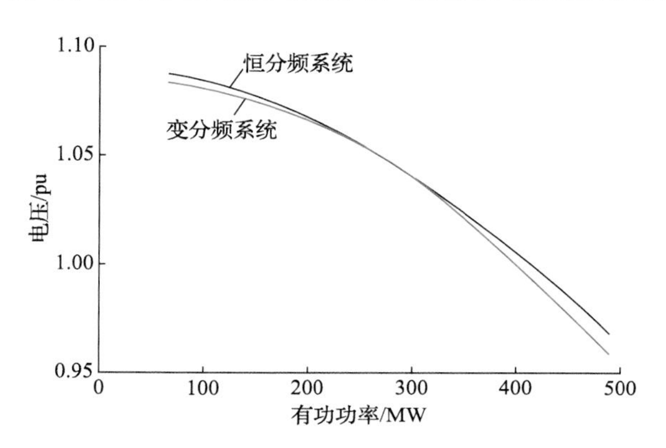

图 5-10　输出有功功率与线路末端电压的关系

通过如图 5-11 (a)所示典型日风速的潮流计算结果，可以得到采用两种策略的分频系统的线路末端典型日电压波动，如图 5-11 (b)所示。进一步计算，得典型日下恒分频系统和变分频系统的平均电压偏差分别为 0.063297pu 和 0.06242pu。因此，虽然变分频系统在高风速区域电压偏差较大，但是由于风电场主要工作在中低风速区域，其在典型日的全天平均电压偏差依然较小。

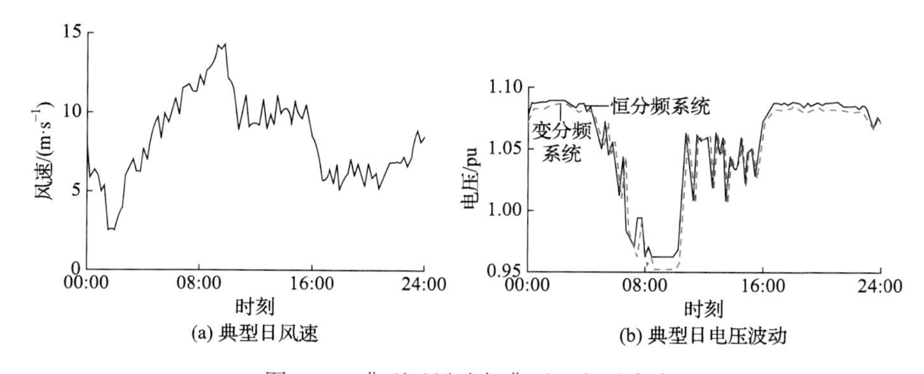

图 5-11　典型日风速与典型日电压波动

2) 分频线路所需无功补偿容量分析

由以上分析可知，由于分频线路的距离较长、容量较大，因此若线路末端不加任何无功补偿装置，则线路电压波动明显，有功功率损耗增大。同时，考虑到周波变换器本身的无功功率特性，建议对于长距离、大容量的输电线路，在周波变换器的工频与分频两侧，均装设无功补偿装置。两侧无功补偿装置的配置原则如下。

(1) 工频侧无功补偿装置：主要用于补偿周波变换器从系统吸收的无功功率，同时保持变频器工频母线电压恒定。

(2) 分频侧无功补偿装置：主要用于补偿线路上消耗的无功功率，从而保证分频线路注入周波变换器的功率因数近似为 1。

根据这一原则，对于上述的研究系统，若希望保持变频器工频母线电压为 1.0pu，则在工频侧与分频侧系统所需的无功补偿容量与风电输出有功功率之间的关系如图 5-12 所示。

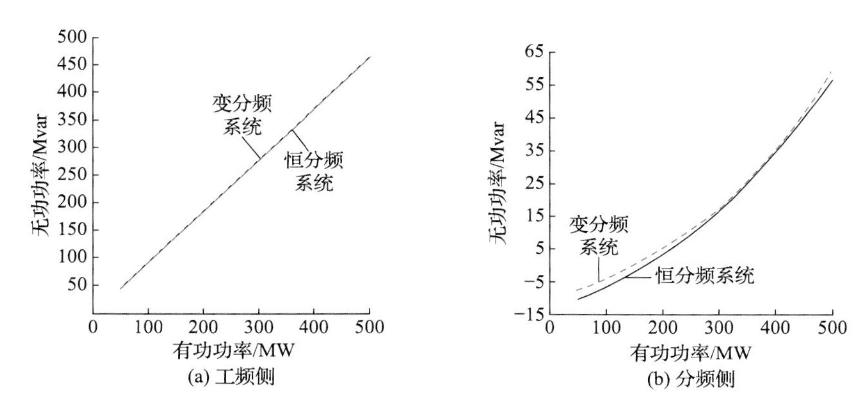

图 5-12　两侧系统所需的无功补偿容量与风电输出有功功率之间的关系

通过图 5-12 可以得到以下结论：

(1) 无论是工频侧还是分频侧，如要实现母线电压或功率因数恒定，其补偿进母线的无功功率均会随风电场有功功率的变化而变化。因此，在风速波动很剧烈的情况下，装配传统的电容补偿设备很难满足要求，可尝试利用静态电容器与有源无功补偿相配合的策略。

(2) 恒分频系统与变分频系统在工频侧所需补偿的无功功率几乎相同，且仅需补偿容性无功功率。

(3) 当线路传递有功功率较小时，分频线路从系统吸收感性无功功率。只有当系统有功功率超过自然功率时，线路才从系统吸收容性无功功率。

(4) 当线路有功功率较小时，变分频系统所吸收的无功功率小于恒分频系统。但是，当线路有功功率较大，甚至接近额定值时，变分频系统分频侧频率高于 50/3Hz，此时该系统所吸收的无功功率将高于恒分频系统。因此对于变分频系统，所需安装的容性无功补偿装置容量较恒分频系统小，但所需安装的感性无功补偿装置容量却会偏大。

3. 1000MW 分频海上风电系统

1000MW 分频海上风电系统结构如图 5-13 所示，风电场发出 35kV、50/3Hz 分频电能，经过海上升压站升压后，由 100km 电缆输送至陆上 M^3C 变频站。M^3C 变频站额定容量为 1000MW，每个桥臂由 200 个全桥模块串联组成，模块电容电压为 2kV，每个开关管由两个 FZ1500R33HL3 模组并联组成。M^3C 分频侧并网点为分频电网的平衡节点，工频侧并网点为 PQ 节点，且为单位功率因数运行。电磁暂态仿真中，全桥模块采用戴维南等效模型，导通损耗计算通过输入实际 IGBT 与二极管的通态电阻实现，开关损耗则通过在桥臂中串入始终与桥臂电流反向的可控电压源实现，其幅值由实际开关损耗确定。风电场满发时的潮流计算结果如表 5-3～表 5-6 所示，其中潮流计算的允许误差为 10^{-6}，经过 3 次迭代耗时 0.21s 收敛。

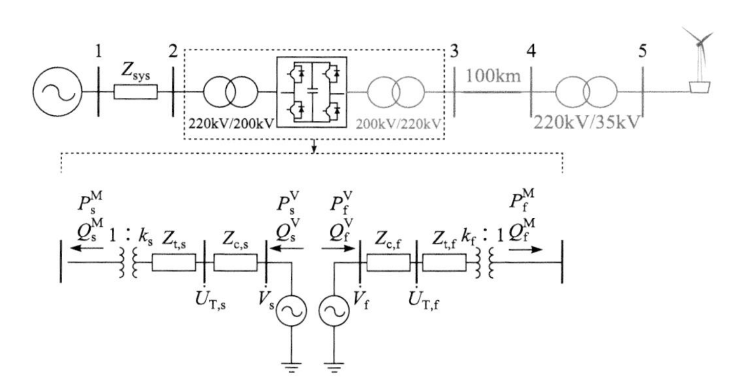

图 5-13　1000MW 分频海上风电系统结构

表 5-3　1000MW 分频海上风电系统的节点电压计算结果

节点号	本节潮流算法		电磁暂态仿真	
	电压/kV	相角/(°)	电压/kV	相角/(°)
1	220	0	220	0
2	220.22	7.26	220.18	7.23
3	220	0	220	0
4	223.08	1.62	223.30	1.61
5	222.20	6.29	222.42	6.27

表 5-4　1000MW 分频海上风电系统的支路潮流计算结果(本节潮流算法)

节点号		P_{ij} /MW	Q_{ij} /MVA	P_{ji} /MW	Q_{ji} /MVA
i	*j*				
1	2	−966.83	123.32	975.46	0
2	3	−975.46	0	986.17	153.80
3	4	−986.17	−153.80	999.18	−93.87
5	4	−999.18	93.87	1000	0

表 5-5　1000MW 分频海上风电系统的支路潮流计算结果(电磁暂态仿真)

节点号		P_{ij} /MW	Q_{ij} /MVA	P_{ji} /MW	Q_{ji} /MVA
i	*j*				
1	2	−967.60	123.25	976.56	0
2	3	−976.56	0	985.72	154.15
3	4	−985.72	−154.15	999.18	−93.80
5	4	−999.18	93.80	1000	0

表 5-6　1000MW 分频海上风电系统的 M³C 变频站电压、功率及桥臂电流计算结果

项目	本节潮流算法	电磁暂态仿真	项目	本节潮流算法	电磁暂态仿真
$U_{\mathrm{T,s}}$/kV	201.12	201.21	$U_{\mathrm{T,f}}$/kV	197.84	198.08
V_{s}/kV	208.29	209.42	V_{f}/kV	197.43	197.68
$P_{\mathrm{s}}^{\mathrm{V}}$ /MW	976.33	—	$P_{\mathrm{f}}^{\mathrm{V}}$ /MW	−985.23	—
$Q_{\mathrm{s}}^{\mathrm{V}}$ /Mvar	277.86	—	$Q_{\mathrm{f}}^{\mathrm{V}}$ /Mvar	3.69	—
$I_{\mathrm{arm,RMS}}$/kA	1.34	1.34	$I_{\mathrm{arm,AVE}}$/kA	1.15	1.08

由本节潮流算法和电磁暂态仿真结果可以看出，两种方法得到节点电压、支路功率以及 M³C 变频站的电压、功率基本相同。需要指出的是，由于变频站稳态模型的阀侧节点是等效节点，所以表 5-6 中 $P_{\mathrm{s}}^{\mathrm{V}}$ 、$Q_{\mathrm{s}}^{\mathrm{V}}$ 、$P_{\mathrm{f}}^{\mathrm{V}}$ 与 $Q_{\mathrm{f}}^{\mathrm{V}}$ 等阀侧功率在电磁暂态仿真中无法实际测量。另外，两种方法得到的桥臂电流有效值相同，但绝对平均值 $I_{\mathrm{arm,AVE}}$ 存在误差，潮流算法相对电磁暂态仿真的误差为 6.48%，这是因为式(5-25)为实际桥臂电流绝对平均值的上界，且并未考虑环流电流的影响。虽然 $I_{\mathrm{arm,AVE}}$ 存在误差，但由于总损耗较小，因此并未对全系统的潮流结果带来较

大影响。风电场从零出力至满发过程中，两种方法计算得到的关键节点功率、电压与桥臂电流误差如图 5-14 所示。显然，关键节点的电压、功率误差均保持在±5%以内，桥臂电流有效值、绝对平均值的误差偏大，但总体趋势为随着传输有功功率增大，误差逐渐减小。综上所述，本节所提出的 M^3C 变频站稳态模型与交替迭代潮流算法满足工业计算精度要求，证明了其正确性与有效性。

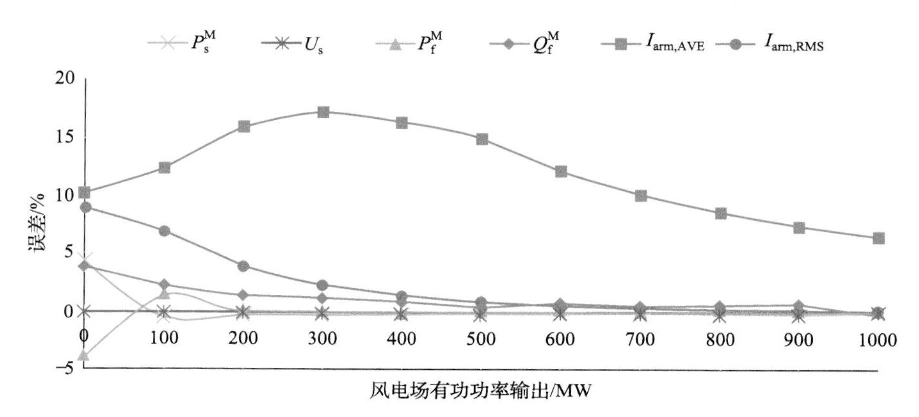

图 5-14　不同风电场出力时潮流计算误差

4. 900MW 海上风电经分频输电并网系统

900MW 海上风电经分频输电并网系统结构如图 5-15 所示，每个风电场装机容量为 300MW，陆上变频站采用 M^3C。海上分频输电系统中三个海上升压站的高压侧设置为节点 1、2、3，低压侧设置为节点 6、7、8，海上系统的集电点设

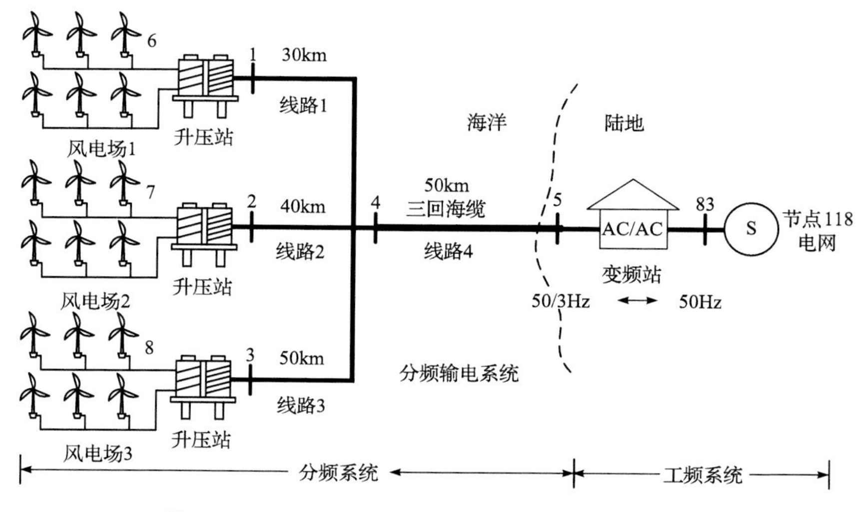

图 5-15　900MW 海上风电经分频输电并网系统结构

置为节点 4，分频侧 PCC 为节点 5。工频侧 IEEE 节点 118 系统中的节点 83 为并网点，即工频侧的 PCC，考虑到工频系统的电能消纳问题，并网点附近出力较大的发电机节点 80、89 的有功功率输出将随着海上风电场注入的有功功率的增加而减少，其他参数均不改变。

1) 并网点、线路末端电压特性

考察风电场、M^{3}C 工频侧单位功率因数运行，风电场不同出力下的并网点、线路末端电压曲线如图 5-16 所示。风电场出力越大，海上分频输电系统各节点电压越高，并网点的电压先升高后缓降。但在不同风电场出力状况下，各节点电压均满足±0.05pu 的稳定运行要求。

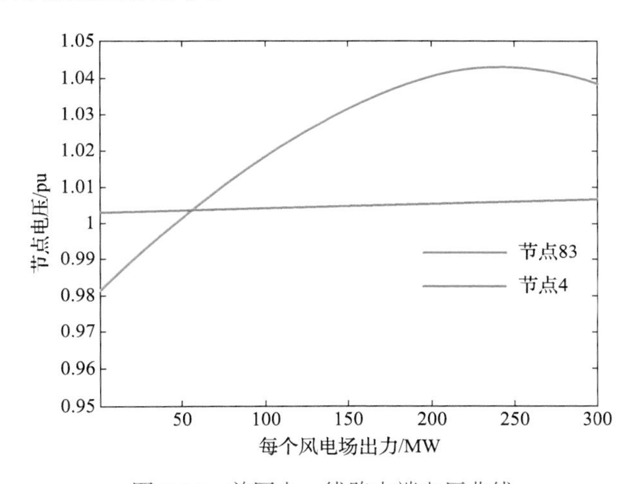

图 5-16　并网点、线路末端电压曲线

2) 无功补偿容量分析

风电场不同出力下，海上风电场集电节点 4 电压随线路 4 长度变化曲线如图 5-17 所示。当线路 4 长度从 50km 增加到 200km，节点 4 电压在不同风电场出力情况下始终保持在 1.05pu 内。因此，分频输电可以满足离岸 200km 的千兆瓦级海上风电传输，且无需无功补偿配置，十分适用于大容量、远距离海上风电场的并网。

3) 动态经济运行

对于海上风电系统而言，其输电线路在设计阶段须考虑风场满载时的送电需求，线路容量较大，电压等级较高，但是风电场出力有很强的随机性，且大部分时间处于轻载状态，线路利用率较低，会造成极大的空载损耗。此时可以通过灵活调节分频系统的电压、频率，进一步降低线路损耗，提升经济效益。为保证系统中铁磁设备正常运行，可采用仅调节电压的动态电压法(DOV)与同时调节电压与频率的恒压频比法。

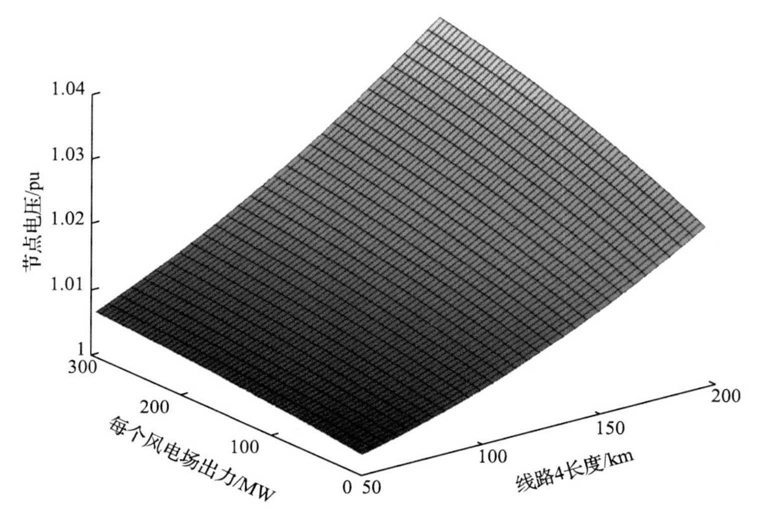

图 5-17　海上风电场集电节点 4 电压随线路 4 长度和风电场出力变化

某实际风电场出力统计数据显示，其年利用小时数为 2031.8h，年发电量为 1828.62GW · h。在风电场出力同步和独立两种情况下，对分频单端及多端算例系统在传统方式、DOV 方式及恒压频比方式下的年损耗进行计算，结果如表 5-7 所示。在风电场出力同步时，三种运行方式下的单端多场系统和多端多场系统的年损耗如图 5-18 所示。可以看出，单端多场系统年损耗率较小，低于 1%，风场出力大于 50MW 后三种运行方式下系统的年损耗趋于一致，动态参数优化运行对减少系统年损耗的效果不太明显；恒压频比方式下单端多场系统年损耗电量与 DOV 方式差异较小。文献[2]论证了恒压频比方式在多端分频系统中降损效果更明显。再考虑到保证铁磁装备正常运行，推荐采用恒压频比方式。

表 5-7　不同运行方式下的系统年损耗

项目		单端多场系统			多端多场系统		
		传统方式	DOV 方式	恒压频比方式	传统方式	DOV 方式	恒压频比方式
风电场出力独立	年损耗电量/(MW·h)	12458.15	12355.3	12280.76	40984.48	36044.23	27087.1
	年损耗率/%	0.6813	0.6757	0.6716	2.2413	1.9711	1.4813
风电场出力同步	年损耗电量/(MW·h)	17650.64	17182.37	17004.99	56440.75	41292.61	34083.14
	年损耗率/%	0.9652	0.9396	0.9299	3.0865	2.2581	1.8639

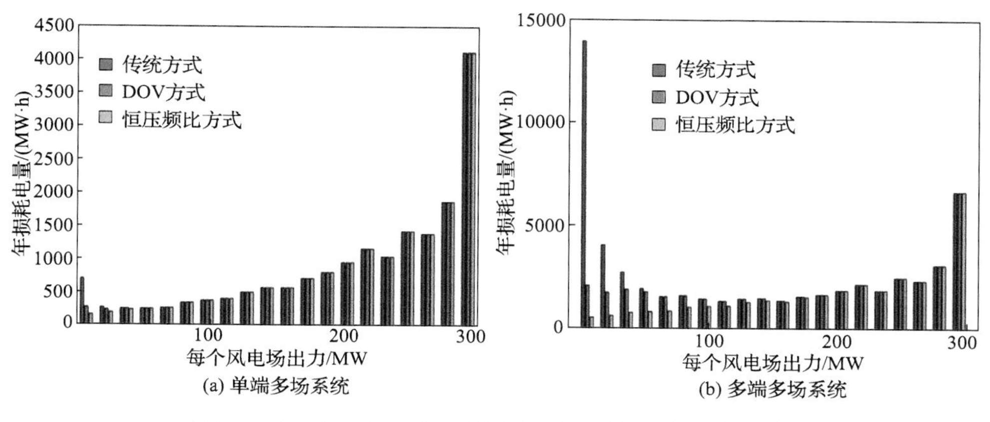

图 5-18　不同运行方式下系统年损耗电量与风电场出力关系

5.2 含分频输电系统的电力系统暂态稳定计算

含分频输电系统的电力系统暂态稳定特性与常规的输电系统相比有以下两点不同：第一，由于分频输电系统分频侧频率较低，系统中电抗显著减小。因此，当分频输电系统分频侧出现短路时，短路点至分频发电机间的电气距离将较传统输电系统有明显的缩短；第二，分频输电系统中变频器的引入，使其暂态特性与传统输电系统有明显的区别。同时，变频器在故障时采用不同控制策略也可能对系统稳定性产生影响。

基于此，本节以基于周波变换器的分频输电系统为例，对含分频风电的电力系统暂态稳定算法与系统的暂态稳定特性进行了详细的分析[5]。考虑到周波变换器的引入可以简化风力发电机结构，因此本节主要针对去除机端变频器的永磁风力发电机经分频输电系统并网的工况。首先，提出可用于暂态计算的周波变换器准稳态模型；其次，提出含分频风电的电力系统暂态稳定算法；最后，通过算例分析探讨含分频风电的电力系统暂态稳定特性。

5.2.1 分频输电系统周波变换器暂态模型

1. 周波变换器的准稳态模型

分频输电系统中周波变换器是分频系统与工频系统的耦合元件，其作用是实现能量在分频系统与工频系统间的传输，同时对分频系统的频率进行控制。当分频输电系统出现故障时，周波变换器的暂态过程十分复杂，其主要原因包括以下三点：第一，周波变换器晶闸管的触发脉冲是在离散的时间点上发出的。同时，为了使变频器分频侧输出正弦信号，其触发的时刻是一组不均匀的离散点，这样触发角在计算性质上属于离散变量。第二，周波变换器正反桥的切换闭锁信号也属于离散信号，其改变的时刻与分频侧电流瞬时值相关。第三，在暂态过程中，交流系统的实际情况大多是不对称的，故障过程中极有可能出现一个桥臂在触发脉冲到来时无法正常导通的情况。如果需要精确模拟周波变换器的动态过程，需要在稳定计算时实时判断晶闸管的电压、脉冲情况，根据实际通断状态列出微分方程进行求解，这极大地增加了暂态稳定计算时的运算量。

因此，与直流输电类似，在进行含分频风电的电力系统暂态稳定计算时，需要对周波变换器的模型进行必要的简化，采用其准稳态模型进行计算。但是，与潮流计算时使用的变频器模型不同的是，短路时系统工频侧与分频侧两侧的电流都远远大于正常时的电流，其换相重叠角与换流变压器有功功率的损耗将无法忽略。

根据周波变换器的等效电路以及余弦交点法的控制原理，建立周波变换器的准稳态等效电路，如图 5-19 所示，并进一步推导周波变换器两侧的电压、功率关系。

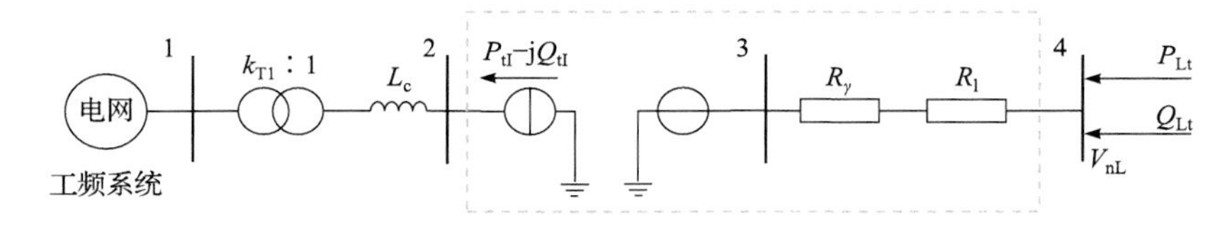

图 5-19　周波变换器准稳态等效电路

周波变换器相对于分频侧可以等效为一个理想电压源与输出阻抗的串联。根据余弦交点法的控制原理，可以得到周波变换器两侧的电压关系为

$$V_{nL} = n_T V_2 \frac{3\sqrt{3}}{\pi} \gamma + \left(R_1 + R_\gamma\right) \sqrt{I_{xL}^2 + I_{yL}^2} \tag{5-78}$$

式中，V_{nL} 为周波变换器分频侧母线电压；n_T 为多桥换流器的桥数，对于 12 脉波周波变换器，$n_T = 2$；V_2 为换流变压器阀侧母线 2 电压；γ 为电压调制系数；R_1 为周波变换器等效电阻；R_γ 为换相电阻；I_{xL}、I_{yL} 分别为分频侧流入变频器的电流横分量与总分量。

周波变换器两侧的有功功率关系为

$$P_{tI} = P_{Lt} - \left(I_{xL}^2 + I_{yL}^2\right) R_1 \tag{5-79}$$

式中，P_{Lt} 为分频系统(母线 4)注入周波变换器的有功功率；P_{tI} 为周波变换器注入工频系统(母线 2)的有功功率。

周波变换器两侧无功功率关系可根据式(5-7)所示的两侧功率因数近似特性导出，暂态稳定计算时，两侧无功功率关系与式(5-8)相同，即

$$\frac{P_{tI}}{\sqrt{P_{tI}^2+Q_{tI}^2}}=0.844\gamma\frac{P_{Lt}}{\sqrt{P_{Lt}^2+Q_{Lt}^2}} \tag{5-80}$$

综上所述，式(5-78)～式(5-80)即为周波变换器的准稳态模型，可以用于含分频输电系统的电力系统机电暂态稳定计算。

2. 周波变换器的控制系统模型

周波变换器模型中还包括控制策略系统，可评估这些策略对系统稳定问题的影响。以下设计了两个最简单的控制策略——定电压调制比控制策略与变电压调制比控制策略，并对这两种策略的数学模型进行描述。

现行分频风电系统的控制方式相对较简单，为提高系统工频侧的功率因数，尽可能地提高变频器的电压调制比 γ 。如果只是为了防止换向失败，电压调制比一般不超过 0.866。当前分频风电系统中周波变换器的电压调制比往往恒定在 0.866，即使在故障时也不会对其进行调整。采用这种电压调制比的调节方式称为定电压调制比控制。

周波变换器定电压调制比控制的传递函数框图如图 5-20 所示。当周波变换器运行时，其余弦交点法的电压调制比恒定保持在设定值 γ_{ref} ，但是该方法在故障时无法限制短路电流。

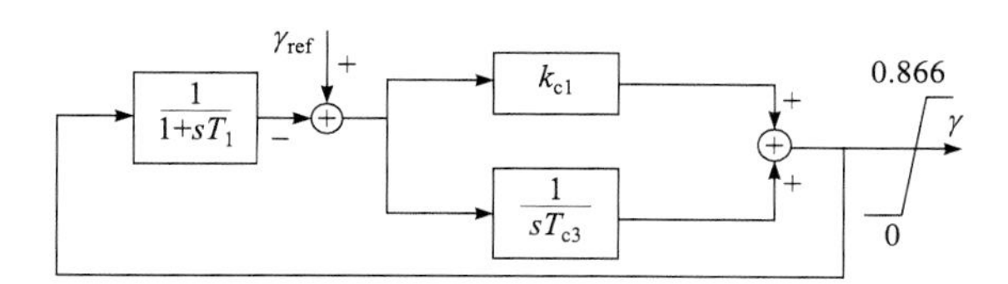

图 5-20　周波变换器定电压调制比控制传递函数框图

根据图 5-20 可以得到变频器定电压调制比控制的传递函数为

$$\gamma=\frac{T_1k_{c1}T_{c3}s^2+\left(T_1+k_{c1}T_{c3}\right)s+1}{T_1T_{c3}s^2+\left(1+k_{c1}\right)T_{c3}s+1}\gamma_{ref} \tag{5-81}$$

式中，T_1 为电压调制比测量延时；k_{c1} 和 T_{c3} 分别为控制环节中的比例系数和积分系数。

由式(5-81)可知，周波变换器定电压调制比控制的传递函数是一个二阶函数，且往往设定 γ_{ref} 等于 0.866。

变电压调制比控制策略在定电压调制比控制策略的基础上增加了前端的电流判定环节，这样可使周波变换器正常工作时依然保持其电压调制比为 0.866，但当系统出现短路等故障时，经过周波变换器的电流超过其额定电流，控制系统将降低变频器的电压调制比，通过增加导通角的方式，限制流过变频器的电流，其传递函数框图见图 5-21。

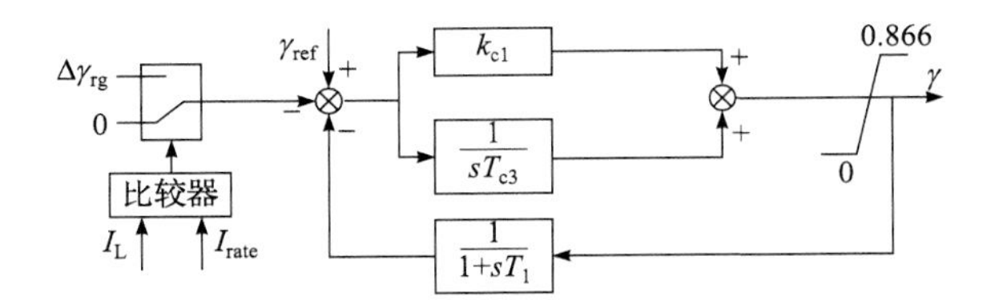

图 5-21　周波变换器变电压调制比控制传递函数框图

由图 5-21 可见，分频侧电流 I_{L} 可能小于额定电流 I_{rate} 或大于额定电流，因此变频器控制传递函数是一个分段函数，为

$$\gamma=\begin{cases}\dfrac{T_1k_{\text{c1}}T_{\text{c3}}s^2+\left(T_1+k_{\text{c1}}T_{\text{c3}}\right)s+1}{T_1T_{\text{c3}}s^2+\left(1+k_{\text{c1}}\right)T_{\text{c3}}s+1}\gamma_{\text{ref}}, & I_{\text{L}}\leqslant I_{\text{rate}}\\[2ex] \dfrac{T_1k_{\text{c1}}T_{\text{c3}}s^2+\left(T_1+k_{\text{c1}}T_{\text{c3}}\right)s+1}{T_1T_{\text{c3}}s^2+\left(1+k_{\text{c1}}\right)T_{\text{c3}}s+1}\left(\gamma_{\text{ref}}-\Delta\gamma_{\text{rg}}\right), & I_{\text{L}}>I_{\text{rate}}\end{cases}\tag{5-82}$$

式中，$\Delta\gamma_{\text{rg}}$ 为出现短路故障时，电压调制比的调节量。

5.2.2　含分频输电系统的电力系统暂态稳定计算方法

在电力系统暂态稳定性问题中，为了生成所需求解的代数方程，需要将动态元件与网络相连接。在含分频输电的电力系统中，除了发电机、负荷等传统动态元件外，还存在周波变换器。因此，周波变换器准稳态模型与网络方程的连接将是本小节的重点。为简化处理，本小节中所有公式均为标幺制公式。

1. 分频侧代数方程的形成

风电经分频输电系统并网的分频侧等效电路如图 5-22 所示。图中，周波变换器对分频系统而言等效为一个无穷大理想电压源。可知，该系统共有 3 个节点，其中节点 1 为发电机节点，节点 3 为无穷大系统节点。

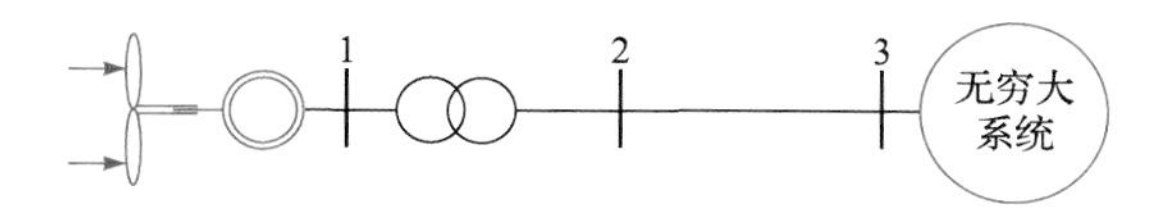

图 5-22　风电经分频输电系统并网的分频侧等效电路

在机电暂态分析过程中，忽略电磁暂态过程，根据电力系统网络方程 $\boldsymbol{BV}=\boldsymbol{I}$[6]，可以得到该系统网络方程为

$$\begin{bmatrix} \begin{bmatrix} G_{l11} & -B_{l11} \\ B_{l11} & G_{l11} \end{bmatrix} & \begin{bmatrix} G_{l12} & -B_{l12} \\ B_{l12} & G_{l12} \end{bmatrix} & \begin{bmatrix} 0 & 0 \\ 0 & 0 \end{bmatrix} \\ \begin{bmatrix} G_{l21} & -B_{l21} \\ B_{l21} & G_{l21} \end{bmatrix} & \begin{bmatrix} G_{l22} & -B_{l22} \\ B_{l22} & G_{l22} \end{bmatrix} & \begin{bmatrix} G_{l23} & -B_{l23} \\ B_{l23} & G_{l23} \end{bmatrix} \\ \begin{bmatrix} 0 & 0 \\ 0 & 0 \end{bmatrix} & \begin{bmatrix} G_{l32} & -B_{l32} \\ B_{l32} & G_{l32} \end{bmatrix} & \begin{bmatrix} G_{l33} & -B_{l33} \\ B_{l33} & G_{l33} \end{bmatrix} \end{bmatrix} \begin{bmatrix} \begin{bmatrix} V_{lx1} \\ V_{ly1} \end{bmatrix} \\ \begin{bmatrix} V_{lx2} \\ V_{ly2} \end{bmatrix} \\ \begin{bmatrix} V_{lx3} \\ V_{ly3} \end{bmatrix} \end{bmatrix} = \begin{bmatrix} \begin{bmatrix} I_{lx1} \\ I_{ly1} \end{bmatrix} \\ \begin{bmatrix} I_{lx2} \\ I_{ly2} \end{bmatrix} \\ \begin{bmatrix} I_{lx3} \\ I_{ly3} \end{bmatrix} \end{bmatrix} \tag{5-83}$$

式中，G_{lij} 和 B_{lij} 分别为分频系统网络导纳矩阵元素的实部与虚部；I_{lxi} 和 I_{lyi} 分别为分频系统节点 i 注入系统电流的实部与虚部；V_{lxi} 和 V_{lyi} 分别为分频系统节点 i 母线电压的实部与虚部。

由于图 5-22 所示系统中，节点 1 与节点 3 没有直接相连，因此 G_{l31} 和 B_{l31} 均为 0。当周波变换器与分频系统相连时，可将其等效为无穷大节点。由于周波变换器无机电暂态过程，且在潮流计算中设定其分频侧母线为参考母线，相角为 0°，因此可以算得节点 3 母线电压的实部与虚部为 $\left[V_{lx3}, V_{ly3}\right]^{\mathrm{T}} = \left[V_{nL}, 0\right]^{\mathrm{T}}$。$V_{nL}$ 则可根据式(5-78)进行计算，其中电压调制比 γ 需要通过控制方程(式(5-81)和式(5-82))进行计算。由此，可以得到当分频发电机和周波变换器同时与分频网络相连后，分频系统的网络方程为

$$\begin{bmatrix} \begin{bmatrix} G'_{l11} & -B'_{l11} \\ B'_{l11} & G'_{l11} \end{bmatrix} & \begin{bmatrix} G_{l12} & -B_{l12} \\ B_{l12} & G_{l12} \end{bmatrix} & \begin{bmatrix} 0 & 0 \\ 0 & 0 \end{bmatrix} \\ \begin{bmatrix} G_{l21} & -B_{l21} \\ B_{l21} & G_{l21} \end{bmatrix} & \begin{bmatrix} G_{l22} & -B_{l22} \\ B_{l22} & G_{l22} \end{bmatrix} & \begin{bmatrix} G_{l23} & -B_{l23} \\ B_{l23} & G_{l23} \end{bmatrix} \\ \begin{bmatrix} 0 & 0 \\ 0 & 0 \end{bmatrix} & \begin{bmatrix} G_{l32} & -B_{l32} \\ B_{l32} & G_{l32} \end{bmatrix} & \begin{bmatrix} G_{l33} & -B_{l33} \\ B_{l33} & G_{l33} \end{bmatrix} \end{bmatrix} \begin{bmatrix} \begin{bmatrix} V_{lx1} \\ V_{ly1} \end{bmatrix} \\ \begin{bmatrix} V_{lx2} \\ V_{ly2} \end{bmatrix} \\ \begin{bmatrix} U_{nL} \\ 0 \end{bmatrix} \end{bmatrix} = \begin{bmatrix} \begin{bmatrix} I_{lx1} \\ I_{ly1} \end{bmatrix} \\ \begin{bmatrix} 0 \\ 0 \end{bmatrix} \end{bmatrix} \tag{5-84}$$

式中，上标′表示分频条件下的相应量。

由于分频发电机与分频网络节点 1 相连，因此分频网络节点 1 的注入电流以及导纳阵左上角的对角块需进行一定的修正。修正方法与传统电力系统类似，此

处不再赘述。

综上所述，考虑周波变换器的接入后分频系统的网络方程是一个关于节点 1 和节点 2 电压 V_{lx1}、V_{ly1}、V_{lx2}、V_{ly2} 与节点 3 注入电流 I_{lx3} 和 I_{ly3} 的非线性方程，方程数与未知数均为 6 个，可利用非线性方程组的数值解法进行求解。

2. 工频侧代数方程的形成

假设工频系统有 n 个节点，其中分频系统通过节点 j 与工频系统相连，由此可以得到工频系统网络方程为

$$\begin{bmatrix} \begin{bmatrix} G_{11} & -B_{11} \\ B_{11} & G_{11} \end{bmatrix} & \cdots & \begin{bmatrix} G_{1j} & -B_{1j} \\ B_{1j} & G_{1j} \end{bmatrix} & \cdots & \begin{bmatrix} G_{1n} & -B_{1n} \\ B_{1n} & G_{1n} \end{bmatrix} \\ \vdots & & \vdots & & \vdots \\ \begin{bmatrix} G_{j1} & -B_{j1} \\ B_{j1} & G_{j1} \end{bmatrix} & \cdots & \begin{bmatrix} G_{jj} & -B_{jj} \\ B_{jj} & G_{jj} \end{bmatrix} & \cdots & \begin{bmatrix} G_{jn} & -B_{jn} \\ B_{jn} & G_{jn} \end{bmatrix} \\ \vdots & & \vdots & & \vdots \\ \begin{bmatrix} G_{n1} & -B_{n1} \\ B_{n1} & G_{n1} \end{bmatrix} & \cdots & \begin{bmatrix} G_{nj} & -B_{nj} \\ B_{nj} & G_{nj} \end{bmatrix} & \cdots & \begin{bmatrix} G_{nn} & -B_{nn} \\ B_{nn} & G_{nn} \end{bmatrix} \end{bmatrix} \begin{bmatrix} \begin{bmatrix} V_{x1} \\ V_{y1} \end{bmatrix} \\ \vdots \\ \begin{bmatrix} V_{xj} \\ V_{yj} \end{bmatrix} \\ \vdots \\ \begin{bmatrix} V_{xj} \\ V_{yj} \end{bmatrix} \end{bmatrix} = \begin{bmatrix} \begin{bmatrix} I_{x1} \\ I_{y1} \end{bmatrix} \\ \vdots \\ \begin{bmatrix} I_{xj} \\ I_{yj} \end{bmatrix} \\ \vdots \\ \begin{bmatrix} I_{xj} \\ I_{yj} \end{bmatrix} \end{bmatrix} \tag{5-85}$$

变频器与工频系统相连时，其本身就等效为一个电流源。因此，其注入工频系统的电流计算方法介绍如下：通过对分频侧网络方程的求解，可以得到分频系统注入周波变换器电流的实部 I_{lx3}、虚部 I_{ly3} 以及分频侧母线 3 的电压实部 V_{lx3}、虚部 V_{ly3}。由于母线 3 为分频侧参考母线，其功角为 0°，因此 $V_{ly3}=0$，由此可计算出分频系统向周波变换器的有功功率 P_{tL}、无功功率 Q_{tL} 和功率因数 $\cos\varphi_{tL}$ 分别为

$$\begin{cases} P_{tL} = V_{lx3}I_{lx3} \\ Q_{tL} = -V_{ly3}I_{ly3} \\ \cos\varphi_{tL} = \dfrac{P_{tL}}{\sqrt{P_{tL}^2 + Q_{tL}^2}} \end{cases} \tag{5-86}$$

接着，利用周波变换器准稳态模型可以得到变频器注入工频系统的实部 I_{xLI} 与虚部 I_{yLI}：

$$I_{xLI} = \frac{V_{xj}P_{tI} + V_{yj}Q_{tI}}{V_{xj}^2 + V_{yj}^2} \tag{5-87}$$

$$I_{y\mathrm{LI}}=\frac{V_{xj}P_{\mathrm{tI}}-V_{yj}Q_{\mathrm{tI}}}{V_{xj}^2+V_{yj}^2} \tag{5-88}$$

考虑周波变换器的引入，工频系统的网络方程则变为

$$\begin{bmatrix}\begin{bmatrix}G_{11} & -B_{11}\\ B_{11} & G_{11}\end{bmatrix} & \cdots & \begin{bmatrix}G_{1j} & -B_{1j}\\ B_{1j} & G_{1j}\end{bmatrix} & \cdots & \begin{bmatrix}G_{1n} & -B_{1n}\\ B_{1n} & G_{1n}\end{bmatrix}\\ \vdots & & \vdots & & \vdots\\ \begin{bmatrix}G_{j1} & -B_{j1}\\ B_{j1} & G_{j1}\end{bmatrix} & \cdots & \begin{bmatrix}G_{jj} & -B_{jj}\\ B_{jj} & G_{jj}\end{bmatrix} & \cdots & \begin{bmatrix}G_{jn} & -B_{jn}\\ B_{jn} & G_{jn}\end{bmatrix}\\ \vdots & & \vdots & & \vdots\\ \begin{bmatrix}G_{n1} & -B_{n1}\\ B_{n1} & G_{n1}\end{bmatrix} & \cdots & \begin{bmatrix}G_{nj} & -B_{nj}\\ B_{nj} & G_{nj}\end{bmatrix} & \cdots & \begin{bmatrix}G_{nn} & -B_{nn}\\ B_{nn} & G_{nn}\end{bmatrix}\end{bmatrix}\begin{bmatrix}\begin{bmatrix}V_{x1}\\ V_{y1}\end{bmatrix}\\ \vdots\\ \begin{bmatrix}V_{xj}\\ V_{yj}\end{bmatrix}\\ \vdots\\ \begin{bmatrix}V_{xj}\\ V_{yj}\end{bmatrix}\end{bmatrix}=\begin{bmatrix}\begin{bmatrix}I_{x1}\\ I_{y1}\end{bmatrix}\\ \vdots\\ \begin{bmatrix}I_{xj}+I_{x\mathrm{LI}}\\ I_{yj}+I_{y\mathrm{LI}}\end{bmatrix}\\ \vdots\\ \begin{bmatrix}I_{xj}\\ I_{yj}\end{bmatrix}\end{bmatrix} \tag{5-89}$$

由式(5-89)可见，周波变换器引入工频系统后，相当于在接入点注入了一个等效电流源。该电流源电流的实部、虚部则由式(5-87)和式(5-88)进行计算。工频系统发电机和负荷的接入方法与传统的电力系统相同。

3. 暂态稳定微分方程的形成

含分频风电的电力系统中，全系统的微分方程包括工频侧各发电机的转子运动方程、分频侧发电机的转子运动方程以及典型综合负载电动机的转子运动方程。本小节仅对两侧发电机的转子运动方程进行介绍，工频侧发电机的转子运动方程为[6]

$$\begin{cases}\dfrac{\mathrm{d}\delta_i}{\mathrm{d}t}=\omega_{\mathrm{sI}}\left(\omega_i-1\right)\\ \dfrac{\mathrm{d}\omega_i}{\mathrm{d}t}=\dfrac{1}{T_{\mathrm{J}i}}\left(P_{\mathrm{m}i}-P_{\mathrm{e}i}\right)\\ \omega_{\mathrm{sI}}=2\pi f_{\mathrm{I}}=100\pi\end{cases} \tag{5-90}$$

式中，δ_i 为 i 号发电机功角；ω_{sI} 为工频系统额定角速度；ω_i 为 i 号发电机角速度；$P_{\mathrm{m}i}$ 为 i 号发电机机械功率；$P_{\mathrm{e}i}$ 为 i 号发电机电磁功率；$T_{\mathrm{J}i}$ 为 i 号发电机惯性时间常数；f_{I} 为工频系统额定频率。

同时，为了分析风电的传动特性，分频风力发电机的传动系统可采用双质量块模型，即

$$
\begin{cases}
J_{\mathrm{G}} \dfrac{\mathrm{d}\omega_{\mathrm{G}}}{\mathrm{d}t} = K\left(\delta_{\mathrm{W}} - \delta_{\mathrm{G}}\right) - T_{\mathrm{e}} - D_{\mathrm{G}}\omega_{\mathrm{G}} \\
J_{\mathrm{W}} \dfrac{\mathrm{d}\omega_{\mathrm{W}}}{\mathrm{d}t} = T_{\mathrm{m}} - K\left(\delta_{\mathrm{W}} - \delta_{\mathrm{G}}\right) - D_{\mathrm{W}}\omega_{\mathrm{W}} \\
\dfrac{\mathrm{d}\delta_{\mathrm{G}}}{\mathrm{d}t} = \omega_{\mathrm{sL}}\left(\omega_{\mathrm{G}} - 1\right) \\
\dfrac{\mathrm{d}\delta_{\mathrm{W}}}{\mathrm{d}t} = \omega_{\mathrm{sL}}\left(\omega_{\mathrm{W}} - 1\right) \\
\omega_{\mathrm{sL}} = 2\pi f_{\mathrm{order}}
\end{cases}
\tag{5-91}
$$

式(5-91)中相关变量的具体含义见文献[7]。需要注意的是，分频侧与工频侧发电机的转子运动方程除了在使用模型上有所区别外，两者的额定角频率也有所区别，工频系统的额定频率固定为 50Hz，而分频系统需获取稳态计算时的频率给定值。

4. 交替迭代法的算法流程

采用交替迭代法对分频-工频混联系统的暂态稳定性能进行计算，其中微分方程的求解采用隐式积分法。在计算 $t+\Delta t$ 时刻系统状态时，其计算步骤如下。

步骤 1：给出各发电机的状态变量，包括功角 δ_i 和 q 轴暂态电势 E_q'，周波变换器的电压调制比 γ 的初始值以及电力网络中各节点的电压、电流的初始值。该初始值直接取为 t 时刻的实际值。

步骤 2：利用式(5-81)和式(5-82)计算电压调制比 γ 。

步骤 3：利用式(5-90)和式(5-91)所转化的差分方程，求出在 $t+\Delta t$ 时刻各发电机的状态变量的估计值 $\delta_i^{(0)}$ 和 $\omega_i^{(0)}$ 。

步骤 4：联立求解分频侧网络方程式(5-85)与工频侧网络方程式(5-89)，从而获得电力网络中各节点的电压、电流，并计算出每台发电机的电磁功率。

步骤 5：判断该微分–代数方程组是否收敛。若收敛，则结束；若不收敛，则返回步骤 2 继续迭代，直到收敛为止。

5.2.3 算例分析

1. 单机无穷大系统

本小节利用一个单机无穷大系统作为算例对分频风电系统在故障下的机电暂态过程进行分析。该算例系统如图 5-23 所示。

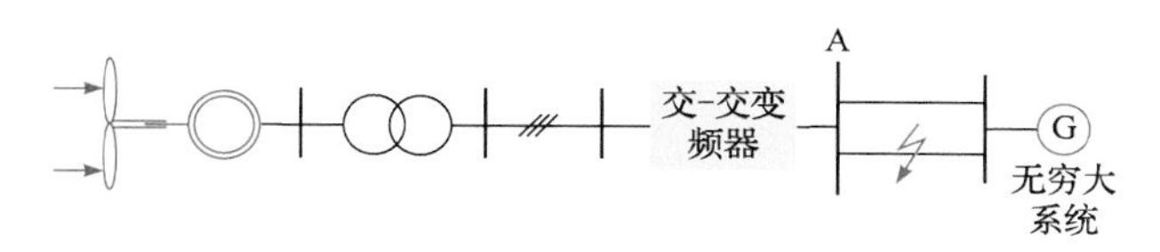

图 5-23　单机无穷大算例系统

图 5-23 中，60MW 风电系统发出分频电能后，经升压变压器升压至 110kV。110kV 分频电能经 200km 输电线路传输后，由周波变换器注入 110kV 工频电网接入点 A。接入点经双回 15km 输电线路与无穷大系统相连。

分频输电线路的参数：$R+\mathrm{j}X=(26.266+\mathrm{j}30.914)(\Omega)$；$\mathrm{j}B=\mathrm{j}1.654\times10^{-4}(\mathrm{S})$。每回工频输电线路的参数：$R+\mathrm{j}X=(1.967+\mathrm{j}6.955)(\Omega)$；$\mathrm{j}B=\mathrm{j}3.722\times10^{-5}(\mathrm{S})$。假设 $t=0\mathrm{s}$ 时，风电场发出的有功功率为 50MW，为了验证周波变换器模型以及算法的有效性，在工频某线路中间设置故障如下：①$t=1.5\mathrm{s}$ 时，在故障点出现三相瞬时短路性故障；②$t=1.7\mathrm{s}$ 时，故障线路被保护系统切除。

通过对比 PSCAD/EMTDC 仿真以及本节所提机电暂态计算方法的发电机转速，可以得到整个过程中分频侧发电机的振荡曲线，如图 5-24 所示。对图中两条曲线做普罗尼(Prony)分析，可以进一步得到两条曲线的主振频率、振荡幅值以及阻尼比，如表 5-8 所示。

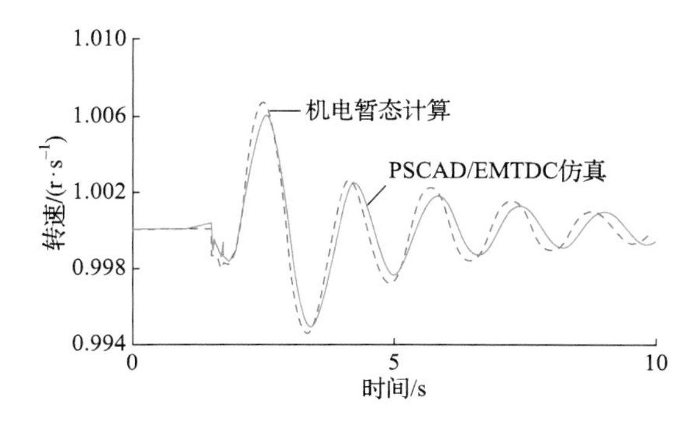

图 5-24　PSCAD/EMTDC 仿真与机电暂态计算方法转速波形对比

表 5-8　Prony 分析结果

方法	振荡幅值	主振频率	阻尼比
PSCAD/EMTDC 仿真	0.0042	0.6137Hz	7.19%
机电暂态计算	0.0041	0.6448Hz	6.785%
误差	−2.38%	5.07%	−5.70%

可见，本节所提机电暂态计算方法与 PSCAD/EMTDC 仿真得到的结果相近，

误差在工程允许的范围之内，验证了本节所提的模型与方法是有效的。

2. 含分频风电接入的 3 机 9 节点系统

本小节利用前文所述的暂态稳定算法，对含分频风电的电力系统进行暂态稳定性计算。其中，工频系统采用 3 机 9 节点系统，分频侧系统从母线 9 注入，分频发电机的容量为 50MW。该算例系统如图 5-25 所示。

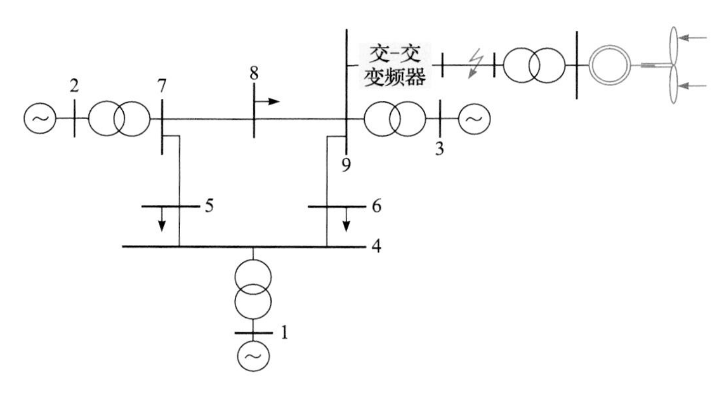

图 5-25　3 机 9 节点算例系统

图 5-25 中，50MW 风电系统发出分频电能后，经升压变压器升压至 110kV。110kV 分频电能经 200km 输电线路传输后，由周波变换器注入工频系统母线 9。

分频输电线路的参数为：$R+\mathrm{j}X=(26.266+\mathrm{j}30.914)(\Omega)$；$\mathrm{j}B=\mathrm{j}1.654\times 10^{-4}(\mathrm{S})$。假设 $t=0\mathrm{s}$ 时，风电场发出的有功功率为 50MW，在分频线路中间设置故障如下(故障点在变频器出口处)：①$t=1.0\mathrm{s}$ 时，在故障点出现三相金属性短路故障；②$t=1.2\mathrm{s}$ 时，故障消失。

1) 风力发电机暂态特性分析

利用以上算法，可以算得故障条件下风力发电机的转速振荡曲线如图 5-26 (a)所示。值得注意的是，由于风电场出力为额定出力，因此分频系统的频率为 18Hz，其分频系统转速基准值为 113.097rad/s。为了便于对比，将上述 200km 分频线路改为工频线路，在相同的工况下，可以得到风力发电机的转速振荡曲线如图 5-26 (b)所示。

对图 5-26 进行 Prony 分析，得到分频输电和工频输电下的阻尼比分别为 23.68%和 18.48%。可知，由于分频线路频率较低，电抗仅为工频线路 1/3 左右，因此分频风力发电机与主网之间的联系更为紧密。在故障结束后，分频系统的振荡阻尼超过工频系统 5.20%，系统振荡可以得到更好的抑制。

2) 工频系统发电机功角振荡分析

利用上述算法，分别采用定电压调制比控制和变电压调制比控制两种策略

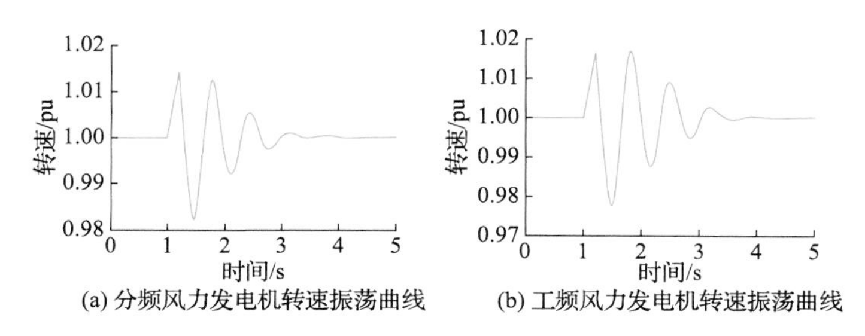

图 5-26　分频和工频风力发电机转速振荡曲线

对所述系统进行 10s 的仿真。其中变电压调制比控制策略中，电压调制比在故障时调节至 0.4。同时，为了说明周波变换器的作用，本小节增加如下算例进行进一步对比：对比算例中，风电经传统的工频系统与 3 机 9 节点系统相连，而故障位置则保持在分频线路的中点。由此可得 1 号和 2 号发电机间相对摇摆角，如图 5-27 所示。

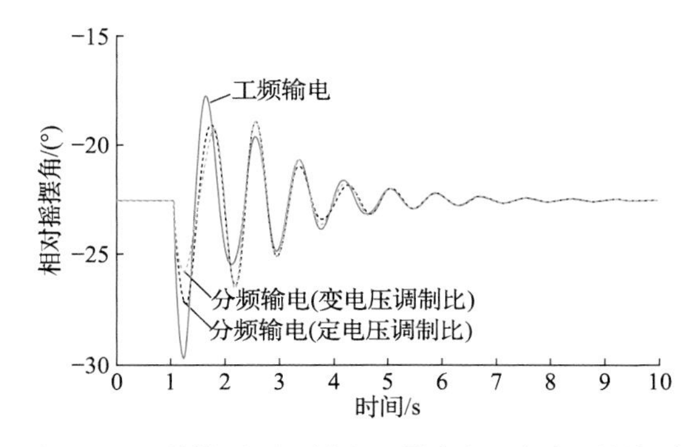

图 5-27　3 种情况下 1 号和 2 号发电机间相对摇摆角

同时，表 5-9 中给出了 3 个算例下，1 号和 2 号发电机间第 1 摇摆角幅值以及流过母线 9 的故障电流幅值。

表 5-9　仿真结果

算例	第 1 摇摆角幅值/(°)	电流幅值/pu
工频输电	11.959	10.02
分频输电(定电压调制比)	8.301	6.05
分频输电(变电压调制比)	7.594	4.40

由图 5-27 与表 5-9 可知，以上 3 个算例均可使系统保持稳定。但是，无论是定电压调制比控制还是变电压调制比控制，其故障时产生的短路电流均小于纯工

频系统，分别为纯工频系统的 60.38%与 43.91%，发电机的相对摇摆角明显减小。由此可以看出，周波变换器对短路电流的抑制作用是十分明显的。同时，由图 5-27 还可以看出，与定电压调制比控制相比，采用变电压调制比控制时，在同样的短路条件下，工频系统的短路电流由 6.05pu 降低至 4.40pu，减少了 27.27%。1 号和 2 号发电机之间最大相对摇摆角也减小了 9%左右。由此可见，采用变电压调制比控制可以有效地缓解因分频侧短路故障造成的影响。

同时，仿真结果表明，当工频系统发生故障时，含分频风电的电力系统中各发电机与纯工频系统中发电机的振荡在幅值和阻尼方面均未有明显的区别。这说明，与传统的风电并网方式相比，分频风电系统的引入不会使得原有系统的暂态稳定性能恶化。

5.3 含分频输电系统的电力系统小干扰稳定计算

电力系统运行中的小扰动无时不在，因此一个小干扰不稳定的系统在实际中将难以正常运行，即小干扰稳定是电力系统正常运行的前提。随着电力系统电力电子化不断加深，小干扰稳定问题主要体现为系统在某些频率上缺少必要的阻尼而产生的振荡现象。目前关于含分频输电系统的电力系统小干扰稳定研究较少，有学者分析了使用晶闸管周波变换器与 M^3C 的分频输电系统的小干扰稳定性并提出了改进方法[8,9]，但文献[9]中的 M^3C 模型没有考虑频率泄漏抑制，且对系统性能优化问题涉及不深。因此，本节基于 M^3C 的分频输电系统，研究含分频输电系统的电力系统小干扰稳定性[10]。首先，建立 M^3C 的状态空间模型和小信号模型，对 M^3C 进行小干扰稳定性分析；其次，对 M^3C 系统的稳定性进行研究；再次，提出了一种控制器控制参数优化方法，实现系统动态性能改善；最后，通过仿真验证所提参数优化策略的可行性和有效性。

5.3.1 分频输电系统 M^3C 小信号模型

系统状态方程一般用微分方程来描述：

$$\frac{\mathrm{d}x}{\mathrm{d}t}=f\left(x\right) \tag{5-92}$$

M^3C 两侧分别连接工频系统与分频系统，其包括 9 个桥臂，每个桥臂都由一个电感 L、一个等效电阻 R 和 N 个全桥子模块级联而成，可分别从工频侧、分频侧划分为 3 个子换流器，其具体结构已在前述章节给出。稳态运行时，M^3C 控制系统采用经典“外环–内环–调制”结构，辅以频率泄漏抑制控制，通过调整投入或切断桥臂子模块以实现桥臂输出电压目标，进而达到工频侧和分频侧的控制目标。M^{3}C 的小信号模型包含换流器线性化方程及其控制系统线性化方程，本节直接给出 M^{3}C 的小信号模型，换流器、控制系统模型将在后面章节详细介绍。

以工频侧子换流器 a 为例，根据外环控制、内环控制与频率泄漏抑制控制器结构，引入状态变量 x_i (i=1,2,⋯,8)，再结合系统方程可以得到工频闭环控制器的状态方程为

$$
\begin{cases}
\dfrac{\mathrm{d}x_1}{\mathrm{d}t}=\dfrac{1}{3}P_{\mathrm{sr}}-P_{\mathrm{sa}},\quad \dfrac{\mathrm{d}x_2}{\mathrm{d}t}=Q_{\mathrm{sa}}-\dfrac{1}{3}Q_{\mathrm{sr}} \\
\dfrac{\mathrm{d}x_3}{\mathrm{d}t}=i_{da\_\mathrm{ref}}-i_{da}=K_{\mathrm{P1}}\left(\dfrac{1}{3}P_{\mathrm{sr}}-P_{\mathrm{sa}}\right)+K_{\mathrm{I1}}x_1-i_{da} \\
\dfrac{\mathrm{d}x_4}{\mathrm{d}t}=i_{qa\_\mathrm{ref}}-i_{qa}=K_{\mathrm{P2}}\left(Q_{\mathrm{sa}}-\dfrac{1}{3}Q_{\mathrm{sr}}\right)+K_{\mathrm{I2}}x_2-i_{qa} \\
\dfrac{\mathrm{d}x_5}{\mathrm{d}t}=i_{0d}^{+},\quad \dfrac{\mathrm{d}x_6}{\mathrm{d}t}=i_{0q}^{+} \\
\dfrac{\mathrm{d}x_7}{\mathrm{d}t}=i_{0d}^{-},\quad \dfrac{\mathrm{d}x_8}{\mathrm{d}t}=i_{0q}^{-} \\
\dfrac{\mathrm{d}i_{da}}{\mathrm{d}t}=\dfrac{K_{\mathrm{P1}}K_{\mathrm{P3}}}{L}\left(\dfrac{1}{3}P_{\mathrm{sr}}-P_{\mathrm{sa}}\right)+\dfrac{K_{\mathrm{I1}}K_{\mathrm{P3}}}{L}x_1+\dfrac{K_{\mathrm{I3}}}{L}x_3-\dfrac{R+K_{\mathrm{P3}}}{L}i_{da} \\
\dfrac{\mathrm{d}i_{qa}}{\mathrm{d}t}=\dfrac{K_{\mathrm{P2}}K_{\mathrm{P3}}}{L}\left(Q_{\mathrm{sa}}-\dfrac{1}{3}Q_{\mathrm{sr}}\right)+\dfrac{K_{\mathrm{I2}}K_{\mathrm{P3}}}{L}x_2+\dfrac{K_{\mathrm{I3}}}{L}x_4-\dfrac{R+K_{\mathrm{P3}}}{L}i_{qa} \\
\dfrac{\mathrm{d}i_{0d}^{+}}{\mathrm{d}t}=-\dfrac{R+K_{\mathrm{P4}}}{L}i_{0d}^{+}-\dfrac{K_{\mathrm{I4}}}{L}x_5,\quad \dfrac{\mathrm{d}i_{0q}^{+}}{\mathrm{d}t}=-\dfrac{R+K_{\mathrm{P4}}}{L}i_{0q}^{+}-\dfrac{K_{\mathrm{I4}}}{L}x_6 \\
\dfrac{\mathrm{d}i_{0d}^{-}}{\mathrm{d}t}=-\dfrac{R+K_{\mathrm{P4}}}{L}i_{0d}^{-}-\dfrac{K_{\mathrm{I4}}}{L}x_7,\quad \dfrac{\mathrm{d}i_{0q}^{-}}{\mathrm{d}t}=-\dfrac{R+K_{\mathrm{P4}}}{L}i_{0q}^{-}-\dfrac{K_{\mathrm{I4}}}{L}x_8
\end{cases}
\tag{5-93}
$$

式中，K_{P1} 和 K_{I1} 为外环有功功率控制器参数；K_{P2} 和 K_{I2} 为外环无功功率控制器参数；K_{P3} 和 K_{I3} 为内环电流控制器参数；K_{P4} 和 K_{I4} 为零序电流控制器(即频率泄漏抑制控制器)参数。

根据李雅普诺夫线性化理论，将状态方程在稳态工作点附近线性化，可得到小信号模型为

$$
\frac{\mathrm{d}\Delta\boldsymbol{x}}{\mathrm{d}t}=\boldsymbol{A}\Delta\boldsymbol{x}
\tag{5-94}
$$

式中，$\boldsymbol{A}=\left.\dfrac{\partial f\left(\boldsymbol{x}_0+\Delta\boldsymbol{x}\right)}{\partial\Delta\boldsymbol{x}}\right|_{\Delta\boldsymbol{x}=\boldsymbol{0}}=\left.\dfrac{\partial f\left(\boldsymbol{x}\right)}{\partial\boldsymbol{x}}\right|_{\boldsymbol{x}=\boldsymbol{x}_0}$，为系统的状态矩阵，也称雅可比矩阵。

为了简化分析，本节没有考虑各桥臂子模块的电压平衡控制。对于工频控制

系统，结合工频系统的数学模型和状态方程式，选取状态变量为

$$\boldsymbol{x}=\begin{bmatrix} x_1 & x_2 & x_3 & x_4 & x_5 & x_6 & x_7 & x_8 & i_{da} & i_{qa} & i_{0d}^{+} & i_{0q}^{+} & i_{0d}^{-} & i_{0q}^{-} \end{bmatrix}^{\mathrm{T}} \tag{5-95}$$

计算上面每个状态变量的稳态值。当系统稳定运行时，有功功率、无功功率、直流电压均达到参考值，其余状态变量的稳态值由状态方程计算。然后对稳态工作点周围的状态方程线性化，即可得到 $\mathrm{M^3C}$ 工频闭环系统的小信号模型：

$$\begin{cases}
\dfrac{\mathrm{d}\Delta x_1}{\mathrm{d}t}=-V_{\mathrm{s}d}\Delta i_{d\mathrm{a}} \\
\dfrac{\mathrm{d}\Delta x_2}{\mathrm{d}t}=-V_{\mathrm{s}d}\Delta i_{q\mathrm{a}} \\
\dfrac{\mathrm{d}\Delta x_3}{\mathrm{d}t}=K_{\mathrm{I1}}\Delta x_1-\left(K_{\mathrm{P1}}V_{\mathrm{s}d}+1\right)\Delta i_{d\mathrm{a}} \\
\dfrac{\mathrm{d}\Delta x_4}{\mathrm{d}t}=K_{\mathrm{I2}}\Delta x_2-\left(K_{\mathrm{P2}}V_{\mathrm{s}d}+1\right)\Delta i_{q\mathrm{a}} \\
\dfrac{\mathrm{d}\Delta x_5}{\mathrm{d}t}=\Delta i_{0d}^{+} \\
\dfrac{\mathrm{d}\Delta x_6}{\mathrm{d}t}=\Delta i_{0q}^{+} \\
\dfrac{\mathrm{d}\Delta x_7}{\mathrm{d}t}=\Delta i_{0d}^{-} \\
\dfrac{\mathrm{d}\Delta x_8}{\mathrm{d}t}=\Delta i_{0q}^{-} \\
\dfrac{\mathrm{d}\Delta i_{d\mathrm{a}}}{\mathrm{d}t}=\dfrac{K_{\mathrm{I1}}K_{\mathrm{P3}}}{L}\Delta x_1+\dfrac{K_{\mathrm{I3}}}{L}\Delta x_3-\dfrac{R+K_{\mathrm{P3}}+K_{\mathrm{P1}}K_{\mathrm{P3}}V_{\mathrm{s}d}}{L}\Delta i_{d\mathrm{a}} \\
\dfrac{\mathrm{d}\Delta i_{q\mathrm{a}}}{\mathrm{d}t}=\dfrac{K_{\mathrm{I2}}K_{\mathrm{P3}}}{L}\Delta x_2+\dfrac{K_{\mathrm{I3}}}{L}\Delta x_4-\dfrac{R+K_{\mathrm{P3}}+K_{\mathrm{P2}}K_{\mathrm{P3}}V_{\mathrm{s}d}}{L}\Delta i_{q\mathrm{a}} \\
\dfrac{\mathrm{d}\Delta i_{0d}^{+}}{\mathrm{d}t}=-\dfrac{K_{\mathrm{I4}}}{L}\Delta x_5-\dfrac{R+K_{\mathrm{P4}}}{L}\Delta i_{0d}^{+} \\
\dfrac{\mathrm{d}\Delta i_{0q}^{+}}{\mathrm{d}t}=-\dfrac{K_{\mathrm{I4}}}{L}\Delta x_6-\dfrac{R+K_{\mathrm{P4}}}{L}\Delta i_{0q}^{+} \\
\dfrac{\mathrm{d}\Delta i_{0d}^{-}}{\mathrm{d}t}=-\dfrac{K_{\mathrm{I4}}}{L}\Delta x_7-\dfrac{R+K_{\mathrm{P4}}}{L}\Delta i_{0d}^{-} \\
\dfrac{\mathrm{d}\Delta i_{0q}^{-}}{\mathrm{d}t}=-\dfrac{K_{\mathrm{I4}}}{L}\Delta x_8-\dfrac{R+K_{\mathrm{P4}}}{L}\Delta i_{0q}^{-}
\end{cases} \tag{5-96}$$

进一步，可写出工频系统的状态矩阵 $\boldsymbol{A}$。采用相同的方法，即可得 $\mathrm{M^3C}$ 分频闭环系统的小信号模型与状态矩阵。

5.3.2　含分频输电系统的电力系统小干扰稳定性分析

1. 特征值分析

由小信号模型和状态矩阵 $\boldsymbol{A}$ 可知，它们的系数与 M^3C 系统结构和控制器参数有关。对某一确定系统来说，其结构参数一般不变，因此控制器参数的选择影响小信号模型和状态矩阵 $\boldsymbol{A}$，进而影响特征值的计算，特征值的分布则决定了系统是否稳定。表 5-10 和表 5-11 给出了 10kV、10MW 的 M^3C 系统工频侧和分频侧的 PI(比例-积分)参数，它们是根据以往的调试经验设定的。通过以上给定的数据，可以在 MATLAB 中编程计算系统的特征值 $\lambda_i(i=1,2,\cdots)$，如表 5-12 和表 5-13 所示，其中 ξ 为阻尼比。

表 5-10　工频侧控制系统的 PI 参数

参数	数值
有功功率	$K_{P1}=1\times10^{-4}$，$K_{I1}=1\times10^{-3}$
无功功率	$K_{P2}=1\times10^{-4}$，$K_{I2}=1\times10^{-3}$
d 轴电流和 q 轴电流	$K_{P3}=10$，$K_{I3}=200$
零序电流	$K_{P4}=10$，$K_{I4}=200$

表 5-11　分频侧控制系统的 PI 参数

参数	数值
直流电压	$K_{P1}=2$，$K_{I1}=10$
无功功率	$K_{P2}=1\times10^{-4}$，$K_{I2}=1\times10^{-3}$
d 轴电流和 q 轴电流	$K_{P3}=10$，$K_{I3}=200$
零序电流	$K_{P4}=10$，$K_{I4}=500$

表 5-12　工频侧控制系统的特征值

特征值	数值	ξ	特征值	数值	ξ
λ_1	−20.259	1	λ_8	−20.396	1
λ_2	−1975.7	1	λ_9	−20.396	1
λ_3	−1975.7	1	λ_{10}	−980.6	1
λ_4	−4.9976	1	λ_{11}	−980.6	1
λ_5	−4.9976	1	λ_{12}	−980.6	1
λ_6	−20.259	1	λ_{13}	−20.396	1
λ_7	−980.6	1	λ_{14}	−20.396	1

表 5-13　分频侧控制系统的特征值

特征值	数值	ξ	特征值	数值	ξ
λ_1	−948.69	1	λ_9	−52.727	1
λ_2	−41.899	1	λ_{10}	−52.727	1
λ_3	−19.476	1	λ_{11}	−948.27	1
λ_4	−5.7449	1	λ_{12}	−948.27	1
λ_5	−1975.7	1	λ_{13}	−948.27	1
λ_6	−4.9976	1	λ_{14}	−52.727	1
λ_7	−20.259	—	λ_{15}	−52.727	1
λ_8	−948.27	1	—	—	—

从表 5-12 和表 5-13 可以看出，所有特征值都有负的实部，它们的虚部基本为 0，这意味着系统是稳定的。特征值的阻尼比 ξ 几乎都是 1，表明系统处于临界阻尼状态，且系统的动态响应是一个无超调的单调收敛过程。此外，分析可知存在若干特征根，且模值非常接近虚轴。因此，利用经验设定的 PI 参数，M^3C 控制系统的性能并不理想，有必要对 PI 参数进行分析来改善系统动态特性。

2. 小干扰稳定性分析

由上面的特征值分析可知，系统虽然处于稳定状态，但整体的特征值较为接近虚轴。一旦遭受干扰，这些特征值就有可能越过虚轴移至坐标平面的右半部分，导致系统失稳。基于此，本小节以工频侧控制系统为例，研究 PI 调节器 8 个参数的取值与系统稳定性之间的关系。下面以表 5-6 所列的实际参数为基础，每次只改变 K_P 和 K_I 共 8 个参数中 1 个参数的值，使其在一定范围内取 20 个不同的值来观察系统的根轨迹分布情况。

(1) K_{P1}：选定取值范围[1×10^{-5}，1×10^{-3}]，让 K_{P1} 在此范围内取 20 个不同的值，编程计算出每组值下的特征值，并画出图 5-28 所示的根轨迹。

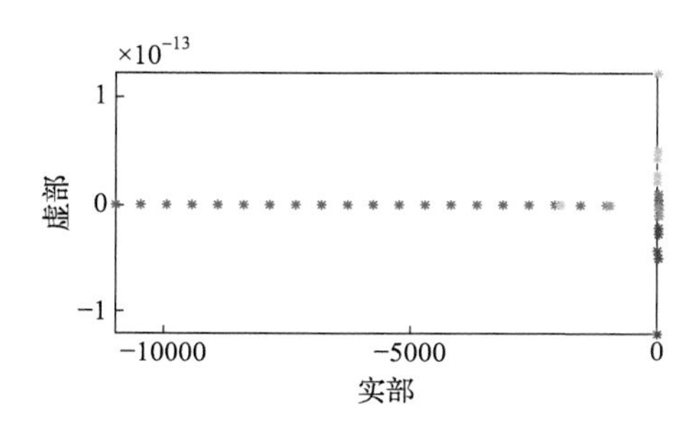

图 5-28　K_{P1} 变化时的根轨迹

对比这 20 个特征值，可以看到只有 3 个根的值发生了变化，分别是−1975.7、−20.259、−4.9976。其中−1975.7 随 K_{P1} 增大而增大(本节增大或减小均指绝对值)，对系统的稳定性并不造成影响，而−20.259、−4.9976 随 K_{P1} 增大而减小，是影响稳定性的关键，将这两个根对应的根轨迹放大，如图 5-29 所示。随着 K_{P1} 不断增大，−20.259 最后趋近于−20，而−4.9976 趋近于 0，系统的稳定性越来越差，因此 K_{P1} 的取值不能太大。

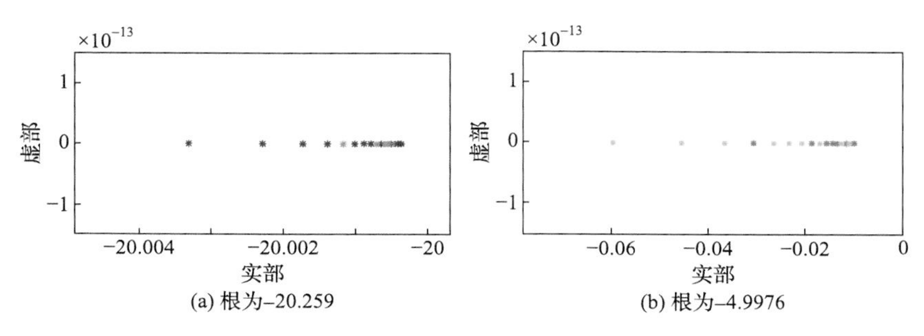

图 5-29　K_{P1} 变化时根轨迹的趋势

(2) K_{I1}：选定取值范围[1×10^{-4}，1×10^{-2}]，让 K_{I1} 在此范围内取 20 个不同的值，画出图 5-30 所示的根轨迹。

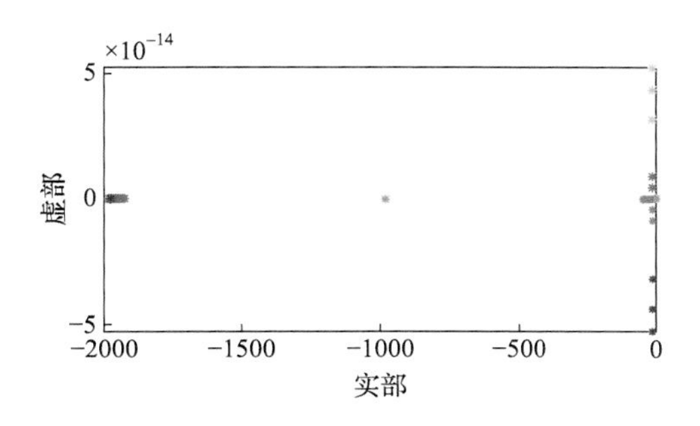

图 5-30　K_{I1} 变化时的根轨迹

对比这 20 个特征值，可以看到同样只有−1975.7、−20.259、−4.9976 发生了变化。其中−1975.7 随 K_{I1} 增大而减小，而−20.259、−4.9976 随 K_{I1} 增大而增大，因此−1975.7 是否会随 K_{I1} 的不断增大而跃过虚轴决定系统是否失稳。通过不断扩大 K_{I1} 的取值范围，可以发现−1975.7 和−20.259 的实部最后趋近于−990.5，虚部越来越大，而−4.9976 趋近于−20，如图 5-31 所示，系统仍处于稳定状态。

(3) 改变 K_{P2} 和 K_{I2} 的取值范围，系统根轨迹的变化情况与 K_{P1} 和 K_{I1} 相同，这里不再赘述。

(4) K_{P3}：选定取值范围[1，100]，使 K_{P3} 在此范围内取 20 个不同的值，画出图 5-32 所示的根轨迹。

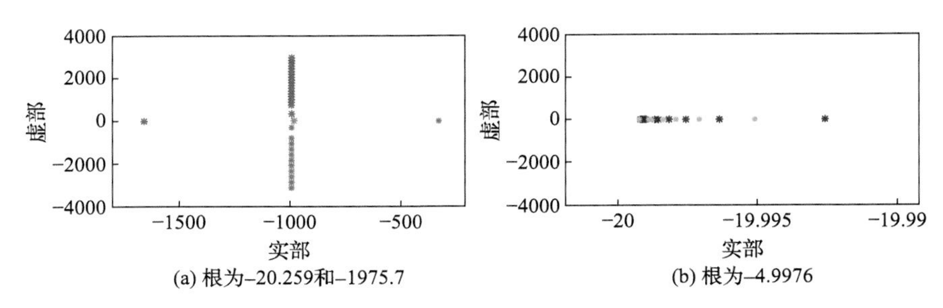

图 5-31 K_{I1} 变化时根轨迹的趋势

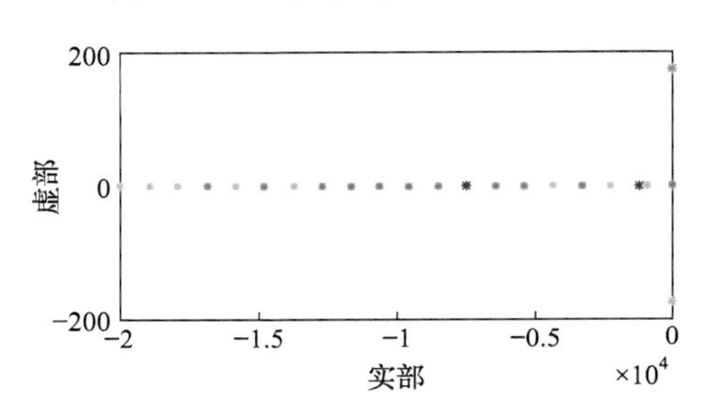

图 5-32 K_{P3} 变化时的根轨迹

对比这 20 个特征值，可以看到有 6 个根的值发生了变化，分别是−1975.7、−1975.7、−20.259、−20.259、−4.9976、−4.9976。由于对称性，只需要分析一半即可。−1975.7 随 K_{P3} 增大而增大，对系统的稳定性不造成影响，−20.259 和 −4.9976 随 K_{P3} 增大而减小，因此将这两个根对应的根轨迹放大，如图 5-33 所示。随着 K_{P3} 不断增大，−20.259 最后趋近于−5，而−4.9976 趋近于 0，系统的稳定性越来越差。

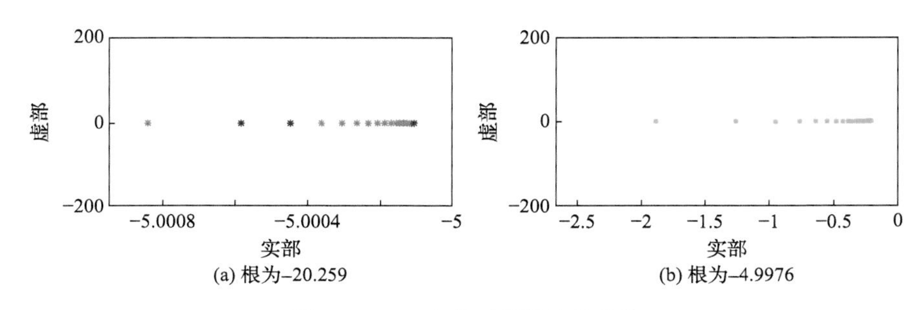

图 5-33 K_{P3} 变化时根轨迹的趋势

(5) K_{I3}：选定取值范围[20，2000]，让 K_{I3} 在此范围内取 20 个不同的值，画出图 5-34 所示的根轨迹。

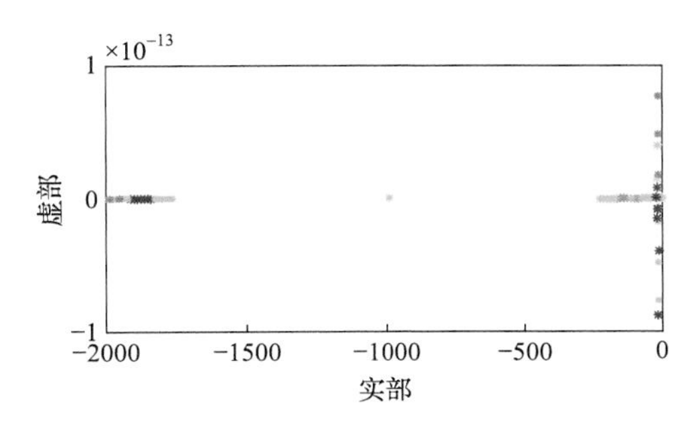

图 5-34　K_{13} 变化时的根轨迹

对比这 20 个特征值，可以看到−1975.7、−1975.7、−20.259、−20.259、−4.9976、−4.9976 这 6 个根的值发生了变化，只需考虑一半即可。其中−1975.7 随 K_{13} 增大而减小，而−20.259、−4.9976 随 K_{13} 增大而增大，因此−1975.7 是否会随 K_{13} 的不断增大而跃过虚轴决定系统是否失稳。通过不断扩大 K_{13} 的取值范围，可以发现−1975.7 和−20.259 的实部最后趋近于−998，虚部越来越大，而−4.9976 趋近于−5，如图 5-35 所示，系统仍处于稳定状态。

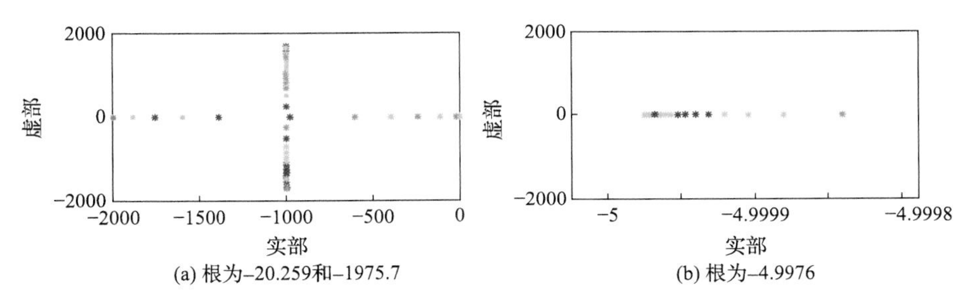

图 5-35　K_{13} 变化时根轨迹的趋势

(6) K_{P4}：选定取值范围[1，100]，使 K_{P4} 在此范围内取 20 个不同的值，画出图 5-36 所示的根轨迹。

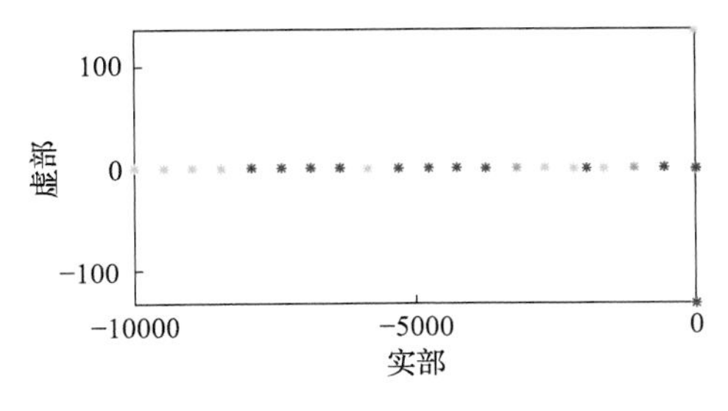

图 5-36　K_{P4} 变化时的根轨迹

对比这 20 个特征值，可以看到有 4 个根的值发生了变化，分别是−20.396、−20.396、−980.6、−980.6。对一半进行分析，−980.6 随 K_{P4} 增大而增大，对系统的稳定性没有影响，−20.396 随 K_{P4} 增大而减小，因此只需观察−20.396 的变化趋势。如图 5-37 所示，随着 K_{P4} 不断增大，−20.396 最后趋近于 0，系统的稳定性越来越差。

(7) K_{I4}：选定取值范围[20，2000]，使 K_{I4} 在此范围内取 20 个不同的值，画出图 5-38 所示的根轨迹。

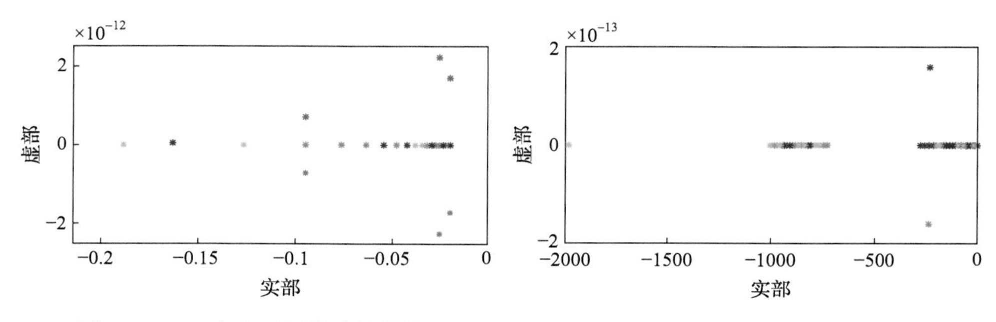

图 5-37　K_{P4} 变化时根轨迹的趋势　　　　图 5-38　K_{I4} 变化时的根轨迹

对比这 20 个特征值，可以看到−20.396、−20.396、−980.6、−980.6 的值发生了变化。其中−20.396 随 K_{I4} 增大而增大，−980.6 随 K_{I4} 增大而减小。当 K_{I4} 增大到一定范围时，这两个根的实部最后都趋近于−500.5，虚部越来越大，如图 5-39 所示，系统仍处于稳定状态。

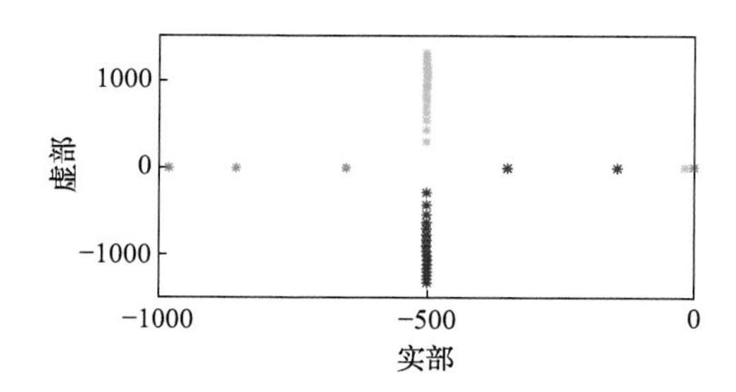

图 5-39　K_{I4} 变化时根轨迹的趋势

以上通过穷举法对控制器的参数选择进行了分析，结果可知 8 个参数的变化对系统 14 个特征值的分布影响很大，且每个参数都有适合的范围。每次分析只改变一个参数，即使找到这个参数的最优值，影响的也仅仅是个别特征值，不能对系统整体起到作用。如何同时衡量和选取合适的参数使 14 个特征值尽可能地远离虚轴，是需要解决的关键问题。

5.3.3　基于粒子群算法的参数优化策略

基于小信号模型和稳定性分析，本小节研究 M^3C 系统的优化问题。快速、准确的控制对 M^3C 的良好运行有着重要作用，而控制器参数整定是优化的关键。通过调整控制器参数，可以提高系统的稳定性和动态性能。对于 M^3C 系统，无论是工频侧控制系统还是分频侧控制系统，均有 8 个参数需要优化。为了同时优化这些参数，本小节采用一种基于粒子群优化(PSO)的自适应智能算法，即设计一个符合需求的目标函数，然后基于 PSO 算法来寻优。PSO 算法于 1995 年被提出，因其易实现和收敛速度快等优点，被广泛应用于电力系统[11]，它可以直接利用线性化小信号系统的特征值寻找最优参数。

PSO 算法可以被简单描述为假设 n 个粒子在 d 维空间中进行 m 次迭代，粒子根据式(5-97)来更新它们的速度和位置：

$$\begin{cases} V_{ij}^{(k+1)} = wV_{ij}^{k} + r_1 a_1\left(p_{ij} - z_{ij}^{k}\right) + r_2 a_2\left(p_{gj} - z_{ij}^{k}\right) \\ z_{ij}^{(k+1)} = z_{ij}^{k} + V_{ij}^{(k+1)} \end{cases} \tag{5-97}$$

式中，V_{ij}^{k} 和 z_{ij}^{k} 分别为第 k 次迭代中粒子 i 的第 j 维的速度和位置；w 为权重系数；r_1 和 r_2 为 0～1 的均匀随机数；a_1 和 a_2 为加速常数；p_{ij} 为第 i 个粒子在第 j 维空间中所经历的最优位置；p_{gj} 为所有粒子在第 j 维空间中所经历的最优位置。

稳定性是由系统的特征值决定的，而特征值有两个关键因素。一个是特征值的实部，它表示收敛速度。实部的模值越大，收敛越快。另一个是阻尼比 ξ，它决定了振荡的衰减率。ξ 越大，衰减越慢[12]。因此，算法的优化目标不仅是使所有的特征值都在左半平面，并尽可能地远离虚轴，还要改善 ξ 以获得更好的动态性能。考虑到上述要求，本小节提出一个自适应的目标函数：

$$\begin{aligned} &\min f = a_3 f_1 + a_4 f_2 \\ &\begin{cases} f_1 = \displaystyle\sum_{i=1}^{n} \frac{\left|x_i\right|^{-1}}{\displaystyle\sum_{j=1}^{n}\left|x_j\right|^{-1}} x_i \\ f_2 = \displaystyle\sum_{i=1}^{n} \frac{\left|x_i\right|^{-1}}{\displaystyle\sum_{j=1}^{n}\left|x_j\right|^{-1}} \left|\sqrt{\frac{1}{\xi_i^{2}} - 1}\left|x_i\right| - \left|y_i\right|\right| \end{cases} \end{aligned} \tag{5-98}$$

式中，a_3、a_4 分别为 f_1、f_2 的权重；x_i、y_i 分别为特征值的实部和虚部。这里设计了一个自适应阻尼比函数 $\xi_i = (0.707 - 1)\mathrm{e}^{-0.01|x_i|}$，其中 ξ_i 随 x_i 的增加呈指数增加，每个特征值 x_i 都对应一个最合适的阻尼比 ξ_i。这样设计是因为特征值越接

近虚轴，系统越不稳定，因此虚轴附近的特征值是优化的重点，减小阻尼比可以加速其远离虚轴，提高系统的稳定性和动态响应速度。式(5-98)就是根据要求设计的优化准则，函数 f_1 用来确保特征值尽可能地远离虚轴，而函数 f_2 使每个特征值的阻尼比尽可能地接近设计的 ξ_i。图 5-40 展示了基于PSO算法的具体流程。

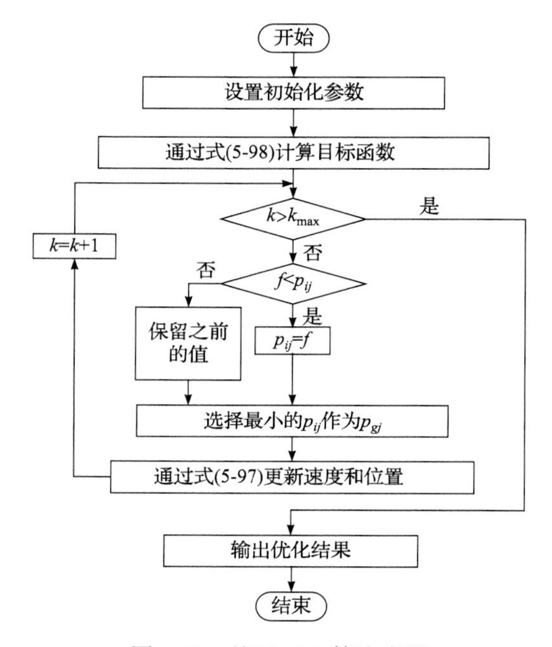

图 5-40　基于 PSO 算法流程

选取 $a_1 = a_2 = 2$，$a_3 = 0.4$，$a_4 = 0.6$，$w = 0.8$，$n = 50$，$m = 2000$ 进行编程计算，将优化前后的特征值进行对比，工频侧和分频侧控制系统的特征值分布分别如图 5-41 和图 5-42 所示。可以看出，优化后的特征值离虚轴更远，得到了良好的配置，系统更加稳定了。此外，每个特征值基本达到了最合适的阻尼比，理论上提高了系统的动态性能。值得一提的是，本节所设计的优化方法中，式(5-98)是一个优化判据，它可以根据设计者的要求进行适当改变，以满足控制需求。因此本节所提出的参数优化策略具有普适性，给实际工程中的参数整定提供了一种系统、高效且通用的方法。

5.3.4　算例分析

本小节基于 10kV、10MW 的 M^3C 分频输电系统，通过仿真研究控制器优化前和优化后的参数，验证系统动态性能的改善情况。

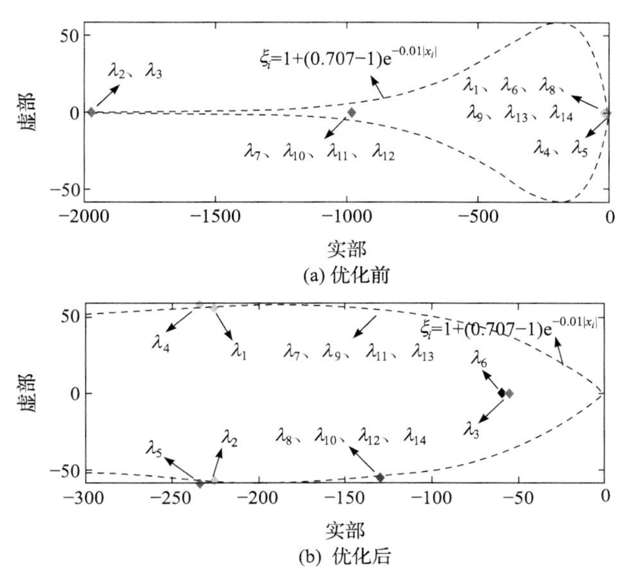

(a) 优化前

(b) 优化后

图 5-41　工频侧控制系统的特征值分布

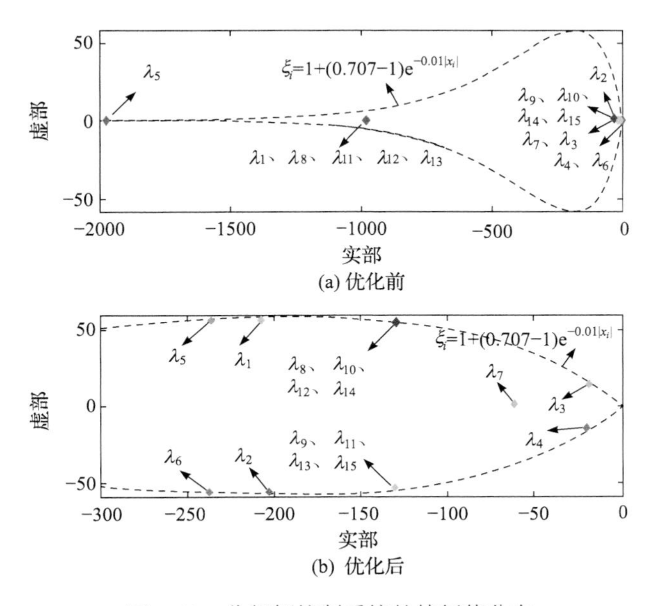

(a) 优化前

(b) 优化后

图 5-42　分频侧控制系统的特征值分布

1. 优化后控制系统参数

优化后工频侧和分频侧控制系统的 PI 参数如表 5-14 和表 5-15 所示。

表 5-14　工频侧控制系统的 PI 参数

参数	数值
有功功率	$K_{P1}=2.69\times10^{-5}$，$K_{I1}=8.1929\times10^{-3}$
无功功率	$K_{P2}=3.20\times10^{-5}$，$K_{I2}=9.4086\times10^{-3}$
d 轴电流和 q 轴电流	$K_{P3}=3.988$，$K_{I3}=367.299$
零序电流	$K_{P4}=2.590$，$K_{I4}=199.685$

表 5-15　分频侧控制系统的 PI 参数

参数	数值
直流电压	$K_{P1}=2.034$，$K_{I1}=35.519$
无功功率	$K_{P2}=2.59\times10^{-5}$，$K_{I2}=9.6602\times10^{-3}$
d 轴电流和 q 轴电流	$K_{P3}=4.479$，$K_{I3}=432.981$
零序电流	$K_{P4}=2.593$，$K_{I4}=199.986$

2. 优化前后动态性能对比

为了便于观察和比较，在有功功率中加入扰动，观察系统动态响应及其对平衡过程的影响。扰动设置：t = 6s 时有功功率参考值从 10MW 上升至 15MW，t = 10s 时跌落至 5MW。仿真结果如图 5-43～图 5-46 所示。图中，I_{da}、I_{da}^{ref} 分别为子换流器 a 内环 d 轴电流及其指令值，V_{udc}、$V_{\mathrm{udc}}^{\mathrm{ref}}$ 分别为子换流器 u 等效电流电压及其指令值，$I_{\mathrm{u}d}$、$I_{\mathrm{u}d}^{\mathrm{ref}}$ 分别为子换流器 u 内环 d 轴电流及其指令值。

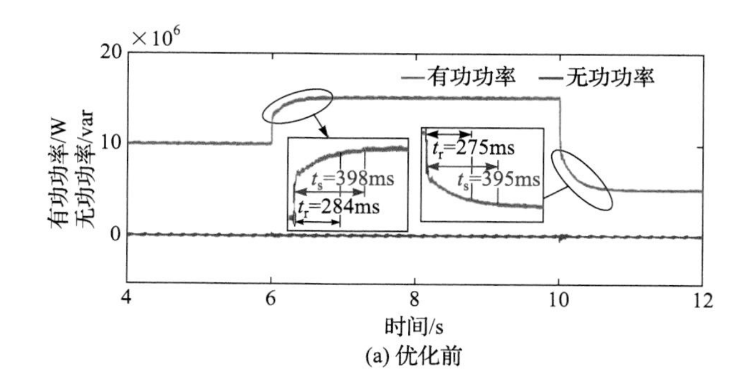

(a) 优化前

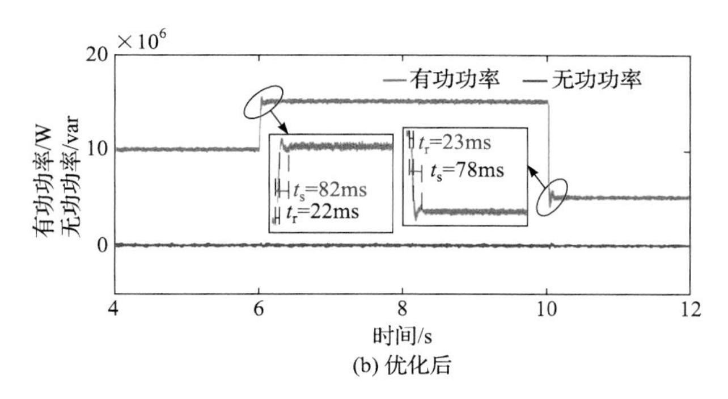

(b) 优化后

图 5-43　工频系统外环功率控制仿真结果

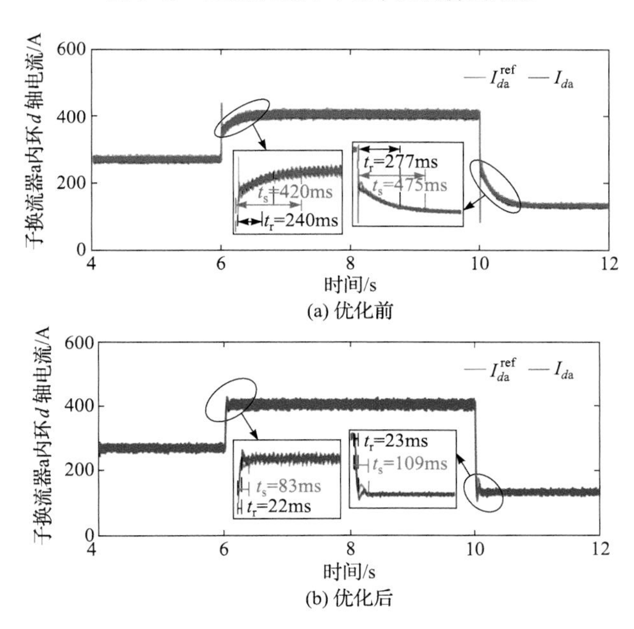

(a) 优化前

(b) 优化后

图 5-44　工频系统内环电流控制仿真结果

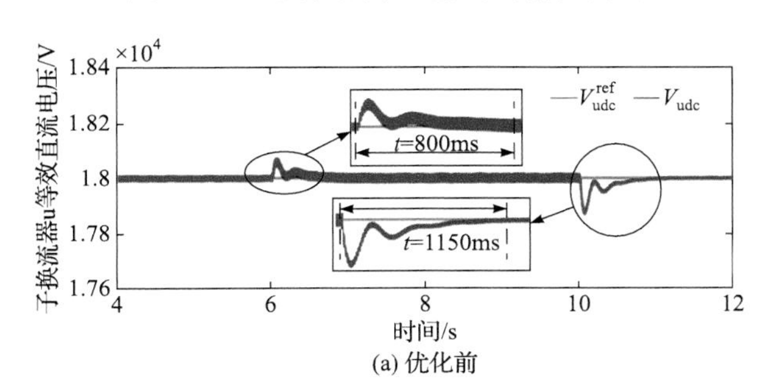

(a) 优化前

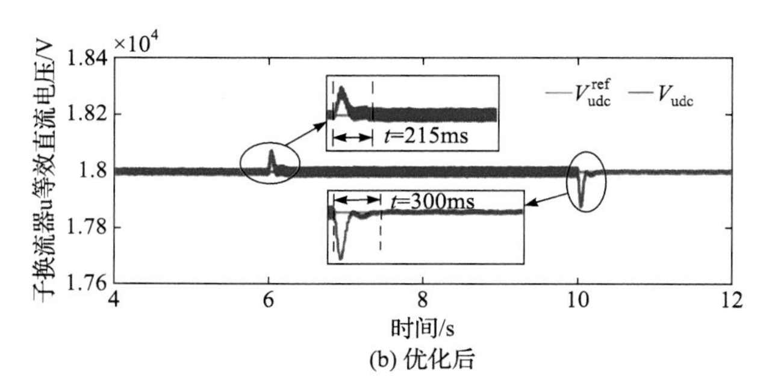

(b) 优化后

图 5-45　分频系统外环等效直流电压控制仿真结果

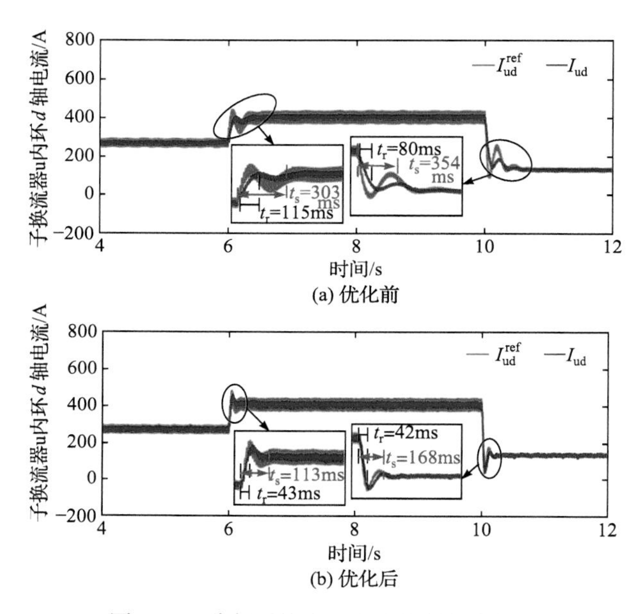

(b) 优化后

图 5-46　分频系统内环电流控制仿真结果

图 5-43 和图 5-44 比较了优化前后工频系统的外环和内环控制仿真结果。图 5-45 和图 5-46 为分频系统的仿真结果对比。可以明显看出，由于 t=6s 和 10s 时有功功率的突变，M^{3}C 系统的外环、内环控制也发生了振荡，此时外环功率控制和直流电压控制动作迅速，通过调节内环 dq 轴电流来维持系统稳定。

为了更清晰地展示优化效果，以上这些波形图还标注了扰动发生后各电量再次稳定所需的时间，其中 t_r 是上升时间，t_s 是调节时间。对比优化前和优化后的波形图可以看到，优化后的动态响应速度比之前提升了数百毫秒以上，各电量迅速达到新的稳态，优化效果非常显著。虽然动态超调量增加，但振荡幅度仍然很小，系统保持了良好的稳定性。因此，优化后系统的动态性能有所提高，仿真结果与前面的理论分析结果一致。

参 考 文 献

[1] 滕予非, 宁联辉, 李甘, 等. 含分频风电的电力系统潮流计算方法以及稳态特性分析[J]. 电力系统自动化, 2014, 38(22): 56-62, 84.

[2] LIU R, WANG X L. Power flow calculation and operating parameter optimization of fractional frequency power transmission system[C].IEEE 10th International Symposium on Power Electronics for Distributed Generation Systems, Xi'an, 2019: 498-507.

[3] PELLY B R. Thyristor Phase-Controlled Converters and Cycloconverters[M]. New York: Wiley, 1971.

[4] WANG X F, CAO C J, ZHOU Z C. Experiment on fractional frequency transmission system [J]. IEEE Transactions on Power System, 2006, 21(1): 372-377.

[5] 滕予非, 宁联辉, 李甘, 等. 含分频风电的电力系统机电暂态计算方法以及暂态特性分析[J]. 电力系统自动化, 2015, 39(2): 67-73, 99.

[6] 王锡凡, 方万良, 杜正春. 现代电力系统分析[M]. 北京: 科学出版社, 2006.

[7] 曹娜, 于群, 戴慧珠. 恒速风电机组极限切除时间的确定[J]. 电力自动化设备, 2008, 28(7): 17-20.

[8] LI J, ZHANG X P. Small signal stability of fractional frequency transmission system with offshore wind farms[J]. IEEE Transactions on Sustainable Energy, 2016, 7(4): 1538-1546.

[9] LUO J J, ZHANG X P, XUE Y. Small signal model of modular multilevel matrix converter for fractional frequency transmission system[J]. IEEE Access, 2019, 7: 110187-110196.

[10] MENG Y Q, LI S J, ZOU Y C, et al. Stability analysis and control optimisation based on particle swarm algorithm of modular multilevel matrix converter in fractional frequency transmission system[J]. IET Generation, Transmission & Distribution, 2020, 14(14): 2641-2655.

[11] ALRASHIDI M R, EL-HAWARY M E. A survey of particle swarm optimization applications in electric power systems[J]. IEEE Transactions on Evolutionary Computation, 2009, 13(4): 913-918.

[12] 杨佳艺, 赵成勇, 苑宾, 等. 基于粒子群优化算法的 VSC-HVDC 系统的控制参数优化策略[J]. 电力自动化设备, 2017, 37(12): 178-183.

第6章

分频输电系统的控制

分频输电系统的频率变换和各项系统性能的调控依赖于关键变频装置的控制，其中铁磁型变频装置并不需要控制策略介入[1]，而电力电子型变频装置需要配置完善的控制策略[2,3]，实现分频输电系统的安全稳定运行。周波变换器的控制策略较为成熟，而全控型器件的变频器拓扑类型较多，控制策略也互有差异。本章主要讨论基于全控型器件的 M^3C 变频器的控制策略，进而介绍分频输电系统参与电网支撑的控制方法。

6.1 基于 M^3C 的分频输电系统控制策略

M^3C 可以借鉴 MMC 的控制策略，加以改进后运用，目前主要的控制方法包括矢量控制法、双 $\alpha\beta$ 坐标变换控制法及双 dq 坐标变换控制法等[4,5]。由于 M^3C 控制变量较多、控制结构复杂，每种控制方法均有优缺点。M^3C 控制系统主要包括输出电压电流、桥臂电流、桥臂能量均衡、桥臂子模块电容电压等参量的控制，本章重点介绍双 dq 坐标变换法下 M^3C 控制系统的结构和具体实现。

6.1.1 基于双 dq 坐标变换的数学模型

M^3C 的等效电路如图 6-1 所示，其中，e_u、e_v、e_w 表示工频系统电压，e_a、e_b、e_c 表示分频系统电压，将级联全桥子模块等效为受控电压源后与桥臂电感串联组成桥臂。如 4.2.2 小节所述，与同相输出电压源相连的 3 个桥臂可以划分为一个子换流器，因此从不同系统侧可将 M^3C 划分为 3 个子换流器。根据图 6-1 可以列写子换流器 a、b、c 的电路方程，如式(6-1)所示。

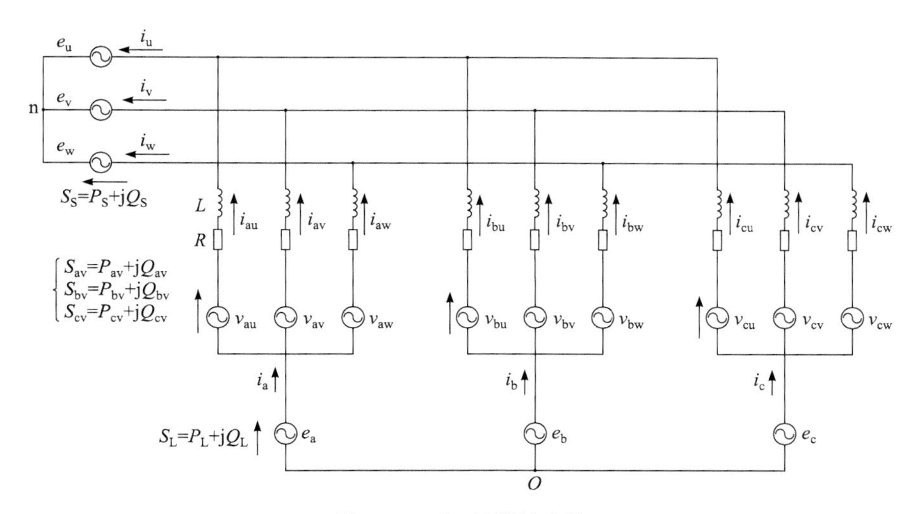

图 6-1　M³C 的等效电路

$$
\begin{cases}
e_{\mathrm{a}} = Ri_{\mathrm{a}y} + L\dfrac{\mathrm{d}}{\mathrm{d}t}i_{\mathrm{a}y} + v_{\mathrm{a}y} + e_y + v_{\mathrm{n}} \\
e_{\mathrm{b}} = Ri_{\mathrm{b}y} + L\dfrac{\mathrm{d}}{\mathrm{d}t}i_{\mathrm{b}y} + v_{\mathrm{b}y} + e_y + v_{\mathrm{n}}, \quad y = \mathrm{u,v,w} \\
e_{\mathrm{c}} = Ri_{\mathrm{c}y} + L\dfrac{\mathrm{d}}{\mathrm{d}t}i_{\mathrm{c}y} + v_{\mathrm{c}y} + e_y + v_{\mathrm{n}}
\end{cases}
\tag{6-1}
$$

对三个子换流器分别进行克拉克(Clark)坐标变换，可得到三个子换流器在 $\alpha\beta$ 坐标系下的数学模型如式(6-2)所示：

$$
\begin{bmatrix} e_{\mathrm{L}\alpha} & e_{\mathrm{L}\alpha} & e_{\mathrm{L}\alpha} \\ e_{\mathrm{L}\beta} & e_{\mathrm{L}\beta} & e_{\mathrm{L}\beta} \\ e_{\mathrm{L}0} & e_{\mathrm{L}0} & e_{\mathrm{L}0} \end{bmatrix} = \left(R + L\frac{\mathrm{d}}{\mathrm{d}t}\right)\begin{bmatrix} i_{\alpha\mathrm{u}} & i_{\alpha\mathrm{v}} & i_{\alpha\mathrm{w}} \\ i_{\beta\mathrm{u}} & i_{\beta\mathrm{v}} & i_{\beta\mathrm{w}} \\ i_{0\mathrm{u}} & i_{0\mathrm{v}} & i_{0\mathrm{w}} \end{bmatrix} + \begin{bmatrix} v_{\alpha\mathrm{u}} & v_{\alpha\mathrm{v}} & v_{\alpha\mathrm{w}} \\ v_{\beta\mathrm{u}} & v_{\beta\mathrm{v}} & v_{\beta\mathrm{w}} \\ v_{0\mathrm{u}} & v_{0\mathrm{v}} & v_{0\mathrm{w}} \end{bmatrix}
+ \begin{bmatrix} 0 & 0 & 0 \\ 0 & 0 & 0 \\ e_{\mathrm{u}} & e_{\mathrm{v}} & e_{\mathrm{w}} \end{bmatrix} + \begin{bmatrix} 0 & 0 & 0 \\ 0 & 0 & 0 \\ v_{\mathrm{n}} & v_{\mathrm{n}} & v_{\mathrm{n}} \end{bmatrix}
\tag{6-2}
$$

由式(6-2)可知，三个子换流器桥臂电压、电流的 $\alpha\beta$ 分量只与分频侧电气量的 $\alpha\beta$ 分量有关，与工频侧电气量无关，即桥臂电压电流的 $\alpha\beta$ 分量与分频侧系统同频；三个子换流器桥臂电压电流的零序分量与分频侧电压的 0 分量、工频侧电压和中性点间的电压有关，与分频侧电压的 $\alpha\beta$ 分量无关，只与工频侧电压有关，即桥臂电压电流的 0 分量与工频系统同频，可以独立分析。三个子换流器电压电流 $\alpha\beta$ 分量的解析表达式如式(6-3)所示：

$$\begin{bmatrix} e_{\mathrm{L}\alpha} \\ e_{\mathrm{L}\beta} \end{bmatrix} = \left(R + \frac{\mathrm{d}}{\mathrm{d}t}\right)\begin{bmatrix} i_{\alpha y} \\ i_{\beta y} \end{bmatrix} + \begin{bmatrix} v_{\alpha y} \\ v_{\beta y} \end{bmatrix}, \quad y = \mathrm{u,v,w} \tag{6-3}$$

三个子换流器的 0 分量表达式为

$$\begin{bmatrix} e_{\mathrm{L}0} \\ e_{\mathrm{L}0} \\ e_{\mathrm{L}0} \end{bmatrix} = \left(R + \frac{\mathrm{d}}{\mathrm{d}t}\right)\begin{bmatrix} i_{0\mathrm{u}} \\ i_{0\mathrm{v}} \\ i_{0\mathrm{w}} \end{bmatrix} + \begin{bmatrix} v_{0\mathrm{u}} \\ v_{0\mathrm{v}} \\ v_{0\mathrm{w}} \end{bmatrix} + \begin{bmatrix} e_{\mathrm{u}} \\ e_{\mathrm{v}} \\ e_{\mathrm{w}} \end{bmatrix} + \begin{bmatrix} v_{\mathrm{n}} \\ v_{\mathrm{n}} \\ v_{\mathrm{n}} \end{bmatrix} \tag{6-4}$$

式(6-4)为三个子换流器的 0 分量组成的方程，即 $\mathrm{M^3C}$ 分频侧三相电压的回路方程。因此，进一步对式(6-4)进行 Clark 坐标变换，将分频侧三相电压方程变换到 $\alpha\beta$ 坐标系下，如式(6-5)所示：

$$\begin{bmatrix} 0 \\ 0 \\ e_{\mathrm{L}0} \end{bmatrix} = \left(R + \frac{\mathrm{d}}{\mathrm{d}t}\right)\begin{bmatrix} i_{0\alpha} \\ i_{0\beta} \\ i_{00} \end{bmatrix} + \begin{bmatrix} v_{0\alpha} \\ v_{0\beta} \\ v_{00} \end{bmatrix} + \begin{bmatrix} e_{\mathrm{S}\alpha} \\ e_{\mathrm{S}\beta} \\ e_{\mathrm{S}0} \end{bmatrix} + \begin{bmatrix} 0 \\ 0 \\ v_{\mathrm{n}} \end{bmatrix} \tag{6-5}$$

式(6-3)和式(6-5)构成了 $\mathrm{M^3C}$ 系统在 $\alpha\beta$ 坐标系下的数学模型。通过对三个子换流器的第一次 $\alpha\beta$ 变换，实现了桥臂电压电流的工频、分频频率分量的解耦。考虑换流阀侧通常采用三角形接法，式(6-5)可降阶为 2 阶数学模型，如式(6-6)所示：

$$\begin{bmatrix} 0 \\ 0 \end{bmatrix} = \left(R + \frac{\mathrm{d}}{\mathrm{d}t}\right)\begin{bmatrix} i_{0\alpha} \\ i_{0\beta} \end{bmatrix} + \begin{bmatrix} v_{0\alpha} \\ v_{0\beta} \end{bmatrix} + \begin{bmatrix} e_{\mathrm{S}\alpha} \\ e_{\mathrm{S}\beta} \end{bmatrix} \tag{6-6}$$

式(6-3)和式(6-6)构成了对称运行时系统在 $\alpha\beta$ 坐标系下的 8 阶数学模型。

由上述分析可知，式(6-3)中的电压电流与分频系统同频，式(6-6)中的电压电流与工频侧系统同频。于是可采用 dq 同步旋转坐标变换将 $\alpha\beta$ 坐标系下的 $\mathrm{M^3C}$ 电路方程变换到 dq 旋转坐标系下，即

$$\begin{cases} \begin{bmatrix} v_{dy} \\ v_{qy} \end{bmatrix} = \begin{bmatrix} e_{\mathrm{L}d} \\ e_{\mathrm{L}q} \end{bmatrix} - \left(R + \frac{\mathrm{d}}{\mathrm{d}t}\right)\begin{bmatrix} i_{dy} \\ i_{qy} \end{bmatrix} + \omega_{\mathrm{L}} L\begin{bmatrix} i_{qy} \\ -i_{dy} \end{bmatrix}, \quad y = \mathrm{u,v,w} \\ \begin{bmatrix} v_{0d} \\ v_{0q} \end{bmatrix} = \begin{bmatrix} 0 \\ 0 \end{bmatrix} - \left(R + \frac{\mathrm{d}}{\mathrm{d}t}\right)\begin{bmatrix} i_{0d} \\ i_{0q} \end{bmatrix} + \omega_{\mathrm{S}} L\begin{bmatrix} i_{0q} \\ -i_{0d} \end{bmatrix} - \begin{bmatrix} e_{\mathrm{S}d} \\ e_{\mathrm{S}q} \end{bmatrix} \end{cases} \tag{6-7}$$

式(6-7)为 dq 坐标系下 $\mathrm{M^3C}$ 控制系统的动态数学模型。需要注意的是，该模型采用了两个不同旋转角频率的 dq 坐标变换，即双 dq 坐标变换的数学模型。

6.1.2 M³C 的控制策略设计

本小节基于 6.1.1 小节建立的 $\mathrm{M^3C}$ 双 dq 坐标变换的数学模型，对 $\mathrm{M^3C}$ 控制

系统进行设计。M^3C 控制系统包含功率/电压外环、电流内环和调制三个环节[6]，分别对应站控、极控和阀控。

功率/电压外环负责控制 M^3C 的整体运行，包括 M^3C 的两个网侧(分频、工频)输入、输出电量的控制，以及桥臂间模块电容均压控制，根据系统传输的功率及直流电压等参考值，计算内环电流控制器的 dq 轴电流参考值。

电流内环负责接收电压/功率外环所下发的电流指令并加以实现。电流内环可以进一步细分为前馈解耦环节、工频和分频电流控制器。电流内环生成控制电流所需各桥臂的电压指令，并将其下发至调制环节。

调制环节负责接收电流内环下发的桥臂电压指令，结合桥臂内模块均压的需求，生成各换流阀的开关信号。

通过式(6-7)可知桥臂电压各 dq 轴分量表达式的结构与传统 VSC 的控制结构基本一致，因而可采用 dq 解耦的控制策略来实现工频侧和分频侧有功功率、无功功率的独立控制[7]。M^3C 控制系统总体架构见图 6-2。

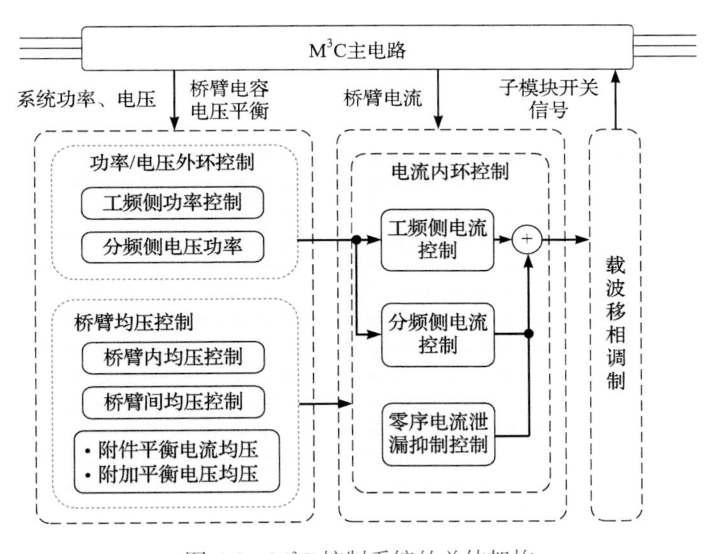

图 6-2　M^3C 控制系统的总体架构

1. 交流电网电压平衡时 M^3C 的控制器设计

1) 内环电流控制器

由 6.1.1 小节可知，系统对称运行时三个子换流器桥臂电压中的工频频率 dq 轴分量相同，因而可等效采用一个控制器对三个子换流器进行控制。这里以 u 相子换流器为例，其内环电流控制器设计如下：

$$\begin{cases} v_{du} = e_{Ld} - Ri_{du} - L\dfrac{d}{dt}i_{du} + \omega_L Li_{qu} \\ \quad = e_{Ld} + \omega_L Li_{qu} - K_P\left(i_{du\_ref} - i_{du}\right) - K_I\int\left(i_{du\_ref} - i_{du}\right)dt \\ v_{qu} = e_{Lq} - Ri_{qu} - L\dfrac{d}{dt}i_{qu} - \omega_L Li_{du} \\ \quad = e_{Lq} + \omega_L Li_{du} - K_P\left(i_{qu\_ref} - i_{qu}\right) - K_I\int\left(i_{qu\_ref} - i_{qu}\right)dt \end{cases} \tag{6-8}$$

式中，i_{du_ref} 和 i_{qu_ref} 可从工频侧有功功率、无功功率外环控制器获得。由于 M^3C 的实际工作条件并不理想，拓扑采用的元器件也不完全一致，因此子换流器的桥臂电流中可能存在零序分量。这些零序分量会通过零序通道流入工频侧，造成频率泄漏[8]，从而破坏电网电能质量，引发设备故障，影响系统正常工作。为了解决这个问题，需要对零序电流进行建模分析，并设计相应的抑制策略。

为了使所建立的数学模型更准确地描述频率泄漏，本小节基于叠加原理，进一步将工频零序分量的 $\alpha\beta$ 分量分离出来并进行正负序分解，此时仅考虑工频系统带来的频率泄漏问题而不考虑分频分量，分频频率泄漏分量将在分频侧控制系统中进行控制。由此，式(6-6)变为

$$\begin{bmatrix} 0 \\ 0 \end{bmatrix} = \left(R + \frac{d}{dt}\right)\begin{bmatrix} i_{0\alpha}^{\pm} \\ i_{0\beta}^{\pm} \end{bmatrix} + \begin{bmatrix} v_{0\alpha}^{\pm} \\ v_{0\beta}^{\pm} \end{bmatrix} \tag{6-9}$$

对式(6-9)进行正、负序 dq 坐标变换，可得

$$\begin{cases} \begin{bmatrix} 0 \\ 0 \end{bmatrix} = \left(R + \dfrac{d}{dt}\right)\begin{bmatrix} i_{0d}^{+} \\ i_{0q}^{+} \end{bmatrix} + \omega_S L\begin{bmatrix} -i_{0q}^{+} \\ i_{0d}^{+} \end{bmatrix} + \begin{bmatrix} v_{0d}^{+} \\ v_{0q}^{+} \end{bmatrix} \\ \begin{bmatrix} 0 \\ 0 \end{bmatrix} = \left(R + \dfrac{d}{dt}\right)\begin{bmatrix} i_{0d}^{-} \\ i_{0q}^{-} \end{bmatrix} + \omega_S L\begin{bmatrix} i_{0q}^{-} \\ -i_{0d}^{-} \end{bmatrix} + \begin{bmatrix} v_{0d}^{-} \\ v_{0q}^{-} \end{bmatrix} \end{cases} \tag{6-10}$$

由此，式(6-10)即为 M^3C 工频侧考虑频率泄漏的动态数学模型，该模型仅包含工频侧频率分量。

对于工频侧控制系统，需要抑制工频的零序电流流入分频侧，根据式(6-10)可将零序分量的内环控制器设计为

$$\begin{cases} \begin{bmatrix} v_{0d}^{+} \\ v_{0q}^{+} \end{bmatrix} = \omega_S L\begin{bmatrix} i_{0q}^{+} \\ -i_{0d}^{+} \end{bmatrix} + K_P\begin{bmatrix} i_{0d}^{+} \\ i_{0q}^{+} \end{bmatrix} + K_I\int\begin{bmatrix} i_{0d}^{+} \\ i_{0q}^{+} \end{bmatrix}dt \\ \begin{bmatrix} v_{0d}^{-} \\ v_{0q}^{-} \end{bmatrix} = \omega_S L\begin{bmatrix} -i_{0d}^{-} \\ i_{0q}^{-} \end{bmatrix} + K_P\begin{bmatrix} i_{0d}^{-} \\ i_{0q}^{-} \end{bmatrix} + K_I\int\begin{bmatrix} i_{0d}^{-} \\ i_{0q}^{-} \end{bmatrix}dt \end{cases} \tag{6-11}$$

为抑制频率泄漏，式(6-11)中各零序电流分量的参考值都已取 0。

2) 外环功率/电压控制器

在采用分频侧电网电压定向的同步 dq 旋转坐标系下，稳态时的 q 轴电压分量为零，则 M^3C 输入侧有功功率和无功功率表达式如下：

$$
\begin{cases}
P_1 = \dfrac{3}{2}\left(v_{d\mathrm{L}} i_{d\mathrm{L}} + v_{q\mathrm{L}} i_{q\mathrm{L}}\right) = \dfrac{3}{2} v_{d\mathrm{L}} i_{d\mathrm{u}} \\
Q_1 = \dfrac{3}{2}\left(v_{q\mathrm{L}} i_{d\mathrm{L}} - v_{d\mathrm{L}} i_{q\mathrm{L}}\right) = -\dfrac{3}{2} v_{d\mathrm{L}} i_{q\mathrm{u}}
\end{cases}
\tag{6-12}
$$

由式(6-12)可知 $i_{d\mathrm{u}}$ 和 $i_{q\mathrm{u}}$ 分别与分频侧的有功功率和无功功率成正比，因此可以采用 PI 控制器进行功率外环控制，可得 $i_{d\mathrm{u\_ref}}$ 和 $i_{q\mathrm{u\_ref}}$ 表达式为

$$
\begin{cases}
i_{d\mathrm{u\_ref}} = K_{\mathrm{P}}\left(P_{1\_\mathrm{ref}} - P_1\right) + K_{\mathrm{I}}\int\left(P_{1\_\mathrm{ref}} - P_1\right)\mathrm{d}t \\
i_{q\mathrm{u\_ref}} = -K_{\mathrm{P}}\left(Q_{1\_\mathrm{ref}} - Q_1\right) - K_{\mathrm{I}}\int\left(Q_{1\_\mathrm{ref}} - Q_1\right)\mathrm{d}t
\end{cases}
\tag{6-13}
$$

对于分频侧有功电流分量 $i_{d\mathrm{u}}$，也可以采取定平均电容电压控制，即

$$
i_{d\mathrm{u\_ref}} = K_{\mathrm{P}}\left(\overline{V}_{\mathrm{dc\_ref}} - \overline{V}_{\mathrm{dc}}\right) + K_{\mathrm{I}}\int\left(\overline{V}_{\mathrm{dc\_ref}} - \overline{V}_{\mathrm{dc}}\right)\mathrm{d}t
\tag{6-14}
$$

式中，$\overline{V}_{\mathrm{dc}}$ 为 M^3C 系统所有子模块电容电压的平均值；$\overline{V}_{\mathrm{dc\_ref}}$ 为给定值。

对于分频侧无功电流分量 $i_{q\mathrm{u}}$，也可以采取定分频侧交流电压控制，即

$$
i_{q\mathrm{u\_ref}} = K_{\mathrm{P}}\left(v_{\mathrm{ac\_ref}} - v_{\mathrm{ac}}\right) + K_{\mathrm{I}}\int\left(v_{\mathrm{ac\_ref}} - v_{\mathrm{ac}}\right)\mathrm{d}t
\tag{6-15}
$$

式中，v_{ac} 为分频侧电压幅值；$v_{\mathrm{ac\_ref}}$ 为给定值。

一般情况下，式(6-13)中各桥臂电压输出频率 dq 轴分量的控制器设计方法与式(6-7)中的 dq 轴分量控制器相同，只是外环功率给定变为分频侧有功-无功功率，不再赘述。

对于新能源系统(如光伏发电系统和风力发电系统)并入电网时，调度系统只提供有功功率的需求曲线，往往无法获知电网所需的无功功率，但风电系统并网点的交流电压幅值与该系统的无功功率输出直接相关，与并网点的有功输出关系不大，因而在新能源系统中通过控制并网点交流电压恒定就可以实现无功功率的自由控制。

综上，最终可选取外环控制方案为分频侧采用定有功功率控制和定输入侧交流电压控制；输出侧采用定子模块平均电容电压控制和定输出侧交流电压控制。在得到各桥臂电压的调制信号后，可以采用载波移相正弦脉宽调制(CPS-SPWM)或最近电平调制(NLM)策略来实现对各子模块的触发脉冲控制[9]。采用上述控制策略的控制系统典型结构框图如图 6-3 所示。

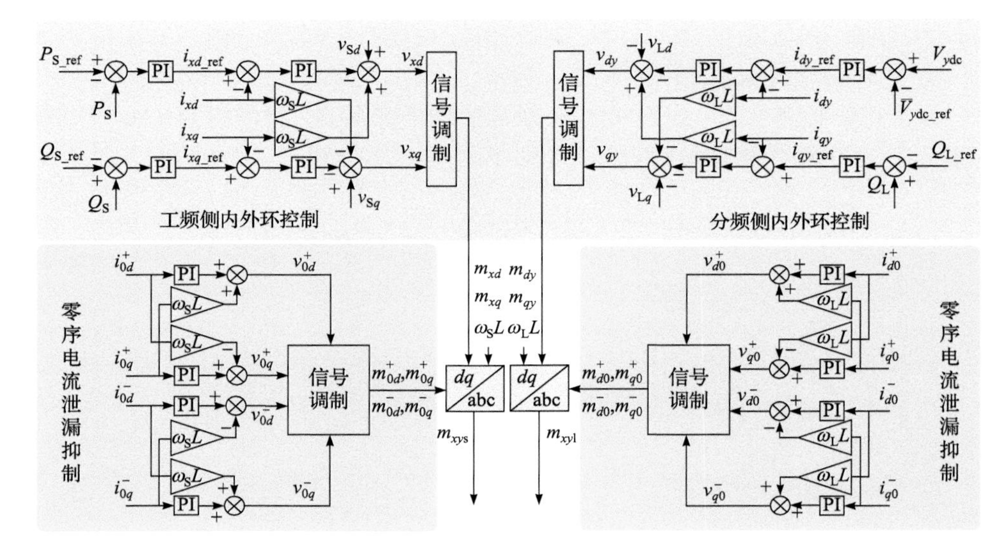

图 6-3 M³C 控制系统典型结构框图

2. 交流电网电压不平衡时 M³C 的控制器设计

电力系统发生的故障多为不对称故障。本小节以工频侧发生不对称故障为例推导设计 M³C 的控制策略。通过建立故障情况下 M³C 的正负序模型，提出了一个包含负序控制的故障穿越策略，同时解决了谐波抑制问题。

1) 不对称电网条件下 M³C 的数学模型

根据对称分量法，电网不对称条件下的三相交流电压和电流可以分解成正序、负序和零序：

$$\begin{cases} F_{\mathrm{a}} = F_{\mathrm{a}}^{+} + F_{\mathrm{a}}^{-} + F_{\mathrm{a}}^{0} \\ F_{\mathrm{b}} = F_{\mathrm{b}}^{+} + F_{\mathrm{b}}^{-} + F_{\mathrm{b}}^{0} \\ F_{\mathrm{c}} = F_{\mathrm{c}}^{+} + F_{\mathrm{c}}^{-} + F_{\mathrm{c}}^{0} \end{cases} \tag{6-16}$$

式中，F 表示电压或电流；上标+、−和 0 分别表示正序、负序和零序分量。

基于式(6-3)，可将 M³C 工频系统在 $\alpha\beta$ 坐标系下的回路电压方程分解为正序、负序、零序三个独立的子系统，将分解所得方程进行工频下的 dq 坐标变换。

工频正序分量的动态数学模型：

$$\begin{bmatrix} v_{xd}^{+} \\ v_{xq}^{+} \end{bmatrix} = -\begin{bmatrix} e_{\mathrm{S}d}^{+} \\ e_{\mathrm{S}q}^{+} \end{bmatrix} - \left(R\begin{bmatrix} i_{xd}^{+} \\ i_{xq}^{+} \end{bmatrix} + L\frac{\mathrm{d}}{\mathrm{d}t}\begin{bmatrix} i_{xd}^{+} \\ i_{xq}^{+} \end{bmatrix} + \omega_{\mathrm{S}} L\begin{bmatrix} -i_{xq}^{+} \\ i_{xd}^{+} \end{bmatrix} \right), \quad x = \mathrm{a,b,c} \tag{6-17}$$

工频负序分量的动态数学模型：

$$\begin{bmatrix} v_{xd}^- \\ v_{xq}^- \end{bmatrix} = -\begin{bmatrix} e_{Sd}^- \\ e_{Sq}^- \end{bmatrix} - \left(R\begin{bmatrix} i_{xd}^- \\ i_{xq}^- \end{bmatrix} + L\frac{\mathrm{d}}{\mathrm{d}t}\begin{bmatrix} i_{xd}^- \\ i_{xq}^- \end{bmatrix} - \omega_S L\begin{bmatrix} -i_{xq}^- \\ i_{xd}^- \end{bmatrix} \right),\quad x = \mathrm{a,b,c} \tag{6-18}$$

工频零序分量的动态数学模型：

$$\begin{cases} \begin{bmatrix} v_{d0}^+ \\ v_{q0}^+ \end{bmatrix} = -\left(R + L\frac{\mathrm{d}}{\mathrm{d}t} \right)\begin{bmatrix} i_{d0}^+ \\ i_{q0}^+ \end{bmatrix} - \omega_S L\begin{bmatrix} -i_{q0}^+ \\ i_{d0}^+ \end{bmatrix} \\ \begin{bmatrix} v_{d0}^- \\ v_{q0}^- \end{bmatrix} = -\left(R + L\frac{\mathrm{d}}{\mathrm{d}t} \right)\begin{bmatrix} i_{d0}^- \\ i_{q0}^- \end{bmatrix} - \omega_S L\begin{bmatrix} i_{q0}^- \\ -i_{d0}^- \end{bmatrix} \end{cases} \tag{6-19}$$

式(6-17)～式(6-19)构成了不对称电网条件下 $\mathrm{M^3C}$ 工频系统的 dq 动态数学模型。其中零序分量与 6.1.1 小节中意义相同，是频率泄漏分量。

对于单侧系统的频率泄漏，前文已经给出了分析和抑制方法。对于 $\mathrm{M^3C}$ 两侧交流系统之间的频率泄漏，由于换流阀一般没有零序通道，因此后续不再考虑。

采用 100Hz 的陷波滤波器进行序分量提取，获得 $\mathrm{M^3C}$ 网侧正、负序电气分量，目前一般采用抑制网侧负序电流控制方法。

$\mathrm{M^3C}$ 网侧电压不平衡时可采用 dq 解耦的矢量控制策略[10]，内环电流控制器设计思路与电网电压平衡时类似。为了设计外环控制器，下面分析 $\mathrm{M^3C}$ 不对称电网条件下功率的传输情况。对于工频只需考虑子换流器 u、v、w 即可，其功率传输表达式为

$$\begin{cases} P_{Sy} = P_{Sy,0} + P_{Sy,s2}\sin(2\omega_S t) + P_{Sy,c2}\cos(2\omega_S t) \\ Q_{Sy} = Q_{Sy,0} + Q_{Sy,s2}\sin(2\omega_S t) + Q_{Sy,c2}\cos(2\omega_S t) \end{cases},\quad y = \mathrm{u,v,w} \tag{6-20}$$

式中，$P_{Sy,0}$ 与 $Q_{Sy,0}$ 分别为有功功率和无功功率中的直流分量；$P_{Sy,s2}$ 与 $P_{Sy,c2}$ 以及 $Q_{Sy,s2}$ 与 $Q_{Sy,c2}$ 分别为有功功率和无功功率中二倍频波动分量的幅值。本小节的主要控制目标是抑制负序分量，因此这里直接将负序电流的参考值设计为 0，即 $i_{dy\_\mathrm{ref}}^- = i_{qy\_\mathrm{ref}}^- = 0$ 。此时正序电流的参考值为

$$\begin{bmatrix} i_{xd\_\mathrm{ref}}^+ \\ i_{xq\_\mathrm{ref}}^+ \end{bmatrix} = \frac{2}{3}\begin{bmatrix} v_{Sd}^+ & v_{Sq}^+ \\ v_{Sq}^+ & -v_{Sd}^+ \end{bmatrix}^{-1}\begin{bmatrix} P_{Sy,0} \\ Q_{Sy,0} \end{bmatrix} \tag{6-21}$$

交流电网电压不对称时 $\mathrm{M^3C}$ 典型控制系统框图如图 6-4 所示。

2) 基于双 dq 坐标变换的均压方法

以子换流器 a 为例，当 3 个桥臂电压不平衡时，根据 $\mathrm{M^3C}$ 直流电容的等效模型，若桥臂间电压差为

$$\begin{cases} \overline{V}_{\mathrm{dc}} - V_{\mathrm{au\_dc}} < 0 \\ \overline{V}_{\mathrm{dc}} - V_{\mathrm{av\_dc}} > 0 \\ \overline{V}_{\mathrm{dc}} - V_{\mathrm{aw\_dc}} > 0 \end{cases} \tag{6-22}$$

式中，$\overline{V}_{\mathrm{dc}}$ 为 9 个桥臂的等效直流电压平均值。

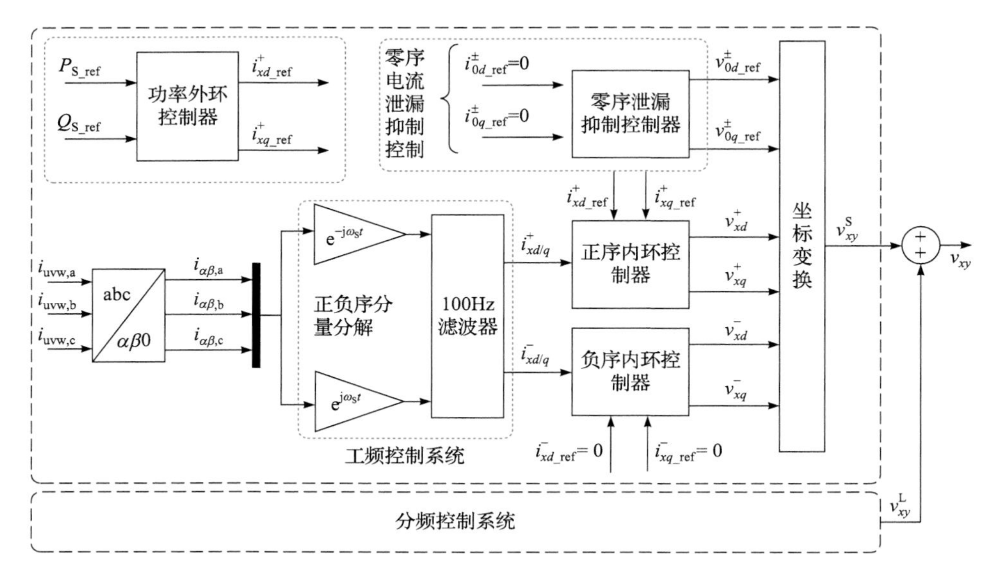

图 6-4　交流电网电压不对称时 M³C 典型控制系统框图

为了消除桥臂间电压差，引入桥臂直流环流 $i_{xy\_\mathrm{dc\_cir}}$：

$$i_{xy\_\mathrm{dc\_cir}} = \left(K_{\mathrm{P1}} + \frac{K_{\mathrm{i}}}{s}\right)\left(\overline{V}_{\mathrm{dc}} - V_{xy\_\mathrm{dc}}\right) + \left(K_{\mathrm{P2}} + \frac{2K_{\mathrm{r}}\omega_{\mathrm{c}}s}{s^2 + 2\omega_{\mathrm{c}}s + \omega_0^2}\right)\left(\overline{V}_{\mathrm{dc\_}\omega_2} - V_{xy\_\mathrm{dc\_}\omega_2}\right) \tag{6-23}$$

式中，K_{P1}、K_{i} 为比例-积分控制参数；ω_2 为 100/3Hz 频率分量；K_{P2}、K_{r} 为准比例谐振控制比例增益；ω_0 为谐振频率；ω_{c} 为控制器截止频率。

由于电容电压除直流量外，还包括电压纹波，因此在均压环节，分别对电压差的直流部分和纹波部分进行控制。直流部分采用比例-积分控制，纹波部分采用准比例谐振控制。

此时，子换流器 a 中桥臂直流环流方向为

$$\begin{cases} i_{\mathrm{ua\_dc\_cir}} < 0 \\ i_{\mathrm{va\_dc\_cir}} > 0 \\ i_{\mathrm{wa\_dc\_cir}} > 0 \end{cases} \tag{6-24}$$

由桥臂直流环流产生的循环功率流动方向见图 6-5。

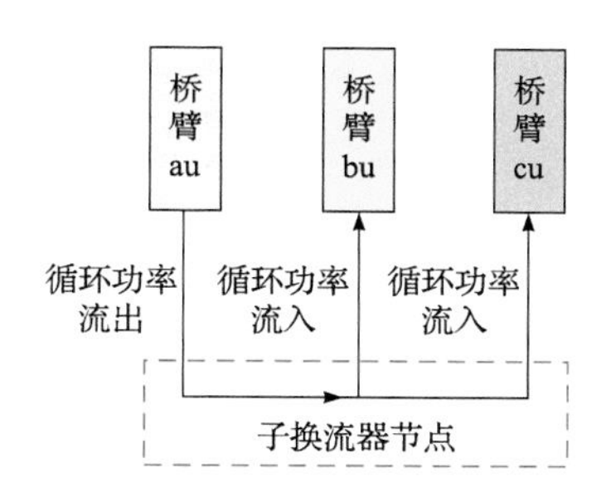

图 6-5　循环功率流动方向

将桥臂直流环流 $i_{xy\_dc\_cir}$ 通过不同的处理方式转换为附加平衡电压或附加平衡电流，与原调制波或桥臂电流参考值结合，进行桥臂均压。

附加平衡电压策略是在桥臂原参考电压的基础上引入带有桥臂电流相角的附加电压。通过改变 IGBT 的通断来控制子模块的充放电，从而调整能量在桥臂间的分布。设桥臂 xy 的附加平衡电压为 $V_{xy\_dc\_cir}$，由其引起的桥臂功率变化近似为

$$P_{xy\_cir} \approx V_{xy\_dc\_cir} i_{xy} \tag{6-25}$$

根据桥臂电流 i_{xy} 的方向，$V_{xy\_dc\_cir}$ 的取值为

$$V_{xy\_dc\_cir} = K i_{xy\_dc\_cir} \quad \left(i_{xy} > 0, K = 1; \quad i_{xy} < 0, K = -1\right) \tag{6-26}$$

通过调整 K 的正负，可以控制能量的流动方向；通过调整 K 的数值，可以控制能量的大小，从而控制电容电压的升降和变化速度，直至消除桥臂间压差。

将 $V_{xy\_dc\_cir}$ 归一化后，限幅在[−0.1,0.1]，得到附加调制波 m_{xy_cir}。以桥臂 au 为例，具体分析其对子模块电容电压的影响。当桥臂电压低于桥臂模块平均电压，且桥臂电流为正时，根据式(6-26)附加平衡电压为正，增大子模块调制波，电容充电；当桥臂电流为负时，附加平衡电压为负，减小子模块调制波，电容放电。当桥臂电压高于桥臂模块平均电压，且桥臂电流为正时，根据式(6-26)附加平衡电压为负，减小子模块调制波，电容充电；当桥臂电流为负时，根据式(6-26)附加平衡电压为正，增大子模块调制波，电容放电。

最终的调制波为

$$m_{xy} = m_{xy\_base} + m_{xy\_cir} \tag{6-27}$$

式中，m_{xy_base} 为系统侧控制得到的调制波。

附加平衡电流策略是在桥臂原参考电流的基础上注入环流电流，通过改变内环电流给定值达到均压目的。基于这一思路可知，每个桥臂电流中将存在额外两个电流分量，即桥臂电流可定义如下：

$$i_{xy} = \frac{1}{3} i_x + \frac{1}{3} i_y + i_{xys\_cir} + i_{xyl\_cir} \tag{6-28}$$

进一步定义桥臂环流为

$$i_{xys/l\_cir}=\begin{cases} i_{xy\_dc\_cir}\Big/m'_{xys/l}\left(m'_{xys/l}\neq 0\right) \\ i_{xys/l\_cir}\left(m'_{xys/l}=0\right) \end{cases},\quad 1\Big/m'_{xys/l}\in\left[-1,1\right] \tag{6-29}$$

式中，$m'_{xys/l}$ 由式(6-30)归一化得到并将 $1/m'_{xys/l}$ 限幅至[−1,1]：

$$\begin{cases} m'_{xys}=\dfrac{2}{T_s}m_{xys}\Big/\displaystyle\int_0^{T/2}m_{xys}\mathrm{d}t \\ m'_{xyl}=\dfrac{2}{T_l}m_{xyl}\Big/\displaystyle\int_0^{T/2}m_{xyl}\mathrm{d}t \end{cases} \tag{6-30}$$

桥臂环流按照 6.1.1 小节中的方法分别转换到工频和分频 dq 坐标系下。

根据功率计算方法可知稳态时的 q 轴电压分量为零，有功功率只与 d 轴有关，其产生的循环功率表示为

$$\begin{cases} P_{S\_cir}=\dfrac{3}{2}\left(v_{Sd}i_{Sd\_cir}+v_{Sq}i_{Sq\_cir}\right)=\dfrac{3}{2}v_{Sd}i_{Sd\_cir}=\dfrac{3}{2}v_{Sd}\left(i_{da\_cir}+i_{db\_cir}+i_{dc\_cir}\right) \\ P_{L\_cir}=\dfrac{3}{2}\left(v_{Ld}i_{Ld\_cir}+v_{Lq}i_{Lq\_cir}\right)=\dfrac{3}{2}v_{Ld}i_{Ld\_cir}=\dfrac{3}{2}v_{Ld}\left(i_{ud\_cir}+i_{vd\_cir}+i_{wd\_cir}\right) \end{cases} \tag{6-31}$$

则 M^3C 两侧最终的 d 轴电流参考值为

$$\begin{cases} i^*_{dy}=i_{dy\_ref}+i_{dy\_cir} \\ i^*_{xd}=i_{xd\_ref}+i_{xd\_cir} \end{cases} \tag{6-32}$$

当系统发生不对称故障时，为了完成桥臂均压需要增加附加平衡电流的 q 轴分量，方式与 d 轴分量同理：

$$\begin{cases} i^*_{qy}=i_{qy\_ref}+i_{qy\_cir} \\ i^*_{xq}=i_{xq\_ref}+i_{xq\_cir} \end{cases} \tag{6-33}$$

综上，附加平衡电压和附加平衡电流的均压方式控制框图如图 6-6 所示。

为了保证附加平衡电压和附加平衡电流不对两侧交流系统造成影响，以子换流器为单位设置功率约束条件。对于附加平衡电压的均压策略，必须保证循环功率只在子换流器内流动，不会流出任何星形节点，约束条件见式(6-34)：

$$\begin{cases} P_{xu\_cir\_n}+P_{xv\_cir\_n}+P_{xw\_cir\_n}=0 \\ P_{ay\_cir\_n}+P_{by\_cir\_n}+P_{cy\_cir\_n}=0 \end{cases} \tag{6-34}$$

对于附加平衡电流策略，由于附加电流经过电流内环来平衡电压，因此保证附加电流只在子换流器内流动即可，约束条件见式(6-35)：

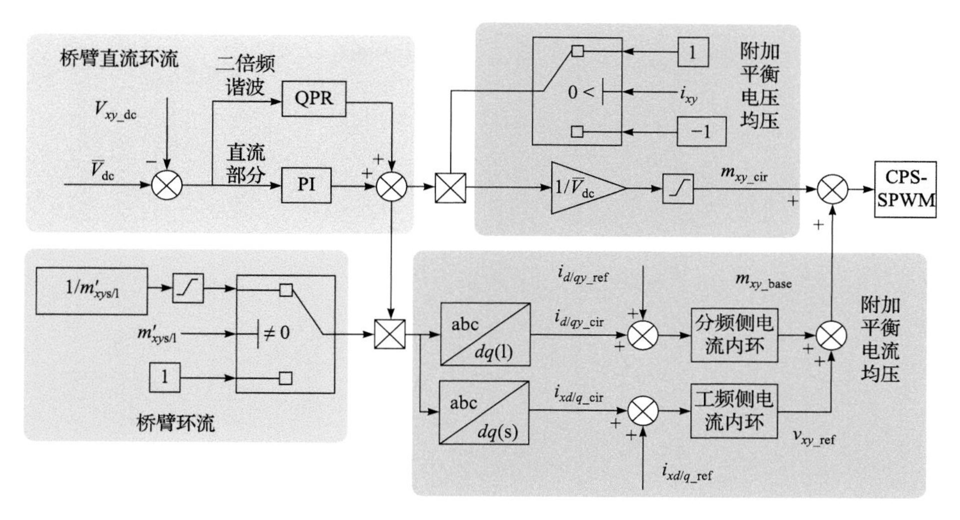

图 6-6　附加平衡电压和附加平衡电流的均压方式控制框图

$$
\begin{cases} i_{\mathrm{xu\_cir\_n}} + i_{\mathrm{xv\_cir\_n}} + i_{\mathrm{xw\_cir\_n}} = 0 \\ i_{\mathrm{ay\_cir\_n}} + i_{\mathrm{by\_cir\_n}} + i_{\mathrm{cy\_cir\_n}} = 0 \end{cases} \tag{6-35}
$$

由于约束条件的存在，使用一轮均压策略并不能保证 9 个桥臂的电容电压一致，为了保证均压效果，需使用两轮均压策略，每次循环完成 4 个桥臂的均压。图 6-7 给出了使用两次循环均压策略的桥臂选择原理。经过两次循环，将 8 个桥臂的电容电压调至平均值，即可完成 9 个桥臂的均压。将两轮循环的结果分别相加，得到最终参与系统控制的附加平衡电流和附加平衡电压。

3. 分频海上风电系统的 M³C 的控制策略设计

基于 M³C 的分频海上并网系统中，M³C 分频侧通过海底电缆连接海上风电场和部分海上负荷，但由于海上风电机组一般为跟网型控制策略，因此在 M³C 的分频侧必须采用定电压频率控制方案(V/*f* 控制方案)，实现分频侧交流电压幅值及频率的控制。

在 V/*f* 控制方案中，分频侧频率由系统要求直接给定，用以构造旋转坐标变换所需的角频率与电压相角。M³C 分频侧的 *dq* 轴电流指令值将不再由 6.1.2 小节第一部分的定有功功率控制和定交流侧电压幅值外环控制得到，而要借助滤波电路的电路方程构造新的定 *dq* 轴外环控制器。M³C 分频侧端口滤波电路电流流向如图 6-8 所示。

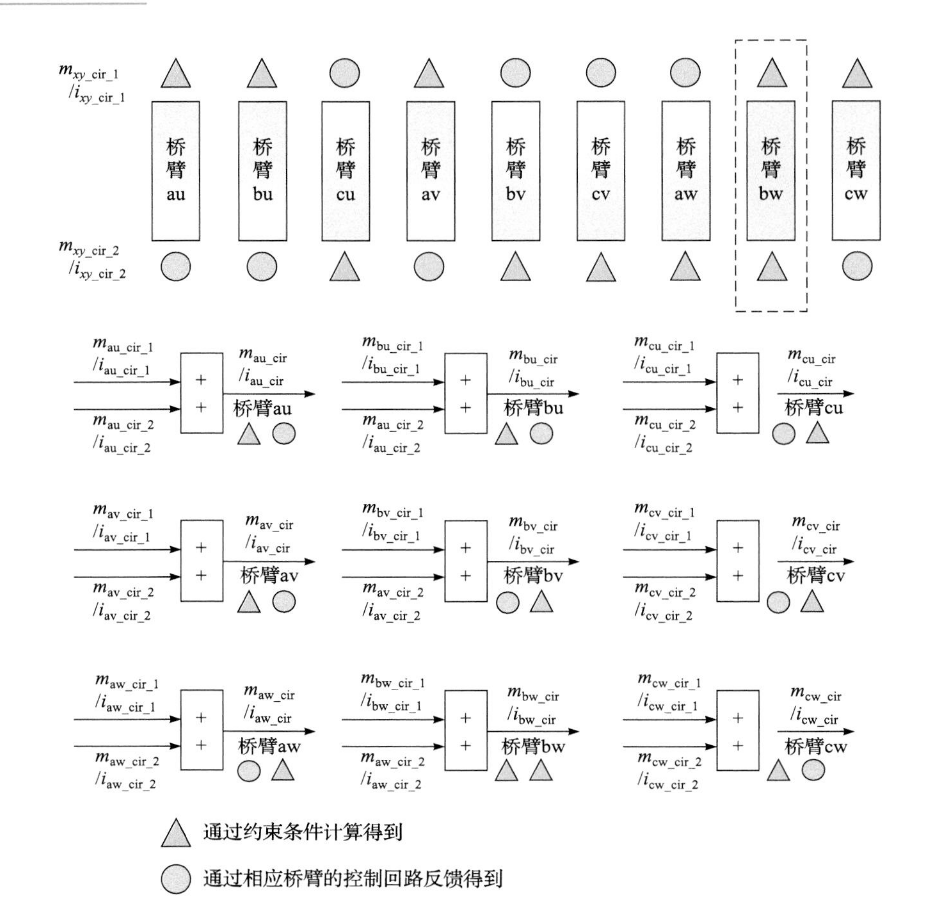

图 6-7　使用两次循环均压策略的桥臂选择原理

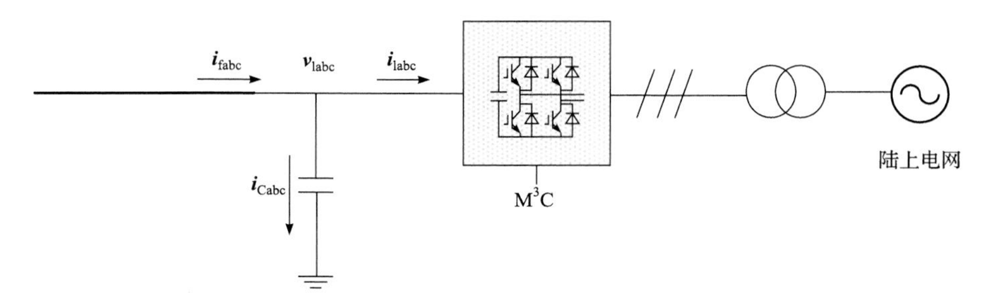

图 6-8　M^3C 分频侧端口滤波电路电流流向

图 6-8 中，$\boldsymbol{i}_{\mathrm{fabc}}$ 为流出风机的电流，$\boldsymbol{i}_{\mathrm{labc}}$ 为 M^3C 的输入电流，$\boldsymbol{i}_{\mathrm{Cabc}}$ 为流向滤波电容的电流，$\boldsymbol{v}_{\mathrm{labc}}$ 为分频侧端口电压。由图 6-8 可得到输入端口的电压与电流方程：

$$C\frac{\mathrm{d}\boldsymbol{v}_{\mathrm{labc}}}{\mathrm{d}t}=\boldsymbol{i}_{\mathrm{Cabc}}=\boldsymbol{i}_{\mathrm{fabc}}-\boldsymbol{i}_{\mathrm{labc}} \tag{6-36}$$

将式(6-36)转换到 dq 坐标系下，得到 dq 坐标系下的方程：

$$C\begin{bmatrix}\dfrac{\mathrm{d}v_{\mathrm{l}d}}{\mathrm{d}t}\\ \dfrac{\mathrm{d}v_{\mathrm{l}q}}{\mathrm{d}t}\end{bmatrix}=\begin{bmatrix}i_{\mathrm{f}d}-i_{\mathrm{l}d}\\ i_{\mathrm{f}q}-i_{\mathrm{l}q}\end{bmatrix}+\omega_{\mathrm{L}}C\begin{bmatrix}v_{\mathrm{l}q}\\ -v_{\mathrm{l}d}\end{bmatrix} \tag{6-37}$$

对式(6-37)进行拉普拉斯变换，可得

$$\begin{cases}Csv_{\mathrm{l}d}=i_{\mathrm{f}d}-i_{\mathrm{l}d}+\omega_{\mathrm{L}}Cv_{\mathrm{l}q}\\ Csv_{\mathrm{l}q}=i_{\mathrm{f}q}-i_{\mathrm{l}q}-\omega_{\mathrm{L}}Cv_{\mathrm{l}d}\end{cases} \tag{6-38}$$

由式(6-38)可知，可以设计控制器的中间变量为 i_d 和 i_q，它们的表达式为

$$\begin{cases}i_d=Csv_{\mathrm{l}d}\\ i_q=Csv_{\mathrm{l}q}\end{cases} \tag{6-39}$$

其中，i_d、i_q 采用 PI 调节控制得到，其原理如图 6-9 所示。

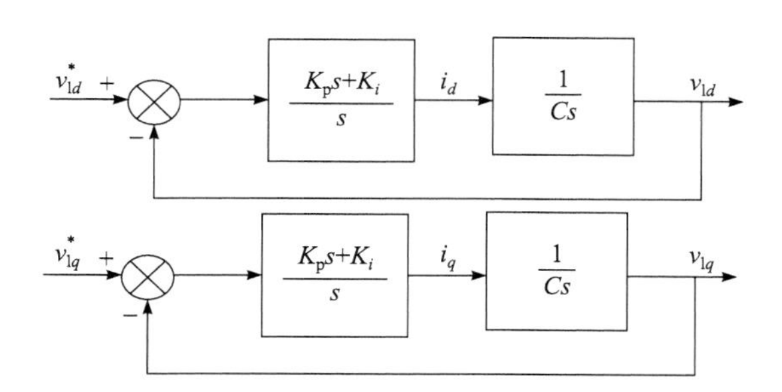

图 6-9　控制原理框图

图 6-9 中 $v_{\mathrm{l}d}^*$、$v_{\mathrm{l}q}^*$ 分别为 M^{3}C 分频侧端口电压的 dq 轴分量参考值，得到中间控制量 i_d、i_q 后，引入前馈补偿，可以得到如下的 M^{3}C 分频侧端口内环电流参考值：

$$\begin{cases}i_{\mathrm{l}d}^*=i_{\mathrm{f}d}+\omega_{\mathrm{L}}Cv_{\mathrm{l}q}-i_d\\ i_{\mathrm{l}q}^*=i_{\mathrm{f}q}-\omega_{\mathrm{L}}Cv_{\mathrm{l}d}-i_q\end{cases} \tag{6-40}$$

由式(6-40)和图 6-9 可得到 V/f 控制策略下 M^{3}C 电压外环控制原理框图，如图 6-10 所示。

如图 6-10 所示，在 V/f 控制策略下 M^{3}C 分频侧电流参考值由电压外环控制器给定，外环的 dq 轴电压参考值由系统需要给定。在该控制方案下，M^{3}C 分频侧的交流电压能够得到控制，M^{3}C 分频侧工作在电源模式下，为分频网络提供电压

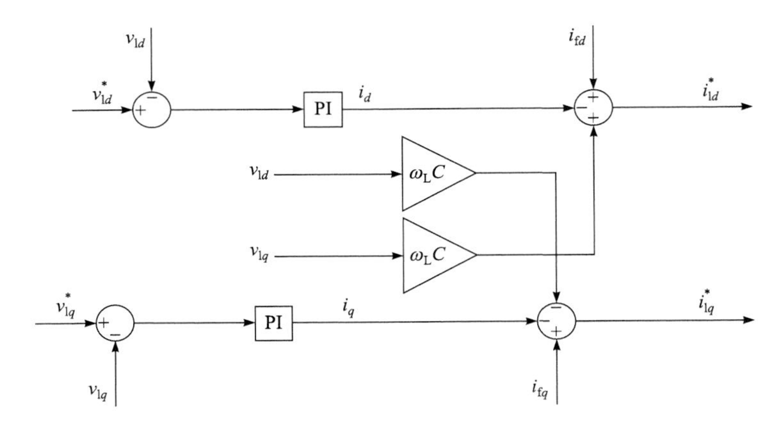

图 6-10 V/f 控制策略下的 M^3C 电压外环控制原理框图

支撑。得到 i_{1d}^*、i_{1q}^* 后，便可采用 6.1.2 小节中电流内环控制方式最终完成 M^3C 分频侧的控制。

对于 M^3C 工频侧的控制方案，由于该侧直接与电网相连，则可直接采用 6.1.2 小节输出侧的控制策略。

6.1.3 故障穿越控制技术

图 6-11 给出了我国风电场接入电力系统技术规定中的电压穿越要求[11]，其中曲线 1 为低电压穿越要求，曲线 2 为高电压穿越要求。要求规定以下几方面。

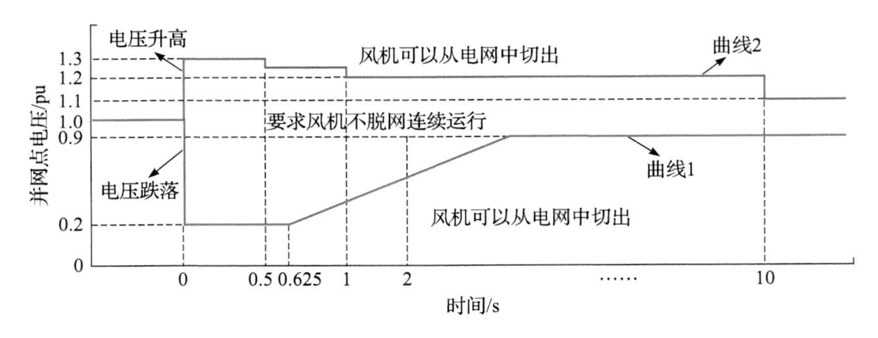

图 6-11 我国风电场接入电力系统技术规定的电压穿越要求

(1) 风电场并网点电压跌至 20%标称电压时，风电场内的风电机组应保证不脱网连续运行 625ms。

(2) 风电场并网点电压在发生跌落后 2s 内能够恢复到标称电压的 90%时，风电场内的风电机组应保证不脱网连续运行。

(3) 对电力系统故障期间没有切出的风电场，其有功功率在故障清除后应快速恢复，自故障清除时刻开始，以至少每秒 10%额定功率的功率变化率恢复至故障前的值。

(4) 当风电场并网点电压处于标称电压的 20%～90%时，风电场应能够通过注入无功电流支撑电压恢复；自并网点电压跌落出现的时刻起，动态无功电流控制的响应时间不大于 75ms，持续时间应不少于 550ms。

(5) 风电场注入电力系统的动态无功电流数值要求为

$$I_{\mathrm{TC}} \geqslant 1.5\times\left(0.9-V_{\mathrm{T}}\right)I_{\mathrm{N}},\quad 0.2\leqslant V_{\mathrm{T}}\leqslant 0.9 \tag{6-41}$$

式中，V_{T} 为并网点电压标幺值；I_{N} 为风电场电流的额定值。

(6) 风机应保证在 1.3pu 的电压持续运行 500ms 的能力。

(7) 当风机并网点电压三相对称升高时，风电场需要快速提供感性无功电流以便电网恢复正常，风电场注入电网的动态感性无功电流数值要求为

$$I_{\mathrm{TL}} \geqslant 1.5\times\left(V_{\mathrm{T}}-1.1\right)I_{\mathrm{N}},\quad 1.1\leqslant V_{\mathrm{T}}\leqslant 1.3 \tag{6-42}$$

综合低电压和高电压标准即可得到海上风电场的故障穿越标准曲线，曲线 1 和曲线 2 之间即为海上风电场需要连续运行的工作范围。

1. $\mathrm{M^3C}$ 变频站与风电场的联合故障穿越控制技术

目前的故障穿越标准是针对海上风电场直接与电网相连的情况设计，而对于分频海上风电系统而言，海上风电场经变频站接入电网，变频站直接与电网相连，因此可由变频站满足所有的电网接入技术规定，通过变频站与风电场的联合控制来实现故障穿越[11-16]。

当系统正常工作时，在忽略损耗的情况下，风电场发出的有功功率 P_{w}、$\mathrm{M^3C}$ 分频侧吸收的有功功率 P_{l} 和 $\mathrm{M^3C}$ 工频侧发出的有功功率 P_{s} 三者将保持实时平衡，$\mathrm{M^3C}$ 工作在单位功率因数状态下，发出的无功功率为零。当陆上电网因短路发生低电压故障时，电网电压大幅跌落，而 $\mathrm{M^3C}$ 允许通过的最大电流有限，$\mathrm{M^3C}$ 工频侧能够传输到电网的有功功率大大减少；此外，低电压穿越期间，$\mathrm{M^3C}$ 还要向电网提供容性无功电流，进一步挤占了 $\mathrm{M^3C}$ 的有功容量。同时，由于短时间内风速波动不大，由海上风电场传输到 $\mathrm{M^3C}$ 分频侧的有功功率可视为不变。因此，$\mathrm{M^3C}$ 两侧的功率就失去了平衡，多余的不平衡能量将在换流器中累积。多余的不平衡能量积聚在换流器中将造成 $\mathrm{M^3C}$ 子模块直流电容升高，如果不加以抑制将危及换流器的安全。当陆上电网因扰动发生电压升高时，$\mathrm{M^3C}$ 需要给电网提供感性无功电流来帮助电网电压恢复，这虽然挤占了 $\mathrm{M^3C}$ 一定的电流容量，但是在有功电流一定的情况下，$\mathrm{M^3C}$ 能够传输的有功功率也随电网电压升高而增加，因此高电压故障对 $\mathrm{M^3C}$ 影响较小。

针对以上问题，本节研究 $\mathrm{M^3C}$ 变频站与风电场联合故障穿越控制策略设计，

其控制思路如图 6-12 所示。

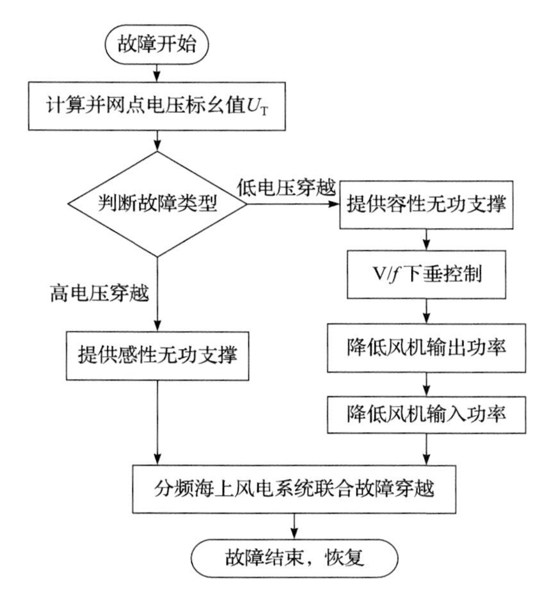

图 6-12 分频海上风电系统联合故障穿越控制思路

1) 电流分配器的设计

要设计分频海上风电系统的故障穿越策略，首先要对故障类型进行判断。M^3C控制器先对工频侧三相相电压进行采样，得到其正序分量幅值$V^+_{S_uvw_mag}$，则并网点电压的标幺值可表示为

$$V_T = \frac{V^+_{S\_uvw\_mag}}{\frac{\sqrt{6}}{3} v_{S\_ref}} \tag{6-43}$$

式中，v_{S_ref}为工频侧三相线电压的有效值。当$0.2 \leqslant V_T \leqslant 0.9$时，$M^3C$控制器采取低电压穿越控制模式；当$1.1 \leqslant V_T \leqslant 1.3$时，则进入高电压穿越模式。

由于故障穿越期间，需要M^3C对电网提供无功支撑，因此针对不同的故障类型，还需要对 M^3C 工频侧外环控制器给定的有功和无功电流参考值进行重新分配。接下来对电流分配器进行设计。

取M^3C允许通过的最大电流I_{max}为$1.5I_N$（I_N为换流器额定电流），在高电压穿越的情况下，最严重时，$V_T = 1.3$，感性无功注入最小电流$I_{TLmin} = 0.3I_N$，而

$$\sqrt{I^2_{TLmin} + I^2_N} < I_{max} \tag{6-44}$$

在有功功率为额定的情况下，电压升高时，工频侧有功电流I_{Sd}小于额定电

流 I_{N}，$\mathrm{M^3C}$ 的电流容量可以同时满足有功功率的传输和电网无功支撑的需求。因此，在高电压穿越情况下，为了尽可能多地给电网提供感性无功支撑，电流分配器采用有功优先的原则，即先保证有功电流的传输，剩余的电流容量全部用来提供感性无功电流支撑。此时，有功电流参考值 $i_{\mathrm{S}d\_\mathrm{ref}}$ 和无功电流参考值 $i_{\mathrm{S}q\_\mathrm{ref}}$ 将由式(6-45)进行重新分配：

$$\begin{cases} i_{\mathrm{S}d\_\mathrm{ref}}^{*} = i_{\mathrm{S}d\_\mathrm{ref}} \\ i_{\mathrm{S}q\_\mathrm{ref}}^{*} = \mathrm{sign}(i_{\mathrm{S}q\_\mathrm{ref}})\sqrt{I_{\max}^{2} - i_{\mathrm{S}d\_\mathrm{ref}}^{*2}} \end{cases} \tag{6-45}$$

式中，$\mathrm{sign}(\cdot)$为取符号函数，保证无功电流的传输方向与分配前相同。

在低电压穿越的情况下，电网电压跌落会降低有功功率的传输能力，从而导致换流器无法同时满足有功传输和无功支撑的要求。为了减少换流器有功能量的积聚，保障换流器的安全，需要在满足电网支撑要求的前提下，尽可能地传输有功功率。因此，需要优先满足电网动态容性无功电流支撑的最小标准，并利用换流器的剩余容量传输有功功率。低电压穿越情况下，$\mathrm{M^3C}$ 工频侧有功电流参考值 $i_{\mathrm{S}d\_\mathrm{ref}}$ 和无功电流参考值 $i_{\mathrm{S}q\_\mathrm{ref}}$ 将由式(6-46)和式(6-47)进行重新分配：

$$i_{\mathrm{S}q\_\mathrm{ref}}^{*} = I_{\mathrm{TCmin}} = 1.5\times\left(0.9 - V_{\mathrm{T}}\right)I_{\mathrm{N}},\quad 0.2 \leqslant V_{\mathrm{T}} \leqslant 0.9 \tag{6-46}$$

$$\begin{cases} i_{\mathrm{S}d\_\mathrm{ref}}^{*} = i_{\mathrm{S}d\_\mathrm{ref}}, & i_{\mathrm{S}d\_\mathrm{ref}}^{2} + i_{\mathrm{S}q\_\mathrm{ref}}^{*2} \leqslant I_{\max}^{2} \\ i_{\mathrm{S}d\_\mathrm{ref}}^{*} = \mathrm{sign}(i_{\mathrm{S}d\_\mathrm{ref}})\sqrt{I_{\max}^{2} - i_{\mathrm{S}q\_\mathrm{ref}}^{*2}}, & i_{\mathrm{S}d\_\mathrm{ref}}^{2} + i_{\mathrm{S}q\_\mathrm{ref}}^{*2} > I_{\max}^{2} \end{cases} \tag{6-47}$$

式中，I_{TCmin} 为动态无功电流的最小值。

根据式(6-43)及式(6-45)～式(6-47)设计的 $\mathrm{M^3C}$ 控制系统的电流分配器如图 6-13 所示，该控制器在 $\mathrm{M^3C}$ 的分频侧控制系统中，与外环控制器和内环电流控制器相连。

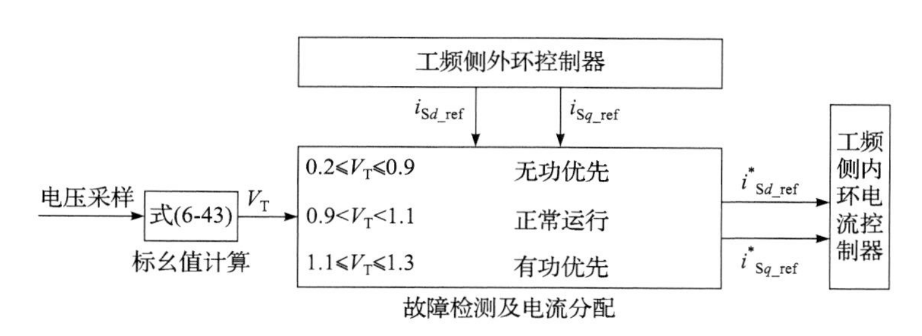

图 6-13　电流分配器

2) 风机输出功率控制策略

$\mathrm{M^3C}$ 工频控制器采用电网电压定向，q 轴电压分量为 0。工频侧有功功率表

达式为

$$P_{\mathrm{S}} = v_{\mathrm{S}d} i_{\mathrm{S}d} \tag{6-48}$$

式中，$v_{\mathrm{S}d}$ 为 $\mathrm{M^3C}$ 工频侧电压 d 轴分量，在额定情况下，$v_{\mathrm{S}d} = v_{\mathrm{S\_ref}}$。在低电压穿越时，$\mathrm{M^3C}$ 能够传输的最大有功电流 $i_{\mathrm{S}d\max}$ 为

$$i_{\mathrm{S}d\max} = \sqrt{I_{\max}^2 - I_{\mathrm{Tc\_min}}^2} \tag{6-49}$$

此时，$\mathrm{M^3C}$ 能够传输的最大有功功率 $P_{\mathrm{S}\max}$ 为

$$P_{\mathrm{S}\max} = V_{\mathrm{T}} v_{\mathrm{S\_ref}} i_{\mathrm{S}d\max} \tag{6-50}$$

为使 $\mathrm{M^3C}$ 两侧能够保持功率平衡，从海上风电场发出至 $\mathrm{M^3C}$ 分频侧的有功功率 P_{w} 应小于等于 $P_{\mathrm{S}\max}$。风电场能够发出的最大功率为其额定功率 P_{wnom}，因此可以引入故障期间的风机功率调节系数 $R_{\mathrm{FRT}}\left(0 < R_{\mathrm{FRT}} < 1\right)$，令

$$R_{\mathrm{FRT}} = \frac{P_{\mathrm{S}\max}}{P_{\mathrm{wnom}}} = \frac{P_{\mathrm{S}\max}}{mP_{\mathrm{nom}}} \tag{6-51}$$

式中，m 为风电场的风机数量；P_{nom} 为单台风机的额定功率。

令风机有功功率给定值为

$$P_{\mathrm{ref}}^{*} = R_{\mathrm{FRT}} \times P_{\mathrm{ref}} \tag{6-52}$$

式中，P_{ref} 为风机工作在最大风能捕获状态下的有功功率给定值。由于 P_{ref} 小于等于 P_{nom}，因此式(6-52)保证了在低电压穿越期间风电场发出的有功功率 P_{w} 小于等于 $\mathrm{M^3C}$ 能够传输的最大有功功率 $P_{\mathrm{S}\max}$。将式(6-46)、式(6-49)和式(6-50)代入式(6-51)，可得

$$R_{\mathrm{FRT}} = \frac{V_{\mathrm{T}} v_{\mathrm{S\_ref}} \sqrt{I_{\max}^2 - \left[1.5 \times \left(0.9 - V_{\mathrm{T}}\right) I_N\right]^2}}{P_{\mathrm{wnom}}} \tag{6-53}$$

在工程实际中，式(6-53)中 $v_{\mathrm{S\_ref}}$、$I_{\max}$、I_N 和 P_{wnom} 均为常数，因此风机的功率调节系数 R_{FRT} 是电压跌落幅度 V_{T} 的一元函数。海上风电场只要获取陆上电网的故障信息，即可根据式(6-52)和式(6-53)对风机的输出功率进行调节，以保证低电压穿越期间 $\mathrm{M^3C}$ 两侧的功率平衡。如果依赖通信把 $\mathrm{M^3C}$ 系统获取的电压跌落深度信息传送到海上风电场的风机控制器，不仅会增加海上风电场的建设成本，还可能会出现可靠性问题。考虑到 $\mathrm{M^3C}$ 分频侧的频率由 $\mathrm{M^3C}$ 控制器直接给定，因此可以在 $\mathrm{M^3C}$ 控制器中引入 V/f 下垂控制，如式(6-54)所示，从而实现在没有通信时对功率的控制。

$$f_{\mathrm{L}} = \begin{cases} -\dfrac{f_{\mathrm{L\_max}} - f_{\mathrm{L\_nom}}}{0.9-0.2}(V_{\mathrm{T}}-0.2) + f_{\mathrm{L\_max}}, & 0.2 \leqslant V_{\mathrm{T}} \leqslant 0.9 \\ f_{\mathrm{L\_nom}}, & V_{\mathrm{T}} > 0.9 \end{cases} \tag{6-54}$$

式中，$f_{\mathrm{L\_nom}}$ 为 $\mathrm{M^3C}$ 正常工作期间分频侧的频率，为分频侧给定频率的最大值。由于 $f_{\mathrm{L\_nom}}$ 和 $f_{\mathrm{L\_max}}$ 为常数，因此 R_{FRT} 与 f_{L} 具有一一对应关系。风机控制器只需检测分频系统的电网频率即可得到陆上电压的故障信息，启动对功率的调节。

3) 快速变桨控制策略

在故障穿越期间，风机机械功率和输出功率会存在不平衡的问题，因此在故障穿越期间通过增大桨距角来减小风机捕获的机械功率，从而保证系统的安全稳定运行。

传统的风机桨距角控制器如图 6-14 所示，图中 ω_{nom} 为风机转子的额定角速度，ω_{m} 为风机实际角速度，只有当实际角速度大于额定角速度时，风机才会启动桨距角 β 调节。

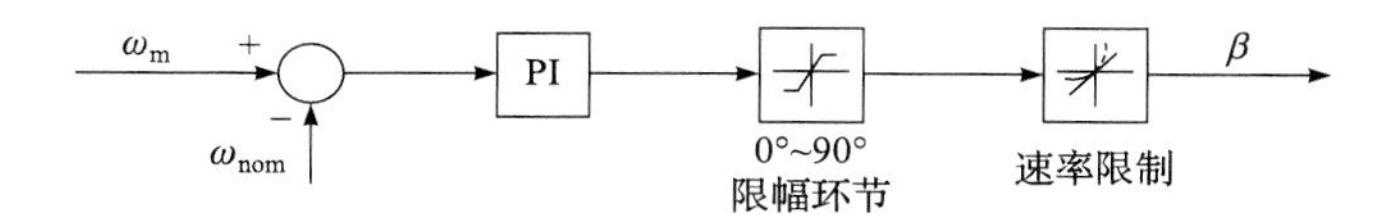

图 6-14　传统风机桨距角控制器

为了实现快速变桨调节在故障开始时即投入运行，本小节在风机原有桨距角控制器的基础上提出了一种新的附加桨距角控制策略，其目的是仅通过变桨调节即可实现风机输出功率和机械输入功率的平衡，使得风机转子的转速在故障前后保持不变。此时，风机的机械输入功率应与故障期间风机的有功功率给定值相等，即

$$P_{\mathrm{m}}^{*} = \frac{\pi}{8}\rho D^{2} v^{3} C_{\mathrm{p}}^{*}\left(\lambda_{\mathrm{nom}}, \beta^{*}\right) = P_{\mathrm{ref}}^{*} \tag{6-55}$$

式中，ρ为空气密度，$\mathrm{kg \cdot m^{-3}}$；D 为风轮的直径，m；v 为风速，$\mathrm{m \cdot s^{-1}}$；C_{p}^{*} 为风能利用系数；λ_{nom} 为叶尖速比；β^{*} 为快速变桨调节完成之后的桨距角。因此，可得

$$R_{\mathrm{FRT}} C_{\mathrm{p\,max}} = C_{\mathrm{p}}^{*}\left(\lambda_{\mathrm{nom}}, \beta^{*}\right) \tag{6-56}$$

当风机的桨距角 β^{*} 与风机故障期间的功率调节系数 R_{FRT} 能够满足式(6-56)中的代数关系，即可在低电压穿越期间使风机的机械输入功率和输出功率保持平衡，风机转子转速不变。对于具体的风机而言，λ_{nom} 和 $C_{\mathrm{p\,max}}$ 均为常数。因此，

功率调节系数 R_{FRT} 与桨距角 β^* 存在如下一一对应的关系：

$$R_{\mathrm{FRT}} = \frac{C_{\mathrm{p}}^*\left(\lambda_{\mathrm{nom}}, \beta^*\right)}{C_{\mathrm{p\,max}}} \tag{6-57}$$

通过风机控制器得到功率调节系数 R_{FRT} 后，即可根据式(6-57)计算出变桨控制的调节目标。

2. 桥臂故障时 M³C 八桥臂模式的控制策略

M³C 具备桥臂故障的穿越能力，在单个桥臂故障时，M³C 可以依靠剩余的 8 个桥臂继续运行，称为 M³C 的“八桥臂模式”。八桥臂模式可以实现任一桥臂故障后变频站的不间断运行，且可以比传统方法保留更多的功率容量。但是工作在这种模式下，M³C 电路结构的对称性遭到破坏，桥臂的电流和功率分布发生了改变。不失一般性，本小节先以桥臂 au 因故障被迫停运的情况为例，分析 M³C 的桥臂电流与功率分布，然后再推广到任一桥臂故障的情况。

桥臂 au 被迫停运后，流经桥臂 au 的电流将向其他桥臂转移，必然造成其他桥臂工频和分频电流分布发生改变。剩下的 8 个桥臂电流仍要满足 M³C 两侧的边界条件：

$$i_{\mathrm{au}} = 0 \tag{6-58}$$

$$\begin{cases} i_{\mathrm{bu}} + i_{\mathrm{cu}} = i_{\mathrm{u}} \\ i_{\mathrm{av}} + i_{\mathrm{bv}} + i_{\mathrm{cv}} = i_{\mathrm{v}} \\ i_{\mathrm{aw}} + i_{\mathrm{bw}} + i_{\mathrm{cw}} = i_{\mathrm{w}} \end{cases} \tag{6-59}$$

$$\begin{cases} i_{\mathrm{av}} + i_{\mathrm{aw}} = i_{\mathrm{a}} \\ i_{\mathrm{bu}} + i_{\mathrm{bv}} + i_{\mathrm{bw}} = i_{\mathrm{b}} \\ i_{\mathrm{cu}} + i_{\mathrm{cv}} + i_{\mathrm{cw}} = i_{\mathrm{c}} \end{cases} \tag{6-60}$$

求解式(6-58)～式(6-60)可以得到八桥臂模式下 M³C 桥臂电流的表达式。由于方程的系数矩阵不满秩，桥臂电流分布不唯一。式(6-61)给出了一种分布方式：

$$\begin{bmatrix} i_{\mathrm{au}} & i_{\mathrm{av}} & i_{\mathrm{aw}} \\ i_{\mathrm{bu}} & i_{\mathrm{bv}} & i_{\mathrm{bw}} \\ i_{\mathrm{cu}} & i_{\mathrm{cv}} & i_{\mathrm{cw}} \end{bmatrix} = \boldsymbol{I}^{\mathrm{nor}} + \Delta\boldsymbol{I}_{\mathrm{S}} + \Delta\boldsymbol{I}_{\mathrm{L}} \tag{6-61}$$

式中，$\boldsymbol{I}^{\mathrm{nor}}$ 为正常模式下 M³C 的稳态桥臂电流矩阵；$\Delta\boldsymbol{I}_{\mathrm{S}}$ 和 $\Delta\boldsymbol{I}_{\mathrm{L}}$ 分别为桥臂 au 被迫停运后，八桥臂模式下的桥臂电流工频分量增量矩阵和分频分量增量矩阵。$\boldsymbol{I}^{\mathrm{nor}}$、$\Delta\boldsymbol{I}_{\mathrm{S}}$ 和 $\Delta\boldsymbol{I}_{\mathrm{L}}$ 的表达式如式(6-62)～式(6-64)所示：

$$\boldsymbol{I}^{\text{nor}}=\begin{bmatrix} i_{\text{au}}^{\text{nor}} & i_{\text{av}}^{\text{nor}} & i_{\text{aw}}^{\text{nor}} \\ i_{\text{bu}}^{\text{nor}} & i_{\text{bv}}^{\text{nor}} & i_{\text{bw}}^{\text{nor}} \\ i_{\text{cu}}^{\text{nor}} & i_{\text{cv}}^{\text{nor}} & i_{\text{cw}}^{\text{nor}} \end{bmatrix}=\frac{1}{3}\begin{bmatrix} i_{\text{a}}+i_{\text{u}} & i_{\text{b}}+i_{\text{u}} & i_{\text{c}}+i_{\text{u}} \\ i_{\text{a}}+i_{\text{v}} & i_{\text{b}}+i_{\text{v}} & i_{\text{c}}+i_{\text{v}} \\ i_{\text{a}}+i_{\text{w}} & i_{\text{b}}+i_{\text{w}} & i_{\text{c}}+i_{\text{w}} \end{bmatrix} \tag{6-62}$$

$$\Delta \boldsymbol{I}_{\text{S}}=\begin{bmatrix} \Delta i_{\text{auS}} & \Delta i_{\text{buS}} & \Delta i_{\text{cuS}} \\ \Delta i_{\text{avS}} & \Delta i_{\text{bvS}} & \Delta i_{\text{cvS}} \\ \Delta i_{\text{awS}} & \Delta i_{\text{bwS}} & \Delta i_{\text{cwS}} \end{bmatrix}=\frac{1}{3}\begin{bmatrix} -i_{\text{u}} & 1/2 i_{\text{u}} & 1/2 i_{\text{u}} \\ 1/3(i_{\text{u}}-i_{\text{w}}) & -1/6(i_{\text{u}}-i_{\text{w}}) & -1/6(i_{\text{u}}-i_{\text{w}}) \\ 1/3(i_{\text{u}}-i_{\text{v}}) & -1/6(i_{\text{u}}-i_{\text{v}}) & -1/6(i_{\text{u}}-i_{\text{v}}) \end{bmatrix} \tag{6-63}$$

$$\Delta \boldsymbol{I}_{\text{L}}=\begin{bmatrix} \Delta i_{\text{auL}} & \Delta i_{\text{buL}} & \Delta i_{\text{cuL}} \\ \Delta i_{\text{avL}} & \Delta i_{\text{bvL}} & \Delta i_{\text{cvL}} \\ \Delta i_{\text{awL}} & \Delta i_{\text{bwL}} & \Delta i_{\text{cwL}} \end{bmatrix}=\frac{1}{3}\begin{bmatrix} -i_{\text{a}} & 1/3(i_{\text{a}}-i_{\text{c}}) & 1/3(i_{\text{a}}-i_{\text{b}}) \\ 1/2 i_{\text{a}} & -1/6(i_{\text{a}}-i_{\text{c}}) & -1/6(i_{\text{a}}-i_{\text{b}}) \\ 1/2 i_{\text{a}} & -1/6(i_{\text{a}}-i_{\text{c}}) & -1/6(i_{\text{a}}-i_{\text{b}}) \end{bmatrix} \tag{6-64}$$

$\Delta \boldsymbol{I}_{\text{S}}$ 和 $\Delta \boldsymbol{I}_{\text{L}}$ 经转置后数学形式一致。以工频电流分量为例，在八桥臂模式下，子换流器 a、b 和 c 中各桥臂电流的工频分量矢量图如图 6-15 所示，子换流器 u、v 和 w 中各桥臂电流的分频分量矢量图与之类似。根据图 6-15，剩余桥臂的电流增量与该桥臂和桥臂 au 的相对位置有关。为了方便叙述，本书将与桥臂 au 处于同一个子换流器的 4 个桥臂，即桥臂 av、aw、bu 和 cu 称为桥臂 au 的“邻位桥臂”，而将不与桥臂 au 处于同一个子换流器的 4 个桥臂，即桥臂 bv、bw、cv 和 cw 称为桥臂 au 的“间位桥臂”。显然，邻位桥臂的桥臂电流增量相对较大，而间位桥臂的桥臂电流增量相对较小。

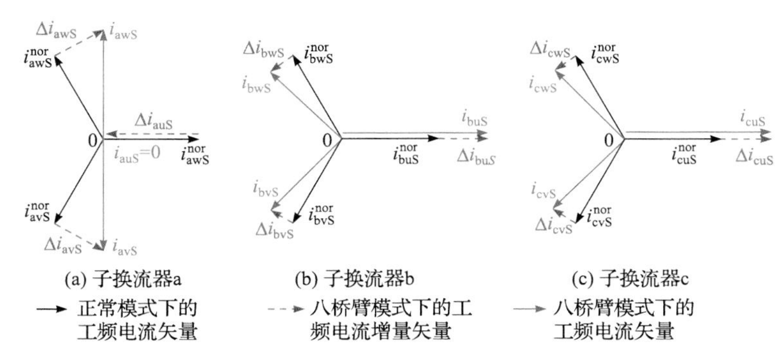

图 6-15　八桥臂模式下的桥臂电流的工频分量矢量图

除故障桥臂 au 外，其他任一桥臂 xy 的瞬时功率可以表示为

$$p_{xy}=\left(e_y-e_x\right)i_{xy},\quad x=\text{a,b,c};\ y=\text{u,v,w};\ xy\neq\text{au} \tag{6-65}$$

以桥臂 av 为例：

$$p_{av}=\frac{1}{3}\left(e_{v}-e_{a}\right)\left[\frac{3}{2}i_{a}+i_{v}+\frac{1}{3}\left(i_{u}-i_{w}\right)\right] \tag{6-66}$$

由前文分析可知，桥臂瞬时功率的直流分量是关注的重点。将电压、电流的表达式代入式(6-66)，并且只考虑运算结果中的直流分量时，有

$$\overline{p_{av}}=-\frac{1}{6}V_{mL}I_{mL}\cos\varphi_{L}+\frac{1}{9}V_{mS}I_{mS}\cos\varphi_{S}-\frac{\sqrt{3}}{27}V_{mS}I_{mS}\sin\varphi_{S} \tag{6-67}$$

同理可得其他桥臂的直流偏置功率：

$$\overline{p_{aw}}=-\frac{1}{6}V_{mL}I_{mL}\cos\varphi_{L}+\frac{1}{9}V_{mS}I_{mS}\cos\varphi_{S}+\frac{\sqrt{3}}{27}V_{mS}I_{mS}\sin\varphi_{S} \tag{6-68}$$

$$\overline{p_{bu}}=\frac{1}{6}V_{mS}I_{mS}\cos\varphi_{S}-\frac{1}{9}V_{mL}I_{mL}\cos\varphi_{L}+\frac{\sqrt{3}}{27}V_{mL}I_{mL}\sin\varphi_{L} \tag{6-69}$$

$$\overline{p_{bv}}=\frac{\sqrt{3}}{54}V_{mS}I_{mS}\sin\varphi_{S}-\frac{\sqrt{3}}{54}V_{mL}I_{mL}\sin\varphi_{L} \tag{6-70}$$

$$\overline{p_{bw}}=-\frac{\sqrt{3}}{54}V_{mS}I_{mS}\sin\varphi_{S}-\frac{\sqrt{3}}{54}V_{mL}I_{mL}\sin\varphi_{L} \tag{6-71}$$

$$\overline{p_{cu}}=\frac{1}{6}V_{mS}I_{mS}\cos\varphi_{S}-\frac{1}{9}V_{mL}I_{mL}\cos\varphi_{L}-\frac{\sqrt{3}}{27}V_{mL}I_{mL}\sin\varphi_{L} \tag{6-72}$$

$$\overline{p_{cv}}=\frac{\sqrt{3}}{54}V_{mS}I_{mS}\sin\varphi_{S}+\frac{\sqrt{3}}{54}V_{mL}I_{mL}\sin\varphi_{L} \tag{6-73}$$

$$\overline{p_{cw}}=\frac{\sqrt{3}}{54}V_{mS}I_{mS}\sin\varphi_{S}-\frac{\sqrt{3}}{54}V_{mL}I_{mL}\sin\varphi_{L} \tag{6-74}$$

考虑到：

$$P=\frac{3}{2}V_{mS}I_{mS}\cos\varphi_{S}=\frac{3}{2}V_{mL}I_{mL}\cos\varphi_{L} \tag{6-75}$$

$$Q_{S,L}=-\frac{3}{2}V_{mS,L}I_{mS,L}\sin\varphi_{S,L} \tag{6-76}$$

以上桥臂功率的直流分量可以表示为

$$\begin{bmatrix}\overline{p_{au}} & \overline{p_{bu}} & \overline{p_{cu}}\\ \overline{p_{av}} & \overline{p_{bv}} & \overline{p_{cv}}\\ \overline{p_{aw}} & \overline{p_{bw}} & \overline{p_{cw}}\end{bmatrix}=\frac{1}{54}\begin{bmatrix}0 & 3P-2\sqrt{3}Q_{L} & 3P+2\sqrt{3}Q_{L}\\ -3P+2\sqrt{3}Q_{S} & -\sqrt{3}Q_{S}+\sqrt{3}Q_{L} & -\sqrt{3}Q_{S}-\sqrt{3}Q_{L}\\ -3P-2\sqrt{3}Q_{S} & \sqrt{3}Q_{S}+\sqrt{3}Q_{L} & \sqrt{3}Q_{S}-\sqrt{3}Q_{L}\end{bmatrix} \tag{6-77}$$

根据式(6-77)，正常工作的8个桥臂中均出现了直流功率偏置，其大小与M^3C的有功功率以及两侧无功功率有关。其中，4个邻位桥臂中的直流偏置功率相对

较大，且与变频站的有功功率以及同侧的无功功率相关；4 个间位桥臂中的直流偏置功率相对较小，且与有功功率无关，只与两侧的无功功率有关。当各桥臂的电流和功率分布确定后，可以得到 M³C 八桥臂模式的控制系统框图，如图 6-16 所示。为方便环流电流控制，本书采用基于双 Clark 变换的经典环流控制策略。

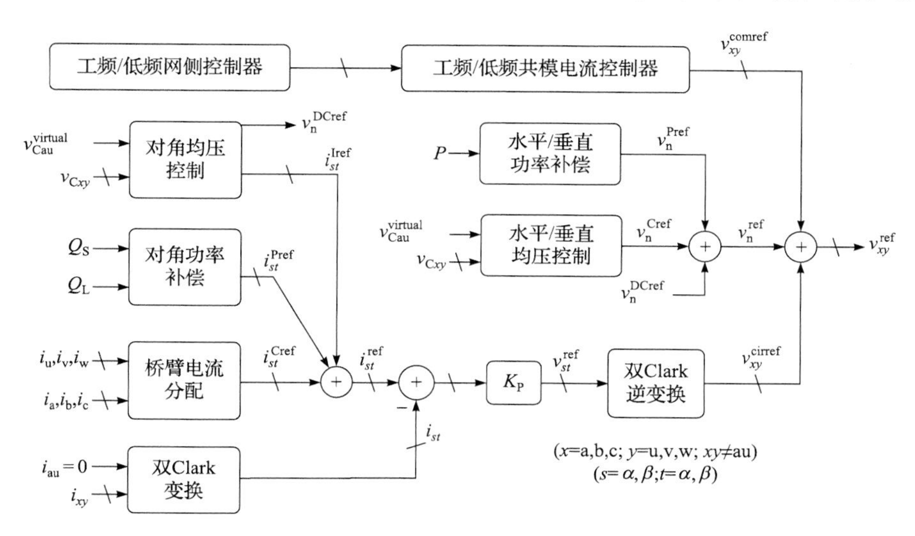

图 6-16　M³C 八桥臂模式控制系统框图

由于桥臂功率直流偏置的存在，M³C 的八桥臂模式也需要引入前馈补偿环节。将式(6-77)两侧同时进行双 Clark 变换，可得

$$\begin{bmatrix} \overline{p_{\alpha\alpha}} & \overline{p_{\beta\alpha}} & \overline{p_{0\alpha}} \\ \overline{p_{\alpha\beta}} & \overline{p_{\beta\beta}} & \overline{p_{0\beta}} \\ \overline{p_{\alpha 0}} & \overline{p_{\beta 0}} & \overline{p_{00}} \end{bmatrix} = \boldsymbol{T}_{\alpha\beta 0} \begin{bmatrix} \overline{p_{\mathrm{au}}} & \overline{p_{\mathrm{bu}}} & \overline{p_{\mathrm{cu}}} \\ \overline{p_{\mathrm{av}}} & \overline{p_{\mathrm{bv}}} & \overline{p_{\mathrm{cv}}} \\ \overline{p_{\mathrm{aw}}} & \overline{p_{\mathrm{bw}}} & \overline{p_{\mathrm{cw}}} \end{bmatrix} \boldsymbol{T}_{\alpha\beta 0}^{\mathrm{T}} = \frac{1}{18} \begin{bmatrix} 0 & -3Q_{\mathrm{L}} & P \\ 3Q_{\mathrm{S}} & 0 & 0 \\ -P & 0 & 0 \end{bmatrix} \tag{6-78}$$

根据式(6-78)，桥臂功率直流偏置同时包含子换流器间(水平和垂直)和子换流器内(对角)差模分量。其中，水平和垂直差模分量只与有功功率有关，而对角差模分量只与无功功率有关。这些分量是为了实现式(6-77)的电流分布而向换流器中注入工频和分频环流分量产生的，不能通过工频和分频环流分量来补偿这些桥臂功率，否则会再次打乱桥臂电流分布，使其恢复到正常模式下的电流分布状态。因此，本书利用 M³C 的中性点电压设计桥臂功率直流偏置的补偿方法，通过在桥臂电压和电流中引入新的频率分量，以构造新的功率分量并达到消除功率直流偏置的目的。

1) 对角差模分量的补偿措施

对角差模分量可以通过“直流中性点电压+直流桥臂环流”的方案加以补

偿。当 M³C 电路中存在桥臂环流直流分量和直流中性点电压时，桥臂 xy 中产生的直流功率分量为

$$p_{xy}^{\mathrm{DC}}=v_{\mathrm{n}}^{\mathrm{DC}}\cdot i_{xy}^{\mathrm{DC}} \tag{6-79}$$

式中，p_{xy}^{DC} 为桥臂 xy 环流直流分量产生的桥臂平均功率；$v_{\mathrm{n}}^{\mathrm{DC}}$ 为中性点电压直流分量；i_{xy}^{DC} 为桥臂 xy 的环流直流分量。由于 M³C 桥臂中的其他电压、电流均为交流量，不会与这些直流电压、电流分量产生额外的直流功率分量。

再对 p_{xy}^{DC} 组成的功率矩阵应用双 Clark 变换，可得

$$\begin{bmatrix} p_{\alpha\alpha}^{\mathrm{DC}} & p_{\beta\alpha}^{\mathrm{DC}} & p_{0\alpha}^{\mathrm{DC}} \\ p_{\alpha\beta}^{\mathrm{DC}} & p_{\beta\beta}^{\mathrm{DC}} & p_{0\beta}^{\mathrm{DC}} \\ p_{\alpha0}^{\mathrm{DC}} & p_{\beta0}^{\mathrm{DC}} & p_{00}^{\mathrm{DC}} \end{bmatrix}=v_{\mathrm{n}}^{\mathrm{DC}}\begin{bmatrix} i_{\alpha\alpha}^{\mathrm{DC}} & i_{\beta\alpha}^{\mathrm{DC}} & i_{0\alpha}^{\mathrm{DC}} \\ i_{\alpha\beta}^{\mathrm{DC}} & i_{\beta\beta}^{\mathrm{DC}} & i_{0\beta}^{\mathrm{DC}} \\ i_{\alpha0}^{\mathrm{DC}} & i_{\beta0}^{\mathrm{DC}} & i_{00}^{\mathrm{DC}} \end{bmatrix} \tag{6-80}$$

消除这些功率偏置对角分量的具体控制措施：①向桥臂电压指令中注入一个共模直流分量 $v_{\mathrm{n}}^{\mathrm{DCref}}$；②计算消除对角差模分量所需向桥臂中注入的直流环流分量：

$$\begin{bmatrix} i_{\alpha\alpha}^{\mathrm{Pref}} & i_{\beta\alpha}^{\mathrm{Pref}} \\ i_{\alpha\beta}^{\mathrm{Pref}} & i_{\beta\beta}^{\mathrm{Pref}} \end{bmatrix}=\frac{1}{6v_{\mathrm{n}}^{\mathrm{DCref}}}\begin{bmatrix} 0 & Q_{\mathrm{L}} \\ -Q_{\mathrm{S}} & 0 \end{bmatrix} \tag{6-81}$$

由于桥臂功率直流偏置的对角差模分量只与两边网侧的无功功率有关，而无论是变频站的工频侧还是分频侧，一般均运行于非常接近单位功率因数的状态，无功功率很小，因此对角功率补偿所需的 $v_{\mathrm{n}}^{\mathrm{DC}}$ 及 i_{xy}^{DC} 一般很小。

2) 子换流器间差模分量的补偿措施

对于功率偏置的子换流器间(水平和垂直)差模分量，以上提到的方法并不适用。根据式(6-80)，为了消除式中的水平和垂直差模分量，需要使用 $i_{0\alpha}^{\mathrm{DC}}$ 和 $i_{\alpha0}^{\mathrm{DC}}$ 两个电流分量。但是，根据双 $\alpha\beta$ 坐标系下各电量的含义，这两个分量是桥臂电流的共模分量，会对分频和工频侧的线电流产生影响，直流电流将进入两侧电网，通过网侧变压器的二次侧构成回路，造成变压器偏磁等严重后果。

向 Y 形子换流器的桥臂电压中注入零序电压分量可以改变子换流器内部各桥臂中的功率分布，但不会影响其外特性。水平和垂直功率补偿的原理如图 6-17 所示。

图 6-17 中每个圆角矩形表示 M³C 的一个桥臂，圆角矩形中的数字表示该桥臂的功率直流偏置，而箭头则表示桥臂功率直流偏置被完全补偿时，在中性点电压作用下，各桥臂间的功率转移情况，其具体原理如下。

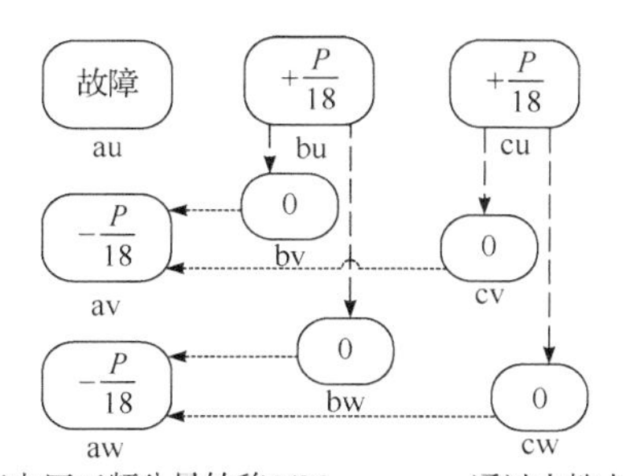

图 6-17　八桥臂模式下 M³C 水平和垂直功率补偿原理示意图

(1) 在子换流器 b(c)中，通过中性点电压工频分量的作用，从桥臂 bu(cu)向桥臂 bv(cv)和 bw(cw)分别转移 $P/36$ 的有功功率。

(2) 在子换流器 v(w)中，通过中性点电压分频分量的作用，分别从桥臂 bv(bw)和 cv(cw)向桥臂 av(aw)转移 $P/36$ 的有功功率。

为实现图 6-17 所示的功率转移方案，所需的中性点电压为

$$v_{\mathrm{n}}^{\mathrm{Pref}} = -\frac{1}{3}v_{\mathrm{u}} + \frac{1}{3}v_{\mathrm{a}} \tag{6-82}$$

式中，$v_{\mathrm{n}}^{\mathrm{Pref}}$ 为水平和垂直功率补偿所需的中性点电压分量。

M³C 桥臂间的均压控制可以分为以下三个部分。

1) 故障桥臂的虚拟平均模块电容电压

桥臂 au 因故障而停运时，其桥臂平均模块电容电压用其余八桥臂的平均值代替：

$$v_{\mathrm{Cau}}^{\mathrm{virtual}} = \frac{1}{8}\sum_{xy\neq \mathrm{au}} v_{\mathrm{C}xy} \tag{6-83}$$

式中，$v_{\mathrm{Cau}}^{\mathrm{virtual}}$ 为桥臂 au 停运时的虚拟桥臂平均模块电容电压。

虚拟桥臂平均模块电容电压的引入保证了电容电压矩阵的对称性，因此仍然能够通过双 Clark 变换提取桥臂间模块电容电压的差模分量，并将桥臂间均压控制细分为水平、垂直和对角均压控制。由于 $v_{\mathrm{Cau}}^{\mathrm{virtual}}$ 等于其他桥臂模块电容电压的均值，桥臂 au 不存在均压需求，因此对桥臂环流和中性点电压不存在影响。

2) 水平和垂直均压控制

M³C 的水平均压和垂直均压分别通过中性点电压的分频和工频分量实现：

$$v_{\mathrm{n}}^{\mathrm{Cref}} = v_{\mathrm{n}}^{\mathrm{Href}} + v_{\mathrm{n}}^{\mathrm{Vref}} \tag{6-84}$$

式中，$v_{\mathrm{n}}^{\mathrm{Href}}$ 为用于实现水平均压的中性点电压分量；$v_{\mathrm{n}}^{\mathrm{Vref}}$ 为用于实现垂直均压

的中性点电压分量。

$v_{\mathrm{n}}^{\mathrm{Href}}$ 和 $v_{\mathrm{n}}^{\mathrm{Vref}}$ 的表达式分别如式(6-85)所示：

$$
\begin{cases}
v_{\mathrm{n}}^{\mathrm{Href}}=-K_{\mathrm{P}}\left[v_{\mathrm{C}\alpha 0}\sin\left(\omega_{\mathrm{L}}t+\varphi_{\mathrm{L}}\right)-v_{\mathrm{C}\beta 0}\cos\left(\omega_{\mathrm{L}}t+\varphi_{\mathrm{L}}\right)\right] \\
v_{\mathrm{n}}^{\mathrm{Vref}}=-K_{\mathrm{P}}\left[v_{\mathrm{C}0\alpha}\sin\left(\omega_{\mathrm{S}}t+\varphi_{\mathrm{S}}\right)-v_{\mathrm{C}0\beta}\cos\left(\omega_{\mathrm{S}}t+\varphi_{\mathrm{S}}\right)\right]
\end{cases} \tag{6-85}
$$

3) 对角均压控制

与对角功率补偿相同，对角均压控制通过桥臂环流中给出的直流分量实现：

$$
\begin{bmatrix} i_{\alpha\alpha}^{\mathrm{Cref}} & i_{\beta\alpha}^{\mathrm{Cref}} \\ i_{\alpha\beta}^{\mathrm{Cref}} & i_{\beta\beta}^{\mathrm{Cref}} \end{bmatrix}=-K_{\mathrm{P}}\begin{bmatrix} v_{\mathrm{C}\alpha\alpha} & v_{\mathrm{C}\alpha\beta} \\ v_{\mathrm{C}\beta\alpha} & v_{\mathrm{C}\beta\beta} \end{bmatrix} \tag{6-86}
$$

式中，$i_{\alpha\alpha}^{\mathrm{Cref}}$、$i_{\alpha\beta}^{\mathrm{Cref}}$、$i_{\beta\alpha}^{\mathrm{Cref}}$、$i_{\beta\beta}^{\mathrm{Cref}}$ 分别为对角均压控制输出的环流分量指令值。

以上分析全部是基于桥臂 au 发生故障的情况。将其结论推广至任一桥臂故障时，为了方便描述 $\mathrm{M^3C}$ 内部各桥臂的相对位置，引入“桥臂增广矩阵”的概念。

$\mathrm{M^3C}$ 的桥臂增广矩阵是一个 5×5 的矩阵，如图 6-18 黑色虚线矩阵所示。桥臂增广矩阵可以通过以下步骤生成。

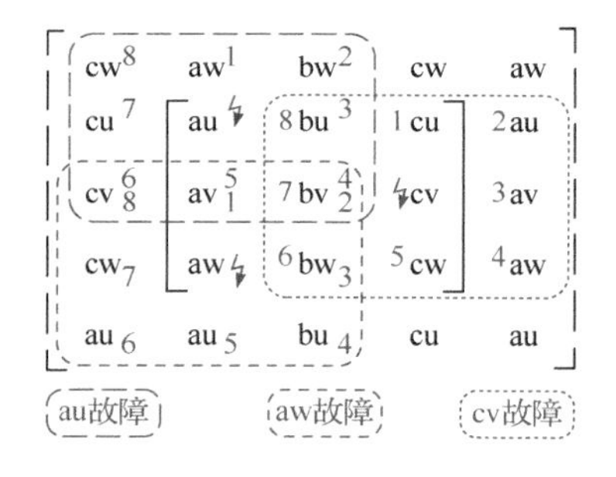

图 6-18 $\mathrm{M^3C}$ 的桥臂增广矩阵

(1) 将 $\mathrm{M^3C}$ 的九个桥臂按 3×3 矩阵形式排列，如图 6-18 中间的黑色实线矩阵标识出的部分所示，并称该矩阵为“中心矩阵”。

(2) 扩展中心矩阵的行，即保持中心矩阵每一行的工频相别不变，根据每一行已有元素分频相别的排列规律，按照同样的相序，在中心矩阵每一行的左侧和右侧分别增加一个元素，形成 3×5 的矩阵。

(3) 扩展(2)中所得矩阵的列，即保持该矩阵每一列的分频相别不变，根据每一列已有元素的工频相别的排列规律，按照同样的相序，在该矩阵每一列的上侧和下侧分别增加一个元素，形成 5×5 的矩阵，即为桥臂增广矩阵。

桥臂增广矩阵有以下性质：①桥臂增广矩阵中的元素不唯一；②每一行 5 个元素的工频相别相同，而分频相别从左向右正序排列；③每一列 5 个元素的分频相别相同，而工频相别从上到下正序排列；④以中心矩阵的任何一个元素为中心的 9 个元素包含了 $\mathrm{M^3C}$ 的全部桥臂，且这些桥臂的相对位置和相序关系和 $\mathrm{M^3C}$ 电路中完全相同。

桥臂增广矩阵可以清晰展示 $\mathrm{M^3C}$ 中各桥臂的相对位置，进而可以被用于辅助描述任一桥臂故障时剩余桥臂的电流和功率分布，具体步骤如下。

(1) 当桥臂 xy 故障停运时，以中心矩阵中的对应元素为核心，环绕该元素的8个元素所代表的桥臂，即对应此时 M^3C 中正常运行的8个桥臂。

(2) 将这8个元素从十二点钟方向开始，按照顺时针方向依次编号为桥臂1～8，图中给出了桥臂 au、aw 和 cv 故障停运时的桥臂编号情况作为示例，分别用不同颜色标出。

(3) 对照au故障停运时八桥臂模式 M^3C 的桥臂电流和功率表达式，以及这些桥臂所对应的桥臂编号，可得桥臂1～8的电流分布表达式：

$$\begin{bmatrix} i_8 & i_1 & i_2 \\ i_7 & i_{xy} & i_3 \\ i_6 & i_5 & i_4 \end{bmatrix} = \begin{bmatrix} i_8^{\text{nor}} & i_1^{\text{nor}} & i_2^{\text{nor}} \\ i_7^{\text{nor}} & i_{xy}^{\text{nor}} & i_3^{\text{nor}} \\ i_6^{\text{nor}} & i_5^{\text{nor}} & i_4^{\text{nor}} \end{bmatrix} + \begin{bmatrix} \Delta i_{8\text{S}} & \Delta i_{1\text{S}} & \Delta i_{2\text{S}} \\ \Delta i_{7\text{S}} & \Delta i_{xy\text{S}} & \Delta i_{3\text{S}} \\ \Delta i_{6\text{S}} & \Delta i_{5\text{S}} & \Delta i_{4\text{S}} \end{bmatrix} + \begin{bmatrix} \Delta i_{8\text{L}} & \Delta i_{1\text{L}} & \Delta i_{2\text{L}} \\ \Delta i_{7\text{L}} & \Delta i_{xy\text{L}} & \Delta i_{3\text{L}} \\ \Delta i_{6\text{L}} & \Delta i_{5\text{L}} & \Delta i_{4\text{L}} \end{bmatrix} \tag{6-87}$$

式中，i_n 为流经桥臂 $n(n=1,2,\cdots,8)$的电流；i_{xy} 为流经故障桥臂 xy 的电流；i_n^{nor} 为正常模式下流经故障桥臂 n 的电流；i_{xy}^{nor} 为正常模式下流经故障桥臂 xy 的电流；$\Delta i_{n\text{S}}$、$\Delta i_{n\text{L}}$ 分别为八桥臂模式下，桥臂 n 的工频和分频电流分量增量；$\Delta i_{xy\text{S}}$、$\Delta i_{xy\text{L}}$ 分别为八桥臂模式下桥臂 xy 的工频和分频电流分量增量。令相移算子 $a=\mathrm{e}^{-\mathrm{j}2\pi/3}$，可得

$$\begin{cases} \begin{bmatrix} \Delta i_{8\text{S}} & \Delta i_{1\text{S}} & \Delta i_{2\text{S}} \\ \Delta i_{7\text{S}} & \Delta i_{xy\text{S}} & \Delta i_{3\text{S}} \\ \Delta i_{6\text{S}} & \Delta i_{5\text{S}} & \Delta i_{4\text{S}} \end{bmatrix} = \dfrac{1}{3}\begin{bmatrix} -1/6i_y(1-a) & 1/3i_y(1-a) & -1/6i_y(1-a) \\ 1/2i_y & -i_y & 1/2i_y \\ -1/6i_y(1-a^2) & 1/3i_y(1-a^2) & -1/6i_y(1-a^2) \end{bmatrix} \\ \begin{bmatrix} \Delta i_{8\text{L}} & \Delta i_{1\text{L}} & \Delta i_{2\text{L}} \\ \Delta i_{7\text{L}} & \Delta i_{xy\text{L}} & \Delta i_{3\text{L}} \\ \Delta i_{6\text{L}} & \Delta i_{5\text{L}} & \Delta i_{4\text{L}} \end{bmatrix} = \dfrac{1}{3}\begin{bmatrix} -1/6i_x(1-a) & 1/2i_x & -1/6i_x(1-a^2) \\ 1/3i_x(1-a) & -i_x & 1/3i_x(1-a^2) \\ -1/6i_x(1-a) & 1/2i_x & -1/6i_x(1-a^2) \end{bmatrix} \end{cases} \tag{6-88}$$

功率表达式为

$$\begin{bmatrix} \overline{p_8} & \overline{p_1} & \overline{p_2} \\ \overline{p_7} & \overline{p_{xy}} & \overline{p_3} \\ \overline{p_6} & \overline{p_5} & \overline{p_4} \end{bmatrix} = \frac{1}{54}\begin{bmatrix} \sqrt{3}Q_\text{S}-\sqrt{3}Q_\text{L} & -3P-2\sqrt{3}Q_\text{S} & \sqrt{3}Q_\text{S}+\sqrt{3}Q_\text{L} \\ 3P+2\sqrt{3}Q_\text{L} & 0 & 3P-2\sqrt{3}Q_\text{L} \\ -\sqrt{3}Q_\text{S}-\sqrt{3}Q_\text{L} & -3P+2\sqrt{3}Q_\text{S} & -\sqrt{3}Q_\text{S}+\sqrt{3}Q_\text{L} \end{bmatrix} \tag{6-89}$$

根据桥臂增广矩阵的性质，以上电流和功率表达式具有普适性，即在某一桥臂故障时其他非故障的8个桥臂都适用上述增广矩阵。在任一桥臂被迫停运时，只要将剩余的桥臂按照以上方法进行编码，“对号入座”，便可求得剩余各桥臂的

电流和功率。再根据桥臂电流分配以及功率补偿需求，仿照前述过程便可以设计得到任意桥臂 xy 故障后，M^{3}C 的八桥臂模式的控制系统，不再赘述。

6.1.4 仿真验证

本小节将在 MATLAB/Simulink 中搭建 M^{3}C 变频器系统仿真模型对所设计的包含频率泄漏抑制的 M^{3}C 控制策略以及八桥臂模式的控制策略进行验证。

1. M^{3}C 控制策略

电网电压平衡情况下，在 3s 时分别给子换流器 a、b、c 调制波增加幅值为 0.1、相角为子换流器 a 三桥臂电压基本调制波相角的正序泄漏分量，以及幅值为 0.1、相角为上述相角反向的负序泄漏分量，仿真结果如图 6-19 所示。

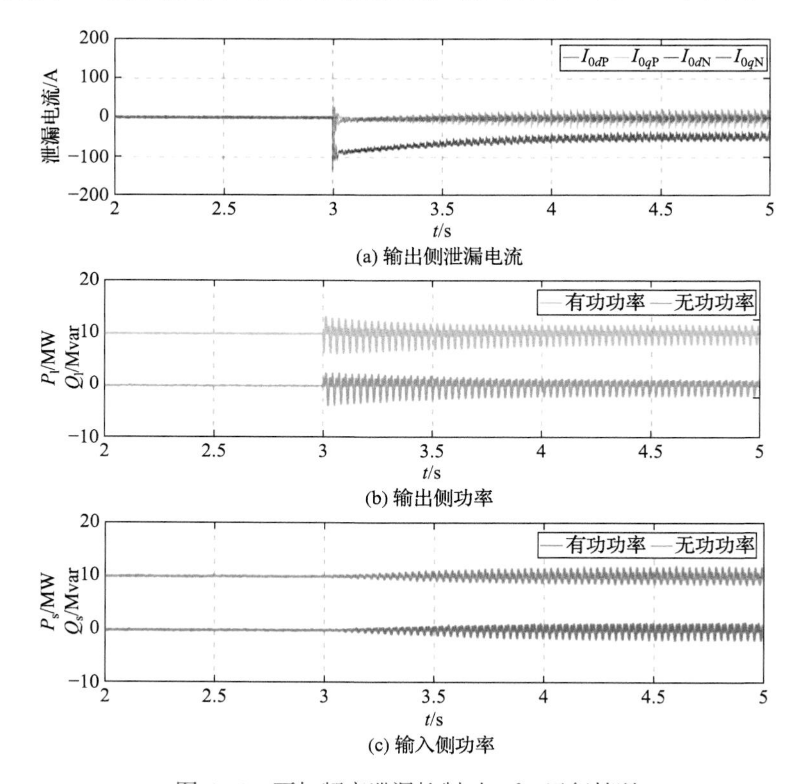

(a) 输出侧泄漏电流

(b) 输出侧功率

(c) 输入侧功率

图 6-19 不加频率泄漏抑制时 M^{3}C 运行情况

图 6-19(a)中 I_{0dP} 、I_{0qP} 与 I_{0dN} 、I_{0qN} 分别为 dq 坐标系($\omega_S t$ ， ω_S 为电网侧系统角速度)下正负序电流分量，由图 6-19 可知在不加入频率泄漏抑制条件下，输出侧将会出现较大的频率泄漏电流。由于所增加泄漏分量相角给定参考子换流器

a 调制波相角，系统单位功率因数条件下运行时，子换流器 a 调制波相角与输入侧电压相角相差不大，故图中正负序频率泄漏电流 q 轴分量近似为 0。由图 6-19(b)可知输出侧出现频率泄漏后，有功功率与无功功率都会发生明显波动，泄漏电流分量在出现后缓慢降低至一个稳定值，功率波动幅值也缓慢降低至稳态值。出现上述暂态过程的原因在于输出频率系统的控制作用，该频率泄漏分量在输出频率系统中表现为一个交流量，在控制器作用下幅值会有所降低，但无法降为 0。由图 6-19(c)可知，在输出侧功率传输受到影响后，输入侧功率传输也会出现一定波动，因此必须采取措施对频率泄漏电流进行抑制。

加入频率泄漏抑制后的仿真结果如图 6-20 所示。在 3.5s 加入频率泄漏控制器后，由图 6-20(a)可知频率泄漏电流迅速降低至正常值，由图 6-20(b)与图 6-20(c)可知，输入侧与输出侧传输功率波动也快速降低，验证了所提频率泄漏抑制策略的有效性。

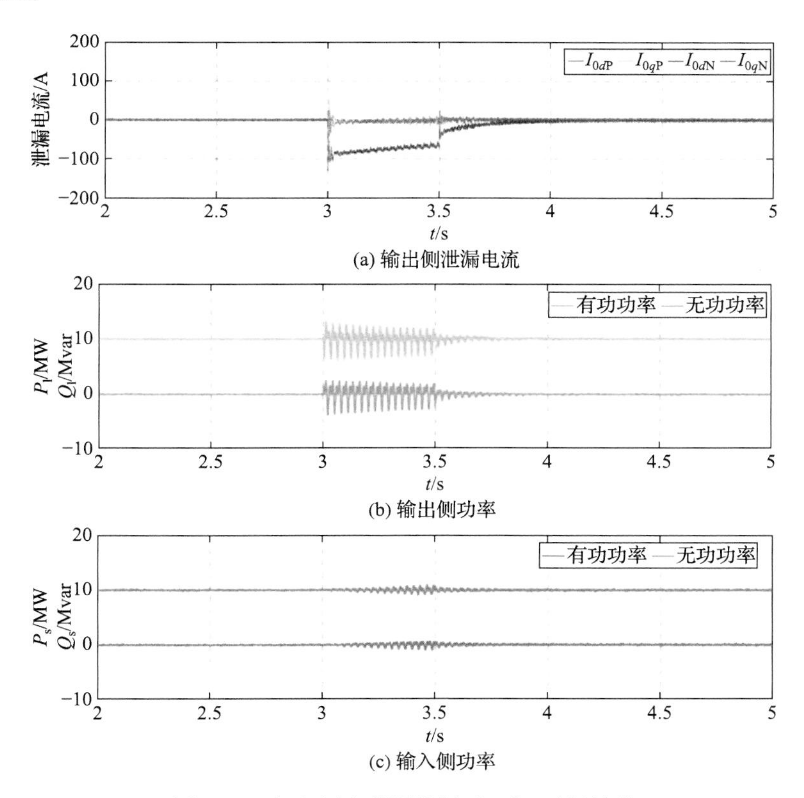

图 6-20　加入频率泄漏抑制时 M^3C 运行情况

电网电压不对称情况下，首先给出不采用负序控制器时 M^3C 系统对称故障仿真结果。仿真中故障设置为在 2s 时输入侧电网 a 相电压突然跌落至 20%，并在

2.5s 恢复至正常值。

不加负序控制器时 M^3C 电网侧发生不对称故障的仿真结果如图 6-21 所示。图 6-21(a)显示输入侧电网电压 a 相发生单相跌落；图 6-21(b)显示在不加入负序控制器时，电网电流三相不对称，存在负序分量；图 6-21(c)显示在不对称故障期间，输入侧有功功率和无功功率除基本功率分量外，还包含 100Hz 即二次波动分量，验证了本节中对电网功率分析的正确性；图 6-21(d)显示由于 M^3C 输入功率发生波动，M^3C 电容电压即 M^3C 系统能量随之发生波动，但由于输出侧定电容

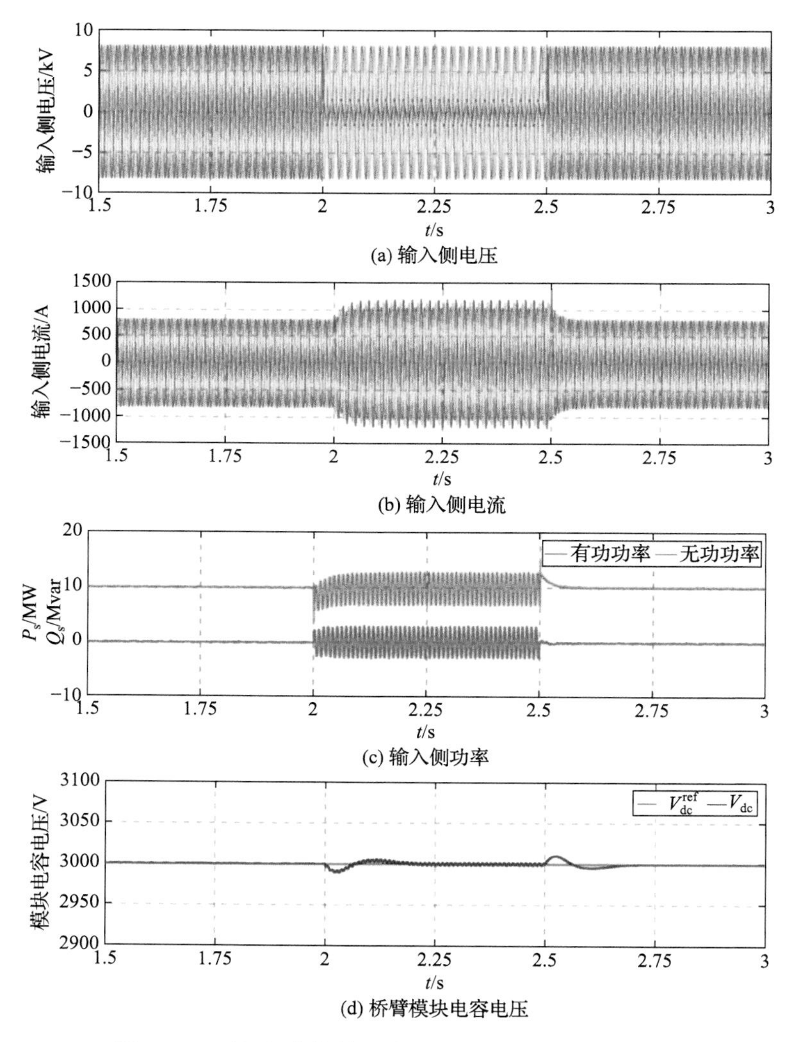

图 6-21 不加负序控制器时 M^3C 不对称故障仿真结果

V_{dc} 为桥臂模块电容电压平均值；V_{dc}^{ref} 为桥臂模块电容电压指令值

电压控制，出现的波动较小，另外在电压跌落时刻由于输入侧输入功率变小，输出侧输出功率来不及变化，电容电压有跌落现象，同理当电压恢复时，输入侧输入功率升高，输出侧输出功率暂时不变，电容电压有所上升。

加负序控制器时 M^3C 不对称故障仿真结果如图 6-22 所示。由图 6-22 (a)可知，将控制目标设为抑制负序电流为零时，输入侧电流对称性明显提高，证明所提策略能够减小故障对系统运行的影响；图 6-22 (b)显示加入负序控制器时输入侧功率变化情况，整体情况变化不大，在电压恢复后功率有短暂波动，原因在于正负序提取所用滤波器存在暂态变化过程，采用效果更好的正负序提取方法时该波动过程将减弱或消失。

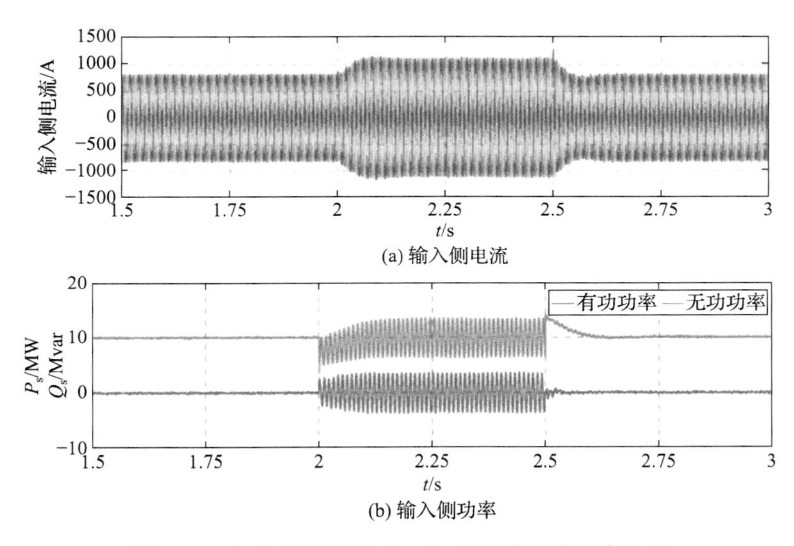

(a) 输入侧电流

(b) 输入侧功率

图 6-22　加负序控制器时 M^3C 不对称故障仿真结果

正负序控制器电流控制情况如图 6-23 所示。图中，i_{d+}、i_{q+}、i_{d+}^{ref}、i_{q+}^{ref} 分别为正序电流 d 轴、q 轴分量及其指令值；i_{d-}、i_{q-}、i_{d-}^{ref}、i_{q-}^{ref} 分别为负序电流 d 轴、q 轴分量及其指令值。图 6-23 (a)显示在故障期间，由于电压跌落，为保持传输有功功率基本值不变，有功电流参考值变大，正序控制器控制实际有功电流迅速跟随参考值变化；图 6-23 (b)显示在故障期间，无功电流基本被控制在 0 左右，满足无功功率参考为 0 的控制目标；图 6-23 (c)与(d)为负序控制器控制结果，图中显示负序电流的有功分量与无功分量基本被控制在 0。图 6-23(a)～(d)中电压跌落与恢复时刻有明显波动，主要是正负序提取过程中滤波器的动态过程导致的。综上所述，正负序控制器在故障期间都能较好地实现电流控制。

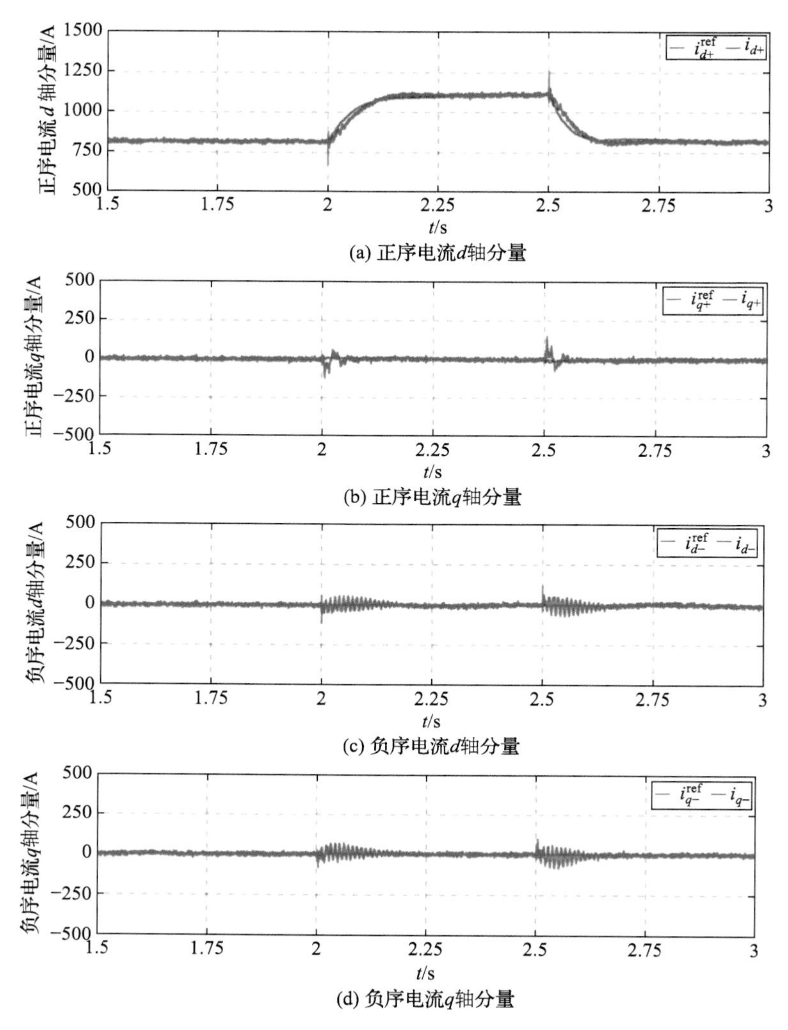

图 6-23　正负序控制器下 M³C 不对称故障电流控制情况

2. 八桥臂模式的控制策略

在本小节的算例中，令 M³C 从分频侧向工频侧传输 400MW 的有功功率，均运行于单位功率因数。初始阶段 M³C 运行于正常模式；在 t=0.2s，桥臂 au 两端发生短路故障，短路电阻 1Ω；10ms 的故障检测延时后，桥臂 au 两侧断路器跳开，M³C 随即切换为八桥臂模式运行，为了限制八桥臂模式下的桥臂电流峰值，变频站的有功功率指令值降为 300MW(额定容量的 75%)。其仿真波形如图 6-24 所示。

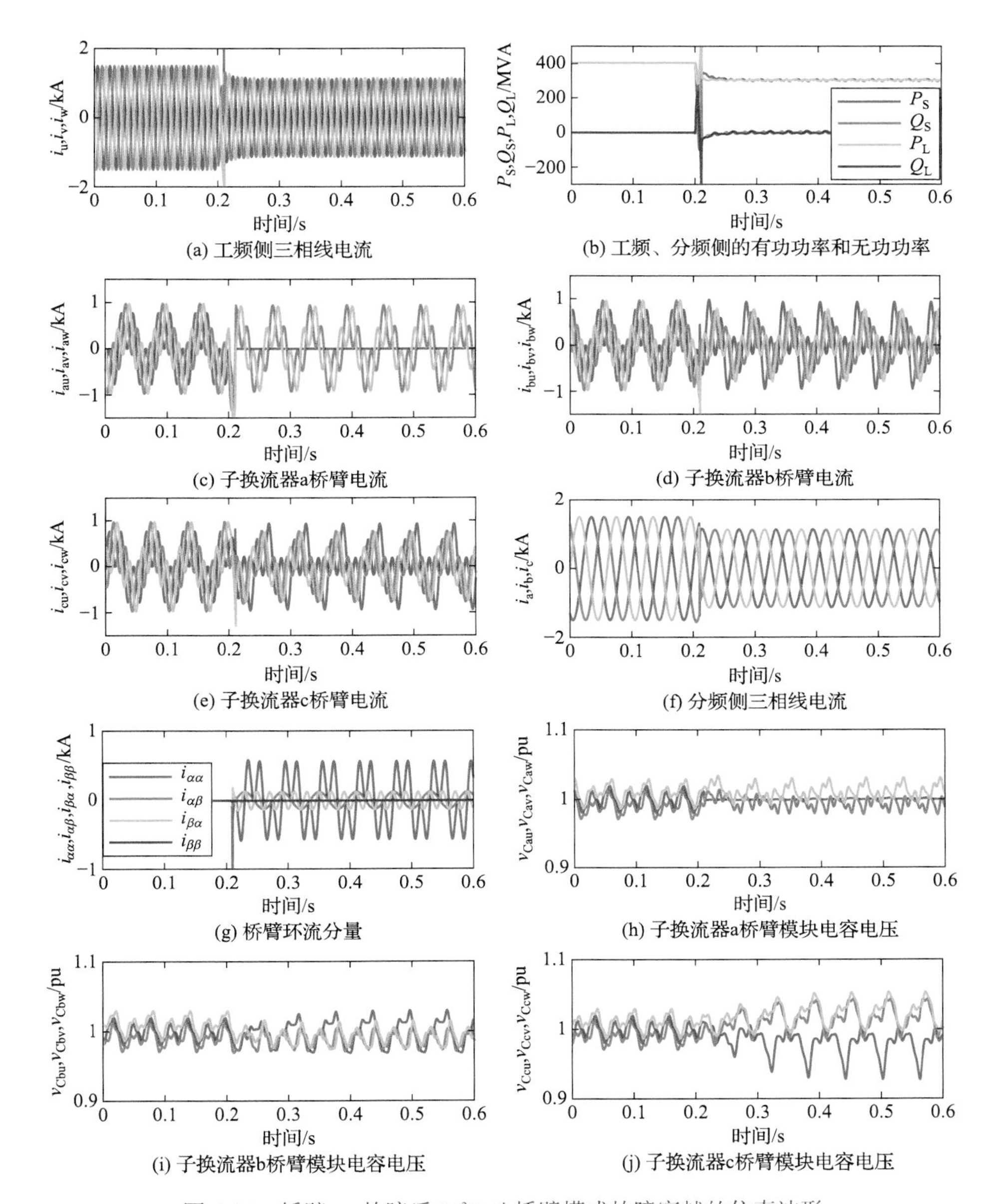

(a) 工频侧三相线电流　(b) 工频、分频侧的有功功率和无功功率

(c) 子换流器a桥臂电流　(d) 子换流器b桥臂电流

(e) 子换流器c桥臂电流　(f) 分频侧三相线电流

(g) 桥臂环流分量　(h) 子换流器a桥臂模块电容电压

(i) 子换流器b桥臂模块电容电压　(j) 子换流器c桥臂模块电容电压

图 6-24　桥臂 au 故障后 M^3C 八桥臂模式故障穿越的仿真波形

图 6-24(a)和(f)展示了工频侧和分频侧的线电流波形，图 6-24(b)则展示了两侧的有功功率和无功功率波形。在短时冲击后，两侧线电流以及有功功率、无功功率均能够在故障切除后的很短时间内恢复正常，证明 M^3C 可以在单个桥臂故障时，切换到八桥臂模式实现不脱网运行，并保持功率传输。

图 6-24(c)、(d)和(e)分别展示了工频侧子换流器 a、b 和 c 的桥臂电流波形。故障前各桥臂电流波形对称，而在故障切除后，桥臂 au 的电流为 0，剩余 8 个桥臂电流则不再保持对称。其中，故障桥臂 au 邻位桥臂的电流明显大于间位桥臂的电流。由于八桥臂模式下变频站传输的有功功率从 400MW 下降为 300MW，因此故障前后变频站的最大桥臂电流峰值相等，说明在该算例中，单个桥臂故障时 M^3C 仍然保留有 300MW(0.75pu)的额定容量。图 6-24(g)展示了八桥臂模式下，M^3C 的环流分量。图中，$i_{\alpha\alpha}$ 同时含有工频分量和分频分量，而 $i_{\alpha\beta}$ 和 $i_{\beta\alpha}$ 分别只含有分频分量和工频分量，$i_{\beta\beta}$ 则始终为 0，$i_{\alpha\alpha}$ 的幅值也远大于 $i_{\alpha\beta}$ 和 $i_{\beta\alpha}$。

图 6-24(h)、(i)和(j)展示了子换流器 a、b 和 c 的桥臂模块电容电压。由图可见，正常模式和八桥臂模式下，M^3C 的平均模块电容电压均能够保持稳定，变频站的进出功率平衡得到了保证；但是故障后，各桥臂的模块电容电压之间出现了微小差异，这是因为在 M^3C 的经典控制框架下，桥臂间均压控制器只能使用比例控制器，无法实现无差调节，而在 6.1.2 小节设计的控制框架下，桥臂间均压控制器可以使用比例–积分控制器实现无差调节，也从另一个侧面印证了 6.1.2 小节控制系统的优越性；在模块电容电压纹波方面，八桥臂模式下各桥臂的模块电容电压纹波幅值均有所上升，尤其是位于故障桥臂邻位的 4 个桥臂。这是因为八桥臂模式下各桥臂的电流均有所增加，加剧了桥臂瞬时功率波动，增大了模块电容电压纹波幅值；邻位桥臂电流增加的幅度更大，因此纹波幅值也更大。然而，图 6-24(h)、(i)和(j)的结果表明，八桥臂模式下的纹波幅值仍然在允许范围之内。

综上，图 6-24 的仿真结果表明，本节设计的 M^3C 八桥臂模式可以实现单个桥臂故障后 M^3C 的不脱网运行并保留了 75%的额定容量，实现了单个桥臂故障后的故障穿越。

6.2 分频输电系统参与电网的频率控制

当风电场或光伏电站通过分频输电系统向陆上电网送电时，变频器的分频侧负责为新能源场站提供固定频率和固定幅值的交流同步电源，工频侧则负责控制直流电容电压和交流并网电压。上述控制模式下新能源发电送出的功率与工频电网的运行状态完全解耦，当新能源渗透率较高时，发电功率的波动对电网频率的影响显著，系统频率跌落/突增及频率变化率过大可能引发低频减载或过频发电机跳闸事件，甚至导致更严重的连锁停机。因此，需要在变频器控制策略与新能源场站的配合下进行功率快速跟踪调节[17]，抑制系统频率的波动。当系统频率过高时，通过减载等措施将系统频率恢复至正常状态，但当频率过低时，工作在 MPPT 模式下的新能源场站难以在短时间提供大量功率支持，因此在频率跌落(负载突增)下分频输电系统的频率控制方法是需要重点关注的。本节以大规模风电经分频输电系统并网为例，讨论分频输电系统参与电网频率控制的问题。

6.2.1　向电网提供惯性支撑

电力系统的频率动态特性在初始阶段主要受系统惯性的控制。当研究频率变化时，可以将整个交流系统等效为一台同步发电机带一个负荷，同步机的转子运动方程可以表达为

$$2H_{\mathrm{G}}\frac{\mathrm{d}\omega_{\mathrm{G}}}{\mathrm{d}t}=\Delta P_{\mathrm{G}} \tag{6-90}$$

式中，H_{G} 为交流系统等效同步机惯性时间常数；ω_{G} 为等效发电机的转子角速度；ΔP_{G} 为发电机的机械功率与电磁功率的偏差，代表发电机出力和负荷之间的不平衡功率。为方便后续分析，现将式(6-90)写成式(6-91)的标幺值形式：

$$\frac{2H_{\mathrm{G}}}{f_0}\frac{\mathrm{d}f}{\mathrm{d}t}=\Delta P_{\mathrm{G}^*} \tag{6-91}$$

式中，f_0 为系统的标称频率；f 为实测频率，可由锁相环估计得到；ΔP_{G^*} 为系统不平衡有功功率的标幺值。

对于同样的不平衡功率，惯性越大，频率变化越慢，在频率骤升或者跌落事件发生的初始阶段能够限制频率的突然变化。

由于风电机组经机头换流器、变频器与工频电网连接，在采用常规控制策略时，风力机的机械动能和电网频率之间没有直接联系，无法提供惯性。考虑到分频输电系统中的风机和变频器中的直流电容具有临时储存能量的能力，因此可以采用适当的控制手段挖掘其中存在的频率支撑潜力：在系统频率超过规定阈值后，投入相应的惯性支撑策略。以下介绍直流电容和风力机为系统提供虚拟惯性支撑的控制原理。

1. 变流器虚拟惯性控制

当电网频率发生变化时，通过改变 $\mathrm{M^3C}$ 的直流电容电压，可以使直流电容器吸收或释放电能，从而减弱突然风电出力波动或投切负荷对交流系统造成的影响。$\mathrm{M^3C}$ 直流电容所能释放的功率可以写成

$$\Delta P_{\mathrm{C}}=P_{\mathrm{in}}-P_{\mathrm{out}}=\frac{\mathrm{d}}{\mathrm{d}t}\left(\frac{1}{2}C_{\mathrm{eq}}V_{\mathrm{dc}}^2\right)=C_{\mathrm{eq}}V_{\mathrm{dc}}\frac{\mathrm{d}V_{\mathrm{dc}}}{\mathrm{d}t} \tag{6-92}$$

假设 C_{eq} 中储存的能量与 M^3C 所有子模块电容中储存的能量一致，则存在以下关系：

$$9N\cdot\frac{1}{2}C_{dc}V_c^2=\frac{1}{2}C_{eq}V_{dc}^2 \tag{6-93}$$

式中，N 为每个桥臂含有的子模块数量；C_{dc} 为单个子模块电容；V_c 为单个子模块电容电压。

M^3C 的等值电容电压为

$$V_{dc}=NV_c \tag{6-94}$$

由式(6-93)与式(6-94)得

$$C_{eq}=\frac{9}{N}C_{dc} \tag{6-95}$$

计 M^3C 的额定容量为 S_{M^3C}，式(6-92)中电容可释放功率的标幺值为

$$\Delta P_C^*=\frac{C_{eq}V_{dc}}{S_{M^3C}}\frac{dV_{dc}}{dt} \tag{6-96}$$

若将 M^3C 纳入虚拟惯性控制，联立式(6-91)与式(6-96)可得

$$\frac{2H_{M^3C}}{f_0}\frac{df}{dt}=\frac{C_{eq}V_{dc}}{S_{M^3C}}\frac{dV_{dc}}{dt} \tag{6-97}$$

式中，H_{M^3C} 为 M^3C 的虚拟惯性时间常数。对式(6-97)两边积分得

$$\begin{cases}\displaystyle\int_{f_0}^{f_1}\frac{2H_{M^3C}}{f_0}df=\int_{V_{dc0}}^{V_{dc1}}\frac{C_{eq}V_{dc}}{S_{M^3C}}dV_{dc}\\ \displaystyle\frac{2H_{M^3C}\left(f_1-f_0\right)}{f_0}=\frac{C_{eq}\left(V_{dc1}^2-V_{dc0}^2\right)}{2S_{M^3C}}\\ \displaystyle V_{dc1}(t)=\sqrt{\frac{4H_{M^3C}S_{M^3C}\left(f_1-f_0\right)}{C_{eq}f_0}+V_{dc0}^2}\end{cases} \tag{6-98}$$

考虑到系统频率波动幅度较小，将式(6-98)进行泰勒展开，并忽略二次以上高阶项，得

$$V_{dc1}=V_{dc0}+2\frac{H_{M^3C}S_{M^3C}\left(f_1-f_0\right)}{C_{eq}f_0V_{dc0}} \tag{6-99}$$

由式(6-99)可知，当 H_{M^3C} 固定时，电压变化量 ΔV_{dc} 与频率变化量 Δf 呈正比关系，式(6-99)可改写为

$$V_{\mathrm{dc1}} = V_{\mathrm{dc0}} + k_{\mathrm{h}}\Delta f \tag{6-100}$$

式中，k_{h} 为电容电压频率下垂系数；V_{dc0} 为稳态运行时 M^{3}C 的等效桥臂电容电压。

由式(6-99)可知，M^{3}C 电容电压的参考值 V_{dc1} 可以根据系统实际频率 f_1 进行调整，但该控制策略为下垂控制，只能实现有差调频，因此需要配合风机的增发功率才能实现二次调频。$H_{\mathrm{M^3C}}$ 是衡量 M^{3}C 惯性支撑能力的重要指标，$H_{\mathrm{M^3C}}$ 越大，k_{h} 越大，M^{3}C 对系统的惯性支撑能力越强，反之则越弱。令系统最大频率偏差为 0.5Hz，FFTS 允许的最大电容电压偏差为 $\Delta V_{\mathrm{dc\_max}}$，代入式(6-98)可得

$$V_{\mathrm{dc0}} \pm \Delta V_{\mathrm{dc\_max}} = \sqrt{\frac{4H_{\mathrm{M^3C}}S_{\mathrm{M^3C}}(\pm 0.5)}{C_{\mathrm{eq}}f_0} + V_{\mathrm{dc0}}^2} \tag{6-101}$$

求解式(6-101)并保留可行解，可得

$$H_{\mathrm{M^3C}} = \left(-\Delta V_{\mathrm{dc\_max}}^2 + 2\Delta V_{\mathrm{dc\_max}}V_{\mathrm{dc0}}\right)\frac{C_{\mathrm{eq}}f_0}{2S_{\mathrm{M^3C}}} \tag{6-102}$$

由式(6-102)可知，以 $\Delta V_{\mathrm{dc\_max}}$ 为自变量，二次函数($-\Delta V_{\mathrm{dc\_max}}^2 + 2\Delta V_{\mathrm{dc\_max}}V_{\mathrm{dc0}}$)在[0，$\Delta V_{\mathrm{dc\_max}}$)单调递增且为正数，当 $H_{\mathrm{M^3C}}$ 确定时，最大电容电压偏差 $\Delta V_{\mathrm{dc\_max}}$ 与等效电容 C_{eq} 成反比，如图 6-25 所示。实际工程中，M^{3}C 的电容容值一般以抑制电压纹波为原则选取，且受到体积与经济性因素的制约，因此在工程应用中 M^{3}C 所能模拟的虚拟惯性时间常数 $H_{\mathrm{M^3C}}$ 较为有限。

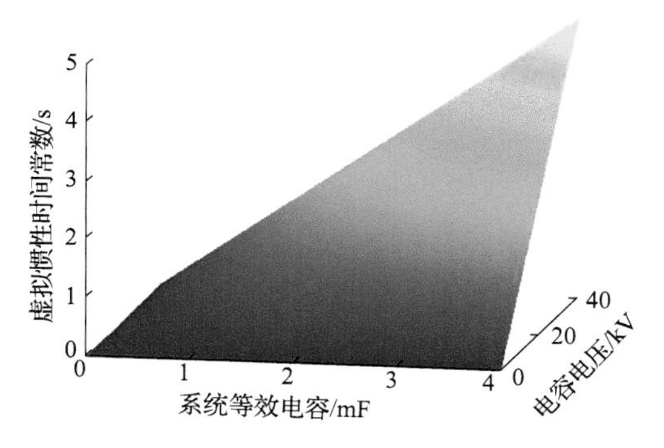

图 6-25 M^{3}C 的虚拟惯性时间常数与电容电压和系统等效电容的关系

为了保证 M^{3}C 的持续惯性支撑能力，设式(6-100)中 $k_{\mathrm{h}}=\Delta V_{\mathrm{dc\_max}}/\Delta f_{\max}$，其中，$\Delta V_{\mathrm{dc\_max}}$ 为 M^{3}C 允许的最大电容电压偏差，$\Delta f_{\max}$ 为系统允许的最大频率偏差。此时 M^{3}C 的虚拟惯性时间常数为

$$H_{\mathrm{M^3C\_min}} = \frac{C_{\mathrm{eq}} f_0 V_{\mathrm{dc0}} \Delta V_{\mathrm{dc\_max}}}{2 S_{\mathrm{M^3C}} \Delta f_{\max}} \tag{6-103}$$

式(6-103)适用于频率偏差小于 $\Delta f_{\max}$ 的任意运行情况，但固定的 $H_{\mathrm{M^3C\_min}}$ 难以充分发挥 M³C 的惯性支撑能力，因此在电容容值与 $\Delta V_{\mathrm{dc\_max}}$ 确定后，可设计自适应的虚拟惯性时间常数 $H_{\mathrm{M^3C}}$。令电容电压偏差为

$$\frac{V_{\mathrm{dc}}}{V_{\mathrm{dc\_max}}} = \frac{\left|V_{\mathrm{dc}} - V_{\mathrm{dc0}}\right|}{\Delta V_{\mathrm{dc\_max}}} \tag{6-104}$$

式中，$V_{\mathrm{dc\_max}}$ 为电容电压允许的最大值；V_{dc0} 为额定电压。

虚拟惯性控制策略设计 $H_{\mathrm{M^3C}}$ 与 ΔV_{dc} 成反比，当电容电压偏差由小变大到最大值时，$H_{\mathrm{M^3C}}$ 应当由大变小直至最小值。当电容电压变化较小时，电容电压可下降裕度较大，可以使用较大的 $H_{\mathrm{M^3C}}$，提供更有力的惯性支撑；当电容电压变化较大，接近最小值时，则使用较小的 $H_{\mathrm{M^3C}}$，防止电容电压越限。$H_{\mathrm{M^3C\_min}}$ 的计算如式(6-103)所示。综合控制框图如图 6-26 所示。

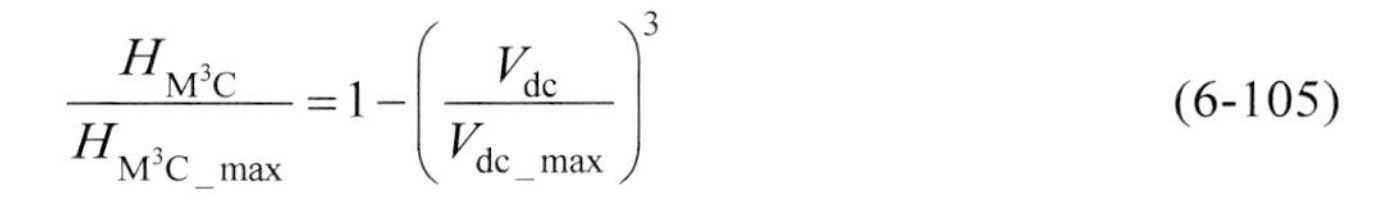

$$\frac{H_{\mathrm{M^3C}}}{H_{\mathrm{M^3C\_max}}} = 1 - \left(\frac{V_{\mathrm{dc}}}{V_{\mathrm{dc\_max}}}\right)^3 \tag{6-105}$$

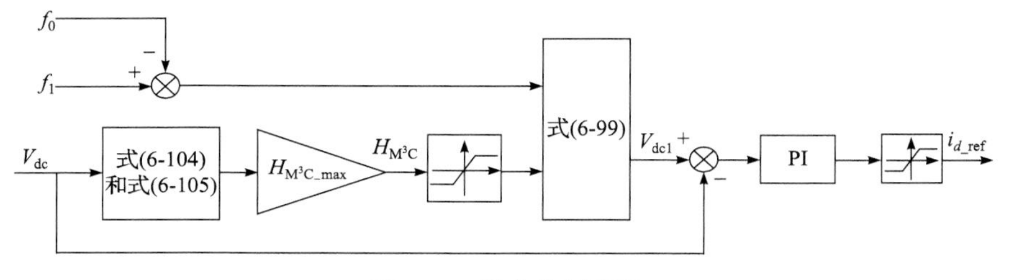

图 6-26　综合控制框图

2. MPPT 控制风机的虚拟惯性控制

直流电容只能提供短时少量的频率支撑，为了克服这一问题，可以利用风力机的旋转动能为系统提供更多的模拟惯性。风电机组转子的转速可以在很大范围内变化、释放更多动能，在调频的开始阶段大幅抵消不平衡功率。双馈风机的转子角速度范围为 0.7～1.2pu，同步机组转子角速度范围为 0.95～1.05pu。为了使风力发电量最大，风力机通常采用 MPPT 控制，转子角速度为当时风速下的最大值。风机从 MPPT 运行状态到某一新状态的过程中，转子所释放的动能为

$$E_{\rm k}=\frac{1}{2}J\left(\omega_{\rm r0}^2-\omega_{\rm r1}^2\right) \tag{6-106}$$

式中，J 为风机转子的转动惯量；$\omega_{\rm r0}$ 为 MPPT 点对应的风机转子角速度；$\omega_{\rm r1}$ 为新状态下的风机转子角速度。

风电机组在角速度变化瞬间吸收或者释放的有功功率为

$$\Delta P=\frac{{\rm d}E_{\rm k}}{{\rm d}t}=\frac{{\rm d}\frac{1}{2}J\omega^2}{{\rm d}t}J\omega\frac{{\rm d}\omega}{{\rm d}t} \tag{6-107}$$

可见风电场输出功率变化量与频率变化率成正比，风力机所能提供的虚拟惯性与转子转速偏差和转子转速初始值有关。转子转速偏差越大，风电场提供的惯性就越大。转子转速初始值越大，风电场提供的惯性就越大。MPPT 控制下风机的虚拟惯性控制可以描述为

$$P_{\rm W}^*={\rm PMPPT}-k_{\rm P}\frac{{\rm d}f_1}{{\rm d}t} \tag{6-108}$$

式中，$P_{\rm W}^*$ 为风电机组输出有功功率指令值；PMPPT 为风电机组按照最大风功率跟踪控制确定的有功功率指令值；f_1 为风电场分频交流电网频率的测量值；$k_{\rm P}$ 为功率–频率控制参数，为正值，可以根据风力机虚拟惯性时间常数的要求进行选择。

在常规控制策略下，变频器分频侧采用固定频率控制，无法反映工频侧频率波动的信息。当采用风电机组提供虚拟惯性时，变频器可以将工频侧的频率波动反映到分频侧，风电机组经锁相环(PLL)锁相得到低频频率信息，分频侧变频率控制指令值 f_1^* 为

$$f_1^*=f_{10}+k_{\rm f}\Delta f_{\rm s} \tag{6-109}$$

式中，f_{10} 为换流器分频侧的定频率控制额定值；$\Delta f_{\rm s}$ 为工频电网频率相对于其额定值的偏差；$k_{\rm f}$ 为比例系数。

风电场和变频器联合提供虚拟惯性的分频输电系统惯性支撑控制策略，由变频器完成频率信息的通信。采用上述控制策略后，工频电网的负荷增减会影响风电场输出功率的大小，风电场和换流器会对工频电网提供临时的惯性支持。

6.2.2　参与电网的频率调整

惯性环节只能提供临时频率支持以减缓频率的变化。在 MPPT 模式运行的风电机组频率调节能量只能来自转子动能，通常仅能提供数秒的临时调节。在风速较低的工况下，风机转子转速较低，接近最低转速的限制，转子中储存的动能较

少，提供的惯性不足，而此时在调制度的限制下直流电容所能提供的功率有限。为了提高分频输电系统的频率支持能力，保证系统频率质量，避免频率过分偏离，可借助风机的备用容量将电网频率恢复至无差。

1. 风机的备用容量储备

当风机不按最大风能跟踪策略进行风能最大化的输出时，可保留备用容量储备，以应对突发的频率跌落事件。根据空气动力学，风电机组的有功出力可表示为

$$P=\frac{1}{2}\rho C_{\mathrm{p}}(\lambda,\beta)\pi R^2 v^3 \tag{6-110}$$

式中，ρ 为空气密度；C_{p} 为风机利用系数；λ 为风机叶尖速比；β 为风机桨距角；R 为风机叶片半径；v 为风速。

风电机组的有功功率与风机转速和桨距角等有关，减载控制就是通过控制风机转速和桨距角使风机具有一定的功率备用来补偿有功功率缺额，因此减载控制又称功率备用控制。定义风电机组的减载水平为 $d\%$，则减载后机组输出 $P_{\mathrm{MPPT}}(1-d\%)$的有功功率。风机的减载控制目前主要有两种方法：超速法和变桨距法。

超速法基于 MPPT 曲线，以追求次优功率的原则使转子转速背离最大功率点对应的额定转速，这样就能通过调整工作运行点的方式对风电机组进行减载控制，并且获得一定的备用有功功率。风电机组通过增大或减小风电机组转速皆可降低其有功出力，但转速降低易导致系统不稳定，因此一般采用超速控制实现风机减载运行。超速法控制原理如图 6-27 所示，曲线 A 表示正常工作时的 MPPT 曲

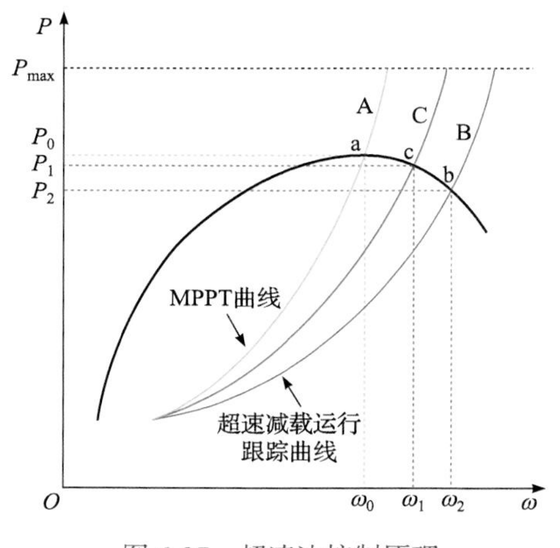

图 6-27　超速法控制原理

线，曲线 B 表示超速减载运行跟踪曲线。当采用功率备用控制策略时风电机组转速变大，MPPT 曲线右移，由最优工作点 a 转移到次优工作点 b，此时风电出力减少，留出一定的功率备用。当系统频率下降时，风电机组转速降低，曲线左移，工作点由 b 点转移到 c 点使得风电机组出力增加，从而响应系统的频率变化。

在风速小于额定值时，风机可借助超速法获得一定的备用有功功率，在此工况下超速控制可保护风机叶片免受磨损，但处于最大风能跟踪区域的风机随着转子转速增加至极限值时，超速法将不再适用，可采取变桨措施使风电机不断调整桨距角来保持恒功率运行状态。

变桨距法通过改变风电机组桨距角降低风电机组的稳态输出功率，使其运行在减载状态，从而预留出一定的备用容量。当系统频率降低时，可以增加输出功率，将备用容量用于系统的调频。变速风电机组变桨距法控制原理如图 6-28 所示。

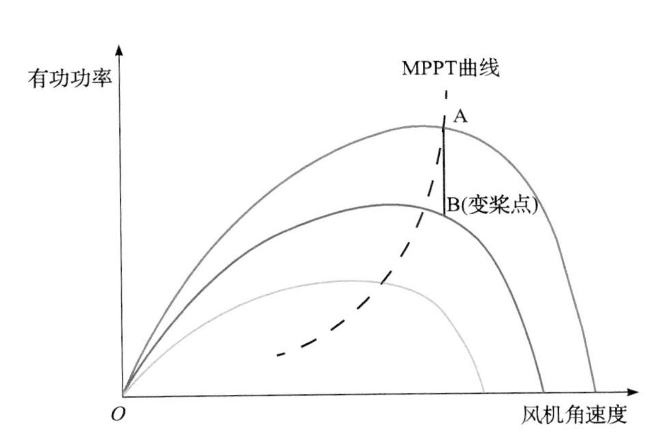

图 6-28　变速风电机组变桨距法控制原理

当转速固定时，桨距角越大，风机的有功功率输出就越小。A 为 MPPT 下工作点，此时风电机组捕获最大功率，对应桨距角 $\beta=0$，风电机组桨距角变大，使工作点下移至 B 点，偏离 MPPT 曲线运行模式减小了风电机组捕获的风能。通常，当风速高于额定风速时使用桨距角控制参与系统调频。需要指出的是，变桨距控制的执行器是机械部件，系统的响应速度方面会有所降低。

减载控制与虚拟惯性控制相比可为系统提供大量有功功率支撑，但该种控制方法会使风电机组长期低于最优功率运行，降低风电场效益。因此，在不同的风速和运行状态下如何选取合适的控制策略需要根据实际运行情况综合考虑。

2. 风机的一次频率控制策略

对于 MPPT 模式下的风机，在传统的综合惯性控制策略下，输出有功功率的

参考值可表示为

$$P_{\text{ref}}^{*}=P_{\text{MPPT}}^{*}+\Delta P^{*}=P_{\text{MPPT}}^{*}-k_{\text{d}}\frac{\text{d}f^{*}}{\text{d}t}-k_{\text{p}}\left(f^{*}-f_{\text{ref}}^{*}\right) \tag{6-111}$$

式中，k_d 为风机的虚拟惯性系数；k_p 为下垂系数；f_ref 为系统标准频率，Hz；f 为系统实际频率，Hz；*表示标幺值。

由式(6-111)可知，虚拟惯性控制通过模拟同步机的惯性响应，提供与 $\text{d}f/\text{d}t$ 成比例的附加有功功率，用来减小系统的频率变化率；下垂控制通过模拟同步机的一次调频响应提供与 Δf 成比例的附加有功功率，用来减小系统的最大频率偏差。k_d、k_p 的选取对于综合惯性控制策略尤为重要，若选取过小，则风机产生的附加有功功率过小，惯性与一次频率支撑能力大大降低；若选取过大，则转子转速下降过快，风机可能欠速脱网，转速恢复阶段 k_p 选取过大，也可能导致系统频率二次跌落。

为解决上述问题，本节设计了基于可变系数和转速平滑恢复的一次调频控制策略，具体如图 6-29 所示。

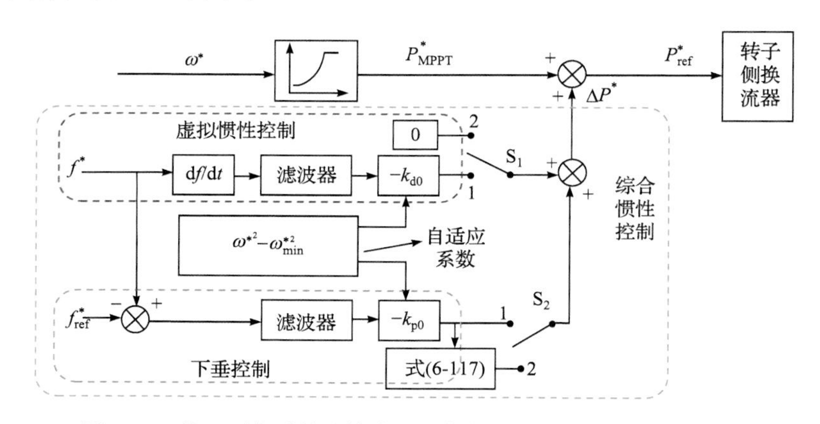

图 6-29　基于可变系数和转速平滑恢复的一次调频控制策略框图

(1) 首先，对初始虚拟惯性系数 k_{d0} 进行整定，使 k_{d0} 随风速自适应变化。下面为具体整定过程。

风机转子转速变小过程中，转子所释放的旋转动能为

$$\Delta E_{\text{w}}=\frac{0.5J_{\text{w}}\left[\left(\omega_{\text{w0}}+\Delta\omega_{\text{w}}\right)^{2}-\omega_{\text{w0}}^{2}\right]}{p^{2}}=\frac{0.5J_{\text{eq}}\left[\left(\omega_{\text{e}}+\Delta\omega_{\text{e}}\right)^{2}-\omega_{\text{e}}^{2}\right]}{p^{2}} \tag{6-112}$$

式中，J_w 为风机转动惯量；J_eq 为风机等效转动惯量；ω_w0 为风机转子初始角速度；$\Delta\omega_\text{w}$ 为风机角速度增量；ω_e 为风机等效转子角速度。

由式(6-112)可得

$$J_{\mathrm{eq}}=\frac{\left[\left(\omega_{\mathrm{w0}}+\Delta\omega_{\mathrm{w}}\right)^2-\omega_{\mathrm{w0}}^2\right]}{\left[\left(\omega_{\mathrm{e}}+\Delta\omega_{\mathrm{e}}\right)^2-\omega_{\mathrm{e}}^2\right]}J_{\mathrm{w}}\approx\frac{\Delta\omega_{\mathrm{w}}}{\Delta\omega_{\mathrm{e}}}\frac{\omega_{\mathrm{w0}}}{\omega_{\mathrm{e}}}J_{\mathrm{w}} \tag{6-113}$$

令 $\gamma=\Delta\omega_{\mathrm{w}}/\Delta\omega_{\mathrm{e}}$，称为惯性调节系数，由式(6-114)可得风机等效惯性时间常数 H_{eq}：

$$H_{\mathrm{eq}}=\frac{0.5J_{\mathrm{eq}}\omega_{\mathrm{e}}^2}{p^2P_{\mathrm{WN}}}=\frac{\omega_{\mathrm{w0}}}{\omega_{\mathrm{e}}}\gamma\frac{0.5J_{\mathrm{w}}\omega_{\mathrm{e}}^2}{p^2P_{\mathrm{WN}}}=\gamma\frac{\omega_{\mathrm{w0}}}{\omega_{\mathrm{e}}}H_{\mathrm{w}} \tag{6-114}$$

初始虚拟惯性系数 k_{d0} 为

$$k_{\mathrm{d0}}=2H_{\mathrm{eq}}=2\gamma\frac{\omega_{\mathrm{w0}}}{\omega_{\mathrm{e}}}H_{\mathrm{w}} \tag{6-115}$$

由式(6-115)可知，当 H_{w} 与 γ 一定时，初始虚拟惯性系数 k_{d0} 与风机转子初始角速度成正比。当风速不同时，MPPT 模式下风机转子初始角速度也不同，初始虚拟惯性系数 k_{d0} 随风速自适应变化。

(2) 在转子减速阶段，为防止风机出现过度调频而欠速脱网的情况，根据风机当前可释放转子动能的大小自适应调整 k_{d}、k_{p}，表达式为

$$\begin{cases}k_{\mathrm{d}}=k_{\mathrm{d0}}\left(\omega^{*2}-\omega_{\min}^{*2}\right)\\k_{\mathrm{p}}=k_{\mathrm{p0}}\left(\omega^{*2}-\omega_{\min}^{*2}\right)\end{cases} \tag{6-116}$$

由式(6-116)可知，当风机转子转速较大时，k_{d}、k_{p} 较大，风机可以充分释放转子中储存的旋转动能来进行频率支撑；当转子转速接近最小值时，k_{d}、k_{p} 也趋近 0，不再释放风机的转子动能，因此可以有效避免风机欠速脱网。

当 $\mathrm{d}f/\mathrm{d}t=0$，系统频率偏差达到最大时，系统的惯性响应阶段已结束，风机虚拟惯性控制所附加的有功功率将由正变负，考虑到 $\mathrm{d}f/\mathrm{d}t$ 回路对转子转速恢复的抑制作用，令 k_{d} 减小为 0，图 6-29 的开关 S_1 切换至 2。

(3) 在转子转速恢复阶段，将图 6-29 中开关 S_2 切换至 2，下垂控制系数 k_{p} 表示为

$$k_{\mathrm{p}}=-k_{\mathrm{p0}}\left(1-\frac{t-t_{\mathrm{c}}}{\Delta t_{\mathrm{h}}}\right)\left(f^*-f_{\mathrm{ref}}^*\right) \tag{6-117}$$

式中，t_{c} 为风电机组转子转速恢复阶段的起始时间，s；Δt_{h} 为转子转速恢复阶段的持续时长，s。

式(6-117)中 Δt_{h} 可根据具体风电系统设置。由于 Δt_{h} 对频率二次跌落(SFD)的大小和转子转速恢复时间都有影响，因此 Δt_{h} 的设置尤为重要。当 Δt_{h} 设置过小时，转子转速可以快速恢复，但可能导致显著的 SFD。相反，当 Δt_{h} 设置过大

时，SFD 较小甚至没有，但会减缓转子转速的恢复速度。因此，本节通过改变风速，进行了大量模拟实验，Δt_h 被设置为 20s，此时控制策略可以显著改善风机转子转速恢复时间，并避免 SFD。

(4) 在 MPPT 阶段，当转子转速恢复阶段结束时，k_d、k_p 均已经减小为 0，风机进入 MPPT 模式，输出功率随转子转速的增大而增大，直至恢复至初始状态。一次调频结束，k_d、k_p 恢复至初始值，风机回到起始运行状态。

3. 分频风电系统综合频率控制策略

在基于 M³C 的分频海上风电系统中，具有较强频率支撑能力的设备主要是风机与 M³C，系统通过对 M³C 电容电压、风电场输出功率与工频侧电网频率变化量建立下垂关系，实现了海上风电场与 M³C 对工频侧电网的频率支撑，其中下垂控制的工频侧电网频率取 M³C 的 PCC 频率，工频电网频率的动态分析模型采用相对成熟的系统频率响应模型。为了充分发挥系统的调频能力，本小节设计了海上风电场和 M³C 的联合频率支撑策略，如图 6-30 所示。

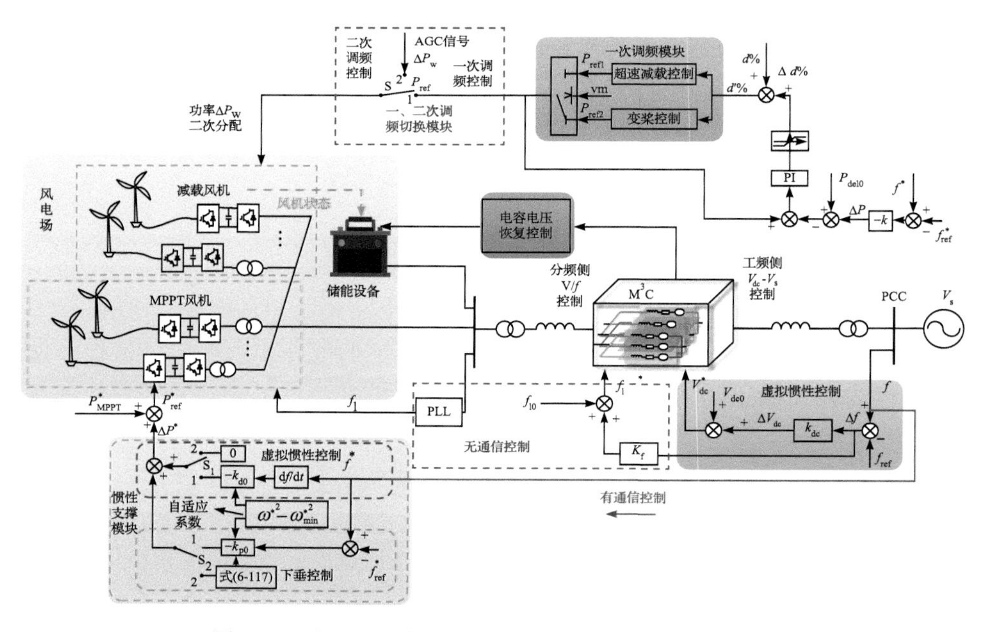

图 6-30　海上风电场和 M³C 的联合频率支撑策略框图

图 6-30 中具体控制方案如下。

(1) M³C 工频侧等效电容电压 V_{dc} 控制，通过对 V_{dc} 进行松弛，采用 6.2.1 小节所描述的自适应虚拟惯性控制策略，参与系统惯性支撑。

(2) 工频电网的频率变化需要从工频侧传递至分频侧，图 6-30 给出了无通信和有通信两种方式。无通信方式是通过将 M^3C 工频侧频率变化进行下垂控制反映到分频侧，有通信方式是通过建立通信通道实现电网频率信息的传递。

(3) 为了充分利用风能，设置风电场中 60%风机运行在 MPPT 模式下，40%的高风速区风机通过超速减载纳入自动发电控制(AGC)，在保证风电场总桨矩角变化量最小的情况下，参与系统二次调频。同时，在未接到 AGC 指令时，与 MPPT 风机一起参与系统一次调频。

(4) 考虑风速的变化，风机出力的波动性可能难以时刻满足 AGC 指令的要求，因此需要在风电场配置储能设备来平抑风机功率波动，实现可靠的二次调频。

(5) 为避免频率二次跌落，设计附加电容电压恢复控制策略。一次调频时间一般为 30s，因此设计该策略在频率跌落发生后 10s 启动，30s 停用，原理是将储能设备中储存的能量在 20s 内释放出来，补充电容电压恢复至初始值所需的能量。

设系统频率跌落的最低点为 f_n，由式(6-118)可知等效电容电压的最小值 V_{dc_min} 为

$$V_{dc\_min} = V_{dc\_0} + k_f\left(f_n - f_{ref}\right) \tag{6-118}$$

由式(6-118)得电容电压恢复至初始值所需能量为

$$E_{dc} = \frac{1}{2}C_{eq}V_{dc0}^2 - \frac{1}{2}C_{eq}V_{dc\_min}^2 \tag{6-119}$$

储能设备在 20s 内每秒所需增发的有功功率为

$$\Delta P = \frac{E_{dc}}{20} \tag{6-120}$$

6.2.3　仿真验证

本节对海上风电场与 M^3C 联合频率支撑策略进行了仿真研究，仿真结果如图 6-31 所示。图中方案一为仅采用 M^3C 虚拟惯性控制策略，方案二为采用 MPPT 风电场与 M^3C 联合一次调频控制策略，方案三为超速减载风电场与 M^3C 联合一次调频控制策略，方案四为分频风电系统综合频率控制策略。由图 6-31(f)可知，t=6s 时，风电场风速骤降，减载风机风速分别变为 $11.8\text{m}\cdot\text{s}^{-1}$、$11.6\text{m}\cdot\text{s}^{-1}$、$11.3\text{m}\cdot\text{s}^{-1}$，储能设备根据风电场日前计划出力与实际出力的差额增发有功功率，用来平抑风电场的功率波动，图 6-31(a)～(e)中系统的频率变化与 M^3C 工频侧输出的有功变化受风速波动影响较小，验证了储能设备平抑风电场有功波动策略的有效性。

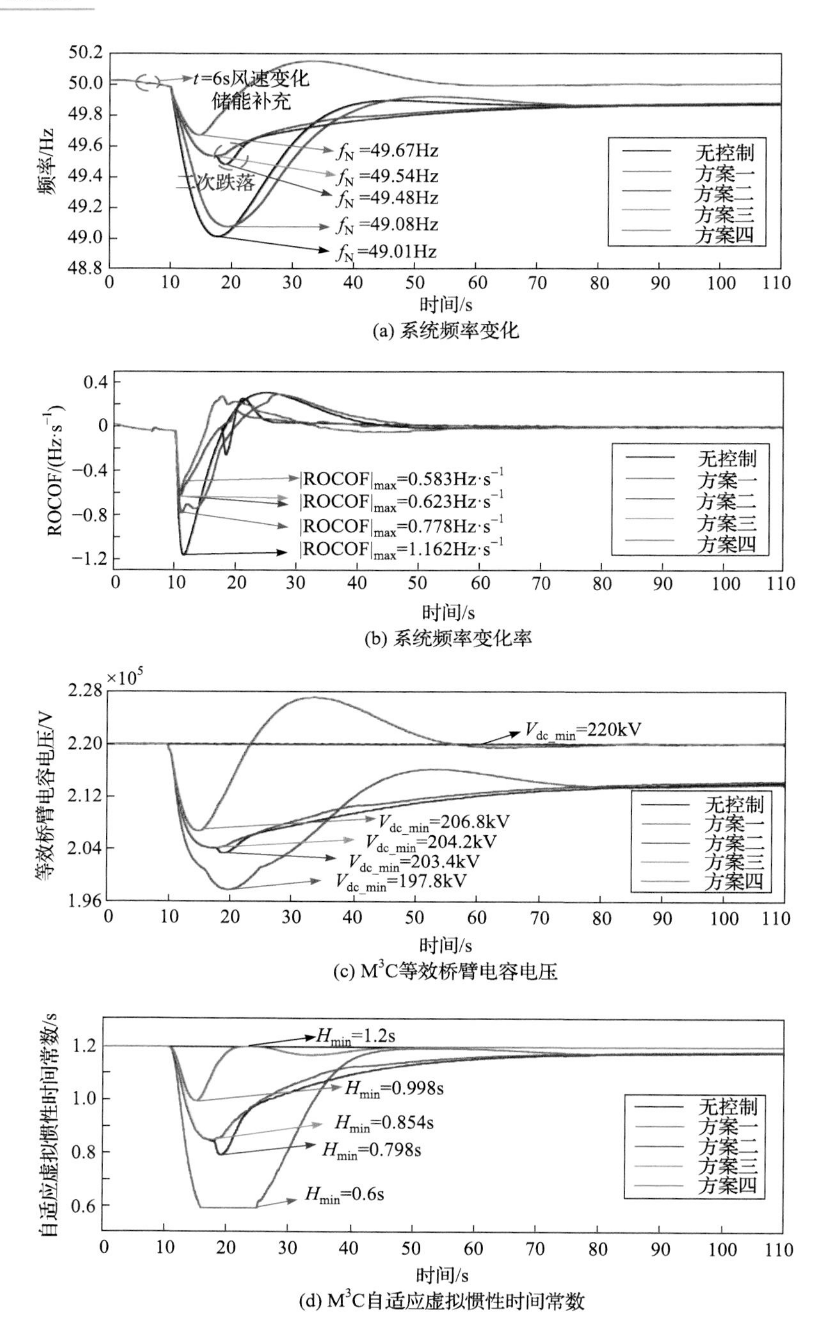

(a) 系统频率变化

(b) 系统频率变化率

(c) M^{3}C等效桥臂电容电压

(d) M^{3}C自适应虚拟惯性时间常数

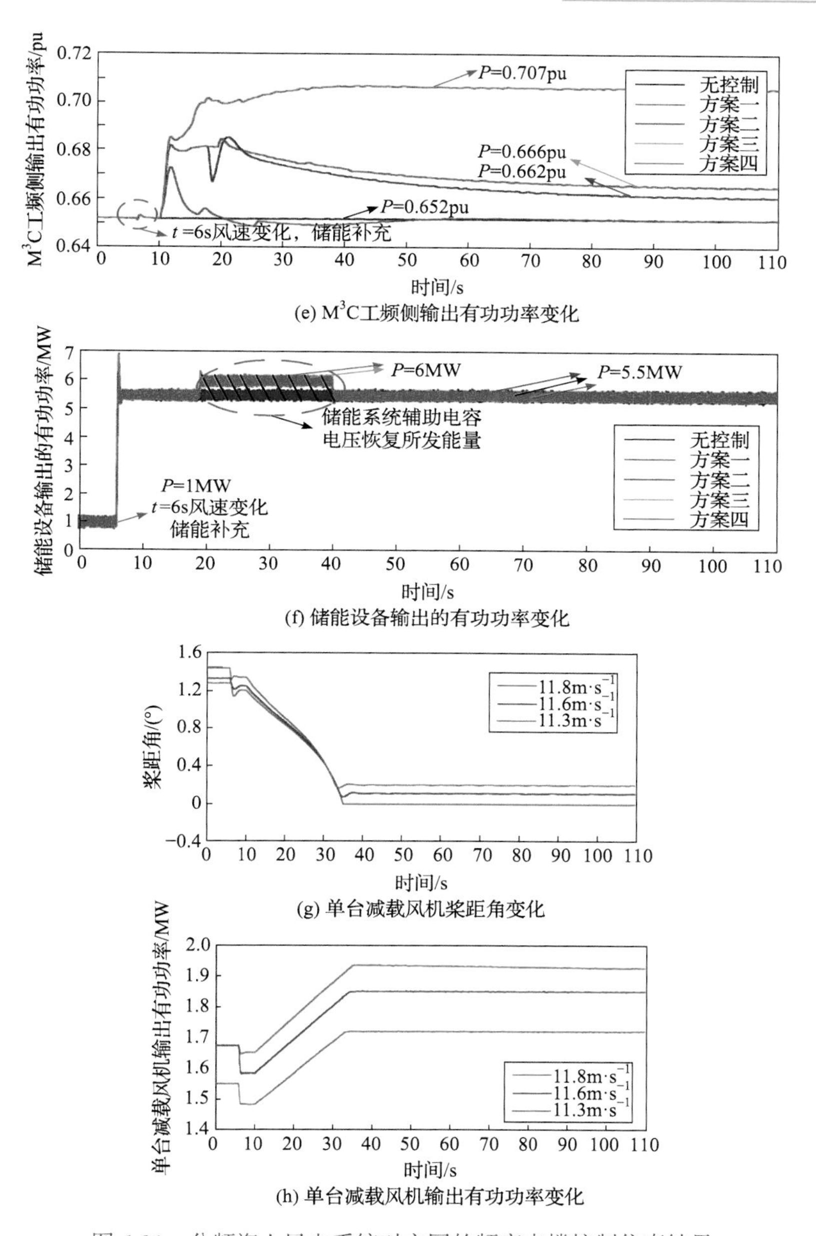

图 6-31　分频海上风电系统对主网的频率支撑控制仿真结果

由图 6-31(a)和(b)可知，相较于无控制策略，四种控制方案的频率最低点和频率变化率(ROCOF)均有所改善；与仅采用 M^3C 进行惯性支撑相比，方案二、三、四通过引入风电场参与系统调频，显著提高了系统的频率支撑能力。其中，方案四调频效果最好，可以实现无差调频，相比于无控制，显著提升频率最低点至

49.67Hz，改善度为 66.67%，$|ROCOF|_{max}$ 为 0.583Hz · s^{-1}，改善度为 49.8%。对于风电场与 M^3C 仅参与主网一次调频的场景，方案三调频效果最好，相比于无控制，频率最低点提升至 49.54Hz，改善度为 51%，$|ROCOF|_{max}$ 为 0.623Hz · s^{-1}，改善度为 46.4%，验证了本节所提联合频率支撑策略的优越性。

由图 6-31(a)和(c)可知，在仅参与主网一次调频时，方案二、三在 t=19s 左右，MPPT 风机转子转速到达最低点，直流电容电压到达最小值，19s 之后，风机和 M^3C 都需要从系统中吸收能量用于转子转速和直流电容电压的恢复，此时，若不采用平滑的恢复策略，系统可能会出现图 6-31(a)方案二所示的二次跌落现象。另外，方案三在采用平滑恢复策略的同时，又加入了如图 6-31(f)所示的附加电容电压恢复控制策略。充分考虑到 M^3C 直流电容电压从系统中吸收能量导致系统频率继续下降且频率恢复速度变慢的问题。

对于方案四，在 t=10s 负荷突增 10.5MW 后，风场内 MPPT 风机开始一次调频，而减载风机接收 AGC 指令，切换至二次调频模式，开始在风电场内对 AGC 指令所需增发的功率进行二次分配，在保证风电场桨距角总变化量最小的情况下，实现无差调频。不同风速的单台减载风机桨距角及功率变化情况如图 6-31(g)和(h)所示。方案四采用一、二次调频结合的控制策略，由图 6-31(e)可知，在负荷突增后，方案四为主网传输的有功功率最多，这是因为减载风机持续增发功率，这部分功率既加强了系统的惯性支撑能力，使频率变化率降低，又提高了频率最低点，实现了无差调频。

综上所述，本节设计的联合频率支撑策略与传统控制策略相比，在一次调频时，可以有效避免二次跌落，并可以合理释放储能设备能量，弥补 M^3C 直流电容电压恢复导致的能量缺损，提高了系统频率最低点，加快了系统频率的恢复速度。在二次调频时，可以在风电场内对 AGC 指令所需增发的有功功率进行合理的二次分配，保证了风电场中风机总桨叶磨损程度最小，延长了风机的使用寿命。

6.3 分频输电系统参与电网的电压控制

6.3.1 无功电压下垂特性

电压是电力系统中电能质量的一个重要指标。线路和变压器中的电压损耗与通过的功率有关，而在高压系统中主要取决于通过的无功功率。因此，电力系统电压的控制和稳定与系统无功功率的平衡密切相关。

电网的无功功率损耗与电压的关系通常采用二次函数关系表述：

$$Q_L = Q_{LN}\left[a_q\left(\frac{U}{U_N}\right)^2 + b_q\left(\frac{U}{U_N}\right) + c_q\right] \tag{6-121}$$

式中，Q_L 为负荷在电压 U 下吸收的无功功率；Q_{LN} 为负荷在额定电压下吸收的无功功率；U_N 为电网网侧额定电压；a_q、b_q、c_q 为特性系数，满足：

$$a_q + b_q + c_q = 1 \tag{6-122}$$

一般情况下，电压在额定范围附近波动时，可以认为负荷的无功功率与电压呈正比例关系。当负荷侧突然增加无功负荷，而系统无法提供更多的无功功率时，为了满足无功平衡要求，系统就会自动降低供电电压，使得负荷消耗的无功功率减少，并与系统发出的无功功率达到平衡。

当系统电压下降时，为了维持系统稳定运行，保证电网各母线电压稳定在容许的电压偏移范围内，需要增加无功功率的输出。在实际运行中，同步发电机一般采用正调差系数，即端电压下降时发电机的无功电流增加。同步发电机的端电压 U_G 与输出的无功电流的静态关系表达式为

$$U_G = U_{G0} - \delta I_q \tag{6-123}$$

式中，U_{G0} 为发电机空载电压；δ 为调差系数；I_q 为无功电流。通过式(6-123)求出无功电流，可以进一步得到同步发电机输出无功功率 Q_G 与端电压 U_G 的关系：

$$Q_G = U_G I_q = \frac{U_{G0}}{\delta}U_G - \frac{1}{\delta}U_G^2 \tag{6-124}$$

由此可知，同步发电机在端电压等于 $\frac{1}{2}U_{G0}$ 时，输出无功功率达到最大。在额定电压附近，同步发电机输出的无功功率增大，对应端电压下降。

电力系统的无功电压特性曲线如图 6-32 所示。图中，曲线 1 是发电机的无功电压静态特性曲线，曲线 2 是系统负荷的无功电压静态特性曲线。正常情况下，曲线 1 和曲线 2 相交于 a 点，此时系统无功功率平衡，对应的系统电压为 U_a。假设此时无功负荷突然增加，负荷的无功电压由曲线 2 移到曲线 2′。若系统无功备用容量不足，无法从其他地方补充无功缺额，则会导致电压下降，迫使同步发电机多发出无功功率，以及减少负荷的无功功率消耗。最终，电压下降到 U_b，系统在 b 点重新达到无功功率平衡。

因此，系统电压下降时，说明无功消耗增加，需要发出更多无功功率；系统电压上升时，说明无功功率发出过剩，需要减少无功功率的输出。系统的无功电

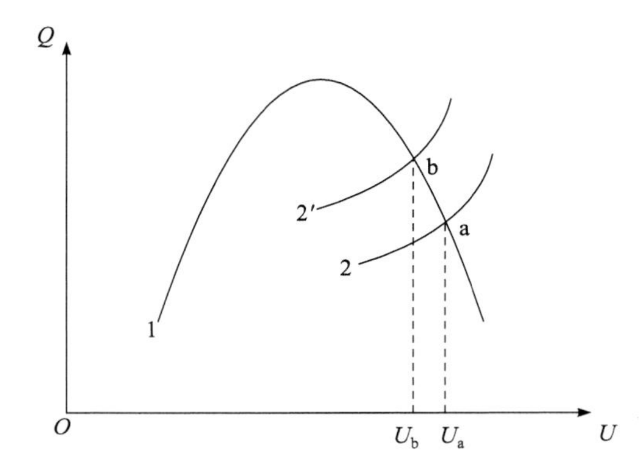

图 6-32　电力系统的无功电压特性曲线

压关系呈现出下垂特性(图 6-33)，可以用公式表示为

$$Q-Q_0=-K_Q\left(U-U_0\right) \tag{6-125}$$

式中，Q 为实际输出无功功率；Q_0 为额定输出无功功率；K_Q 为下垂系数；U 为系统实际电压；U_0 为额定电压。

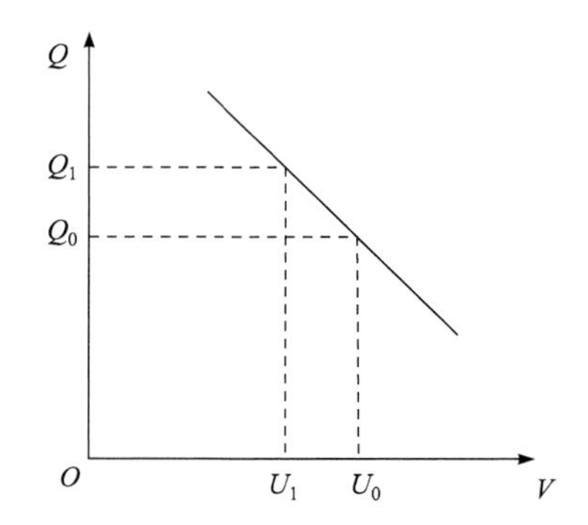

图 6-33　同步发电机的无功电压下垂特性曲线

6.3.2　电压控制

1. 工频侧——基于无功电压下垂特性的变频器电压控制

在工频侧，分频输电系统的特性主要由变频器的控制策略决定。由于变频器视在容量限制，当分频输电系统传输的有功功率低于额定值时，变频器具有无功功率容量可以参与电力系统无功调节，有利于电网的电压稳定。

目前，无功电压控制策略主要可以分为定电压控制和无功电压下垂控制两种。定电压控制如图 6-34 所示，通过对工频侧电压进行 PI 调节得到需要输出的无功功率参考值，换流器按照指令输出相应的无功功率，使得分频输电系统的工频侧电压维持在额定值，达到电压调节的目的。但是，由于换流器的无功输出能力有限，且受到实时有功功率的影响，如果使用定电压控制，可能会使无功功率给定值大于当下换流器的无功功率容量，换流器无法输出相应的无功功率，导致系统无法满足调压要求。此时，系统会持续以最大功率方式运行，影响换流器的安全性与稳定性。因此，定电压控制不适用于分频输电系统的无功电压调节。

如果将定电压控制中无差的 PI 调节改成有差的比例调节，并根据当前的有功输出设置无功功率的上下限，便可得到无功电压下垂控制，如图 6-35 所示，其中 K_Q 为无功电压下垂系数。在分频输电系统中使用无功电压下垂控制时，换流器根据电网电压的额定值与实际值的差值，在自身功率输出的能力范围内，向电网提供一定的无功支撑(或吸收一定量的无功功率)，参与电网的电压控制，从而提高电网电压的稳定性。

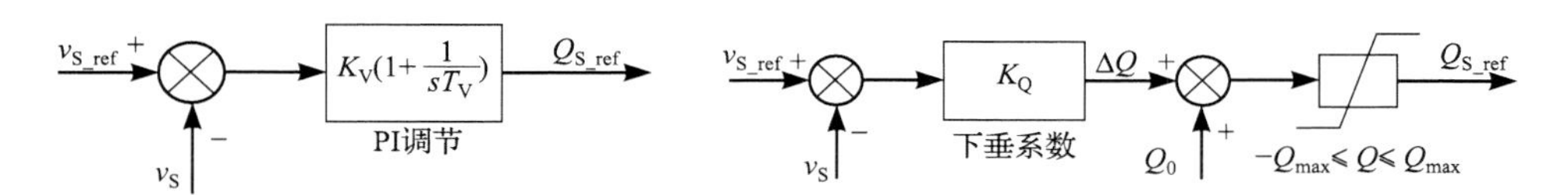

图 6-34　定电压控制　　　　图 6-35　无功电压下垂控制

当下垂系数 K_Q 一定时，K_Q 的取值大，有利于提高电压调节能力，但取值过大会使换流器频繁工作在最大功率极限状态，特别是当有功功率很大时，换流器的无功功率范围非常窄，这种现象更容易发生。K_Q 的取值小，可以保证换流器的稳定运行，但对电压调节的贡献有限。因此，不适当的下垂增益往往得不到理想的调压结果，并且传统的固定增益控制不能同时确保分频输电系统的电压调节性能和稳定工作。为了进一步改善分频输电系统参与电网电压调节的性能，可将固定下垂增益改为自适应下垂增益，修改后下垂控制环的输出可以定义为

$$\Delta Q = K_Q(P)\left(v_{S\_ref} - v_S\right) \tag{6-126}$$

式中，$K_Q(P)$ 为自适应下垂系数。为了获得更好的电压调节性能并确保稳定工作，自适应下垂系数根据换流器当前最大的无功功率容量来设定：无功功率容量大时，下垂系数相应增大，保证其良好的调压性能；无功功率容量小时，下垂系数减小，保证换流器稳定地工作。$K_Q(P)$ 的表达式为

$$K_Q(P) = CQ_{max} = C\sqrt{S_{max}^2 - P^2(t)} \tag{6-127}$$

式中，C 为相关比例系数。因此，自适应下垂控制环的输出可以表示为

$$\Delta Q = C\sqrt{S_{max}^2 - P^2(t)}\ \left(v_{S\_ref} - v_S\right) \tag{6-128}$$

2. 分频侧——风电场的自适应增益控制策略

风电机组可以输出有功功率，同时具备一定的无功功率输出能力，在大规模风电接入的分频输电系统中，为了提升系统整体的无功电压调节能力，在变频器提供支撑的基础上，也要考虑发掘风电场的调压潜力。

实际运行中，由于风电场内部风速和尾流效应的影响，不同风机有功功率输出不同，对应的无功功率容量也不同。传统无功电压控制策略在应用方面体现出了局限性，不能充分利用每台风机各自的调压能力。因此，提出了一种风电场的自适应增益控制策略，在分频输电系统的分频侧可以充分利用风电场的无功电压调节能力，并且有效减少风机变流器的磨损。

风力发电机的无功功率容量由发电机电网侧的有功功率和转换器的视在功率决定。假设忽略有源损耗，风力发电机的无功功率容量 Q_W 可表示为

$$Q_W = \pm\sqrt{S_W^2 - P_t^2} \tag{6-129}$$

而

$$P_t = \frac{1}{2}\rho\pi r^2 v^3 C_{p\max}(\lambda, \beta) = k_{opt} v^3 \tag{6-130}$$

因此有

$$Q_W = \pm\sqrt{S_W^2 - k_{opt}^2 v^6} \tag{6-131}$$

式中，S_W 为风机变流器的额定容量；k_{opt} 为获得最大风能的等效系数。

由式(6-131)可知，风机的输入风速较高时，最大允许无功功率容量较小，这与变频器无功调节能力一致。风机的无功功率输出范围如图 6-36 所示。图中，绿

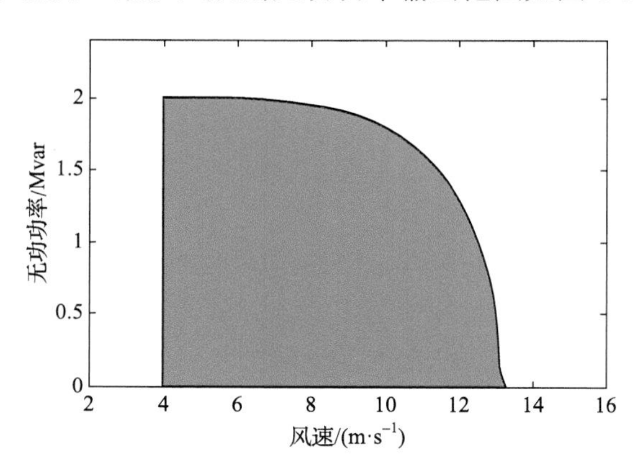

图 6-36　风机的无功功率输出范围

色区域是不同风速下风机安全可靠的无功功率输出范围。可以看出，当风机的输入风速较高时，最大允许无功功率容量较小。因此，低输入风速风机的无功功率调节能力大于高输入风速风机的无功功率调节能力。此外，当风机的输入风速大于或等于额定风速时，如果不减少有功功率，则几乎没有无功功率调节能力。

由于风速波动和尾流效应，风电场内的风力发电机具有不同的无功功率水平，这里所提出的自适应增益控制策略旨在提高电压最低点，同时确保风电场的稳定性。风机自适应增益控制如图 6-37 所示，基本结构与前面的下垂增益控制类似。

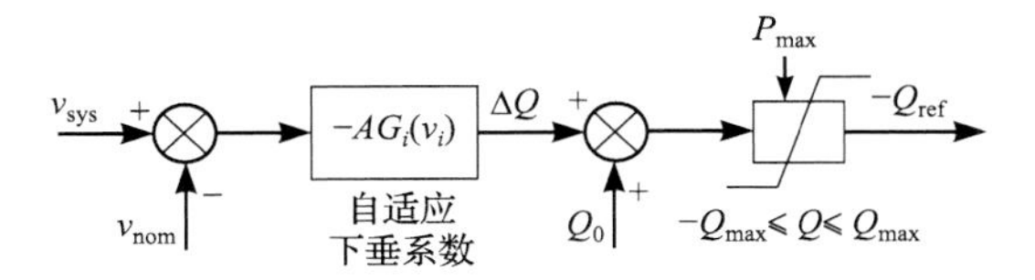

图 6-37　风机自适应增益控制

在所提出的方案中，下垂控制环的输出 ΔQ_i 可以定义为

$$\Delta Q_i = -AG_i\left(v_i\right)\left(v_{sys} - v_{nom}\right) \tag{6-132}$$

式中，v_{nom} 为风电场并网点处的额定电压；v_{sys} 为风电场并网点处的测量电压。

为了获得更好的电压调节性能和稳定性，风机的自适应增益根据其最大无功功率容量来设定，具体为

$$AG_i\left(v_i\right) \propto Q_{i\max} = \sqrt{S_W^2 - k_{opt}^2 v_i^6} \tag{6-133}$$

即

$$AG_i\left(v_i\right) = CQ_{i\max} = C\sqrt{S_W^2 - k_{opt}^2 v_i^6} \tag{6-134}$$

因此，自适应增益下垂控制环的输出可以表示为

$$\Delta Q_i = -C\sqrt{S_W^2 - k_{opt}^2 v_i^6}\left(v_{sys} - v_{nom}\right) \tag{6-135}$$

自适应下垂系数是空间和时间因变量。空间依赖性在于，由于相邻风机之间的尾流效应，各台风机在空间上具有不同的无功功率容量，为了获得更强的电压调节能力，具有更大无功功率容量的下游风机设置更大的增益，而具有更小无功功率容量的上游风机变流器设置更小的增益。此外，当风速大于或等于额定风速时，下垂增益设定为零，有利于维持系统稳定运行。时间依赖性在于，风机的输入风速是随时间变化的，因此各台风机的无功功率容量也是时变的，相应地，其下垂增益也要随着输入风速的变化自适应地调整。

对于固定下垂增益的风机无功控制策略，维持其并网点电压水平所需的无功

功率 ΔQ_t 可以表示为

$$\Delta Q_t = \sum_{i=1}^{n} \Delta Q_i = -n\frac{1}{R}\left(v_{sys} - v_{nom}\right) \tag{6-136}$$

式中，n 为风电场内风机的数量。

同样地，对于自适应增益下垂控制，其无功输出需求可以表示为

$$\Delta Q_t = \sum_{i=1}^{n} \Delta Q_i = \sum_{i=1}^{n} C\sqrt{S_W^2 - k_{opt}^2 v_i^6}\left(v_{sys} - v_{nom}\right) \tag{6-137}$$

结合式(6-136)和式(6-137)，可得

$$C = \frac{n}{R\sum_{i=1}^{n}\sqrt{S_W^2 - k_{opt}^2 v_i^6}} \tag{6-138}$$

将式(6-138)代入式(6-134)，可得

$$AG_i\left(v_i\right) = \frac{n\sqrt{S_W^2 - k_{opt}^2 v_i^6}}{R\sum_{i=1}^{n}\sqrt{S_W^2 - k_{opt}^2 v_i^6}} \tag{6-139}$$

6.3.3 仿真验证

通过电磁暂态仿真验证所提控制策略的有效性。图 6-38 为验证风电场无功调节能力的仿真测试系统。仿真测试结果如表 6-1～表 6-3 与图 6-39 所示。

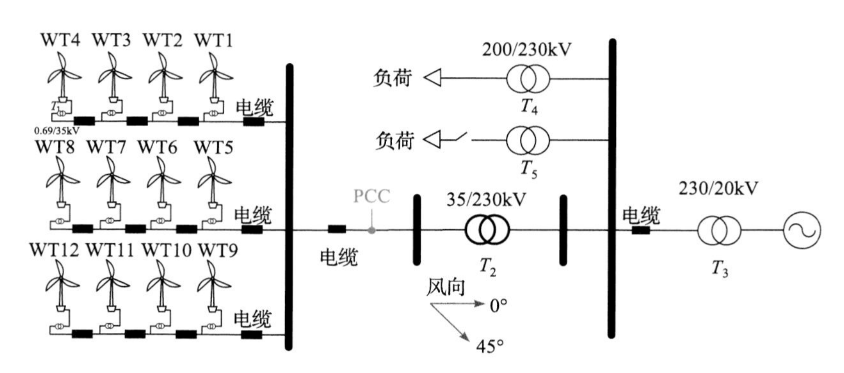

图 6-38　风电场无功调节能力的仿真测试系统

如图 6-39 所示，风速在 4s 从 13m · s^{-1} 增加到 14m · s^{-1}，风向为 45°。然而，由于尾流效应，仅第四列和第一行的风机(WT1、WT2、WT3、WT4、WT8、WT12)在仿真期间风速变化，如表 6-1 和图 6-39(a)所示。

表 6-1　风速情况　(单位: m · s^{-1})

风机位置	第 1 列	第 2 列	第 3 列	第 4 列
第 1 行	13→14	13→14	13→14	13→14
第 2 行	13→14	11.68	11.68	11.68
第 3 行	13→14	11.68	10.97	10.97

表 6-2　各台风机的无功功率容量　(单位: Mvar)

风机位置	第 1 列	第 2 列	第 3 列	第 4 列
第 1 行	0.44→0	0.44→0	0.44→0	0.44→0
第 2 行	0.44→0	1.41	1.41	1.41
第 3 行	0.44→0	1.41	1.62	1.62

表 6-3　各台风机的下垂增益

风机位置	第 1 列	第 2 列	第 3 列	第 4 列
第 1 行	16.04→0	16.04→0	16.04→0	16.04→0
第 2 行	16.04→0	51.40→66.68	51.40→66.68	51.40→66.68
第 3 行	16.04→0	51.40→66.68	59.07→76.42	59.07→76.42

如图 6-39(a)所示，风速变化后固定增益控制策略(FGCS)和自适应增益控制策略(AGCS)的电压最低点分别为 0.9448pu 和 0.957pu，无电压控制时风电并网点电压为 0.889pu。由此可知，这两种策略均能使并网点电压偏差保持在−10%～10%，大

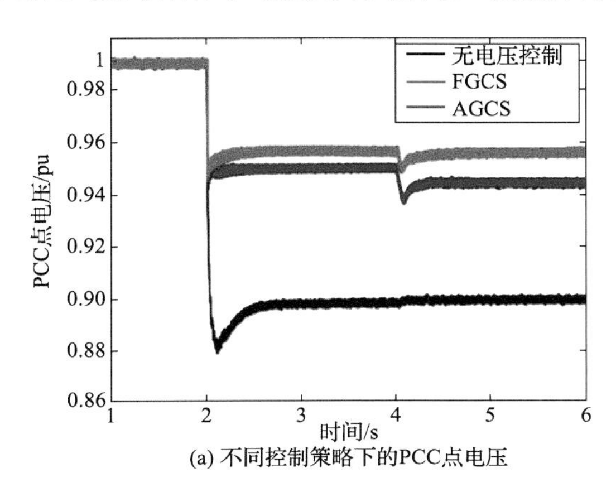

(a) 不同控制策略下的PCC点电压

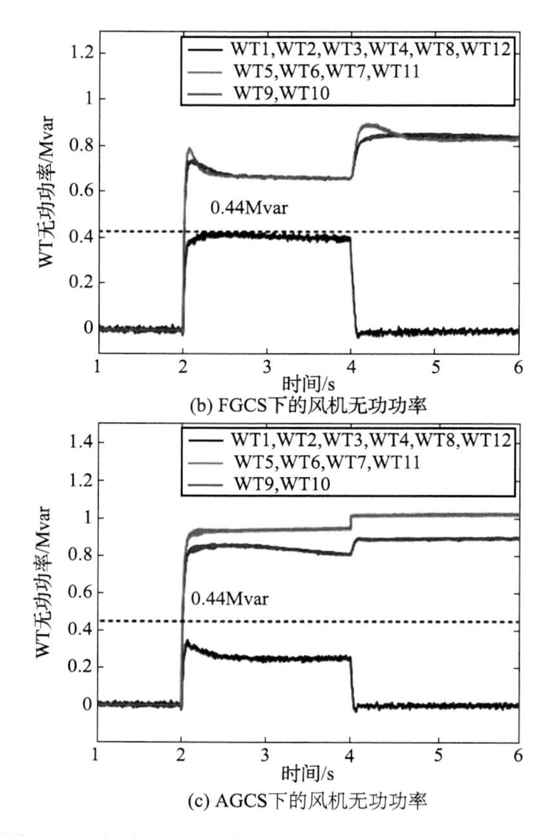

(b) FGCS下的风机无功功率

(c) AGCS下的风机无功功率

图 6-39 恒定风速下并网点电压及风机输出无功功率

容量海上风电场能正常运行。显然，所提自适应增益策略的稳态电压比固定增益策略的稳态电压高 0.0122pu，比无电压控制时的稳态电压高 0.068pu，具有更好的电压调节能力，也能更好地保证风电场及分频输电系统的正常运行。所提策略具有更好的电压控制效果，主要是因为当上游风机输出有功功率最大而无法输出无功功率时，可以充分利用下游风机的无功电压控制能力。

6.4 多端分频输电系统

多端分频输电系统狭义上是指由三个及以上变频站通过一定联结方式经过分频输电线路构成的输电系统。由于风光新能源场站能够直接发出分频电能，因此广义上多端分频输电系统中的新能源场站也可作为一“端”，从而形成多端分频电网。多端分频电网能够实现新能源发电与负荷用电之间的多能源电力互通互补，是解决大规模弃风、弃光和电力出力与分配不均、提高可再生能源利用率的有效方法。多端分频电网的控制类似于多端直流电网的控制，但不受断路器投资限制，保护策略可借鉴常规交流系统的控保配置方案，避免柔性直流系统电流难以切断导致保护困难的难题，具有更强的组网性能和更灵活的运行方式。

6.4.1　多端分频输电系统的拓扑结构

多端分频输电系统是指由三个及以上变频站通过一定联结方式经过分频输电线路构成的输电系统，当其中的一个变频站退出运行时，并不会像两端系统那样必须停机，在功率协调控制下，其他变频站之间仍可交换功率。图 6-40 给出了三种多端分频输电系统的拓扑结构。

图 6-40 (a)为“风光火打捆外送”四端分频输电系统，其典型应用场景为陆上多能源远距离集中输送。大型新能源基地一般位于远离负荷中心的地区，并且本地电网的消纳能力有限。同时，风电、光伏发电等新能源电源出力受水文、气象、光照等因素影响，具有间歇性、不确定性的特点。为保障送端稳定大功率电源支撑，采用风电、光伏发电、火电“打捆外送”的形式，可以减少线路功率波动，降低输电成本。图 6-40(b)是由两个陆上变频站和一个海上风电场构成的三端分频输电系统。图 6-40(c)所示的拓扑是一个典型的四端分频输电系统。

图 6-40(a)和(b)均为星形拓扑，每个变频站通过一条输电走廊汇集到一个中心节点形成放射线型网络。其优点为每条输电线路仅需考虑其末端连接的变频站容量，无需承担其他变频站的功率。因此，当一条线路发生故障时，切除该线路不影响其他变频站的正常运行。然而，其中心节点需要承担送端所有变频站功率之和，汇流母线容量较大。若中心汇流母线发生故障，则会导致整个多端分频系统瘫痪，可靠性较低。同时，因线路故障而被切除的节点会缺少输电通道，从而送端停运或受端停电。

图 6-40 (c)为环形拓扑，每个变频站通过输电线路连接成一个环形结构。当系统正常运行时为闭环结构，故障时切除故障线路，系统运行于开环模式，送端与受端之间仍有输电通道。该结构提高了系统的可靠性，通过加入冗余线路使得系统故障时仍可正常运行。为保证多条线路同时故障时系统的正常运行，还可于不相邻两节点间增加输电线路，进一步提高系统可靠性。显然，随着冗余线路的增多，系统的建设成本也急剧增加。当该系统因线路故障而运行在开环模式时，部分线路将会承担全部输送容量，极大地增加了线路的容量冗余。因此，相比星形结构，环形结构具有更高的建设成本，同时各变频站之间的协调控制将更加复杂。

考虑环形结构和星形结构的优缺点，将二者结合形成星形–环形拓扑，根据实际情况灵活配比星形与环形结构，在满足经济性的同时提高系统的可靠性。

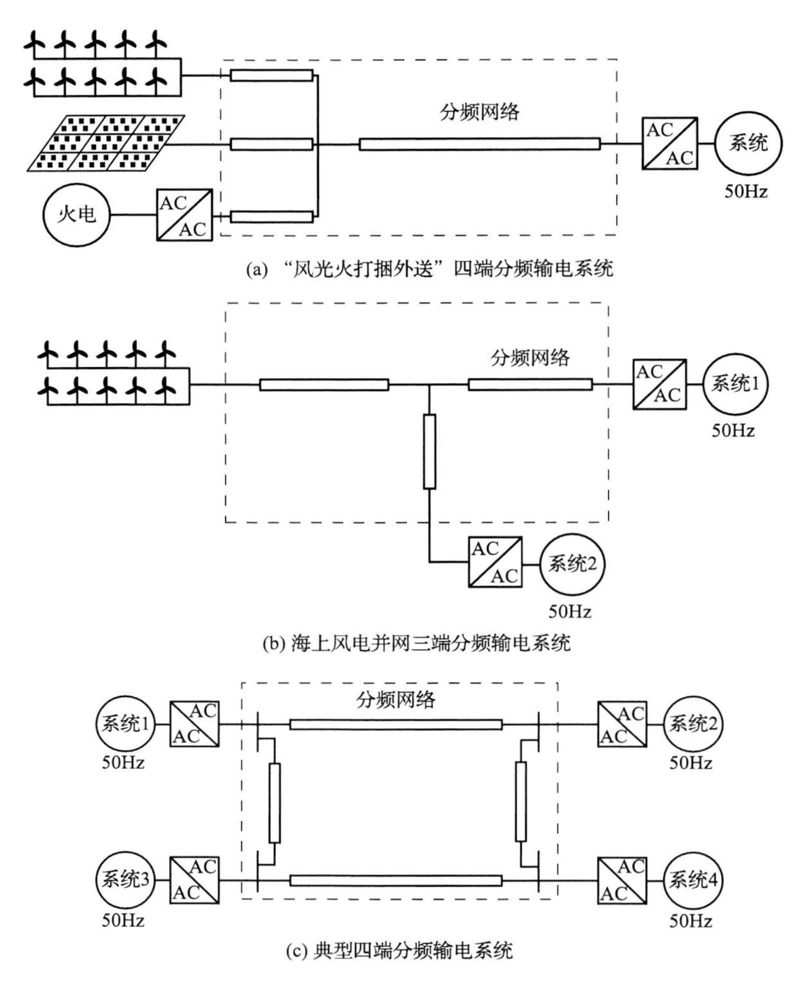

(a) “风光火打捆外送”四端分频输电系统

(b) 海上风电并网三端分频输电系统

(c) 典型四端分频输电系统

图 6-40　多端分频输电系统的拓扑

6.4.2　多端分频输电系统的控制策略

1. 多端分频输电系统控制需求分析

多端分频输电系统的系统级控制目标是维持分频侧的电压频率和幅值稳定。各部分控制中，风机的控制策略包括跟网型控制和构网型控制；M^3C 有功控制策略包括外环定有功功率、定子模块电容电压、定频率控制，无功控制策略包括外环定无功功率、定交流电压控制。为了满足系统控制目标并保证 M^3C 变频站稳定运行，变频站控制需满足以下条件：

(1) 当 M^3C 连接电流源型跟网控制风电场或无源负荷时，由于该端口不提供电压频率支撑，因此该侧必须采用 V/f 控制。

(2) 为了保证 M^3C 正常稳定运行，变频站必须有一侧有功控制采用定子模块电容电压控制。

(3) M^3C 两侧控制在 dq 坐标系下是完全解耦的，因此两侧无功控制均可采用定无功功率或定交流电压控制。

(4) 当 M^3C 连接有源电网时，有功控制可采用定有功功率或定子模块电容电压控制，无功控制可采用定无功功率或定交流电压控制，但控制策略选择需与条件(1)～(3)约束配合。

(5) 各控制策略中参考值需满足 M^3C 变频站自身功率和模块电压约束。

根据图 6-40 所示的拓扑结构和上述约束条件，对风机和 M^3C 的控制模式进行协调，变频站控制模式划分见表 6-4。

表 6-4　变频站控制模式划分

类别	M^3C1 工频/分频控制	工频侧电源	M^3C2 分频/工频控制	工频侧电源
电流源型跟网控制	$V_{dc}Q(v_{ac})$/V/f	工频电网	$PQ(v_{ac})/V_{dc}Q(v_{ac})$	工频电网
	$V_{dc}Q(v_{ac})$/V/f	工频电网	$V_{dc}Q(v_{ac})/PQ(v_{ac})$	工频电网
	$V_{dc}Q(v_{ac})$/V/f	工频电网	$V_{dc}Q(v_{ac})$/V/f	工频电网
	$V_{dc}Q(v_{ac})$/V/f	工频电网	$V_{dc}Q(v_{ac})$/V/f	负荷
电压源型构网控制	$V_{dc}Q(v_{ac})/PQ(v_{ac})$	工频电网	$PQ(v_{ac})/V_{dc}Q(v_{ac})$	工频电网
	$PQ(v_{ac})/V_{dc}Q(v_{ac})$	工频电网	$V_{dc}Q(v_{ac})/PQ(v_{ac})$	工频电网
	$V_{dc}Q(v_{ac})$/V/f	工频电网	V/f/$V_{dc}Q(v_{ac})$	工频电网
	V/f/$V_{dc}Q(v_{ac})$	工频电网	$V_{dc}Q(v_{ac})$/V/f	工频电网
	V/f/$V_{dc}Q(v_{ac})$	负荷	$V_{dc}Q(v_{ac})$/V/f	负荷

从表 6-4 可以看出，当 M^3C 分频侧连接电流源型跟网控制风电场时，两个变频站共有 3 种组合控制模式，且两个变频站的控制模式可互换；当 M^3C 分频侧连接电压源型构网控制风电场，且工频侧连接有源电网时，两个变频站各有 4 种控制模式，因此组合控制模式共有 16 种；当某一个变频站工频侧与电网断开转换成无源负荷端口时，该 M^3C 变频站工频侧控制模式只能采用 V/f 控制，此时组合控制模式共有 4 种；当两个变频站的分频侧都采用 V/f 控制时，需采用下垂控制来确定系统电压频率，而不能采用定 V/f 模式。

2. 多端分频输电系统的综合协调控制策略

基于 M^3C 与 MMC 以及多端柔直与多端柔性分频系统的相似性，本小节参考多端柔直输电系统的协调控制方案提出适用于多端柔性分频的电压裕度和频率裕度控制策略。相比主从控制，该协调控制方案不依赖变频站间的通信，只需依据约束条件对各站内的控制策略进行切换。

如图 6-40 所示，风电场通过海上分频网络与 M^3C 分频侧相连，各变频站分频侧也通过输电线路相连，因此整个风电场与变频站分频侧是一个统一的分频网络。以电流源型跟网控制风电场为例，为了维持分频系统的稳定，需要一个 M^3C 变频站作为分频侧的平衡节点，采用 V/f 控制，具体控制方案参照表 6-4。其中，变频站 1 连接的工频主网 1 为送/受端可转换电网，既可以从分频系统吸收电能，又可以向分频系统输送电能，变频站 1 作为主变频站，维持分频网络的电压频率稳定。变频站 2 连接的工频主网 2 为受端电网，根据控制目标向工频主网 2 输送电能。

变频站 1 正常运行时裕度控制器控制原理如图 6-41 所示。

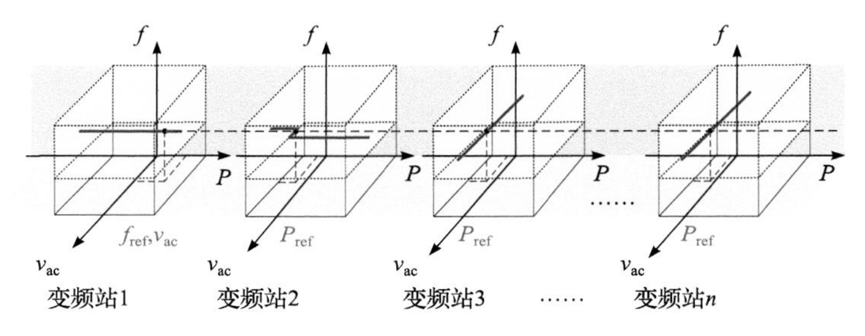

图 6-41　变频站 1 正常运行时裕度控制器控制原理

图 6-41 中点虚线立方体区域为各变频站能正常稳定运行的功率和电压频率范围，红色实线为单个变频站外环控制策略下的运行范围，实心点为各变频站的实际运行点。在正常运行时，变频站 1 工频侧连接无穷大电网，分频侧采用 V/f 控制，作为平衡节点维持整个分频系统的电压频率稳定；其他变频站分频侧根据实际需求选择控制方案。当变频站 1 因故障退出运行后，变频站 2 将自动切换为 V/f 控制，成为新的平衡节点，此时系统控制原理如图 6-42 所示。

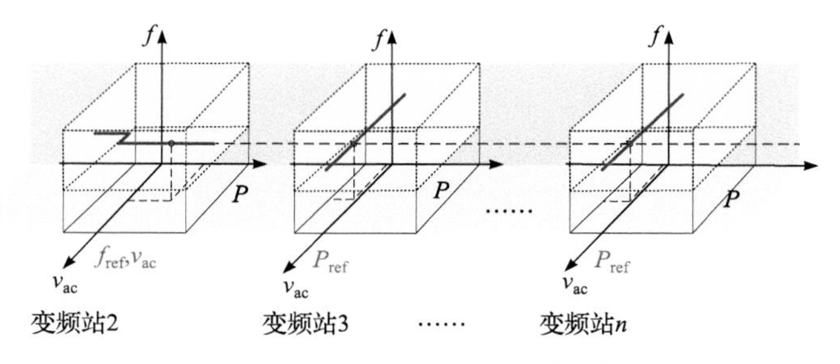

图 6-42　变频站 1 故障退出时控制器控制原理

为了实现变频站 2 自动切换控制策略的目标，需要对变频站 2 的外环控制器进行修改。不同于柔性直流系统，交流系统除了电压幅值特征外，还包括频率特征，因此可以分别从电压裕度控制和频率裕度控制两方面对外环控制进行切换。

1) 电压裕度控制

电压裕度控制下变频站 2 外环控制器如图 6-43 所示。

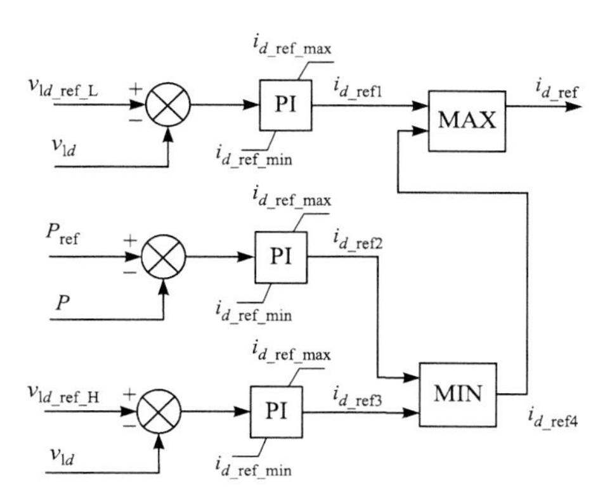

图 6-43　电压裕度控制下变频站 2 外环控制器

根据图 6-43，可以得到分频侧有功电流参考值为

$$i_{d\_ref}=\mathrm{MAX}\left[i_{d\_ref1},\mathrm{MIN}\left(i_{d\_ref2},i_{d\_ref3}\right)\right] \tag{6-140}$$

当变频站 1 正常工作时，电压裕度控制器输出的有功电流参考值由外环定有功功率控制器获得；当变频站 1 退出运行时，输出电流参考值由外环 V/f 控制器获得。

为了保证电压裕度控制器能正常稳定运行，电压约束条件为

$$\begin{cases} v_{1d\_ref\_L}<v_{1d2\min} \\ v_{1d\_ref\_H}>v_{1d2\max} \\ v_{1d\_ref\_L}<v_{1d2}<v_{1d\_ref\_H} \end{cases} \tag{6-141}$$

式中，$v_{1d2\min}$ 和 $v_{1d2\max}$ 分别为变频站 1 正常工作时，变频站 2 允许的交流电压 d 轴分量最小值和最大值；v_{1d2} 为 V/f 控制策略下交流电压 d 轴分量的实际值。

同时，当变频站 1 正常工作时，由于 PI 控制器的限幅作用，可以得到：

$$\begin{cases} i_{d\_ref1}=i_{d\_ref\_min}<i_{d\_ref2} \\ i_{d\_ref3}=i_{d\_ref\_max}>i_{d\_ref2} \end{cases} \tag{6-142}$$

当变频站 1 退出运行时，分频侧电压失去参考值进入不稳定状态，变频站 2 交流电压 d 轴分量波动将超过允许的最大值和最小值。当分量 v_{1d2} 小于 $v_{1d\_ref\_L}$ 或 v_{1d2} 大于 $v_{1d\_ref\_H}$ 时，外环控制器由 PQ 控制转为 V/f 控制。

2) 频率裕度控制

频率裕度控制下的变频站 2 外环控制器如图 6-44 所示。由于 V/f 控制下频率

由给定值确定，因此在切换控制中仅作为切换的判据，不参与内外环控制。

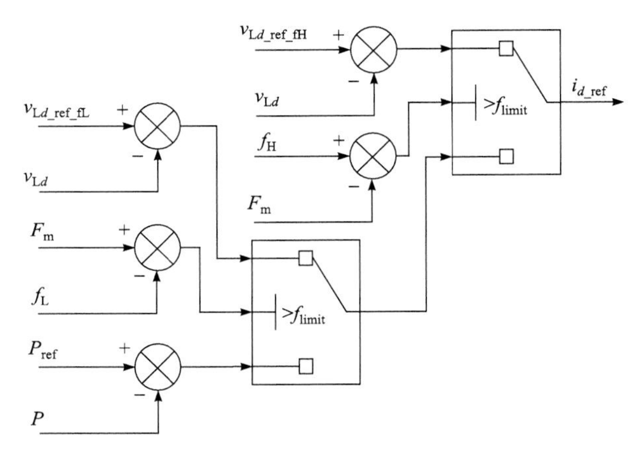

图 6-44　频率裕度控制下变频站 2 外环控制器

图 6-44 中，$v_{Ld\_ref\_fL}$、$v_{Ld\_ref\_fH}$ 分别表示变频站 2 通过较低频率 f_L 和较高频率 f_H 的 V/f 控制下电压 d 轴分量参考值；f_{limit} 选取略高于变频站 1 正常运行时系统允许的频率波动值。

当变频站 1 退出运行时，分频侧频率失去参考值进入不稳定状态，分频网络频率波动将超过允许的限值。当频率偏差大于 f_{limit} 时，外环控制器由 PQ 控制转为 V/f 控制，控制流程见图 6-45。

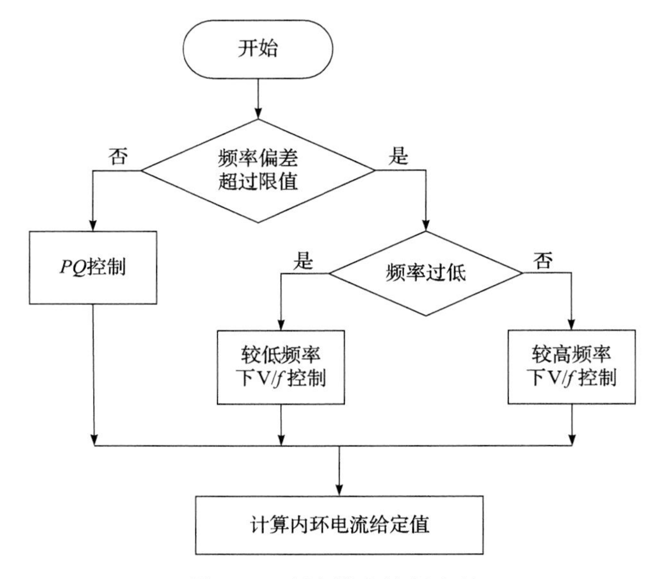

图 6-45　频率裕度控制流程

6.4.3 仿真验证

为了验证本章所提多端分频输电系统控制策略的有效性和可行性，基于 MATLAB/Simulink 仿真平台搭建了如图 6-40 所示的多端分频输电系统并进行仿真验证。各变频站的控制策略如表 6-5 所示。

表 6-5　各变频站控制策略

项目	变频站	控制策略	控制指令
工频侧	M^3C1	V_{dc} 控制；Q 控制	V_{dc_ref}=200kV；Q_{ref}=0Mvar
	M^3C2	V_{dc} 控制；Q 控制	V_{dc_ref}=200kV；Q_{ref}=0Mvar
分频侧	M^3C1	v_{ac} 控制；f 控制	v_{ac_ref}=110kV；f=50/3Hz
	M^3C2	P 控制；Q 控制	P_{ref}=60MW；Q_{ref}=0Mvar

1. 系统动态性能仿真结果

在 t=4s 时，设置风电场输出有功功率从 100MW 上升至 150MW，t=6s 时跌落至 50MW，仿真结果如图 6-46 所示。

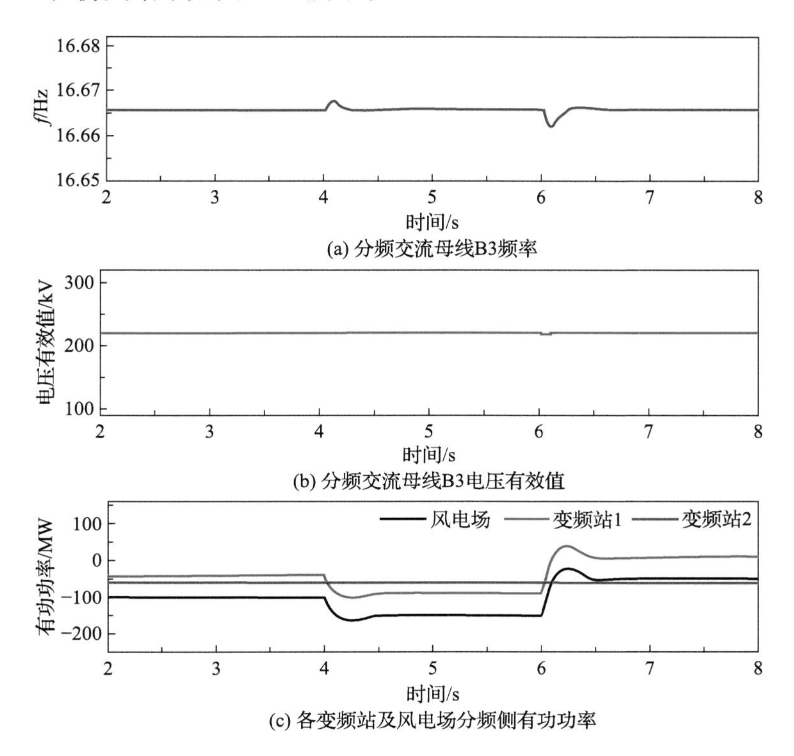

(a) 分频交流母线B3频率

(b) 分频交流母线B3电压有效值

(c) 各变频站及风电场分频侧有功功率

图 6-46　多端柔性分频输电系统动态性能仿真波形

从图 6-46 可以看出，在变频站 1 的 V/f 控制策略下，分频网络的电压和频率都能稳定在参考值，系统稳态运行。当风电场输出有功功率发生波动时，两个变频站的功率能快速跟踪其参考值，低频交流母线处电压有效值基本无波动，频率波动最大值仅 0.005Hz，验证了多端柔性分频输电系统协调控制策略的有效性以及良好的动态性能。图 6-46 (c)为各变频站及风电场分频侧有功功率，从图中可以得出，PQ 控制策略下的 M^3C 分频侧有功功率不随风电场变化而变化，而 V/f 控制策略下的 M^3C 分频侧功率灵活变化，作为平衡节点平衡整个分频网络的功率。

但从图 6-46(a)的频率波动仿真结果来看，首先，由于使用频率裕度切换时不参与内外环控制，无法保证电流给定值的连续，因此做不到平滑切换；其次，整个分频侧网络频率统一，因此无法判断变频站 1 退出时功率波动对频率造成的影响；最后，采用频率裕度控制使 M^3C 内外环参数都发生突变，因此切换时间长，切换波动大。综上所述，本节多 M^3C 的系统级切换将采用电压裕度控制。

2. 主变频站因故障退出运行时的仿真结果

设置 t=5s 时，变频站 1 因故障退出运行，主从控制下变频站 2 在 10ms 通信后切换为 V/f 控制，电压裕度控制下控制器自动切换为 V/f 控制。根据变频站 1 吸收功率和送出功率的不同，分为以下两种情况。

(1) 系统正常运行，当变频站 1 工频侧连接受端电网时，风电场输出有功功率为 100MW，变频站 2 吸收有功功率 30MW，变频站 1 吸收有功功率 70MW。主从控制和电压裕度控制下仿真结果如图 6-47 所示，验证系统功率波动较大时的仿真情况。

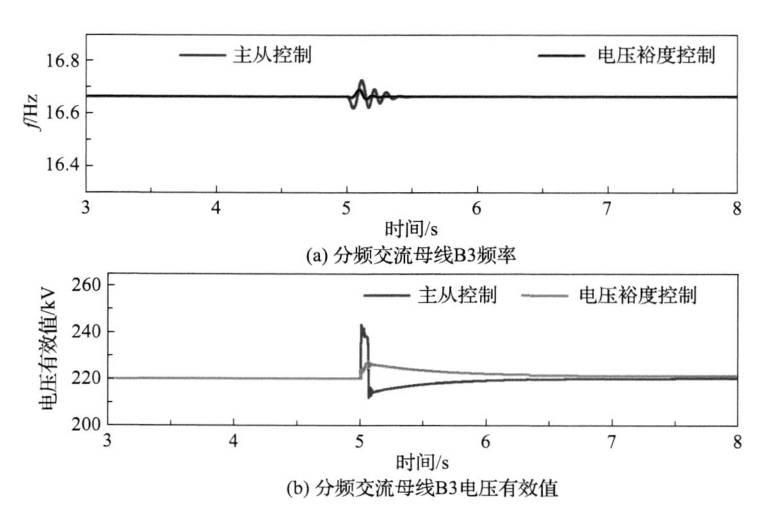

(a) 分频交流母线B3频率

(b) 分频交流母线B3电压有效值

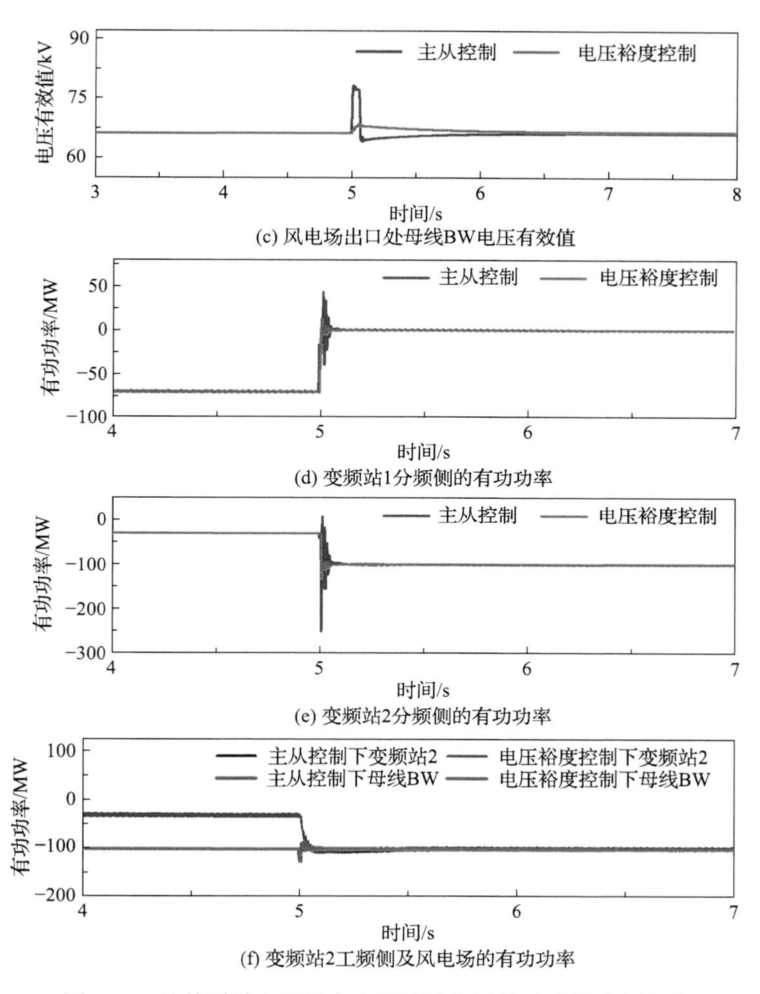

(c) 风电场出口处母线BW电压有效值

(d) 变频站1分频侧的有功功率

(e) 变频站2分频侧的有功功率

(f) 变频站2工频侧及风电场的有功功率

图 6-47　连接受端电网的主变频站退出运行时系统动态波形

从图 6-47 可以得出，当变频站 1 因故障退出运行后，变频站 2 分频侧在电压裕度控制下能快速切换为 V/f 控制，保证整个分频网络的电压频率稳定，风电场输出功率也稳定传输至变频站 2 工频侧。由图 6-47 (a)可以得出，采用频率裕度切换时分频侧网络频率波动远大于主从控制和电压裕度控制，因此后续仍采用电压裕度控制进行切换。由图 6-47 (a)～(c)可知，当变频站 1 退出运行时，分频网络频率以及交流母线 B3、风电场出口母线 BW 电压有效值均有波动，在电压裕度控制下，频率波动值为 0.03Hz，电压波动分别为 3.64%和 3%。在主从控制下，频率波动值为 0.07Hz，电压波动分别为 10.22%和 21.2%。可以得出，在电压裕度控制下，频率波动值降低了 0.04Hz，电压波动分别降低了 6.58%和 18.2%。由

图 6-47 (d)～(e)可知，当变频站 1 退出运行时，两个变频站分频侧功率均有波动，且电压裕度控制下的波动明显小于主从控制。由图 6-47 (f)可知，变频站控制切换对风电场的功率输出影响较小，变频站 2 的分频侧功率也能稳定传输至工频侧。从图 6-47 的主从控制和电压裕度控制的对比来看，电压裕度控制下系统稳定速度更快，电压、频率和功率波动也更小。仿真结果验证了本章所提变频站系统控制策略的有效性。

(2) 系统正常运行，当变频站 1 工频侧连接送端电网时，风电场输出有功功率为 60MW，变频站 2 吸收有功功率 100MW，变频站 1 送出有功功率 40MW。电压裕度控制下仿真结果如图 6-48 所示，验证系统功率波动较小时的仿真情况。

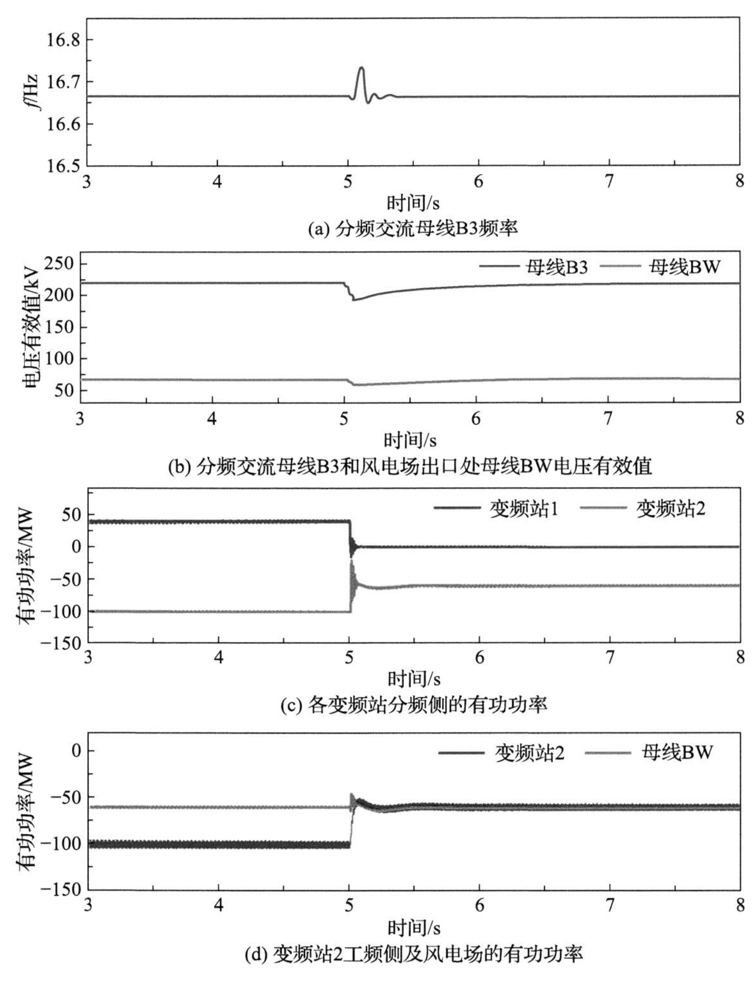

图 6-48　连接送端电网的主变频站退出运行时系统动态波形

从图 6-48 可以得出，当变频站 1 连接送端电网且因故障退出运行后，在功率波动较小的情况下，变频站 2 分频侧在电压裕度控制下仍能快速切换为 *V*/*f* 控制，保证整个分频网络的电压频率稳定，风电场输出功率也稳定传输至变频站 2 工频侧，验证了本章所提变频站系统级控制策略的有效性。

参 考 文 献

[1] 王建华, 王锡凡, 陈希炜, 等. 三倍频变压器的物理试验研究[J]. 变压器, 2001(12): 28-31.

[2] 宁联辉. 分频风电系统 12 脉波交交变频器的实验研究[D]. 西安: 西安交通大学, 2012.

[3] 刘沈全. 分频海上风电系统的关键变频技术[D]. 西安: 西安交通大学, 2018.

[4] KAMMERER F, KOLB J, BRAUN M. Fully decoupled current control and energy balancing of the modular multilevel matrix converter[C]. 15th International Power Electronics and Motion Control Conference, Novi Sad, 2012: LS2a.3-1-LS2a.3-8.

[5] KAWAMURA W, HAGIWARA M, AKAGI H. Control and experiment of a modular multilevel cascade converter based on triple-star bridge cells [J]. IEEE Transactions on Industry Applications, 2014, 50(5): 3536-3548.

[6] 孟永庆, 王健, 李磊, 等. 基于双 *dq* 坐标变换的 M^3C 变换器的数学模型及控制策略研究[J]. 中国电机工程学报, 2016, 36(17): 4702-4712.

[7] LIU S Q, WANG X F, MENG Y Q, et al. A decoupled control strategy of modular multilevel matrix converter for fractional frequency transmission system[J]. IEEE Transactions on Power Delivery, 2016, 32(4): 2111-2121.

[8] MENG Y Q, LI S J, ZHOU Y C, et al. Stability analysis and control optimisation based on particle swarm algorithm of modular multilevel matrix converter in fractional frequency transmission system[J]. IET Generation, Transmission & Distribution, 2020, 14(14): 2641-2655.

[9] ZHANG H T, MENG Y Q, WANG X L, et al. An improved CPS-SPWM and unified modulation strategy for multilevel converter[C]. IEEE PES Asia-Pacific Power and Energy Engineering Conference, Xi'an, 2016: 1306-1310.

[10] LIU S Q, SAEEDIFARD M, WANG X F. Analysis and control of the modular multilevel matrix converter under unbalanced grid conditions[J]. IEEE Journal of Emerging and Selected Topics in Power Electronics, 2018, 6(4): 1979-1989.

[11] 国家标准化管理委员会. 风电场接入电力系统技术规定: GB/T 19963—2021[S]. 北京: 中国标准出版社, 2021.

[12] YU J Y, MENG Y Q, PAN X X, et al. Fault ride-through of fractional frequency offshore wind power system based on modular multilevel matrix converter[C]. IEEE 8th International Conference on Advanced Power System Automation and Protection, Xi'an, 2019: 716-719.

[13] RAMTHARAN G, ARULAMPALAM A, EKANAYAKE J, et al. Fault ride through of fully rated converter wind turbines with AC and DC transmission[J]. IET Renewable Power Generation, 2009, 3(4): 426-438.

[14] PEÑALBA M A, GOMIS-BELLMUNT O, MARTINS M. Coordinated control for an offshore wind power plant to provide fault ride through capability[J]. IEEE Transactions on Sustainable Energy, 2014, 5(4): 1253-1261.

[15] LIU Y, WANG X F, CHEN Z. Cooperative control of VSC-HVDC connected offshore wind farm with low-voltage ride-through capability[C]. IEEE International Conference on Power System Technology, Auckland, 2012: 1-6.

[16] JENA N K, MOHANTY B K, PRADHAN H, et al. A decoupled control strategy for a grid connected direct-drive PMSG based variable speed wind turbine system[C]. International Conference on Energy, Power and Environment, Shillong, 2015: 1-6.

[17] LI H, XIONG W C, GE M W, et al. Adaptive virtual inertia control strategy based on multilevel matrix modular converter[C]. 26th International Conference on Electrical Machines and Systems, Zhuhai, 2023: 4223-4227.

第7章

分频输电技术的应用

分频输电技术具有输送能力强、柔性调控易组网等技术优势，是工频交流输电与直流输电的有益补充，也是新型电力系统的必要组成部分。面向新型电力系统构建实际需求，本章详细阐述分频输电技术在海上风电、光伏发电与水电等清洁能源送出、线路扩容改造、海岛互联等降频增容方面的应用，论证分频输电技术在不同场景下的典型方案及可行性，为新型电力系统的建设提供技术支撑。

7.1 海上风电场送出系统

我国海岸线绵长，拥有丰富的海上风能资源。相比于陆上风电场，海上风电场的风能密度大，风况稳定且多紧邻沿海负荷中心。随着能源低碳转型以及“建设新能源为主体的新型电力系统”目标的提出，深远海风电的大规模开发已经迫在眉睫，大容量海上风电远距离输送并网技术成为亟须解决的关键问题。输电环节的经济成本在海上风电场送出系统总成本中占比较高，一般仅次于风电场本身的投资，对风电系统的经济性影响巨大。目前，常见的并网方式有高压交流(HVAC)和高压直流(HVDC)两种[1,2]。

装机容量小、输电距离短的风电场一般通过高压工频交流输电系统并网(以下简称“工频方案”)。风电场装机容量在400MW以下，离岸距离在70km以内时，工频方案是经济技术指标较优的选择[2]。工频方案的系统结构如图7-1所示。由于工频方案不需要在海上设置高电压大功率的电力电子换流装置，因此造价低廉，维护、维修简单，但应用于远距离大容量风电场的并网时，电缆线路充电电流较大，线路的有效负荷能力大幅度降低，有时甚至需要在线路中部增设无功补偿站；海上风电并网点处的系统阻抗较大，因此必须考虑海上风电并网的电能质量问题，主要包括电压波动与闪变、谐波、电压三相不平衡、频率偏差、电压偏差等[3]。

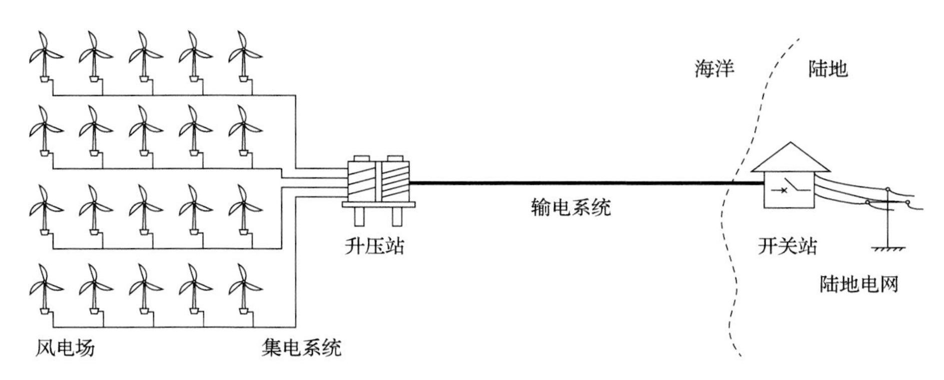

图 7-1 海上风电场经 HVAC 并网的系统结构

高压直流输电系统广泛应用于离岸距离超过 70km 的海上风电场并网，如图 7-2 所示。当海上风电场经高压直流输电系统并网(以下简称“直流方案”)时，直流海底电缆中不存在充电电流问题，线路输送容量得以被充分利用，线路利用率高，输电效率高；但需要在海上风电场附近设置高电压大功率的电力电子换流站，将所有机组输出的电能集中转换并送出，而海上换流站造价昂贵，维护、维修不便，给风电系统的安全性、稳定性和经济性带来一定影响；同时，建设多端海上电网时，直流方案仍然存在变压器和断路器的技术瓶颈。

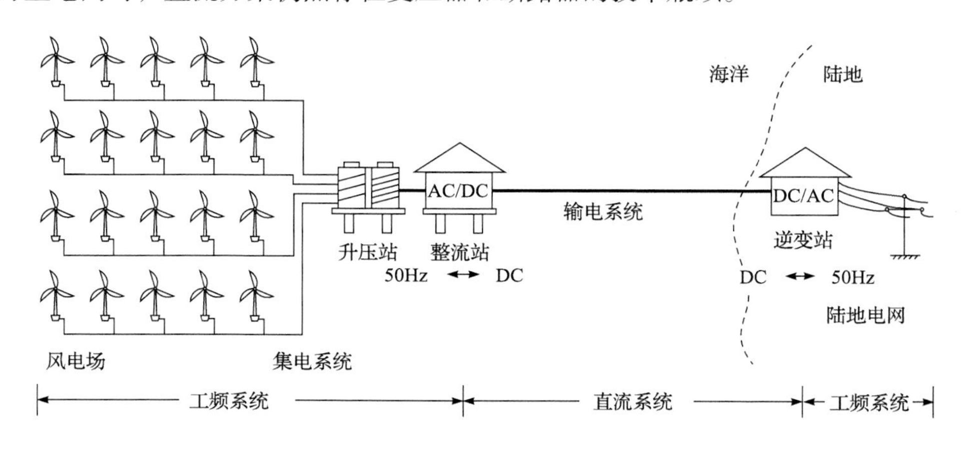

图 7-2 海上风电场经 HVDC 并网的系统结构

分频输电系统通过降低输电频率，大幅度改善交流电缆充电无功占用问题，提升电缆输送能力与输电距离，十分适用于海上风电场的电能外送。本节将概述海上风电场分频送出系统，即海上分频输电系统的构成与技术优势，进而介绍方案可行性并与工频交流、高压直流两种方案进行技术经济方面的比较。

7.1.1　海上分频输电系统概述

海上风电场经 FFTS 并网的系统结构如图 7-3 所示。海上风机直接输出 50/3Hz 的分频交流电，经汇流、升压后输送至陆上变频站，再由变频站将电能频率转换为 50Hz 后汇入工频电网。相对工频方案，分频方案通过降低频率缓解了交流电缆中的充电电流问题，降低了输电损耗并提升了线路利用率。相对直流方案，分频方案有以下三点优势：其一，海上电力系统的发电、集电和输电环节均工作于同一频率，因此不需要设置大型的海上换流站，海上只有汇流升压平台而无电力电子换流平台，节省了大量建设、维护和维修成本；其二，在直流方案中电能从发出到并网，共经历海上整流和陆上逆变换 2 个换流环节，而在分频方案中电能只经过陆上变频 1 级换流，换流损耗小；其三，海底电缆中流过交流电，因此不存在 XLPE 直流电缆中的电荷富集以及由此带来的绝缘老化问题，提高了电缆的寿命。

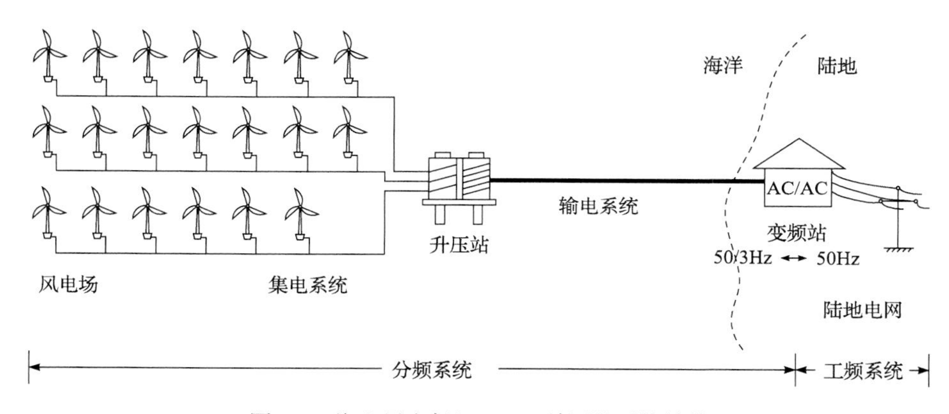

图 7-3　海上风电场经 FFTS 并网的系统结构

7.1.2　可行性分析

本书前述章节对分频输电系统中关键设备的技术可行性进行了详细讨论，说明了设备层面分频输电系统并不存在技术瓶颈。本节选取具体算例量化比较包括分频输电系统在内的三种典型海上风电场外送方式应用于实际工程时的经济性，论证海上分频输电系统的可行性，并给出三种不同并网方式的经济区间。算例风电场参数如表 7-1 所示。风电场由 100 台 4MW 风机构成，离岸 150km，年利用小时数 3000h。HVAC 和 FFTS 的电缆线电压均为 220kV，HVDC 的电压等级为 ±200kV。

表 7-1 算例风电场参数

项目	参数
风电场装机容量	400MW
风电场离岸距离	100km
单机容量	4MW
风机类型	永磁直驱风机
年利用小时数	3000h
风电上网电价	0.85 元 · (kW · h)$^{-1}$

1. 送出系统设计

由于电缆有固定的产品规格，不同截面电缆之间的可用容量差异较大，因此在送出方案设计时重点在于电缆线路的选型。在电缆截面积确定后，还需要进行电压损失校验和可用输送容量校验，验证所选截面电缆能否满足电能的长距离输送需求，是否需要无功补偿，即送出系统的方案设计需要考虑的约束条件主要包括载流量校验、电压损失校验和可用输送容量校验。

1) 载流量校验

电缆的截面积和运行频率共同决定了电缆的载流量，而电缆的允许连续载流量必须大于海上风电场的注入电流才能保证电能的安全送出。

$$I_{i,s} \geqslant \frac{P_{\text{rate}}}{\sqrt{3}V\cos\varphi}, \quad \forall i \in N_{\text{L}}, s \in S \tag{7-1}$$

式中，$I_{i,s}$ 为海缆 i 采用型号 s 的电缆时允许连续载流量；P_{rate} 为风电场的额定功率；V 为额定电压；φ 为功率因数角；S 为可供选择的电缆型号集合。

2) 电压损失校验

线路满载时会出现电压降落，而空载时由于容升效应会发生过电压，海上风电场并网规定要求并网点处电压波动不应超过一定范围。

$$\Delta V_i = \frac{\dot{V}_i \cosh\gamma_s l_i - \dot{I}_i Z_{\text{c},s} \sin\gamma_s l_i}{V}, \quad \forall i \in N_{\text{L}}, s \in S \tag{7-2}$$

式中，$\dot{V}_i$ 为线路首端电压，V；$\dot{I}_i$ 为线路首端电流，A；$Z_{\text{c},s} = \sqrt{z_s / y_s}$，为型号 s 电缆的波阻抗，$\Omega \cdot \text{km}^{-1}$；$\gamma_s = \sqrt{z_s y_s}$，为型号 s 电缆的传播常数；l_i 为第 i 段线路长度，km。

3) 可用输送容量校验

长距离输电线路充电电流的累积会使总电流超过电缆允许连续载流量，充电功率占用线路容量，威胁电缆安全。因此，并网点的电缆电流应小于电缆载流量：

$$I_{i,s} \geqslant \frac{\dot{V}_i}{Z_{c,s}} \sin \gamma_s l_i + \dot{I}_i \cosh \gamma_s l_i, \quad \forall i \in N_{\mathrm{L}}, s \in S \tag{7-3}$$

事实上，电缆线路存在明显的电容效应，充电电流和充电功率的累积导致线损增加并限制了电缆的可用输送容量和输电距离，因此交流电缆的输送容量是限制深远海风电采用交流输电方式并网的重要因素。下面针对算例系统的电缆输送能力进行分析。

当 400MW 风电场满功率送出时，220kV 输电电缆首端注入电流为 1049A。线路两端未加装无功补偿装置时，电缆沿线电流分布如图 7-4(a)所示[4]，随着输电距离的增加，沿线充电电流的累积将使电缆电流超过电缆允许连续载流量。若采用 HVAC 方式并网，1200mm^2 工频电缆的传输极限距离仅为 37km；若采用 FFTS 方式并网，1000mm^2 分频电缆的传输极限距离长达 152km。

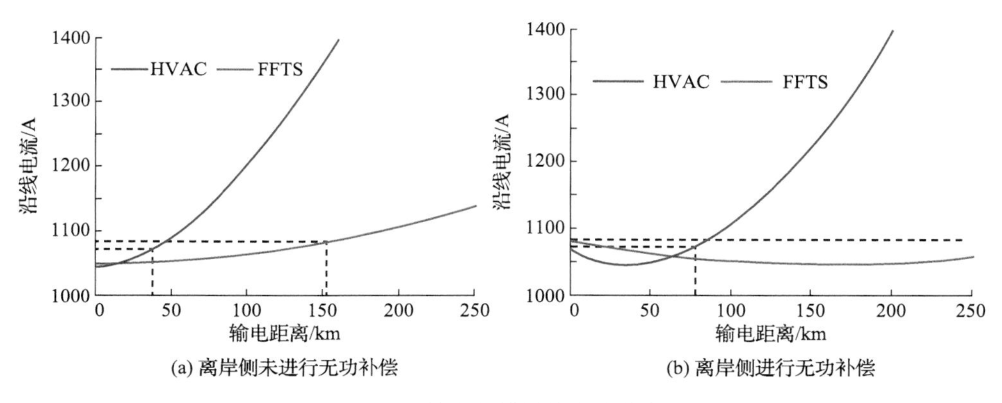

图 7-4　输电电缆沿线电流分布

在电缆线路双端加装并联电抗器和静止无功输电电缆沿线电流分布补偿器进行无功补偿是提高线路可用输送容量和延长输电距离的有效手段之一。但受电缆载流量的约束，离岸侧无功补偿的容量也受到相应限制。经计算，220kV、1200mm^2 工频电缆离岸侧无功补偿极限为 80Mvar；220kV、1000mm^2 分频电缆离岸侧无功补偿极限为 100Mvar。离岸侧加装无功补偿装置后，电缆沿线电流分布如图 7-4(b)所示，若采用 HVAC 方式并网，1200mm^2 工频电缆的传输极限距离增加至 75km；若采用 FFTS 方式并网，1000mm^2 分频电缆的传输极限距离超过 250km 达到 320km。此时，若风电场离岸距离超过 320km，则应选用载流量更大的电缆(1400mm^2)或采用多回输电线路并网。由于直流电流不受充电电流的影响，理论上不存在传输极限距离。

在确定电缆选型后，可以进一步给出三种方案的送出系统优化设计方案，如表 7-2 所示。若采用 HVAC 送出方案，需要建设一座变电容量 440MVA 的海上升压站，电缆截面积应选择 1400mm^2，额定电压下电容电流为 7.51A · km^{-1}。无功补偿配置方案为三端补偿：海上升压站配置无功补偿容量 110Mvar，建设一座无功补偿容量 220Mvar 的海上无功补偿站进行中端补偿，陆上并网点配置无功补偿容量 110Mvar。

表 7-2　深远海风电三种送出系统优化设计方案

项目	HVAC	FFTS	HVDC
电压等级	220kV	220kV	±200kV
海底电缆截面积	1400mm^2	1000mm^2	1000mm^2
海上升压站容量	440MVA+110Mvar	440MVA+64Mvar	440MVA
海上无功补偿站容量	220Mvar	—	—
海上换流站容量	—	—	400MW
陆上变频站/换流站容量	—	400MW	400MW

若采用 FFTS 送出方案，需要建设一座变电容量 440MVA 的分频海上升压站，电缆截面积应选择 1000mm^2，额定电压下电容电流为 2.21A · km^{-1}。无功补偿配置方案为两端补偿：海上升压站配置无功补偿容量 64Mvar，陆上并网点配置无功补偿容量 64Mvar。若采用 HVDC 送出方案则无需进行无功补偿，但需要分别建设陆上换流站及海上换流站。

2. 方案经济性对比分析

采用等年值法综合计算设备一次投资等年值、年损耗费用、年维护费用和弃风损失费用，进而得到 HVAC、FFTS 与 HVDC 三种方案并网的全生命周期成本，如图 7-5 所示。

可以发现，FFTS 送出方案的全生命周期成本最低，一次投资等年值中电缆购置及敷设成本占比最大。需要说明的是，目前，通过建设海上无功补偿站进行中端无功补偿以延长 HVAC 的输电距离仅在英国在建深远海风电场 Hornsea Project 1 工程中有所应用，实际工程中，受环境、渔业、航道等客观因素的制约，可能存在无法修建海上无功补偿站的情况。若不建设海上无功补偿站，则需要增大所选电缆的截面积(如 1600mm^2)或增加输电线路回数，采用后两种方案增加的一次投资等年值都将高于修建海上无功补偿站方案。由于海上无功补偿采用

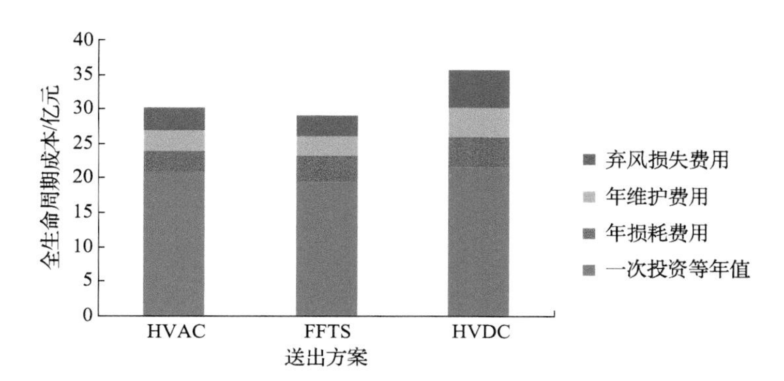

图 7-5　算例深远海风电场不同送出方案的全生命周期成本比较

中端无功补偿方案尚有不确定性，在后续三种方案技术经济区间的比较时，HVAC 送出方案将以增大电缆截面作为延长输电距离的首选方法。另外，对于 FFTS 送出方案，除了基于 IGBT 的 M^3C 变频器(FFTS(M))以外，还可以考虑采用基于晶闸管的 12 脉波周波变换器(FFTS(C))，该变频器造价低且已有动模实验基础，技术成熟度较 M^3C 变频器高。

海上风电场的投资费用取 1400 万元 · MW^{-1}，费用包括风电机组、叶片、塔筒、基础及其相关的运输、施工和吊装费用。采用 HVAC、HVDC、FFTS 的风电场及送出系统等年值与离岸距离的关系如图 7-6 所示。

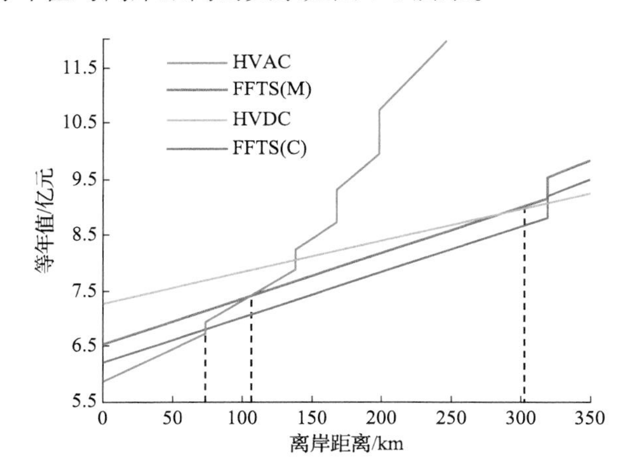

图 7-6　400MW 风电场不同并网方式等年值与离岸距离的变化

通过对三种并网方式的经济性比较可以发现，对于 400MW 风电场，HVAC 的技术经济传输极限约为 75km；FFTS 的技术经济传输区间为 75～300km；与 FFTS 相比，HVDC 受海上换流平台造价的影响，当输电距离大于 300km 时技术经济性开始凸显。根据对各部分投资费用±10%的灵敏度分析结果，FFTS 技术经济区间下限波动范围为±6km，上限波动范围为±15km。

考虑到并网系统可靠性、海底电缆生产能力及登陆点离岸距离，对于400MW风电场，王锡凡团队认为HVAC技术适用于离岸距离小于70km的近海风电场并网，且根据对风场容量的灵敏度分析，随着风电场装机容量的增加，HVAC与FFTS的经济输电距离临界点将进一步降低。此外，随着海上风电发展的集群化，与高压直流输电技术相比，分频输电技术具有易于海上组网的优势。综合来看，对于离岸距离大于70km的深远海风电场，分频输电技术具有巨大的应用潜力。

7.2 陆上可再生水/风/光电场送出系统

目前我国能源向低碳转型，电力系统向清洁化、智能化发展。预计2050年我国电能总消费将达15万亿kW·h，是2021年全社会用电量的1.8倍；风电、光伏(热)发电装机容量也将达到43亿kW，年发电9.66万亿kW·h，占总发电量的63.6%。然而，我国风能、太阳能资源分布主要在西北地区，而电力负荷主要分布在东部与南部地区，两者存在显著地域差异，这将导致清洁电能大容量、远距离传输需求始终存在。

针对未来新型电力系统大规模可再生能源(分布于沙漠、戈壁和荒漠等地区)高效汇集与并网送出的迫切需求，分频输电技术能够兼顾交、直流输电的优势，弥补交流输电安全约束，以及直流输电组网经济性和可靠性不足的问题。

图7-7给出了陆上可再生水/风/光电场送出系统结构。陆上风电场、光伏电站与水电站直接发出分频电能，经汇集升压后经过高压远距离架空线路输送至变频站，转为工频后并入工频电网。通过降低输电频率，分频输电方式在不提高电压等级的前提下，减少交流输电线路的电气距离，提高输电线路的输送功率能力，进而减少输电回路数和出线走廊，提升线路利用率与方案的经济性。以下分别以水电、陆上风电分频送出系统为例讨论方案可行性。

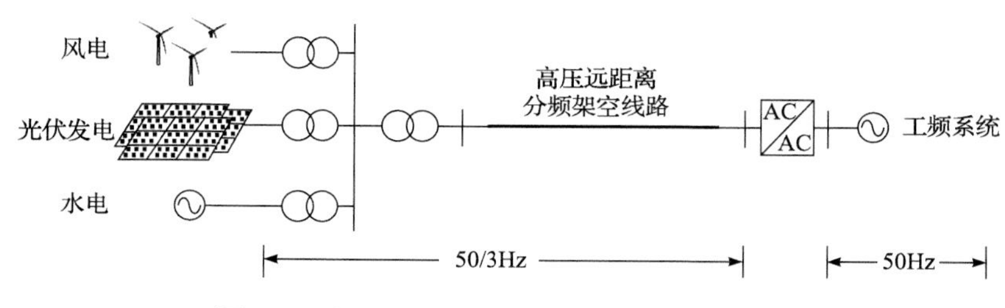

图7-7　陆上可再生水/风/光电场送出系统结构

7.2.1 水电分频送出系统

水电机组转速很低，适合发出频率较低的电能，因此水电特别适合分频输电方式送出，这也是分频输电系统提出的契机。水电分频送出系统的结构如图 7-7 中水电部分所示，由水电机组、变压器、输电线路、变频站构成。本小节将以我国西北地区某中小型水电送出工程为例，论证分频输电系统应用于水电送出场景下的可行性。该水电站装机容量 240MW，输电距离 220km。由于直流输电与交流输电相比的最佳输电距离一般大于 500km，对于这种容量和距离的输电工程来说，采用直流输电方式不如交流输电方式经济。因此，本小节分别对采用工频 330kV 交流输电方式和采用分频 220kV 交流输电方式的技术经济性进行比较，论证水电分频送出方案的可行性。为便于数据比较，本小节所有经济数据均采用标幺值。

1. 工频 330kV 送出系统设计

该地区网架主要为 330kV 电压等级，电站按 330kV 一级电压接入系统，出线 1 回。输电方案如图 7-8 所示，方案所选设备容量指标、数量与单价见表 7-3，方案总体投资为 0.493pu。

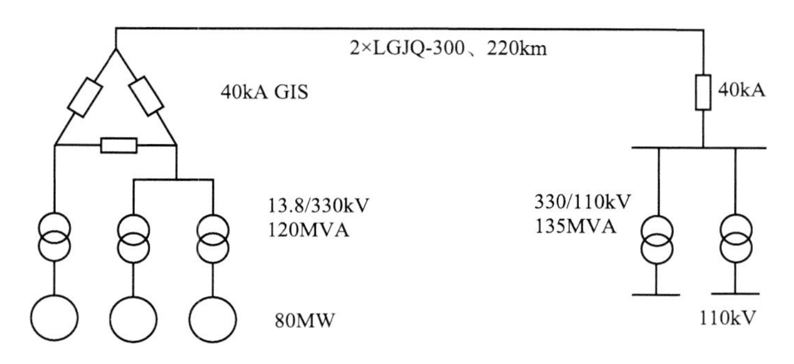

图 7-8 330kV 工频输电方案

表 7-3 工频 330kV 输电方案设备选型

设备	容量指标	数量	单价/pu
13.8kV 水轮发电机	80MW	3	0.045
13.8/330kV 升压变压器	120MVA	3	0.042
330kV GIS 断路器	40kA	3	0.029
330kV 输电线路	$2\times300\text{mm}^2$ 截面，长度 220km	1	0.002
330kV GIS 断路器	40kA	1	0.029
330/110kV 降压变压器	135MVA	2	0.063

工频 330kV 输电方案设计中，重点对线路的热容量与输送能力进行校核。由于线路的最大输送有功功率为 240MW，设功率因数为 0.9，计算可知线路的最大电流为 466.56A。对比表 7-4 导线允许载流量，按导线温度 70℃，环境温度 25℃考虑，轻型钢芯铝绞线 2×LGJQ-300/25 线路单回长期允许载流量为 608×2A，因此 1 回 330kV 线路能够满足电流输送要求。

表 7-4 导线允许载流量

导线温度/℃		70			80		
环境温度/℃		25	30	40	25	30	40
单根长期允许载流量/A	LGJQ 400/35	702	667	583	878	834	729
	LGJQ 300/25	608	578	505	756	719	628

由于 2×LGJQ-300/25 线路单位阻抗为 $0.321\Omega \cdot km^{-1}$，因此 220km 线路的总阻抗为 70.62Ω，进一步计算得到线路的稳定极限功率为 1542MW，大于水电站有功输送要求。另外，该线路的自然功率为 367.7MW，当线路长度为 220km 时，工频最大输送功率为自然功率的 1.4 倍，即 514.78MW。对于总装机容量为 240MW 的水电站而言，所设计的方案可以满足输送容量的要求。

2. 分频 220kV 送出系统设计

对采用分频输电方式进行该水电站水电送出的系统进行了设计，220kV 分频输电方案如图 7-9 所示。因为分频输电方式传输功率很大，故选择 1 回 2×LGJQ-300/25、220kV 线路。电厂接线形式与图 7-8 所示的工频 330kV 相同，只是频率降为 50/3Hz，升压至 220kV 进行输送，并在线路末端安装变频站，变频站分频侧网侧电压为 330kV，工频侧网侧电压为 110kV。220kV 分频输电方案所采用的设

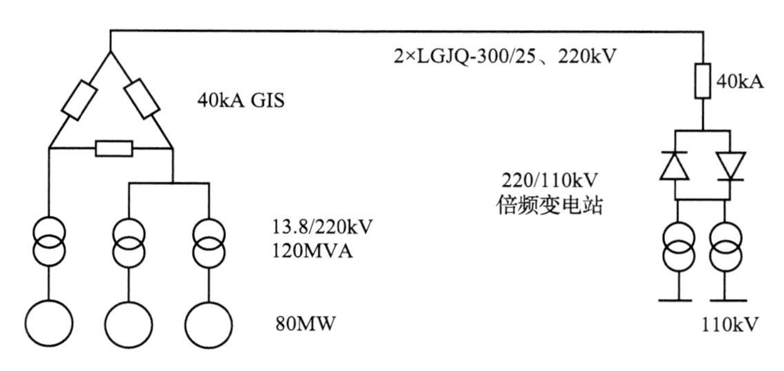

图 7-9 220kV 分频输电方案

备、容量指标、数量与单价如表 7-5 所示，方案总体投资为 0.837pu。

表 7-5　220kV 分频输电方案投资估算

设备	容量指标	数量	单价/pu
水轮发电机	80 MW	3	0.054
13.8/220kV 升压变压器	120 MVA	3	0.037
220kV GIS 断路器	40 kA	3	0.010
220kV 输电线路	$2\times300\text{mm}^2$ 截面，长度 220km	1	0.0016
220/110kV 变频站	240 MVA	1	0.182

表 7-5 中变频站造价根据直流输电换流站中其他设备的投资比例进行估算，其构成及分项价格见表 7-6。

表 7-6　变频站构成及分项价格

设备名称	价格/pu	占变频站造价比例/%
变频器	0.029	16.02
滤波器	0.031	17.13
整流变压器	0.063	34.80
交流场	0.027	14.92
控制保护	0.013	7.18
其他	0.018	9.95
变频站造价	0.181	—

同样对该方案设计中的线路热容量与输送能力进行校核。由于线路的最大输送有功功率为 240MW，设功率因数为 0.9，计算可知线路的最大电流为 699.83A。对比表 7-4 可知，选择 1 回 220kV 线路能够满足电流输送要求。

当频率降低后，2×LGJQ-300、220kV 线路总阻抗为 28.01Ω，因此可计算得到分频输电线路的稳定极限功率为 1727.95MW，满足水电输送需求。由于线路长度为 220km 时，工频最大输送功率为自然功率的 1.4 倍，而实验室动模实验表明分频输电最大输送功率至少为工频方式的 2.5 倍，因此分频 220kV 方案的线路输送能力为 618.8MW。综上可知，本节所设计的分频方案能够满足水电厂电能输送要求。

3. 两种送出系统经济性对比与可行性分析

工频 330kV 方案、分频 220kV 方案的输电损耗对比如表 7-7 所示。由设计手册可知，LGJQ-300 导线的电阻为 0.09433$\Omega \cdot km^{-1}$，因此全线路的阻抗为 10.376Ω。取最大负荷损耗时间τ为 1500h，电价为 0.3 元 · $(kW \cdot h)^{-1}$，可以得到两种方案的损耗对比情况。可以看出，分频输电方式的年损耗费用比工频 330kV 多 254.07 万元，但这个数字仅为投资费用减少值 5862 万元的 6.5%。

表 7-7　两种方案的输电损耗对比

项目	工频 330kV	分频 220kV	差值
电流/A	466.56	699.83	233.27
损耗/MW	6.776	15.245	8.469
年线路损耗/(MW · h)	10164.0	22867.5	12703.5
年损耗费用/万元	203.28	457.35	254.07
年损耗费用/pu	0.006	0.012	0.006

取年运行费用为方案投资费用的 5%，则两种方案的年运行费用分别为 0.047pu 与 0.042pu。最后采用等年值法，考察不同回收年限下两种方案经济性，结果如表 7-8 所示。可以看出，分频方案的等年值比工频方案少 6.58%～7.65%，因此对于 240MW 水电经 220km 并网算例而言，分频方案优于工频方案，说明了水电经分频方式送出在经济性上具有较大的优越性。

表 7-8　两种方案的等年值

回收年限/a	等年值/pu		
	工频 330kV 方案	分频 220kV 方案	差值
10	0.1935	0.1787	0.0148
15	0.1632	0.1518	0.0114
20	0.1491	0.1393	0.0098

7.2.2 陆上风电分频送出系统

本小节以我国西北千万千瓦级风电场经远距离传输并入西北电网工程为算例，将分频输电与传统的工频输电两种方案进行全面的对比，以得到风电经分频输电并网系统的技术性能。算例中风电场装机容量为 10000MW，经过 915km 线路送往负荷中心。为简化计算，假设整个风电场风机均为双馈式风力发电机。本小节设计了两种远距离输送方案：750kV 工频输电系统与 750kV 分频输电系统。由于输电距离 915km 小于我国直流输电的等效距离，因此直流输电方案并没有考虑在内。

1. 输电方案设计工频

由于输电距离和容量的限制，选用西北电网最高的电压等级 750kV 进行风电的输送。方案中导线型号选择 6×LGJQ-500、750kV，经过计算得知工频方案所需的输电线路不得小于 5 回，所采用导线的热稳定极限为 38669MW，因此采用工频 750kV 输电方案时，需建设 5 回 750kV 架空线路，而整个输电系统的输送容量为 12000MW。为了保证系统的可靠性，方案中变电所采用 3/2 接线方案。由此，设计出该方案的电气接线图[5]，如图 7-10 所示。

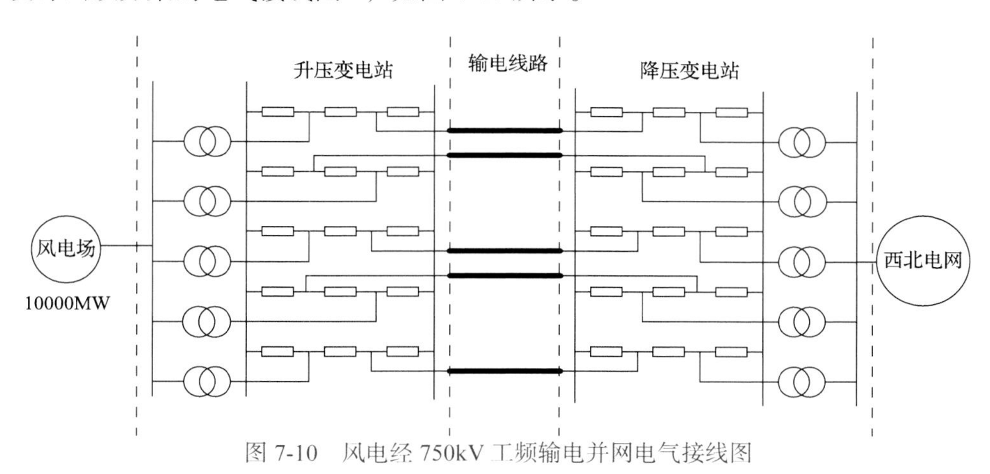

图 7-10　风电经 750kV 工频输电并网电气接线图

分频输电系统的额定频率为 50/3Hz，根据控制需求可进行小范围调节。当分频方案采用与工频方案相同的电压等级和输电线路时，每回线路的电阻不变，而电抗值则降为原来的 1/3，进一步计算可知采用 750kV 分频方案时仅需建设 2 回 750kV 架空线路，而整个输电系统的静稳极限则达到 14400MW。经过校验，此时线路热极限仍然满足要求。

在风电场侧，依然采用 3/2 接线方案以保证系统的可靠性，而在负荷侧采用三相 12 脉波周波变换器连接工频侧与分频侧。考虑到风电容量过大，采用两个周波变换器并联的方式运行。为了简化系统的运行模式，防止两个周波变换器在分频侧出现环流等情况，设计变频器与输电线路之间采用单元接线的形式。为了方便线路并网，同时在输电线路故障时能够尽快地将输电线路与变频器切开，特在变频器与输电线路之间安装断路器。其并网电气接线图如图 7-11 所示。

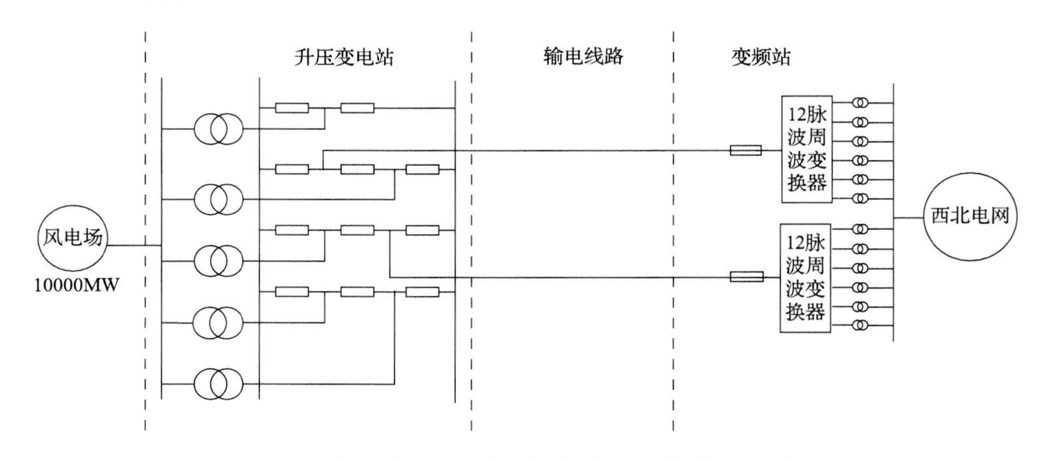

图 7-11　风电经 750kV 超高压分频输电并网电气接线图

2. 方案经济性对比与可行性分析

两种输电方案的一次设备主要包括风力发电机、风电场变电所升压变压器、断路器、输电线路、降压变压器/变频站等。两种方案的一次设备投资对比如表 7-9 所示。双馈风机的成本结构中，齿轮箱和塔架的占比均为总造价的 17%，变频站的投资为厂家报价。

表 7-9　两种方案一次设备投资对比

设备	参数	工频 750kV 方案投资/亿元	分频 750kV 方案投资/亿元	差价/亿元
输电线路	915km	114.38	45.75	68.63
风电发电机	10000MW	428.00	369.79	58.21
升压变压器	11250MVA	7.71	13.36	−5.65
变压器/变频站	11250MVA/10000MW	7.71	28.05	−20.34
断路器	30 台/11 台	9.92	4.30	5.62
总造价	—	567.72	461.25	106.47

表 7-9 中，分频方案风机的造价低于工频方案，其主要原因是当双馈风机的发电频率为 50/3Hz 时，转速将降低为原来的 1/3，双馈风机的齿轮箱变比也同比例地下降，齿轮箱的造价明显降低；同时，由于塔架顶端装置的质量减轻，因此也可以减少塔架的造价。当频率为 50/3Hz 时，分频方案整个风机的造价将比工频方案节省 13.6%。虽然分频方案升压变压器和受端变电站的成本相比工频方案有所增加，但总体来说，分频方案一次设备投资较工频方案减少了 106.47 亿元，降低约 18.75%。这表明采用分频输电系统实现风电远距离大容量传输时，在一次设

备投资方面具有显著优势。

两种方案的年运行费用分为年维护费用与年损耗费用两个部分。年维护费用方面，假设每个方案的维护费用为该方案一次设备投资总费用的 5%，则工频方案的维护费用为 28.386 亿元，分频方案的年维护费用为 23.06 亿元。年损耗费用方面，需要得到各个方案最大网损小时数，进而根据电网电价计算获得。首先根据风电厂的风能概率分布，计算出其最大网损小时数为 1250h，其次得到两种方案在满负荷下的网损值分别为 153.66MW 和 387.58MW，最后取电价为 0.3 元 · $(kW \cdot h)^{-1}$，得到两种方案下的年损耗费用。表 7-10 给出了两种方案的年运行费用。可以看出，虽然分频方案在年损耗费用方面较高，但综合年运行费用仍低于分频方案。

表 7-10　两种方案的年运行费用　　(单位：亿元)

项目	年维护费用	年损耗费用	年运行费用
工频 750kV 方案	28.39	0.58	28.97
分频 750kV 方案	23.06	1.46	24.52
差值	5.36	0.88	4.45

采用等年值法，计算两种方案在不同回收年限下的等年值，结果如表 7-11 所示。可知，分频方案的等年值比工频方案少 17.24%～17.59%。因此，对于千万千瓦级风电场并入西北电网这一算例而言，分频方案明显优于工频方案，说明了分频输电在陆上风电送出系统中的应用价值。

表 7-11　两种方案的等年值

回收年限/a	等年值/亿元		
	工频 750kV 方案	分频 750kV 方案	差值
10	113.57	93.26	20.31
15	95.29	78.40	16.89
20	86.79	71.50	15.29

7.3　工频线路降频增容改造系统

在可再生能源发电系统大量并网后，其随机性与波动性将对电力系统电能可靠供应、电压/频率稳定带来严峻挑战。为保证在更大时间、空间尺度上实现电力电量平衡，提升电力系统抗干扰能力，地区间的电能安全、可靠与灵活互济将是未来电力系统的基本特征。

我国建设并发展了包含特高压线路在内的多电压等级交、直流输电网络，基本形成大电网互联格局，至 2021 年底，我国已经投运 33 条特高压交、直流输电线路，交流最高电压等级达到 1000kV。虽然已有输电网络可以满足国家近期电力供应需求，但远不能保障能源低碳转型目标下的电力供应，仍然需要新建大量输电线路[6]。充足的输电走廊是大量新建输电线路的前提条件，但征收土地的难度与综合成本已经很高，随着未来城市化率、生态环境保护要求的进一步提高，输电走廊资源紧缺将导致新建线路的经济性大大降低，在极端情况下甚至无法新建线路，使得输电目标难以实现，这是能源低碳转型目标驱动下的新型电力系统构建所必须面对的问题。

近年来，随着国家经济的迅速增长，海岛输送容量需求日益增加，主要原因一方面是海岛旅游业日益兴盛，大吨位码头、海岛民宿及军事基地的扩建导致海岛用电量快速增长；另一方面是海上孤岛新能源装机容量不断提高，使得新能源外送通道尤为紧张。因此，对于海岛供电及海岛新能源外送等场景，现有线路输送容量与实际需求的矛盾日渐凸显。

从物理基础上看，全国现有电力系统资产规模超过 16 万亿元，新型电力系统的构建必然以存量系统为基础，交流输电仍然占据重要地位。早期交流输电电压较低，提升电压等级即可有效增加线路输电距离与供电半径[7,8]。但是高压、特高压工频交流线路的传输功率往往受到系统压降与稳定性约束，实际有功功率远小于热极限功率，导线利用率很低。因此，采用分频输电技术，通过降低输电频率充分挖掘已有工频输电网络的输送容量，提高现有设备、输电走廊的利用率，提升电力系统的经济性、安全性，是助力新型电力系统构建的有力手段。

7.3.1 分频扩容输电系统

随着输电走廊资源不断减少，为应对未来电力消费需求不断增长，新建输电线路的投资将不断增加，经济效益明显下降。因此，对已有工频交流输电线路进行降频增容改造将是极具潜力的解决方案[9]。根据电网输送能力提升的需求，线路分频改造的对象包括单条线路、部分关键线路以及区域电网。不失一般性，本小节以 750kV、1000km 单回输电线路为例，评估分频输电用于工频线路增容改造，即分频扩容输电系统的可行性。

1. 增容改造方案设计

单回 750kV 架空线路输电工程分频改造方案如图 7-12 所示。图 7-12(a)中，工频交流系统经过 750kV、1000km 单回线路互联，架空线路采用六分裂导线，并在线路首末端安装工频交流断路器。进行分频改造时，输电频率降低为 50/3Hz 并沿用原有输电线路，则仅需要增加变频站以及改造电磁型互感器，在图 7-12(b) 中使用红色标出。值得注意的是，变频站的输出短路电流能力受到电力电子器件通流能力约束，因而断路器无需更换。

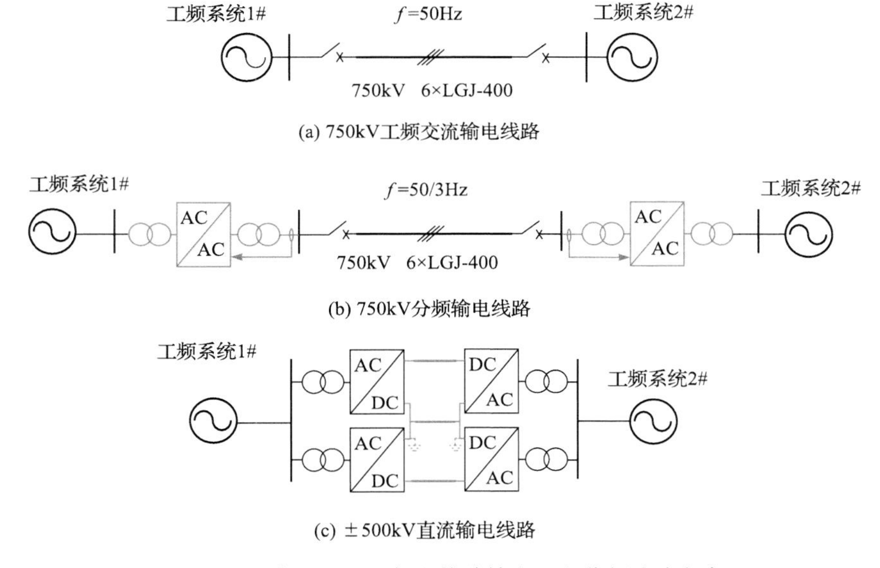

图 7-12　单回 750kV 架空线路输电工程分频改造方案

在输电频率降低后，输电电压等级选取应与此时的绝缘水平匹配。绝缘子污闪是影响架空线路运行安全的重要因素，绝缘子表面的泄漏电流越大，发生闪络的概率越高。泄漏电流与作用电压的关系满足[10]：

$$\dot{U}_{\mathrm{p}}=\dot{I}_{\mathrm{leak}}\left(R_{\mathrm{d}}+\frac{R_{\mathrm{p}}}{1+\mathrm{j}\omega C_{\mathrm{p}}R_{\mathrm{p}}}\right) \tag{7-4}$$

式中，$\dot{U}_{\mathrm{p}}$ 为绝缘子作用电压；$\dot{I}_{\mathrm{leak}}$ 为泄漏电流；R_{d} 为电弧电阻；R_{p} 为剩余污层电阻；ω 为角速度；C_{p} 为电弧电容。

式(7-4)等号右侧括号内为绝缘子表面等效阻抗。可以看出，在频率降低后，阻抗增大。因此，在泄漏电流相同的情况下，绝缘子能承受的作用电压更高，绝缘性能越好。另外，文献[11]与[12]研究了不同频率下交联聚乙烯材料的击穿电压，结果表明，频率降低能够提升材料的击穿电压，即提升绝缘性能。综上所述，线路降频改造前后电压等级可以保持一致，因此线路分频改造可以大幅度提升线路的输送容量。

图 7-12(c)给出了 750kV 工频线路改造为±500kV 直流输电线路的方案。由于线路直流改造后电压等级受到绝缘、环境因素的限制，根据不同污秽程度下爬电比距估算[13]，在Ⅰ级污秽条件下，750kV 交流线路改造后直流电压等级仅能达到±500kV，而改造中将三相导线改为双极–金属回线线路，利用两相导体作为直流正负极线，此时无需改动杆塔，改造难度最小。

2. 方案经济性对比与可行性分析

本小节基于图 7-12(a)所示的单回交流线路，以有功输送能力扩容至 75%热极限功率，即工频时的 2.8 倍为目标，考察新建交流线路、直流改造、分频改造等三种技术路线的经济特性，进一步研究线路降频增容改造的可行性。其中，直流改造、分频改造的换流器和变频器可以采用基于晶闸管的换相换流器(LCC)与周波变换器，也可以采用基于 IGBT 的 MMC 或 M^3C。为方便叙述，将以上五种改造方案简记为 HVAC、HVDC(L)、HVDC(M)、FFTS(C)与 FFTS(M)。

当扩容目标为 75%热极限功率时，HVAC 方案需要新建 2 回交流线路，扩建 4 台工频断路器、2 台变压器与无功补偿装置；HVDC(L)与 HVDC(M)方案需要对线路金具、绝缘子进行调整，并在线路首末端安装 LCC 换流站或 MMC 换流站；FFTS(C)与 FFTS(M)方案则无需改动线路，仅在线路两端安装周波变频站或 M^3C 变频站。表 7-12 给出了各方案的投资费用计算结果。

表 7-12　各方案投资费用及其组成　(单位：亿元)

项目	HVAC	HVDC(L)	HVDC(M)	FFTS(C)	FFTS(M)
线路	65.6	21.3	21.3	—	—
变电站	11.9	—	—	—	—
换流站/变频站	—	57.15	99.85	59.17	159.03
合计(百分比)	77.5(100%)	78.45(101.23%)	121.15(156.32%)	59.17(76.35%)	159.03(205.2%)

可以看出，在投资费用方面，分频改造方案仅涉及变频站投资，其中 FFTS(C)方案最低，仅为 HVAC 方案的 76.35%，原因在于该方案采用晶闸管周波变换器。直流改造方案中，HVDC(L)方案投资费用低于 HVDC(M)方案，两者线路投资费用相同，差异在于直流换流站投资。HVDC(M)方案与 FFTS(M)方案的投资费用都高于 HVAC 方案，这是因为目前基于全控型器件的高压、大容量电力电子装置造价较高。

不同方案的年运行费用由年损耗费用与年维护费用构成：年损耗费用由年损耗电量与输电价格相乘得到，而年维护费用由各个部分维护费率与一次投资费用相乘得到。取降频增容改造的回收年限为 20a，可以进一步得到各个方案的等年值及其组成，如表 7-13 所示。分频方案的等年值为 7.37 亿元与 20.42 亿元，FFTS(C)方案的等年值最低，但是因为分频方案无需改动线路，所以传输功率增大时其损耗费用大于其余方案。

表 7-13　各方案等年值及其组成　　(单位：亿元)

项目	HVAC	HVDC(L)	HVDC(M)	FFTS(C)	FFTS(M)
一次投资费用	9.11	9.22	14.23	6.95	18.68
年损耗费用	0.07	0.05	0.06	0.13	0.15
年维护费用	1.33	0.71	1.43	0.29	1.59
合计(百分比)	10.51(100%)	9.98(91.07%)	15.72(143.64%)	7.37(68.38%)	20.42(187.8%)

综上所述，对于本章 750kV、1000km 算例线路，FFTS(C)方案在投资费用、等年值方面都具备明显经济优势，是目前最具经济性的扩容方案。算例中 FFTS(M)方案的经济性能较差，这是因为目前 M^3C 造价采用直流输电工程中的 MMC 换流站进行保守估算，所以结果偏高。随着工程经验的丰富以及国产全控性器件的进一步成熟，未来 M^3C 造价有望大幅度降低，分频扩容输电系统的经济优势将被进一步放大。

为进一步考察影响线路分频改造经济特性的关键因素，本小节基于算例线路，对线路长度、扩容目标功率、关键设备造价等因素开展灵敏度分析，结果如图 7-13 所示。

根据图 7-13(a)，线路长度增加时新建工频线路方案、分频改造方案等年值出现跃变，这是因为此时需要新建交流线路。当线路长度达到 694km 时，需要新建 2 回工频交流线路，FFTS(C)等年值最低；当线路长度达到 1045km 时，分频改造方案也需要新建线路，则分频改造的经济距离区间为 694～1045km。当期望传输有功功率增加时，工频线路仍需新建线路，期望传输有功功率大于 1874MW 后，直至 5255MW，分频扩容输电系统 FFTS(C)方案的等年值都保持最低。由于 750kV 线路的典型输送功率为 2000～2500MW，输电距离大于 500km，因此分频扩容输电系统十分适用于交流长线路、大功率扩容。

不同扩容方案涉及的主要设备投资差异较大，图 7-13(c)、(d)分别展示了各方案换流站/变频站造价与线路造价的灵敏度分析结果，显然换流站/变频站造价是影响直流改造、分频改造等年值的重要因素。可以观察到当线路改造的等年值与新建交流线路的等年值相同时，全控型换流站/变频站的造价需要低于半控型换流站/变频站，这是因为前者的损耗、维护费用高于后者。当 FFTS(M)方案的等年

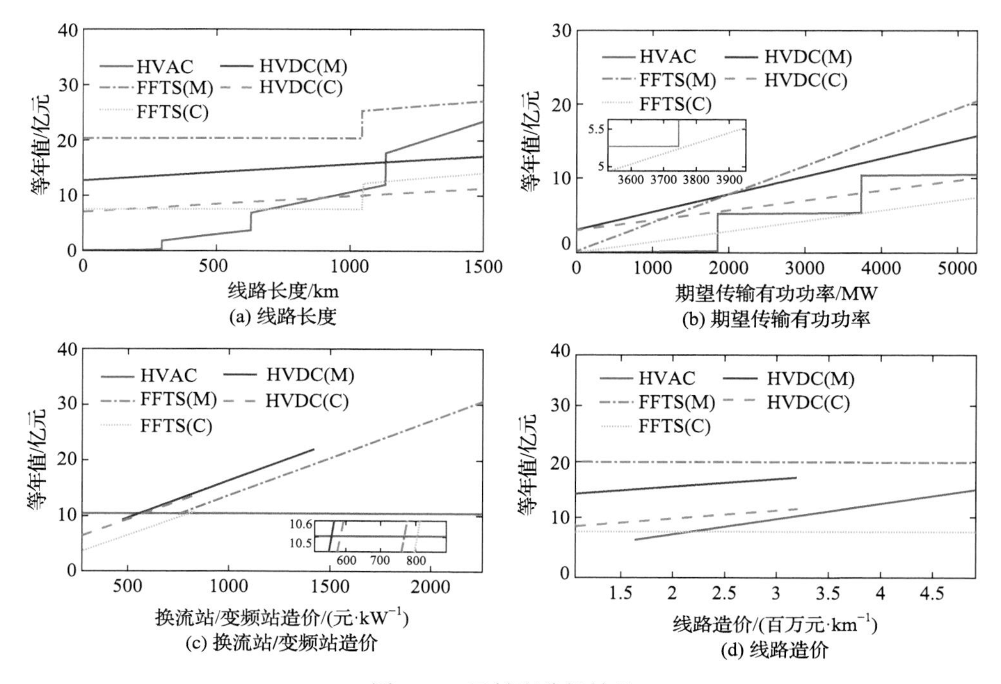

图 7-13 灵敏度分析结果

值与 HVAC 方案相同时，M^3C 变频站的造价为 768 元 · kW^{-1}。与此同时，线路造价对直流改造、分频改造的等年值影响较小。当工频线路的造价降低 35%后，新建交流线路最经济，但考虑到输送通道资源紧缺、征地困难等因素，新建线路投资将大幅度增加甚至导致 HVAC 方案不可行，因此分频扩容输电系统是极具竞争力的扩容方案。

分频扩容输电系统除用于提升线路功率外，还可以用于跨区域互联、电网安全稳定控制，变频站的工频/分频隔离作用还可以避免形成电磁环网，优化电网结构。2023 年投产的杭州 220kV 柔性分频输电示范工程，即通过对亭山—中埠线开展分频输电改造，实现富阳和昇光两个 500kV 供区柔性互联互济，提供动态无功/电压支撑，提升杭州富阳区域灵活供电能力和供电可靠性。

7.3.2 海岛分频互联系统

海岛电力需求随经济发展不断增长，岛屿居民供电与已有工频线路输送容量不足这一问题突出。现阶段国内海岛互联工程中的海岛间距离在 10～52km。受限于工频交流线路输送容量不足和柔性直流系统成本昂贵，亟须确定更具经济性和灵活性的海岛互联方案。本小节以我国某海岛供电系统为例，论证分频输电在海岛分频互联系统方面的可行性。

1. 海岛互联方案设计

现阶段某海岛与陆上电网 1 经过单回 35kV 线路联网，向海岛 1 与海岛 2 供电。负荷预测表明，未来单回 35kV 线路的输送能力将无法满足用电需求。与此同时，当联网线路检修或发生故障时，该岛电网的供电可靠性难以保障，且岛上柴油发电机组出力不能满足供电要求。为满足负荷需求及可靠性要求，拟将另一海岛的海上风电或海上光伏接入，实现岛际互联。现风机增容改造至 85MW，需要额外输送 55MW 风电场能量，已有 35kV 输电线路此时无法实现功率外送。

考虑新建一条 35kV 线路，采用系统典型设计中 $3\times800\text{mm}^2$ 的电缆，根据电缆实际数据，计算得出新建一条 35kV 工频交流线路，输送容量为 50.32MW，仍无法满足满足输送要求。参照国家电网有限公司企业标准 Q/GDW 10738—2020《配电网规划设计导则》，35kV 输送容量应限制在 40MVA 以下，因此采用工频方式，40MVA 及以上的功率输送应采用 110kV 电缆。但变电站改、扩建为 110kV 站，施工及投资较大。若新建分频 50/3Hz、35kV 的交流线路，输送容量可达 66.59MW，可以满足风电外送要求。

分频输电系统互联的拓扑结构如图 7-14(a)所示，计划从陆上电网 2 新建单回 35kV 线路。随后通过分频变压器转为分频 10kV，向三个海岛供电。其中，各海岛 AC/AC 变换器分别与隔离刀闸并联，即与左侧 AC/AC 变换器与隔离刀闸并联形式相同，图中未画出。

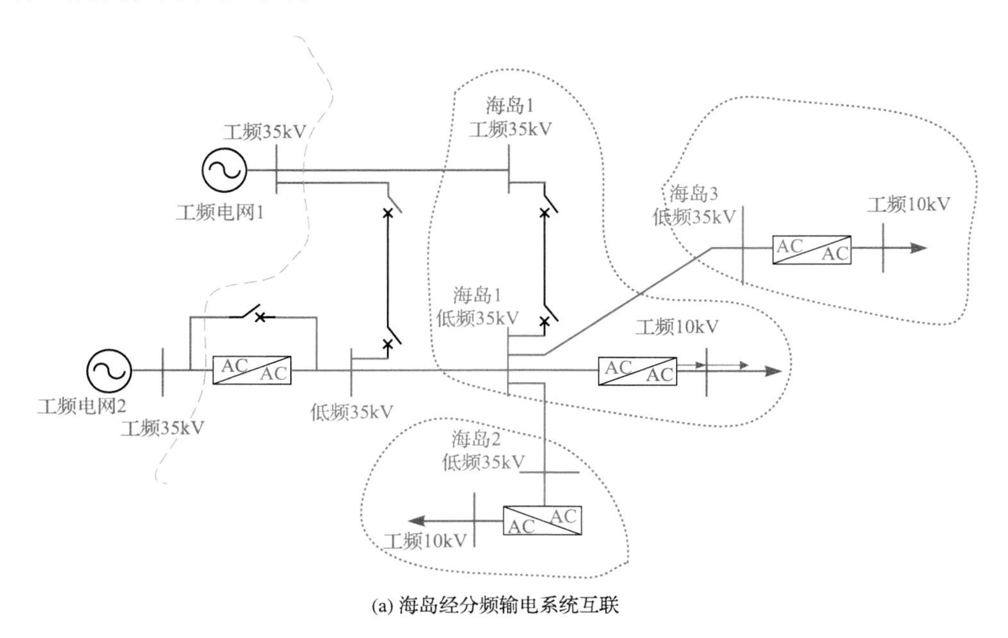

(a) 海岛经分频输电系统互联

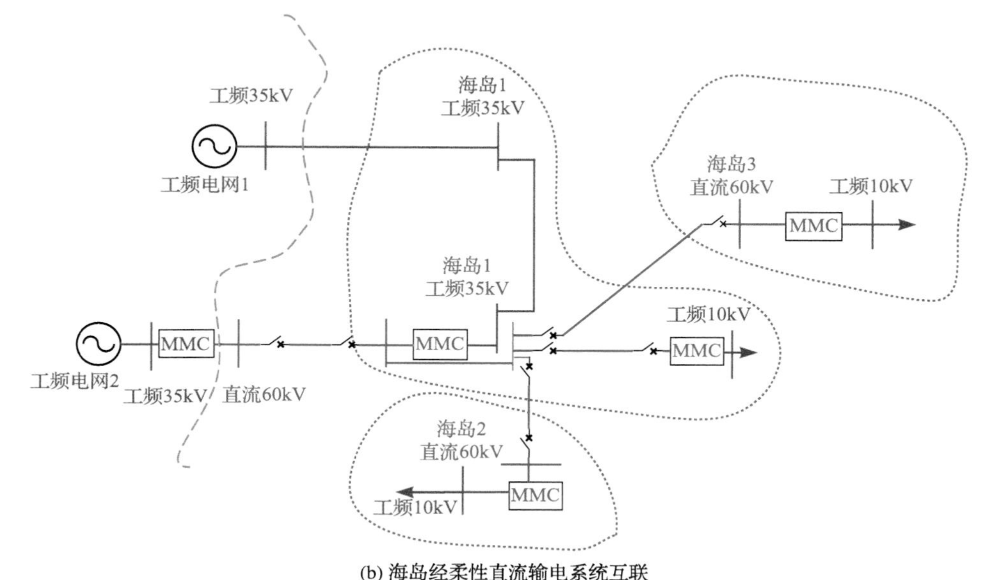

(b) 海岛经柔性直流输电系统互联

图 7-14　海岛互联拓扑结构

柔性直流输电系统互联的拓扑结构如图 7-14 (b)所示。根据 GB/T 34139—2017《柔性直流输电换流器技术规范》与实际负荷需求，计划从陆上电网投建±35kV 直流换流站。其中，陆上电网 2 与海岛 1 经过双端 MMC-HVDC 互联，因无法实现变压，需在陆上电网 1 与三个海岛分别设置±35kV 换流站，由 MMC-HVDC 形成多端柔性直流输电网络，交流侧变压为 10kV 再向负荷供电，并需增设直流断路器，直流输电线路中换流器端口配置直流断路器。工频断路器图中未画出。

对比两种方案可知，海岛经分频输电系统互联时，有以下优势：

(1) 交流海底电缆分频运行时，输送容量有效提高，与直流输送容量相近。根据计算，35kV、3×800mm^2 电缆在分频环境下，电缆输送容量可提高 23%。

(2) 采用分频输电时，电缆充电功率降低，线路电压末端波动将改善，有效提升最大输送能力。以海岛 3 为例，根据规划拟采用截面积为 150mm^2 的海底电缆，根据电缆厂家提供的 HYJQ 41-8.7/10-3×150 型号电缆，根据工频输电方式传输 17km 条件下，考虑负载、机械投切无功补偿设备等因素，功率因数选择 0.85，当末端电压波动达到极限 7%时，可传输最大有功功率 1.81MW，若改为分频输电，由于采用基于电压源换流技术的周波变换器，可补偿系统无功功率，控制线路上的功率流动，理论上可实现全有功功率传输，系统功率因数按 1 考虑，当末端电压波动达到极限 7%时，可传输最大有功功率 2.59MW，为工频线路输送极限的 1.43 倍。

(3) 分频输电系统发生严重故障或 AC/AC 变换器发生故障必须退出运行，或者 AC/AC 变换器检修时，可以通过切换隔离刀闸，使分频侧网络暂时在工频环境下运行，提高供电可靠性。

(4) 分频输电系统仍为交流系统，其线路保护可以沿用工频交流保护。

(5) 相比于柔性直流输电系统互联方案不易实现变压，使得全网须采用相同电压等级的换流阀，分频输电系统互联方案性能优秀，且不存在断路器的技术瓶颈。

将分频输电技术与某海岛互联组网的需求相结合，既能满足远距离海岛供电需求，又可以实现工分频切换，提高供电可靠性。由此可以看出，分频输电系统互联方案运行灵活性更强、输电可靠性更高，是具有竞争力的海岛互联方案。

2. 方案经济性对比与可行性分析

海岛联网的投资费用主要考虑断路器费用、变频站/换流站费用和海底电缆费用。根据图 7-14 所示的海岛互联拓扑结构，分频组网方案有 4 回线路，双侧装设断路器，共 8 套分频断路器，其中 35kV 2 套、10kV 6 套。柔性直流组网方案 4 回线路，双侧装设直流断路器，共需 16 套，且均为±35kV 电压等级。分频输电系统(FFTS)互联方案和柔性直流输电系统(VSC-HVDC)互联方案断路器投资费用如表 7-14 所示。

表 7-14　断路器投资费用

互联方案	断路器台数	单个断路器造价/万元	投资费用/万元
FFTS	2+6	7/5	44
VSC-HVDC	16	150	2400

根据图 7-14 中的海岛互联拓扑结构，新建变频站/换流站的容量应能够满足分区负荷要求。根据实际规划确定换流器容量，按照所需子模块数估算变频站/换流站投资费用，如表 7-15 所示。

表 7-15　变频站/换流站投资费用

互联方案	换流器模块数	子模块单价/万元	投资费用/万元
FFTS	243+27×6	22	8910
VSC-HVDC	162×5	22	17820

相比柔性直流输电系统互联方案，分频输电系统互联方案增加了 60MW 的分频变电站，由于目前未有工程应用实例，保守估计 35kV 分频变电站的造价约为 240 元 · kW^{-1}。

根据岛屿分区负荷情况与新设海底电缆长度，设计分频输电系统互联方案与柔性直流输电系统互联方案的海底电缆型号与长度，进而在综合考虑海缆的材料费、人工费、海域使用费以及海底电缆安装费等费用后，可以计算分频输电系统互联方案和柔性直流输电系统互联方案电缆投资费用，如表 7-16 所示。

表 7-16　海缆线路投资费用

互联方案	电缆长度/km	电缆成本/(万元 · km^{-1})	投资费用/万元
FFTS	30+5+17	360/230/152	14534
VSC-HVDC	60+10+34	240/132/80	18440

互联系统的年运行费用包括年损耗费用与年维护费用。年损耗电量与上网电价的乘积即为海岛互联方案的年损耗费用；线路损耗由潮流计算得到，而变电站的年损耗率取 0.5%，直流输电换流站和分频输电变频站的年损耗率分别取 0.8% 和 1%。各设备的年损耗电量可通过输送电量乘以系统年电能损耗率求得。年维护费用由各部分投资与其维护费率相乘得到，计算时断路器、变频站/换流站、海缆及变电站的年维护费率取 1%。

两种互联方案的等年值如表 7-17 所示。分频输电系统互联方案的等年值是柔性直流输电系统互联方案的 71.6%，主要原因在于柔性直流输电系统互联方案各端电压需保持一致，导致换流阀模块数目增大，而且为便于隔离故障，需配置直流断路器，大大增加了投资和维护费用。综上，依托于该海岛互联算例，可以看出海岛分频输电系统互联方案相比海岛柔性直流输电系统互联方案在经济性方面具有明显优势。可见分频输电系统在海岛互联工程中具有广阔的应用前景。

表 7-17　等年值对比　　(单位：万元)

项目	FFTS	VSC-HVDC
投资费用	1768.7	2743.0
损耗费用	1000.6	742.1
维护费用	2492.8	3866.0
合计(百分比)	5262.1(71.6%)	7351.1(100%)

参 考 文 献

[1] 迟永宁, 梁伟, 张占奎, 等. 大规模海上风电输电与并网关键技术研究综述[J]. 中国电机工程学报, 2016, 36(14): 3758-3770.

[2] 袁兆祥, 仇卫东, 齐立忠. 大型海上风电场并网接入方案研究[J]. 电力建设, 2015, 36(4): 123-128.

[3] LV X Y, CHANG X F, LI D X, et al. Research on detection method of power quality for wind power connected to

grid[J]. Applied Mechanics and Materials, 2013, 380-384: 2994-2998.
[4] 黄明煌, 王秀丽, 刘沈全, 等. 分频输电应用于深远海风电并网的技术经济性分析[J]. 电力系统自动化. 2019, 43(5): 167-174.
[5] 王锡凡, 王秀丽, 滕予非. 分频输电系统及其应用[J]. 中国电机工程学报, 2012, 32(13): 1-6, 184.
[6] ZHUO Z Y, DU E S, ZHANG N, et al. Cost increase in the electricity supply to achieve carbon neutrality in China[J]. Nature Communications, 2022, 13(1): 1-13.
[7] HUANG D, SHU Y B, RUAN J, et al. Ultra high voltage transmission in China: Developments, current status and future prospects[J]. Proceedings of the IEEE, 2009, 97(3): 555-583.
[8] 舒印彪. 1000kV 交流特高压输电技术的研究与应用[J]. 电网技术, 2005, 29(19): 9-14.
[9] ZHAO B Y, WANG X F, WANG X L, et al. Upgrading transmission capacity by altering HVAC into fractional frequency transmission system[J]. IEEE Transactions on Power Delivery, 2022, 37(5): 3855-3862.
[10] CHIHANI T, MEKHALDI A, BEROUAL A, et al. Model for polluted insulator flashover under AC or DC voltage[J]. IEEE Transactions on Dielectrics and Electrical Insulation, 2018, 25(2): 614-622.
[11] LI W W, LI J Y, YIN G L, et al. Frequency dependence of breakdown performance of XLPE with different artificial defects[J]. IEEE Transactions on Dielectrics and Electrical Insulation, 2012, 19(4): 1351-1359.
[12] WU J Y, JIN H F, MOR A R, et al. The effect of frequency on the dielectric breakdown of insulation materials in HV cable systems[C]. International Symposium on Electrical Insulating Materials, Toyohashi, 2017: 251-254.
[13] MERIDJI T, CEJA-GOMEZ F, RESTREPO J, et al. High-voltage DC conversion: Boosting transmission capacity in the grid[J]. IEEE Power and Energy Magazine, 2019, 17(3): 22-31.

第8章

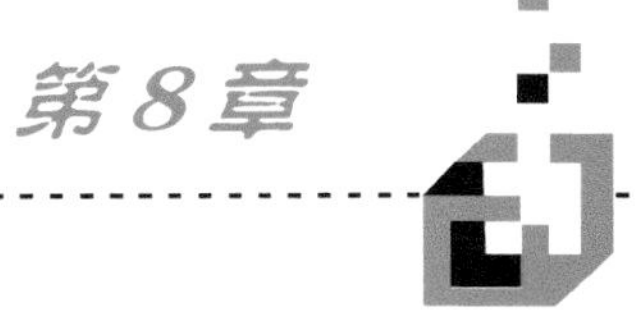

研究展望

分频输电理论提出至今，其研究内容、深度和队伍不断扩大。特别是近年来由于输送可再生能源电力的需要，我国科研院所、电网公司、发电企业及制造厂商等均对分频输电的研究与应用表现出很大的兴趣。

我国能源基地与负荷中心逆向分布，对远距离、大容量电能的高效、经济送出技术有长期需求。在能源低碳转型目标驱动下，我国“十四五”能源体系规划[1]确定了大力开发沙漠、戈壁、荒漠(“沙戈荒”)地区大型风电光伏基地，以及深水远岸区域海上风电基地的发展战略。然而，“沙戈荒”新能源基地与负荷中心逆向分布，海上风电并网点资源紧张，新能源大规模综合利用亟须新型高效输电方式。

2022年国家重点研发计划“储能与智能电网技术”重点专项“柔性低频输电关键技术”的启动，开启了分频输电的全面深化研究。该项目包含柔性低频输电系统静/动态特性与运行控制、柔性低频输电系统电磁暂态特性及过电压抑制、高压大容量交-交变频器及其控制、低频电气设备关键技术与样机研制、柔性低频输电设备与系统的验证等课题，将实现30万kW规模的海上风电场低频发电、输电与变频并网。其建成投产将为促进新型电力系统建设做出重大探索和贡献，具有划时代的意义。

2023年，分频输电理论被写入国家能源局《新型电力系统发展蓝皮书》[2]，彰显了我国对于发展自主知识产权新型输电技术的决心。在工程实践方面，多地陆续开展了分频输电试验示范工程的规划与建设，目前浙江台州、杭州[3]以及河北张北的示范工程已相继投运，验证了分频技术的可行性，也将分频输电系统的理论与实践水平推向新的高度。

值得注意的是，这些研究不够全面和深入，对于推动分频输电技术的实用化推动路径不够明确。因此，本章展望分频输电技术需要着重关注和研究的几个方面，从而更有效地解决阻碍实现分频输电发展的核心问题。这些问题涉及频率标准的制定，分频发电机组和分频输电系统设备的研制，分频输电系统关键设备变频器的选择和优化，以及含有分频输电电力同步运行的分析与控制问题等。

8.1 分频输电的深化研究

8.1.1 分频输电系统的频率优选确定

推进分频输电系统的应用首先应制定频率标准。频率标准确定以后，分频输电系统的规划、相关设备的研制等才能有序地展开。

虽然理论上低于 50Hz(或 60Hz)的任何频率的输电系统都可以提高交流输电的输送极限，但是没有必要为了这个目的建立多个分频率的输电系统。因为这不仅使电力系统运行过于复杂，而且也不利于电器制造业，间接地提高了电力成本。事实上，电力系统的环境和条件千变万化，研究过程中不可能为每一个具体对象都优化一个频率。

从宏观层面考察 0～50Hz 降低频率的档次，不外乎以下三档：二分之一(25Hz)、三分之一(50/3Hz)和四分之一(12.5Hz)。直观地看，25Hz 似乎没充分发挥分频输电提高输送能力的作用。选 12.5Hz 虽然功率极限可进一步提高，但是由于导线发热限制，实际上很难达到预期的效果。50/3Hz 是前两者的合理折中。本书作者王锡凡最初提出分频输电系统这一概念时[4]，把频率确定为三分频(50/3Hz)，部分原因也是期望利用廉价的铁磁型倍频变压器与工频系统相连。

在后续研究中，三分频的设想得到了大多数学者的肯定[5,6]。所谓的“低频”大多数采用了三分频：50Hz 的地区采用 50/3Hz，60Hz 的地区采用 20Hz。

实际上，三分频系统在欧洲铁路系统运行多年，为三分频输电系统的发展提供很多有益的经验。

深远海风电的发展为分频输电提供了绝佳的应用场合。由于大型海上风机的升压变压器在机舱内占据了一定的空间，当频率降低时，变压器的体积和质量会相应增大，因此不宜使用过低的频率。

以 1.2GW/100km/220kV 的海上风电外送通道为标准算例，基于等年值法测算全寿命周期成本，并针对外送距离与装机容量两项参数开展灵敏度分析，结果如图 8-1 所示。可见，频率为 15～20Hz，等年值变化较为平缓，但最优频率点会随着输送容量的上升而降低，宜采用较低频率以兼顾中长期的输送容量增长需求。此外，对于以架空线为主的陆地上千千米的“西电东送”输送场景，频率对容量的影响更大，采用较低频率的效益更高。当前的台州及杭州示范工程采用的频率为 20Hz，但其输电距离短，尚不能作为定论，最优频率的确定值得进一步探讨，需要从更高层面进行综合论证。

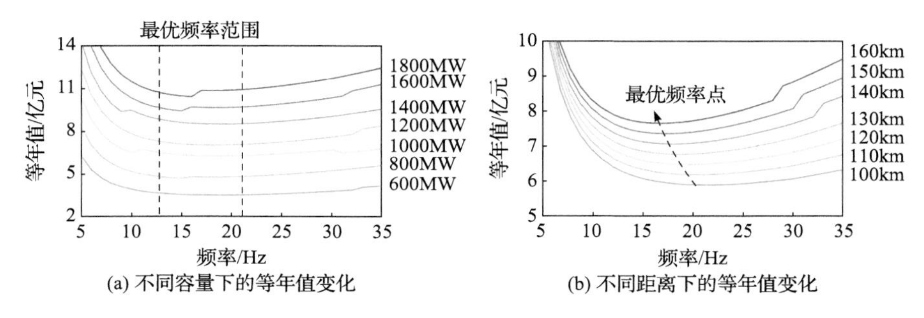

(a) 不同容量下的等年值变化　　(b) 不同距离下的等年值变化

图 8-1　分频海上风电系统等年值与输电频率关系

需要尽快为未来分频电力系统确定频率标准，以便有效推进分频输电系统的研究和设备的研制。因此，当前亟须综合考虑一次设备分频特性、不同类型变频技术的兼容性、分频送出系统整体经济性以及我国中长期新能源开发对送出通道的容量需求，尽快制定统一的分频系统频率与电压等级标准，以规范后续分频输电工程建设与设备研发。

当前国内分频输电工程尚处于分散建设状态，由项目方自行决定分频电网的频率和电压等级序列。在电压等级方面，为尽可能兼容传统交流系统理论技术成果与设备标准，降低适应性改造难度，目前电压等级序列往往沿用工频电网设置，以 35kV/66kV 实现电能汇集，以 220kV/330kV/500kV 实现电能送出。然而，电压等级选取对分频一次设备，尤其是主变压器的制造与施工成本均有重要影响，可以考虑适当降低分频电压等级序列，以提升系统整体的经济性。

8.1.2　分频电源的研制

为了利用分频输电系统，可再生能源发出的电力应该是分频交流电。当前电机制造业生产的发电机都是工频发电机，因此研制分频发电机是应用分频输电系统的重要前提。分频发电机组涉及有水电机组、光伏发电、风电机组。

我国水电资源总量和开发量世界第一，大多分布在西部，远离负荷中心，输电问题可用分频输电解决，这就涉及分频水电机组的制造问题。水电原动机转速一般很低，为了产生工频交流电，发电机的极对数很多。例如，美国的大古力水电厂的机组有 84 对极，巴西伊泰普水电厂的机组有 78 对极，我国三峡水电站的机组有 80 对极，等等[7]。因此，为了发出分频交流电，水电机组的原动机不需要改动，只需要把发电机的极对数减少到常规电机的三分之一，而机组的转速可以维持不变。根据电机设计原理，发电机的尺寸主要与其额定功率与转速之比有关[8]，因此分频水电机组的造价和工频水电机组相比不应发生很大变化。需要对分频水电机组的发电机进行优化设计，为开发利用我国西部的水电做好准备。

对光伏发电而言，本身没有旋转发电装置，通常光伏电池产生的直流电通过逆变器直接向工频电力系统输电。因此，在需要利用分频输电系统输送光伏电力时，只需将逆变器的常规 50Hz 出口调节为 50/3Hz 出口即可，常规的光伏发电设备不需要实质性的改动。

应用最普遍的风力发电机有直驱风机和双馈风机两种。对直驱风机而言，将其出口逆变器调节为 50/3Hz 交流输出即可用分频系统输出，而发电机内部不需要有大的改动。对双馈风机而言，需要改动之处较多。首先，这种风机为了得到工频交流电需要采用三级齿轮。如果需要得到分频交流电，则需将发电机转数降为前者的三分之一。虽然风机齿轮或者极对数减少能够给建造和运行维护带来许多好处，但发电机发 50/3Hz 交流电对其结构及造价的影响仍需进一步研究。丹麦学者研究表明，制造频率较低的风机会产生经济效益，这一结论还有待进一步论证和实践证明。

8.1.3　分频输电系统设备的研制

由于频率不同于工频，分频输电系统的设备，特别是一次设备(如变压器、断路器等)需要重新研制，这方面应该不会存在很大困难[8,9]。但是，尽管欧洲三分频系统在运行和制造方面积累了很多经验，但是面向较高电压等级分频输电系统的关键基础设备制造还是新课题，如分频高压变压器和分频高压断路器。

分频输电系统的架空输电线路与工频系统没有太大差别。工频系统的架空线路原则上可以不加改造地用于分频系统。在海上风电系统需要用昂贵的海底电缆输送电能。电缆的介质损耗随着频率的降低而下降，这就意味着，当输电频率降低时，同样的电缆在分频输电情况下可以承受更大的负载。或者可以设计出更经济的分频输电系统电缆。因此，研制分频电缆必然会提高海上风电带来巨大的经济效益。

此外，还需要关注分频输电系统的变频器这一关键设备，它们对整个系统运行的经济性和可靠性有直接影响。

王锡凡团队在分频输电研究时对三种变频器进行了仿真和实验，即铁磁型倍频变压器和其他两种电力电子型的变频器，它们各有特点，在技术经济性上有较大的差异。

首先，铁磁型倍频变压器[9,10]，即倍频变压器，结构简单，价格低廉，运行可靠。但是其高度非线性所带来的问题，特别是有关效率和激磁电流问题[11]的研究需要有突破性的进展，对电力系统运行中引起的振荡现象和应采取的对应措施也要重点研究。由于三倍频变压器的工频侧、分频侧电压之间相角关系锁定，因此其能够在某种意义上实现分频侧机组与工频侧机组的“同步”运行，通过超前或滞后调节分频侧机组相角，即可实现有功潮流控制。此外，在运行时须始终保证分频侧有足够高的输入电压幅值，以维持铁心工作于磁饱和区，对分频侧的无功/电压支撑能力有较高要求。

电力电子型的变频器有两种，即相控式周波变换器和模块化多电平矩阵式换流器(M^3C)。相控式周波变换器是一种成熟的交-交变频器，控制简单，广泛应用于大功率交流电动机调速传动系统[12]，王锡凡团队最初的分频输电系统实验就是利用这种换流器[13]。

分频输电系统中的周波变换器将电能从分频系统送入工频电网，因此其主要工作在有源逆变状态。但由于依靠电网电压换相，交-交变频器存在换相失败的风险。此外，谐波分布复杂，分频侧电压谐波与工频侧电流谐波都与分频侧频率相关；周波变换器运行时相对工频电网呈感性，功率因数低，需要进行大容量无功补偿。虽然交-交变频器技术性能方面存在上述问题，但是可以借鉴常规高压直流输电的直流换流阀运行经验加以改进。交-交变频器的显著优点是结构简单，造价低廉。

如本书第 4 章所述，M^3C 基于全控型电力电子器件 IGBT，采用模块化多电平技术，具有高电能质量、高可靠性、高可控性和易拓展性等一系列技术优势，是一种适用于高压大容量场合的新型直接交-交变频器[14,15]。M^3C 可以同时且独立控制有功功率和无功功率，不需要无功补偿装置，且能向无源网络供电。但是这种备品装置造价约为相控式周波变换器的 2～3 倍。

为了提高分频输电系统的效益，应对以上两种变频器性能和价格进行认真的研究，特别是对如何改进相控式周波变换器的性能和降低 M^3C 的造价方面进行研究。在分频输电系统规划时，采取何种倍频装置必须进行全面详细的技术经济分析。

8.1.4 分频输电系统的运行与控制问题

分频输电系统的运行与控制策略一方面取决于变频器的原理与工作特性，另一方面取决于所连接电力系统的特性与需求。本书前述章节已对基于倍频变压器、交-交变频器以及 M^3C 变频器的分频输电系统基本运行控制问题进行了探讨。如第 7 章所述，分频输电系统在海上风电等新能源并网送出、海岛互联和线路增容等领域有着广阔的应用场景。因此，结合目前新型电力系统构建要求，分频输电系统的运行与控制亟须在动态运行机理与控制方面有所突破。

在充分考虑应用场景与系统电力电子化特性后，应进一步深入研究不同时域、频域尺度系统模型，揭示含分频输电系统的全电力系统多时间尺度、宽频域稳定机理，为系统运行提供理论基础。

面向新型电力系统高比例可再生能源接入特点，考虑提出基于虚拟同步技术的分频输电系统频率/电压支撑系统级控制方法，构建兼顾系统动态支撑能力与静态稳定控制的技术支撑体系。

2022 年 1 月启动的国家重点研发计划“储能与智能电网技术”重点专项“柔性低频输电关键技术”，从海上风电分频送出的应用场景出发，就上述运行控制问题开展专项研究工作。以上问题的最终突破，将为我国建成世界首个柔性分频输电工程，占领国际制高点，支撑我国新能源高效汇集和远距离送出工作奠定理论基础与技术支撑。

8.2 多端分频输电与组网

近年来，海上风电朝着大规模化、集群化、深远海化的方向发展，多个大型海上风电场之间存在较远的距离，同时可以与多个岸上负荷中心相连。实现多个海上风电场与多个落点之间的组网有利于提高供电可靠性以及能量的灵活分配。因此，多端分频输电与组网将在大规模海上风电并网以及海岛互联等方面有广阔的应用前景。

分频输电系统为海上风电并网提供了新的选择。若将多端海岛新能源发电与负荷中心用电形成区域间能源互通互补，可以解决大规模弃光、弃风和电力出力与分配不均等问题。柔性直流输电系统受限于直流侧故障后故障电流快速上升的特性，直流故障快速定位切除技术不成熟，多端组网运行难度较大。相比于多端直流输电技术，若采用分频输电技术构建多端分频交流输电系统，则无需直流断路器，不存在断路器技术瓶颈，可借鉴常规交流系统的控保配置方案，避免柔性直流输电系统电流难以切断导致保护困难的难题，在集群化海上风电和海岛供电场景下具有更强的组网性能和更灵活的运行方式。对于源、荷较多的情景，海上风电多端分频交流电网结构如图 8-2 所示。

采用分频输电方式不仅可以扩大现有输电线路的输送容量，而且可以缓解新建输电通道的压力，尤其是海底电缆铺设方面问题；另外，将多个海岛负荷互联，并在海岛建设风电和光伏发电基地，实现海岛互联，通过多端分频输电系统协调控制策略，各岛屿间电能可快速相互调动及支援，实现功率灵活调控，提升分频输电系统在不同工况下的不间断运行能力及其灵活性。

分频电网仅降低了频率，与工频电网仍具有类似的性质，因此可以采用交流电网中常用的 FACTS 装置，包括早期的静止无功补偿器(SVC)、基于电压源换流器的并联式静止同步补偿器(STATCOM)和串联式静止同步补偿器(SSSC)。STATCOM 可以提供无功电流，能够补偿线路无功，维持节点电压，SSSC 则具有较强的控制线路潮流能力。将 STATCOM 和 SSSC 背靠背连接时，则可以构成统一潮流控制器(UPFC)，具有全面综合的调节能力。当串并联式换流器采用不同的组合结构

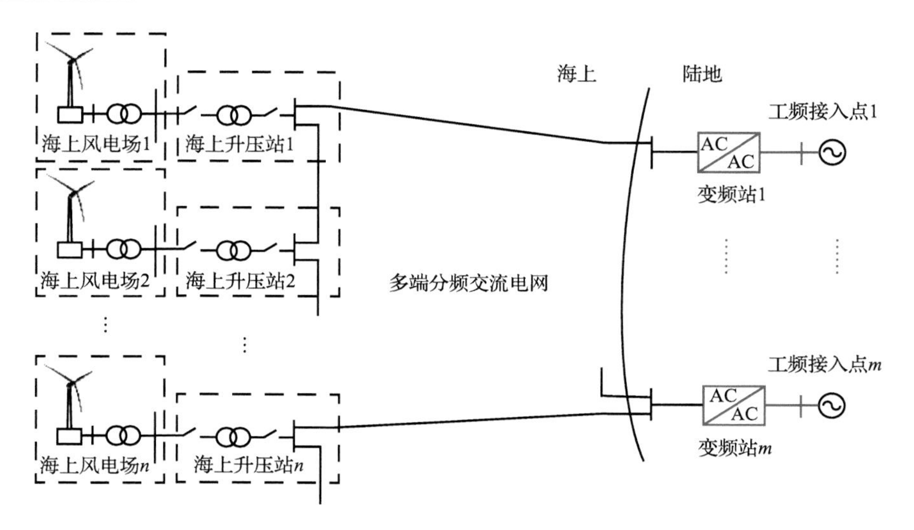

图 8-2　海上风电多端分频交流电网结构

时，则可以形成基于其他运行原理的变结构潮流控制器，如线间潮流控制器(IPFC)、分布式潮流控制器(DPFC)、中点型 UPFC(C-UPFC)等，其各自具有不同的控制策略，适用于不同的电网结构和运行场景需求。

UPFC 的结构如图 8-3 所示。

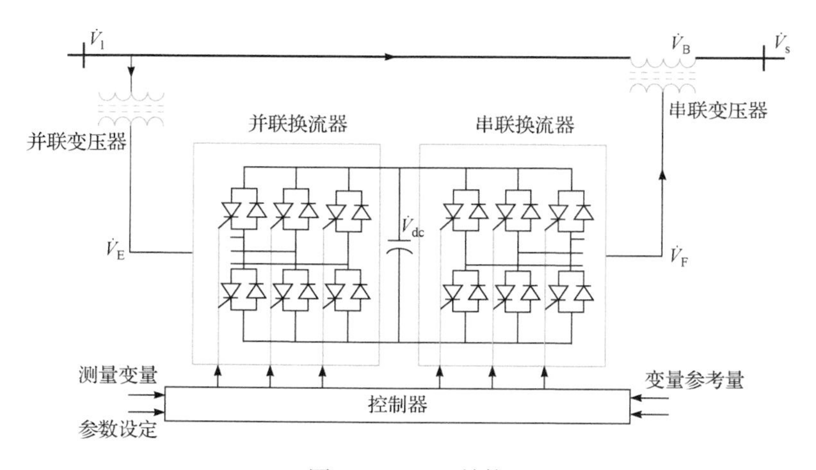

图 8-3　UPFC 结构

复杂的潮流调节必须通过线路电抗、送端和受端电压幅值及相角等多个方面综合控制，才能实现更大范围和目标的操作灵活性、控制调节的快速性和准确性。但是，能源的分布不均性、环境保护的需求、空间通行权、建设投资成本等问题使铺设新的输电线路这一传统扩大电网规模和提高输送能力的方法受到了极大的限制。因此，需要设计一种能够综合调节线路电压、电抗、相角和潮流的控制设备，能够在现有电网规模的基础上实现电能传输和调节效率的有效提升。随着 FACTS 装置的发展成熟，UPFC 逐渐成为解决以上问题的主要控制装置。

UPFC 的设计主要是基于并联型的 FACTS 装置 STATCOM 以及串联型的 FACTS 装置 SSSC。UPFC 联合了 STATCOM 较强的无功补偿能力和节点电压维持能力，以及 SSSC 较强的补偿线路电压和控制线路潮流能力，并通过背靠背的公共直流母线连接形式将两者有效结合起来，实现对线路多功能的综合控制。

综上，分频系统的组网不仅可以极大发挥分频输电的技术优势，还可实现各个源、荷间能源互通，灵活调动，在未来具有广阔的应用前景。

8.3 多频率电力系统展望

长久以来，电压及频率一直是交流电力系统中最关键的两个参数。经过一百多年的发展，电力系统已经在发、输、配、用环节充分地发挥了多个电压等级的优势，显著提升了电力系统运行的经济性、安全性与可靠性。但是电力系统中频率参数始终停留在 50Hz(或 60Hz)的工频，主要原因是发电侧火电厂长期占据绝对主力位置，缺乏频率变革的需求。随着能源转型的推进，电力系统在源、网、荷等环节上的频率特性及频率需求出现了显著变化，同时电力电子技术的不断进步也使频率的灵活变换成为可能。顺应目前的趋势，应适时地解除对电力系统频率的限制，演化出更加灵活合理的多频率电力系统。多频率电力系统指各组成部分运行于不同标准频率下的电力系统。这些额定频率不同的组成部分可以是一条输电线路、一个发电厂及其接入系统，也可以是一个微网、配网乃至一个局域网络。它们通过变频器等频率变换装置相互连接、互济功率，形成多频率的电能产生、输送与变换网络。其拓扑结构如图 8-4 所示。

电能路由器、电力电子变压器(PET)和三倍频变压器等频率转换设备是联系多频率电力系统中多个频率网络的纽带。电能路由器本质上是多端口电力电子换流器，能够满足多个频率电能的互联共济与灵活控制；PET 可以通过电力电子变流调整电能的电压、频率，兼具无功补偿等功能，是满足负荷侧频率多样化需求的基础；三倍频变压器也是实现功率变频的另外一种有效途径，具有结构简单、运行可靠、造价低廉的优点。

在电源侧，火电、风电、光伏发电等存在显著的固有频率多样化特征，具有直流、分频、工频多种形式。多频率电力系统中允许电源侧采用各自的固有频率

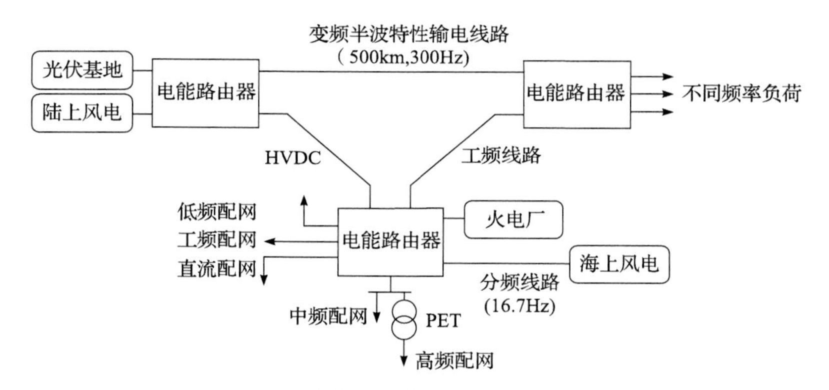

图 8-4　未来多频率电力系统拓扑结构

直接接入频率转换设备并网。其中，火电机组仍采用工频传输及并网；风电机组可以省去提升发电频率需要的齿轮箱，而采用分频(低频)传输并网；光伏发电产生的直流电能也无需逆变为工频交流即可传输利用。电源侧的一次能源结构巨变后，电源侧产出电能的频率也需要同时进行革新，不再拘泥于统一的工频，使其可靠性、经济性得到质的提升。在输电侧，除了传统的 HVAC 与 HVDC，分频输电和变频半波特性输电也是频率多样化后产生的新型多频率输电方式。在负荷侧，随着“再电气化”的继续推进，电力在全球终端能源消费的比例将会进一步提高，以电动汽车、工业用热为主的大量新型负荷规模增长迅速，将会显著地改变电力系统负荷的频率构成。由于这部分负荷较为集中、规模庞大，针对其频率需求组建配电网络是完全必要的，将在运行效率、供电质量、设备成本等多个方面产生积极作用。

图 8-5 所示的未来多频率电力系统，充分考虑了我国能源发展的前景，架构组织较为灵活，但其构成较为复杂，需要长时间的研究和建设。就我国当前电源结构和网架结构的现状而言，在源、网、荷不同环节充分挖掘频率参数的效益，可在输电环节引入分频输电技术，优化网络结构，从而构建一个图 8-5 所示的近

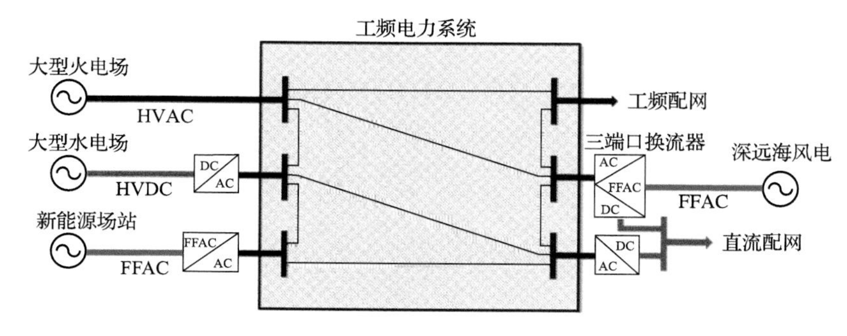

图 8-5　多频率电力系统近景示意图

景多频率电力系统，是为应对高比例大容量新能源接入带来一系列问题的行之有效的解决方案。

一方面，从技术经济性和可行性方面，王锡凡团队的相关研究已经开展了 30 年，从理论分析、仿真计算和动模验证的各个层面进行了深入的研究，具备了足够的理论基础和技术积累，分频输电是目前除特高压交流输电和直流输电之外，最具有应用潜力和建设可能性的大容量远距离输电技术，非常契合新能源的接入。为达到 2030 年建设 12 亿 kW 容量的风电光伏的目标，大力开发海上风电是必然措施，而大容量的海上风电场最适宜通过分频输电线路并入陆上电网。另一方面，从事物发展的客观规律来看，未来多频率电力系统的建设一定是从简至繁，不会一蹴而就，所以目前可见的多频率电力系统的发展趋势就是从已有系统向工频–直流–分频混联系统的逐渐拓展演化。在图 8-5 所示多频率电力系统的近景规划中，仍以现有跨区域的特高压交流输电和特高压直流输电为主，在个别区域考虑改造或规划新建分频输电，以能量路由器连接工频–分频–直流环节，或以两端变频站连接工频–分频环节，从而形成一个近期可实现的多频率电力系统基本格局，对构建未来多频率电力系统、助力能源革命，具有较强的现实意义。

综上所述，可再生能源电力的快速发展深刻改变了电力系统的源、荷特性，给系统运行带来极大挑战。构建多频率电力系统能更好地适应源、网、荷的特性与需求，在能源生产、消费及配置等各个环节创造效益；电力电子技术的发展为此提供了有力支撑。未来，应更加系统地审视电力电子化给电力系统带来的挑战与机遇，从发电、配用电以及输电环节开展全面研究，分析频率对于电力系统特别是用户技术经济指标的影响，进行更为宏观的电力源、网、荷规划，突破关键技术构建多电压多频率的先进电力系统，为能源革命提供助力[16]。

参 考 文 献

[1] 中华人民共和国国家发展和改革委员会, 国家能源局. “十四五”现代能源体系规划[Z]. 2022.

[2] 《新型电力系统发展蓝皮书》编写组. 新型电力系统发展蓝皮书[M]. 北京: 中国电力出版社, 2023.

[3] 张蕾, 许挺. 世界首个柔性低频输电工程正式落点浙江杭州[J]. 新能源科技, 2021(6) : 11.

[4] WANG X F. The fractional frequency transmission system[C]. The Fifth Annual Conference of Power and Energy Society, Tokyo, 1994: 53-58.

[5] MELIOPOULOS S, ALIPRANTIS D, CHO Y, et al. Low frequency transmission final report[R]. PSERC Publication, 2012: 12-28.

[6] FICHER W, BRAUN R, ERLICH I. Low frequency high voltage offshore grid for transmission of renewable power[C]. 2012 3rd PES Innovative Smart Grid Technologies Europe, Berlin, 2013: 1-6.

[7] 商舸, 黄奋杰. 现代水力发电机组工程应用和研究[M]. 北京: 中国电力出版社, 2007.

[8] 陈世坤. 电机设计[M]. 2 版. 北京: 机械工业出版社, 2019.

[9] 王锡凡, 王秀丽. 分频输电系统的可行性研究[J]. 电力系统自动化, 1995, 19(4): 5-13.

[10] WANG X F, WANG X L. Feasibility study of fractional frequency transmission system[J]. IEEE Transactions on Power System, 1996, 11(2): 962-967.

[11] 王建华. 三倍频变压器的理论分析与试验研究[D]. 西安: 西安交通大学, 2000.

[12] PELLY B R. Thyristor Phase-Controlled Cycloconverters[M]. New York: Wiley, 1971.

[13] WANG X F, CAO C J, ZHOU Z C. Experiment on fractional frequency transmission system[J]. IEEE Transactions on Power System, 2006, 21(1): 372-377.

[14] ERICKSON R W, AL-NASEEM O A. A new family of matrix converters[C]. IECON'01. 27th Annual Conference of the IEEE Industrial Electronics Society, Denver, 2002: 1515-1520.

[15] KAMMERER F, GOMMERINGER M, KOLB J, et al. Energy balancing of the modular multilevel matrix converter based on a new transformed arm power analysis[C]. 16th European Conference on Power Electronics and Applications, Lappeenranta, 2014: 1-10.

[16] 王锡凡, 邵成成. 助力能源革命的多频率电力系统[J]. 中国电机工程学报, 2018, 38(21): 6195-6204, 6481.